2013年世界炼油技术新进展

——AFPM年会译文集

蔺爱国　主编

石油工业出版社

内容提要

本书从宏观角度对当前世界炼油工业发展新动向、世界炼油技术新进展、美国页岩气开发利用情况进行系统总结和阐述，并对中国炼油工业与技术发展现状进行了深入分析，提出了相关战略性对策建议；同时，精选翻译了2013年美国燃料与石化生产商协会（AFPM）年会发布的部分论文，内容涵盖炼油工业宏观问题、原油供应与页岩油气开发、清洁燃料生产、催化裂化与延迟焦化、加氢处理以及生物燃料等方面，全面反映了2012—2013年世界炼油工业与技术新进展、新动向、新趋势。

本书可供国内炼油行业科研人员、企业技术人员、管理人员以及石油院校相关专业的师生参考使用。

图书在版编目(CIP)数据

2013年世界炼油技术新进展：AFPM年会译文集/蔺爱国主编.
北京：石油工业出版社，2014.5
ISBN 978－7－5183－0124－9

Ⅰ.2…
Ⅱ.蔺…
Ⅲ.石油炼制－文集
Ⅳ.TE62－53

中国版本图书馆CIP数据核字(2014)第057722号

出版发行：石油工业出版社
(北京安定门外安华里2区1号　100011)
网　址：www.petropub.com.cn
编辑部：(010)64523738　发行部：(010)64523620
经　销：全国新华书店
印　刷：北京中石油彩色印刷有限责任公司

2014年5月第1版　2014年5月第1次印刷
787×1092毫米　开本：1/16　印张：19
字数：460千字

定价：120.00元
(如出现印装质量问题，我社发行部负责调换)

《2013 年世界炼油技术新进展——AFPM 年会译文集》

编 译 人 员

主　　编：蔺爱国

副 主 编：何盛宝

参加编译：李振宇　于建宁　钱锦华　李雪静

刘志红　王建明　黄格省　薛　鹏

杨延翔　张兰波　任文坡　朱庆云

王红秋　李顶杰　乔　明　朱雅兰

张子鹏　曲静波　郑轶丹　任　静

王春娇　崔建昕　王景政　李　琰

前　言

美国燃料与石化生产商协会(American Fuel & Petrochemical Manufacturers,简称AFPM)年会,是当今世界上炼油行业最重要的专业技术交流会议,在全世界炼油行业具有广泛影响。截止到2013年3月,AFPM年会已举办111届。该年会发布的论文报告集中反映了世界炼油工业各主要技术领域发展的最新动态与热点问题,对于我国炼油工业的技术研发、推广应用和产业发展具有较高的参考价值。

从2007年开始,中国石油天然气集团公司(以下简称中国石油)每年派出有关人员参加AFPM年会,及时从会上获取年会论文及有关重要技术进展信息,再由中国石油科技管理部和石油化工研究院挑选出重点论文组织翻译。截至2013年10月,已连续7年完成AFPM年会技术进展跟踪、年会论文翻译工作,为中国石油领导和相关管理部门提供了决策支持,为中国石油有关专业公司、各地区炼化公司、研究院的广大科研人员、工程技术人员和管理人员提供了技术信息参考。

第111届AFPM年会于2013年3月17—19日在美国得克萨斯州圣安东尼奥市召开。来自世界多个国家的大型石油公司、石化咨询机构、技术开发商、工程设计单位的上千名代表参加了会议。会上,共有60多位代表作了大会报告发言,内容涵盖炼油工业宏观问题、原油供应与页岩油气开发、清洁燃料、催化裂化、加氢裂化与延迟焦化、生物燃料等方面。

为使我国炼油行业相关技术人员、管理人员及科研人员全面掌握2013年AFPM年会相关重要技术信息,深入了解世界炼油技术的新进展、新趋势,学习国外先进、适用的技术和经验,进一步推动中国炼油技术水平的提高和炼油业务发展,中国石油科技管理部和石油化工研究院共同组织了2013年AFPM论文的翻译工作,并将本次年会部分论文的译文公开出版。同时,对这次年会的内容进行归纳提炼,撰写了《世界炼油工业发展新动向》、《世界炼油技术新进展》、《页岩气:美国石化工业复兴的助推器》3篇特约述评,全面总结了此次年会的有关重要技术进展和当前世界炼油行业的最新发展态势。

本书收录的21篇AFPM年会论文的译文,均获得论文原作者授权。希望本书的出版,能够使我国炼油行业相关专业人员对2013年世界炼油技术新进展与发展趋势有一个较为全面的了解,促进我国炼油技术不断进步和产业进一步发展。

由于水平有限,书中难免存在不足之处,欢迎读者批评指正。

编者

2013年10月

目　　录

特约述评

炼油工业宏观问题

原油供应与页岩油气开发

清洁燃料生产

催化裂化与延迟焦化

加 氢 处 理

生 物 燃 料

附　　录

特约述评

世界炼油工业发展新动向

蔺爱国　李雪静　李振宇

1　概述

当前全球经济总体上仍处于缓慢复苏态势，但主要经济体发展情况分化明显，下行风险依然存在。据国际货币基金组织2013年7月发布的《世界经济展望》统计和预测，2012年世界经济增长率相比2011年3.8%的增速有所降低，但仍达到3.1%，其中新兴和发展中经济体的GDP增速达到4.9%，中国的GDP增速为7.8%，发达国家和经济体的GDP增速仅为1.2%。但国际机构普遍对未来世界宏观经济发展的预期并不乐观，预计2013年全球GDP增长率与2012年持平，仍为3.1%，发达国家和经济体的GDP增长率为1.2%，新兴和发展中经济体的GDP增长率预计达到5%。其中，预测中国的GDP增长率7.8%，继续保持世界最快发展速度，仍是全球经济增长的亮点[1]。

随着世界经济形势的变化，全球炼油业发展格局也出现了一些转变，其中石油生产重心“西移”、炼油重心“东进”、重油加工难度增大、油品质量升级加速等趋势受到高度关注。从全球视野、战略角度研判当前炼油行业的新动向，对于指导国内炼油产业的健康有序发展具有重要的参考意义。

2　发展动向

2.1　世界石油生产重心“西移”，原油供应多极化趋势显现

石油生产重心“西移”的具体表现是指地处西半球的美国、加拿大、委内瑞拉等美洲国家石油储产量近年来大幅增长，正逐步成为继中东之后全球油气勘探开发的新兴热点区域。根据美国《油气杂志》统计，受益于近年来页岩油气的大力发展，2012年美国石油产量达到创纪录的3.165×10^8t，比2011年增长11.8%，是美国石油业1859年起步以来最大的年均增速，年产量紧跟俄罗斯和沙特阿拉伯，位列世界第3。而加拿大依靠丰富的油砂资源，其石油储量已跃至全球第3，达到236.12×10^8t，石油产量达到15477×10^4t，比上年增长6.6%。委内瑞拉凭借其巨大的重油和超重原油资源，已取代沙特阿拉伯成为全球探明石油储量最大的国家，2012年的探明储量达到405.89×10^8t，比上年发布的统计数值增长了40.9%（表1、表2）。

石油是最重要的能源，其生产布局的变化必然会从多方面影响全球经济运行。以美国为代表的美洲国家在油气市场中的“话语权”增加，油气生产多极化格局得以强化和发展。石油生产重心西移，美国油气产量增长，能源自给率提升，也进一步增强了美国对全球经济的控制力，巩固了其经济霸主地位。石油生产重心的西移，也为以我国和印度等发展中国家为代表的石油进口国开辟多元化油气供应渠道创造了条件，对保障全球能源安全将产生积极的

影响。

2.2 世界炼油格局加速调整，炼油重心继续“东进”

伴随着石油生产重心的西移，全球石油消费重心和炼油重心进一步转移至东半球国家，其中来自我国和印度等发展中国家的油气需求成为全球油气需求增长的主要推动力。

表1 2012年世界石油探明储量统计[2]

名次	国家和地区	石油探明储量，10^4t	名次	国家和地区	石油探明储量，10^4t
1	委内瑞拉	4058855	22	印度	74695
2	沙特阿拉伯	3620192	23	挪威	73192
3	加拿大	2361155	24	中立区①	68200
4	伊朗	2108471	25	苏丹	68200
5	伊拉克	1928014	26	埃及	60016
6	科威特	1384460	27	越南	60016
7	阿联酋	1333992	28	印度尼西亚	54969
8	俄罗斯	1091200	29	马来西亚	54560
9	利比亚	654856	30	英国	42588
10	尼日利亚	507408	31	也门	40920
11	哈萨克斯坦	409200	32	阿根廷	38264
12	中国	348975	33	叙利亚	34100
13	卡塔尔	346183	34	乌干达	34100
14	美国	282102	35	哥伦比亚	30008
15	巴西	179423	36	加蓬	27280
16	阿尔及利亚	166408	37	刚果（布）	21824
17	安哥拉	142811	38	乍得	20460
18	墨西哥	140000	39	澳大利亚	19550
19	厄瓜多尔	112394	40	文莱	15004
20	阿塞拜疆	95480	世界合计		22340342
21	阿曼	75020			

数据来源：美国《油气杂志》，2012年12月3日。

①中立区指科威特与伊拉克之间的中立地区。

在全球经济曲折复苏的背景下，世界石油需求重新步入上升通道，需求增长主要来自非经合组织成员国，最主要是亚洲国家。而经济合作与发展组织（以下简称经合组织）成员国的石油需求仍然处于疲软状态，尤其是欧洲石油需求呈下降趋势。根据国际能源机构（IEA）的统计，2012年全球石油需求为8994×10^4bbl/d，比2011年增长1.2%。主要受中国等非经合组织成员国的消费量上升以及日本由核能转向石油消费的推动，拉动了该地区石油需求的上升。亚太国家2012年石油消费量增幅最大，增长100×10^4bbl/d，达到2950×10^4bbl/d，约占世界石油需求总量的32.9%。预计2013年全球石油需求达到9070×10^4bbl/

d，增长1%，其中亚洲国家消费量为2990×10^4bbl/d，年增速为1.4%。亚洲石油需求增幅大大超过全球石油需求增长速率。我国2012年的石油消费量达到960×10^4bbl/d，比上年增长4%。预计中国2013年石油需求将达到998×10^4bbl/d，增长4%；印度达到375×10^4bbl/d，增长2.7%[3]。中国、印度等新兴经济体是世界石油需求增长的主要贡献者。

表2　2012年世界石油产量统计[2]

名次	国家和地区	石油产量，10^4t	名次	国家和地区	石油产量，10^4t
1	俄罗斯	52250	22	印度尼西亚	4350
2	沙特阿拉伯	49800	23	阿塞拜疆	4307
3	美国	31650	24	印度	3870
4	中国	20401	25	卡塔尔	3748
5	加拿大	15477	26	埃及	3365
6	伊朗	15265	27	中立区①	3079
7	伊拉克	14400	28	阿根廷	2752
8	科威特	13765	29	马来西亚	2557
9	阿联酋	13250	30	厄瓜多尔	2420
10	墨西哥	12676	31	苏丹	2350
11	委内瑞拉	12465	32	澳大利亚	2125
12	巴西	10600	33	越南	1650
13	尼日利亚	10585	34	刚果（布）	1450
14	安哥拉	8775	35	加蓬	1300
15	挪威	8143	36	赤道几内亚	1275
16	哈萨克斯坦	7798	37	泰国	1175
17	利比亚	6875	38	土库曼斯坦	1077
18	阿尔及利亚	6006	39	丹麦	1008
19	英国	4773	40	也门	863
20	哥伦比亚	4683	世界合计		378583
21	阿曼	4541			

数据来源：美国《油气杂志》，2012年12月3日。

①中立区指科威特与伊拉克之间的中立地区。

近年来，全球新建炼油厂绝大部分位于亚洲和中东，欧美炼油厂关闭和出售的事件频现，部分公司如美国马拉松石油公司、康菲公司实行了上下游分离的策略，炼油业务剥离出来成为独立的炼油企业，美国赫斯公司也正在进行炼油业务剥离活动。据美国《油气杂志》统计，截至2012年底，全球炼油总能力达到44.48×10^8t/a，较2011年增长4550×10^4t/a，增速达到1%，相比2011年的0.2%的负增长率有了明显的回升。炼油能力的回升主要是由于亚洲炼油能力的增长，该地区的炼油能力2012年增长了3600×10^4t/a，达到12.82×10^8t/a，约占全球炼油总能力的28.8%，高于北美，稳居世界第1。北美和东欧地区炼油能力也有小幅增加，分别达到10.80×10^8t/a和5.30×10^8t/a。中东、南美洲和非洲地区的炼油能力与2011年基本持平，分别为3.64×10^8t/a、3.30×10^8t/a和1.61×10^8t/a。西欧地区继续受经济衰退、炼油厂关停等因素影响，炼油能力持续下降，下降了0.2×10^8t/a[4]。

世界炼油工业继续向规模化发展，产业集中度进一步提高。据美国《油气杂志》统计，截至2012年底，全球共有655座炼油厂，平均规模达到679×10^4t/a，与2003年相比，炼油厂数量减少9%，但平均规模提高了19%（表3）。排名世界前10的10家炼油公司的炼油能力合计达到16.5×10^8t/a，占全球炼油总能力的37%。规模在2000×10^4t/a以上的炼油厂达到22座。委内瑞拉石油公司Paraguana炼油中心以4700×10^4t/a的炼油能力成为世界最大的炼油厂。在全球最大的10座炼油厂名单中，有8座炼油厂位于亚洲和中东（表4）。我国的中国石油大连石化公司和中国石化镇海炼化公司的炼油能力均已超过2000×10^4t/a，中国石油和中国石化都已跻身世界十大炼油商之列。

表3 2012年世界主要国家炼油能力统计

名次	国家	炼油厂数，座	炼油能力，10^4t/a					
			常压蒸馏	焦化	催化裂化	催化重整	加氢裂化	加氢处理
1	美国	125	90712	14027	28344	15070	8717	67055
2	中国①	54	35330	858	2940	765	925	2543
3	俄罗斯	40	27500	519	1654	3220	611	10204
4	日本	30	23779	679	4935	3566	908	23576
5	印度	22	21714	933	2492	222	828	957
6	韩国	6	14793	105	1570	1694	1650	7061
7	德国	15	11236	582	1745	1741	1015	9472
8	意大利	16	10976	248	1608	1131	1484	5538
9	沙特阿拉伯	7	10560	—	518	831	669	2319
10	巴西	13	9587	634	2526	105	—	1337
世界合计		655	444817	25832	73013	49419	27832	215515

数据来源：美国《油气杂志》，2012年12月3日。

①原文如此，据调研统计，中国实际原油加工能力约为5.75×10^8t/a。

表4 2012年世界十大炼油厂排名

名次	所属公司	炼油厂地点	原油加工能力，10^4t/a
1	Paraguana炼油中心	委内瑞拉，法尔孔，卡顿/朱迪巴拿	4700
2	韩国SK Innovation公司	韩国，蔚山	4200
3	韩国GS-Caltex集团	韩国，丽水	3875
4	韩国S-Oil公司	韩国，昂山	3345
5	印度信实石油公司①	印度，贾姆纳加尔	3300
6	埃克森美孚公司	新加坡，裕廊/Pulau Ayer Chawan	2963
7	印度信实工业公司①	印度，贾姆纳加尔	2900
8	埃克森美孚公司	美国，得克萨斯州，Baytown	2803
9	沙特阿美公司	沙特阿拉伯，Ras Tanura	2750
10	台塑集团	中国台湾，麦寮	2700

数据来源：美国《油气杂志》，2012年12月3日。

①位于印度贾姆纳加尔的两座炼油厂均属印度信实集团，故有其他排名认为印度信实集团拥有世界最大的炼油厂，能力为6200×10^4t/a。

预计未来几年，世界新建炼油项目仍将主要集中在亚洲和中东地区，欧美地区的炼油业务调整和重组还将继续，这促使世界炼油工业的发展重心加速向具有市场潜在优势的亚洲和中东地区转移。

2.3 原油资源供应趋紧，页岩气、页岩油等非常规油气资源开发成热点

随着世界经济规模的不断扩大，石油消费量持续增长。但原油资源储量有限，未来供应紧张已是必然趋势。世界主要能源机构都预测在2025—2045年世界原油生产将达到峰值，峰值过后原油产量将以年均1%～5%的速率下降。我国当前原油对外依存度达到56.4%，是仅次于美国的第二大石油进口国和消费国。原油资源不足成为制约我国炼油工业发展的最大瓶颈。

为应对原油资源日益紧缺的挑战，减少对石油资源的依赖，从美国掀起的积极开发利用页岩气、页岩油等非常规资源的“页岩油气革命”正在向全球蔓延。由于开采技术取得突破，近年来页岩油气产量大幅上升，在全球油气资源领域异军突起，形成勘探开发的新亮点。加快页岩油气勘探开发，已经成为世界主要页岩油气资源大国的共同选择。

据美国能源信息管理署统计，全球页岩油和页岩气储量分别达到6753×10^8bbl和$1013\times10^{12}m^3$，其中技术可采储量分别为3450×10^8bbl和$206.7\times10^{12}m^3$。全球页岩气技术可采储量占全球天然气可采储量的32%，页岩油技术可采储量占全球原油可采储量的10%。全球75%的页岩油和80%以上的页岩气技术可采储量都集中在排名前10位的国家（表5、表6）。俄罗斯拥有世界上最大的页岩油资源，达到750×10^8bbl。中国是世界上最大的页岩气资源国，达到$31.6\times10^{12}m^3$。美国虽然不是最大的资源国，但拥有最先进的技术，由于新技术的出现，美国页岩油可采资源量比2011年增加了35%。目前也只有美国和加拿大实现了工业生产，2012年美国页岩油和页岩气产量分别达到258×10^4bbl/d和$2725\times10^8m^3$，占其石油总产量（890.5×10^4bbl/d）的29%和天然气总产量（$6814\times10^8m^3$）的40%。除美国之外的页岩油资源50%以上集中在俄罗斯（750×10^8bbl）、中国（320×10^8bbl）、阿根廷（270×10^8bbl）和利比亚（260×10^8bbl），页岩气资源50%以上集中在中国（$31.6\times10^{12}m^3$）、阿根廷（$22.7\times10^{12}m^3$）、阿尔及利亚（$20.0\times10^{12}m^3$）、加拿大和墨西哥[5]。

表5 全球页岩油技术可采储量统计

排名	国家	储量，10^8bbl
1	俄罗斯	750
2	美国	580
3	中国	320
4	阿根廷	270
5	利比亚	260
6	澳大利亚	180
7	委内瑞拉	130
8	墨西哥	130
9	巴基斯坦	90
10	加拿大	90
其他		650
合计		3450

数据来源：EIA，2013年6月10日。

表6 全球页岩气技术可采储量统计

排名	国家	技术可采储量	
		$10^{12}ft^3$	$10^{12}m^3$
1	中国	1115	31.6
2	阿根廷	802	22.7
3	阿尔及利亚	707	20.0
4	美国	665	18.8
5	加拿大	573	16.2
6	墨西哥	545	15.4
7	澳大利亚	437	12.4
8	南非	390	11.0
9	俄罗斯	285	8.1
10	巴西	245	6.9
其他		1535	4.3
合计		7299	206.7

数据来源：EIA，2013年6月10日。

页岩气属于干气，其中甲烷含量为90%左右，乙烷、丙烷和丁烷总含量最高可达20%，一般低于10%。页岩气可用于生产液化天然气（LNG）、制氢、生产天然气合成油（GTL）以及通过乙烷裂解生产乙烯等石化原料。北美页岩气产量每年增长5.3%，到2030年将达到$15.3\times10^8m^3/d$，其增量比常规天然气产量的递减量更多。受页岩气产量增长的推动，北美将在2017年成为天然气净出口地区，2030年净出口量接近$2.3\times10^8m^3/d$。页岩油属于轻质低硫原油，可与常规原油混炼或单独加工。美国墨西哥湾地区的炼油厂已开始加工页岩油，如马拉松石油公司的$380\times10^4t/a$得克萨斯炼油厂已全部加工Eagle Ford页岩油；瓦莱罗能源公司$500\times10^4t/a$ Three Rivers炼油厂和$1025\times10^4t/a$ Christi炼油厂目前加工Eagle Ford页岩油的能力分别为$200\times10^4t/a$和$125\times10^4t/a$；Flint Hills Resources（FHR）公司Christi炼油厂加工Eagle Ford页岩油的能力为$300\times10^4t/a$。Vantage Point咨询公司预计，美国页岩油的日产量将从目前的150×10^4bbl增加到2025年的（280～420）$\times10^4bbl$，到2040年将下降到200×10^4bbl。此外，预计到2040年，页岩油的产量将占美国石油总产量的20%～40%，并将占据美国炼油厂原油来源的较大部分[6,7]。

2.4 原油质量重质劣质化趋势明显，重质原油加工难度增大

世界常规石油资源的储量为（3～4）$\times10^{12}bbl$，而非常规石油资源（重油、超重油和油砂沥青等）的储量接近$8\times10^{12}bbl$。从世界石油资源剩余储量来看，高硫、重质等劣质原油比例在逐年上升。世界原油质量总的变化趋势是，低硫和轻质原油产量不断减少，而含硫、重质原油的产量在逐年增加（表7、图1）。世界原油平均API度将由2011年的33.3°API下降到2035年的32.6°API，平均硫含量将由2011年的1.15%提高到2035年的1.33%。API度小于22°API的重质原油产量将从2011年的$990\times10^4bbl/d$增加到2035年的$1630\times10^4bbl/d$，在原油中的比例将从2011年的11.7%增加到2020年的峰值15.9%

（表8、图2）[8]。

表7 世界原油质量现状及预测

地区	2011年			2035年		
	供应比例，%	API度，°API	硫含量，%（质量分数）	供应比例，%	API度，°API	硫含量，%（质量分数）
北美	12.4	31.7	1.28	15.8	29.8	1.69
拉丁美洲	12.4	25.1	1.46	12.3	23.5	1.45
欧洲	4.6	37.3	0.41	2.4	37.7	0.40
独联体	16.7	33.7	1.13	14.4	34.9	1.03
亚太	9.8	35.1	0.17	6.5	35.9	0.17
中东	32.6	34.2	1.71	37.7	33.7	1.83
非洲	11.8	36.2	0.29	11.0	36.9	0.25
世界合计	100	33.3	1.15	100	32.6	1.33

数据来源：哈特能源公司，2012年12月。

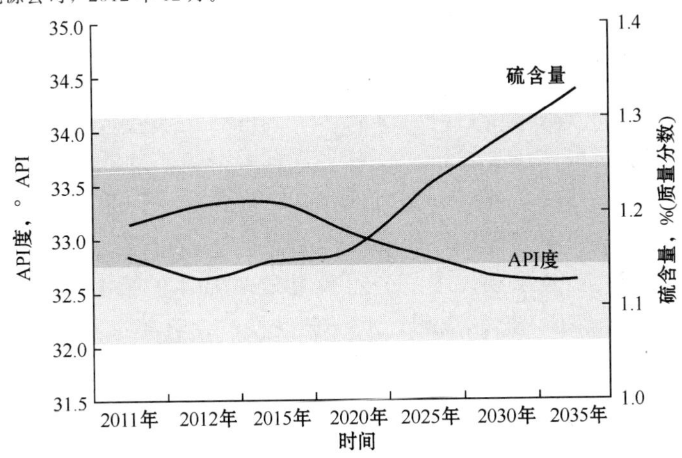

图1 2011—2035年全球原油质量变化趋势

表8 2011—2035年世界重质原油（API度小于22°API）产量增长预测

时间	2011年	2012年	2015年	2020年	2025年	2030年	2035年
重质原油，10^6bbl/d	9.90	10.20	11.60	15.50	15.90	16.60	16.30
重质原油所占比例，%	11.7	11.9	12.7	15.9	15.5	15.6	14.8
常规原油，10^6bbl/d	65.42	65.82	68.71	69.26	73.68	76.01	80.33
NGL，10^6bbl/d	8.98	9.42	10.85	12.42	13.25	13.64	13.79
合计	84.3	85.44	91.16	97.18	102.83	106.25	110.42

数据来源：哈特能源公司，2012年12月。

据美国地质调查局统计，全世界重质原油储量约为3×10^{12}bbl，其中可采储量为4340$\times10^8$bbl。由于开采技术尚不成熟，重质原油开发进度缓慢，难度较大。许多咨询公司认为，当前中东地区主要油田超过50%的石油储量已被开采，产量开始下降，易开采石油的

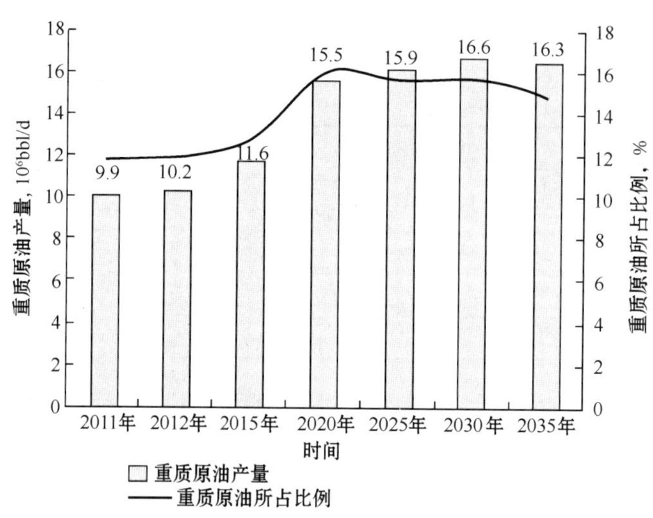

图2　2011—2035年世界重质原油（API度小于22°API）产量增长预测

时代即将结束。加拿大、美国等纷纷投入超重油、油砂的开采，甚至如沙特阿拉伯、科威特等产油大国也加入了重质原油开发的大潮。

重油的高效加工和充分利用已成为全球炼油业关注的焦点。作为主要重油加工技术的渣油加氢工艺的开发和应用日益增多，其中沸腾床工艺可用于处理高金属含量和高残炭的劣质原料，在近年来的劣质重油改质项目中应用较多，发展很快。悬浮床加氢技术由于原料适应性强，适合于高金属、高残炭、高硫、高酸值、高黏度劣质原料的深加工，与当前其他重油加工技术比较，具有轻油收率高、柴汽比高、产品质量好、加工费用低等显著优点，近年来取得技术突破，工业应用前景乐观。埃尼公司采用EST技术的第1套115×10^4t/a工业装置已在意大利Sannazzaro炼油厂建设，预计2013年底投产，有望率先在世界范围内实现工业化应用。

委内瑞拉超重油和加拿大油砂沥青的重油改质也发展较快。委内瑞拉超重油和加拿大油砂沥青都是高密度、高黏度、高硫、高氮、高酸、高残炭、高金属、高沥青质的劣质原油，是当今世界上最难加工的原油，一般通过浅度加工改质为能够管输或船运的轻或重合成原油，再通过管输或船运到炼油厂进一步加工生产出汽油、煤油、柴油等产品供应市场。目前全球共有4座委内瑞拉超重原油改质工厂，都建在委内瑞拉奥里诺科重油带的油田附近，在建中的加工委内瑞拉超重原油的炼油厂也有1座。改质工厂的核心转化装置都是延迟焦化。目前加拿大在生产中的油砂沥青改质工厂有6座，都建在加拿大油砂沥青矿附近，计划建设的油砂沥青改质工厂有10座。改质工厂的核心转化装置是渣油沸腾床加裂化和焦化。

2.5　油品结构继续变化，柴油需求呈显著增长趋势

近10年来，全球炼油能力基本保持小幅增长态势，从2001年的40.58×10^8t/a增至2012年的44.48×10^8t/a，年均增幅为0.35%。汽油、柴油等油品产量和消费量相应增长。从供需平衡看，全球油品市场基本平衡，供应略大于需求（表9）。但油品结构变化明显，柴油呈显著的增长趋势，汽油的比例在降低，生产柴汽比从1.0增加到1.12，消费柴汽比从1.03上升到1.10（图3）[8]。

表 9　2011—2035 全球石油产品需求及预测　　单位：10^6 bbl/d

时间	2011 年	2012 年	2015 年	2020 年	2025 年	2030 年	2035 年
汽油	22.48	22.70	23.63	24.99	25.76	26.16	26.80
石脑油	5.92	5.92	6.11	6.48	6.75	6.99	7.18
喷气燃料	5.27	5.31	5.67	6.32	6.89	7.38	7.80
煤油	1.23	1.21	1.22	1.19	1.16	1.14	1.12
中馏分油	25.85	26.09	28.23	31.70	34.77	37.43	39.81
陆用柴油	15.05	15.28	16.49	18.66	20.46	22.05	23.50
其他运输用油	3.55	3.64	3.90	4.40	4.93	5.41	5.05
船用柴油	1.01	1.02	1.46	1.77	2.13	2.29	2.43
其他瓦斯油	6.68	6.59	6.87	7.43	7.80	8.41	8.82
重质燃料油	8.70	8.64	8.38	8.39	8.24	8.15	7.99
船用油	3.85	3.88	3.76	3.88	3.84	3.94	4.02
LPG	9.18	9.31	10.01	10.90	11.61	12.25	12.82
其他产品	9.73	9.82	10.57	11.68	12.81	13.84	14.72
合计	88.35	89.01	93.82	101.64	107.99	113.33	118.24

数据来源：哈特能源公司，2012 年 12 月。

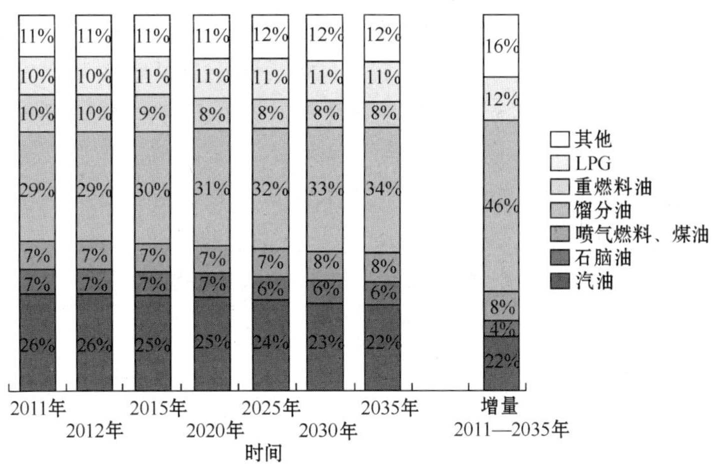

图 3　2011—2035 年全球炼油产品结构变化

据哈特能源公司预测，未来全球油品需求将继续增长，油品结构将继续变化，增量将从汽油和燃料油转向柴油。预计从 2011 年到 2035 年，汽油在油品中的比例将下降 3 个百分点，而同期柴油比例将增加 5 个百分点（从 29%增加到 34%）。2011—2035 年增加的石油产品总量中，46%将是柴油，而目前柴油在油品结构中的比例仅为 29%。柴汽比将继续上升，2015 年消费柴汽比从 2011 年的 1.15 增长到 1.19，2030 年将达到 1.43，2035 年将上升到 1.49[8]。油品结构变化明显，柴油呈显著的增长趋势，汽油的比例在降低。油品消费结构的变化将对炼油厂装置结构配置、产品生产结构调整、市场销售布局设置以及生物燃料、碳一化工等替代能源的发展产生重要影响，已成为炼油业持续关注和研究的热点问题。

2.6 清洁燃料标准加速升级，向低硫、超低硫方向发展

随着对环境要求的不断提高，世界各国对炼化产品的质量与环保要求日趋严格。车用清洁燃料标准已经发生很大变化，且仍在继续升级换代，最重要的指标是汽油和柴油的硫含量、苯含量及芳香烃含量。总体来看，全球各国标准中的主要指标趋向一致，质量升级速度加快，车用燃料的质量趋势是向高性能和清洁化方向发展。汽油要求低硫、低烯香烃、低芳香烃、低苯和低蒸汽压；柴油要求低硫、低芳香烃（主要是稠环芳香烃）、低密度和高十六烷值。

美国目前在执行中的清洁汽油的标准是硫含量不大于30μg/g，欧洲标准是硫含量不大于10μg/g。美国和欧洲的清洁柴油标准硫含量分别是不大于15μg/g和不大于10μg/g。发展中国家的清洁燃料也在升级换代。我国正在执行的国Ⅲ汽柴油标准的硫含量分别是不大于150μg/g和不大于350μg/g。北京已经于2012年5月31日起率先实施京Ⅴ汽柴油标准，汽柴油硫含量不大于10μg/g；上海也于2013年9月1日开始执行沪Ⅴ标准；广州、深圳等少数大城市实施相当于欧Ⅳ的车用汽柴油地方标准，硫含量均降至50μg/g。随着汽车保有量快速增长，汽车尾气排放对大气污染的影响日益增加，特别是近年来我国大范围持续出现的雾霾天气，引发了社会对油品质量升级的广泛关注。政府提出加快油品质量升级步伐，明确了我国油品质量升级的时间表，决定在已发布国Ⅳ车用汽油标准（硫含量≤50μg/g）的基础上，尽快发布国Ⅳ车用柴油标准（硫含量≤50μg/g），实施过渡期至2014年底；2013年6月底前发布国Ⅴ车用柴油标准（硫含量≤10μg/g），2013年底前发布国Ⅴ汽油标准（硫含量≤10μg/g），实施过渡期均至2017年底。据统计，到2011年底全球消费的汽油中不大于10μg/g的无硫汽油比例达到了15%，主要是欧洲国家和日本、韩国等经合组织亚太成员国；10～50μg/g的超低硫汽油市场份额占到了49%，主要是北美地区；而近25%的汽油是50～500μg/g的低硫汽油，其中50%来自于亚太地区；拉美和中东地区的汽油硫含量普遍超过500μg/g。世界部分国家已公布的计划实施的汽油规格标准见表10。

表10 世界部分国家已公布的计划实施的汽油规格标准

国家及地区	硫含量（最大），μg/g	芳香烃含量（最大），%（体积分数）	苯含量（最大），%（体积分数）	抗爆性能（最小）			计划实施时间
				普通	中等	优质	
北美				抗爆指数1/2（RON+MON）			
美国	10	29	0.62	87	89	91～93	2017年
加拿大	10	29	1	87	89	91～93	2018年
欧洲				辛烷值（RON）			
欧洲27国+EFTA成员国①②	10	35	1.0	—	—	—	2014年
东南欧③	10	35	1.0	91	—	95	2015年
亚太地区	—	—	—	辛烷值（RON）			
中国	50	—	—	90	93	97	2014年
中国	10	—	—	89	92	95	2017年
印度尼西亚	150	—	—	—	—	—	2016年

续表

国家及地区	硫含量（最大），μg/g	芳香烃含量（最大），%（体积分数）	苯含量（最大），%（体积分数）	抗爆性能（最小）			计划实施时间
				普通	中等	优质	
马来西亚	50	—	3.5	—	—	—	2014—2015 年
菲律宾	50	—	—	—	—	—	2015—2016 年
越南	50	—	—	—	—	—	2016 年
独联体				辛烷值（RON）			
俄罗斯	150	42	1.0	—	—	—	2013 年
俄罗斯	50	35	1.0	—	—	—	2015 年
俄罗斯	10	35	1.0	—	—	—	2016 年
白俄罗斯	10	35	1.0	—	—	—	2016 年
乌克兰	50	35	1.0	—	—	—	2017 年
格鲁吉亚	150	42	3.0	—	—	—	2014 年
哈萨克斯坦	50	35	1.0	—	—	—	2016 年
拉丁美洲				抗爆指数 1/2（RON+MON）			
墨西哥	80	—	—	—	—	—	2013 年
巴西	50	35	—	—	—	—	2014 年
厄瓜多尔	100	—	—	—	—	—	2015 年
中东				辛烷值（RON）			
约旦	50	—	1.0	—	92	96	2015 年
科威特	10	—	—	—	—	—	2015 年
卡塔尔	10	35	1.0	—	—	95	2013 年
沙特阿拉伯	10	35	1.0	91	—	—	2013 年
叙利亚	50	40	2.0	—	—	—	2015 年
阿联酋	10	—	—	—	—	—	2013 年
非洲				辛烷值（RON）			
阿尔及利亚	10	35	1.0	91	—	95	2014 年
南非	10	35	1.0	91	—	95	2017 年
非洲其他地区	150～1000	—	1.0～5.0	91	—	—	

① EFTA 包括挪威、瑞士、冰岛和列支敦士登。

②欧洲 27 国 + EFTA 成员国 2014 年计划实施的规格其他指标均与现行规格一致，蒸气压（37.8℃）将下降至 58kPa。

③东南欧包括阿尔巴尼亚、波斯尼亚和黑塞哥维那（波黑）、克罗地亚、马其顿、黑山和塞尔维亚。

预计到 2015 年，全球消费的 84%的汽油将是硫含量不大于 50μg/g 的超低硫汽油；到 2020 年，72%的汽油将是硫含量不大于 10μg/g 的无硫汽油，对硫含量大于 500μg/g 汽油的需求几乎消失。在车用柴油方面，到 2011 年欧洲和北美绝大多数消费的都是硫含量不大于 15μg/g 的超低硫柴油，亚洲的经合组织成员国也使用的是硫含量不大于 10μg/g 的车用柴油；预计到2015年，全球消费的低硫柴油和超低硫柴油比例将由目前的65%上升到75%（表11）。

表11　世界部分国家已公布的计划实施的车用柴油规格标准

国家/地区		硫含量（最小），μg/g	十六烷指数（最小）	芳香烃含量（最大），%（体积分数）	15℃时密度（最大），kg/m³	计划实施时间
北美洲	美国	15	—	—	—	未公布新计划，同现行标准
	加拿大	15	—	—	—	未公布新计划，同现行标准
欧洲	欧洲27国+EFTA成员国	10	51	—	845	2014年
	东南欧	10	51	—	840～845	2015年
亚太地区	中国	50	46	11	—	2014年
	中国	10	46	11	—	2017年
	印度尼西亚	350	—	—	—	2016年
	马来西亚	50	—	—	845	2014—2015年
	菲律宾	50	—	—	—	2015—2016年
	越南	50	—	—	—	2016年
独联体	亚美尼亚	10	51	—	845	2010—2011年
	白俄罗斯	10		—	845	2011年
	格鲁吉亚	50	51	—	845	2011年
	哈萨克斯坦	350		—	845	2011年
	哈萨克斯坦	50	51	—	845	2014年
	俄罗斯	50	51	—	845	2012年
	俄罗斯	10	51	—	845	2015年
	乌克兰	50	51	—	845	2011年
拉丁美洲	阿根廷	30	—	—	—	2016年
	巴西	500	—	—	—	2014年
	哥伦比亚	50	—	—	—	2013年
	墨西哥	15	—	—	—	2013年
	厄瓜多尔	10	—	—	—	2015年
中东	伊朗	50	—	—	—	2012—2015年
	约旦	50	—	—	—	2015年
	科威特	10	—	—	—	2017年
	卡塔尔	10	51	—	845	2014—2015年
	沙特阿拉伯	10	—	—	—	2016年
	叙利亚	50～10	51	—	845	2015—2017年

续表

国家/地区		硫含量（最小），μg/g	十六烷指数（最小）	芳香烃含量（最大），%（体积分数）	15℃时密度（最大），kg/m^3	计划实施时间
非洲	阿尔及利亚	10	46	—	800～845	2014 年
	贝宁	100	—	—	—	2015 年
	多哥	500	—	—	—	2015 年
	马达加斯加	50	—	—	—	2013 年
	南非	10	—	—	—	2017 年
	非洲其他地区	50～3500	45	—	880～890	

2.7 技术创新继续推动产业进步，引领产业发展

炼油工业作为技术密集型工业，技术创新在提高企业经济效益、降低生产成本、提升产品质量方面发挥重要作用。美国燃料与石化制造者协会（AFPM，原称 NPRA）年会是世界最重要的炼油专业会议，主要的石油公司和炼油商、技术开发商都派代表参加，是炼油技术风向标，基本反映了全球炼油技术的发展趋势。近年 AFPM 会议论文的技术进展主要集中在重油加工、清洁燃料生产、炼化一体化、替代能源等领域。

重油深加工技术在应对全球原油劣质、重质化的挑战中不断进步。作为主流的重油加工技术，渣油加氢技术的开发和应用日益广泛，沸腾床加氢裂化技术在超重原油及油砂沥青加工方面的工业应用呈现快速增长趋势；悬浮床加氢技术近年来研究取得突破，意大利埃尼公司开发的 EST 技术将在 2013 年底实现工业化。清洁燃料生产技术向产品高品质化方向发展。清洁汽油生产技术的发展方向是进一步降低硫含量、烯烃含量和苯含量，提高辛烷值、氧化安定性和清净性。催化汽油选择性加氢脱硫是生产清洁汽油的首选技术，烷基化等高辛烷值汽油组分的生产受到更多关注。清洁柴油生产技术向降低硫含量、芳香烃含量，提高十六烷值、氧化安定性方向改进。单段芳香烃深度饱和技术可降低芳香烃含量、提高十六烷值，应用日趋广泛，异构降凝技术可改善低温流动性，成为低凝柴油的主要生产路线。炼油厂增产丙烯、芳香烃等化工原料技术伴随炼化一体化战略加快发展。炼油厂增产丙烯技术的开发主要集中在两个方面：一是现有催化裂化装置增产丙烯；二是利用炼油及乙烯裂解副产的 C_4—C_8 等资源转化为乙烯、丙烯的低碳烯烃裂解技术、烯烃歧化技术。以对二甲苯为主要目的产物的芳香烃生产技术中，技术进步与创新主要体现在催化剂性能的提高、新型反应及分离工艺的开发与应用、采用组合工艺最大化增产芳香烃等方面。替代能源技术受到高度重视，迈入规模工业应用阶段。以非粮作物的纤维素和木质素为代表的第 2 代生物燃料正处于开发过程，需较长时间才能大规模工业应用。天然气制合成油（GTL）技术开发应用进程加快，壳牌公司在卡塔尔的 700×10^4 t/a 油品生产能力的全球最大 GTL 装置已于 2012 年 5 月顺利开工。

在 2013 年召开的 AFPM 年会上，许多公司介绍了一些值得关注的新技术研发及应用进展。

2.7.1 介孔沸石催化裂化催化剂

Rive公司采用其专有的“分子大道（Molecular Highway™）”介孔分子筛技术，结合Grace公司的基质技术开发出了一种催化裂化新催化剂。该技术通过创建介孔（2～6nm）网络改进Y型分子筛，使分子筛拥有约4nm的孔径、0.15cm^3/g孔体积的介孔，从而在Y型分子筛晶体内部形成“分子大道”，能够使催化裂化原料分子更快速地进入分子筛的内部发生反应，然后快速退出，从而实现较低的重油收率和较高的轻油/轻烯烃收率。该催化剂已于2011年在美国印第安纳州Mount Vernon市CountryMark炼油厂的催化裂化装置进行了工业应用。Rive公司首席执行官称，到目前为止已有6批次工业制备该催化剂的实践经验。最近又在得克萨斯州Big Spring Alon炼油厂的催化裂化装置上进行了应用。工业应用表明，较大的孔道能改善烃分子进出催化剂的传质能力。由于能使汽油和柴油馏分范围的烃分子很快从沸石孔道中出来，因而能避免二次裂化、减少干气和焦炭的生成。采用该催化剂能使催化裂化装置增加2.5美元/bbl的经济效益，并且应用此项技术无需增加基础投资，只需在正常范围调整操作条件[9]。

2.7.2 重质高硫原油改质新技术

Auterra公司在2013年的AFPM年会上推出了已完成中型试验的FlexDS新技术。FlexDS技术是一种通过脱除硫和杂原子来实现原油及重质馏分油改质的低能耗、低成本的有效方法，用氧气代替氢气，用两种催化剂的组合以达到脱硫、脱氮、脱金属，同时提高API度、降低酸值的效果。原油生产商因此可以在油田现场对重质高硫原油进行改质，提高质量，提高经济效益。FlexDS技术也可以在炼油厂不用氢气对重质高硫原油和馏分油进行改质。Auterra公司宣称，在已经完成中型试验的基础上，计划在2014年初与加拿大油砂沥青生产商合作，在油砂沥青生产现场进行放大试验[10,11]。

2.7.3 石脑油脱砷催化剂

近年来，Criterion公司开发了一系列能防止加氢处理催化剂砷（烈性毒物）中毒的脱砷保护剂。砷对加氢精制催化剂的活性影响很大，催化剂表面沉积0.1%（质量分数）的砷就能导致加氢脱硫（HDS）和加氢脱氮（HDN）催化剂活性损失高达50%。2004年，Criterion公司开发了第1代砷保护催化剂（Arsenix），通过大幅增加镍的活性，使催化剂具有很高的砷吸附容量，以保持脱硫和脱氮催化剂的高活性。第2代砷保护催化剂MaxTrap［As］于2006年实现了工业应用。MaxTrap［As］催化剂具有更广泛的适用性，在炼油厂的应用范围包括石脑油加氢处理和重减压瓦斯油加氢处理。自2004以来，Arsenix和MaxTrap［As］催化剂在超过150套装置上得到了工业应用。最近Criterion公司又开发了更新一代的MaxTrap［As］syn脱砷剂，可以更加有效防止某些劣质原油（如加拿大阿萨巴斯卡油砂沥青）中的砷沉积而使加氢处理催化剂中毒。这种最新的脱砷保护剂，通过改进催化剂制备工艺，强化捕砷的动力学能力，容砷能力高达70%，镍利用率大于50%[12]。

2.7.4 延迟焦化助剂技术

Albemarle公司和OptiFuel技术公司合作开发了OptiFuel™技术，在延迟焦化装置中使用焦化助剂以降低焦炭产率，并提高液体产品收率。OptiFuel专利技术结合Albemarle公司专有的焦化助剂，不仅可改善焦化装置性能，提高收益，也能消除生产瓶颈，提高处理量，生产更多高附加值产品。该技术通过在焦化反应器顶端的蒸汽区域注入混合助剂，混合助剂由液体部分（载体）和 Albemarle 公司的专有固体助剂组成。与常规延迟焦化反应机理有所不同，混合助剂的活性组分增加了催化裂化反应，减少了传统延迟焦化操作下的热反应。目前该技术已经完成了中试，首套工业应用装置预期很快可以运行[13]。

3 思考和启示

当前我国炼油工业正处于从炼油大国向炼油强国的转变时期，炼油能力从 2006 年的 3.69×10^8 t/a 增长到 2012 年的 5.75×10^8 t/a，仅次于美国，位居世界第二。根据工业和信息化部发布的《石化和化学工业“十二五”发展规划》，“十二五”期间，我国石化行业将保持平稳较快增长，年均增长速率保持在 13%左右，到 2015 年，原油加工能力控制在 6×10^8 t/a 左右。我国炼油工业迎来了战略发展机遇期，但仍面临着原油资源供应日趋紧张、原油品质重劣质化、环保要求趋严等严峻挑战，必须借鉴国际先进经验，采取相应对策。

3.1 扩大原油来源，实现渠道多极化和资源多元化

我国自 1993 年成为原油净进口国以来，进口量逐年增大。2012 年我国进口原油 27109×10^4 t，比上年增长 7.3%，表观消费量达到 47613×10^4 t，原油对外依存度达到 56.4%，是仅次于美国的第二大石油进口国和消费国。预计到 2015 年，中国原油需求将突破 5×10^8 t，2020 年将达到 6×10^8 t，原油对外依存度在 2015 年和 2020 年将分别上升到 62%和 68%，供需缺口逐年增大。原油资源不足成为制约我国炼油工业发展的最大瓶颈。

必须加快建设多渠道的石油资源来源体系，实现渠道多极化、品种多元化。在保证国内原油稳产的同时，与油气资源国建立长期合作关系，继续从中东、俄罗斯、南美、非洲等地扩大原油来源，保障国家能源安全。同时加快开发我国具有资源储量优势的页岩油气资源，尽快实现技术突破。积极利用天然气、煤炭、生物质等其他替代能源较快发展的契机，以生物燃料、GTL、煤制油作为石油基燃料的补充。通过上述措施，努力扩大原油来源，实现炼油厂加工原料的多元化，保障国家能源供应安全。

3.2 积极应对原油重质化劣质化的挑战，提高重油深加工能力

目前全球剩余可采石油资源中 70%以上为重质资源，含硫、重质原油的产量在逐年增加。国内石油资源大多是低硫石油，但资源短缺，而进口的大多是含硫、高硫、重质原油。预计未来 20～25 年，中国平均每年可新增可采储量（1.8～2.0）$\times10^8$ t，但品位下降，低渗透、超稠油比例加大。中国石油和中国石化两大集团加工高硫原油的比例达到 35%左右。随着原油品质劣质化，尤其是委内瑞拉超重油、加拿大油砂沥青等重油资源的可采储量和产量逐步上升，炼油加工难度增大，重油加工深度、反应苛刻度也必然要相应提高。

国内的炼油企业需要进一步提高劣质重油深加工能力，优化资源配置，调整产品结构，加快炼油厂装置改造步伐，新建一批原料适应性好、产品质量高、产品结构灵活的加氢裂化装置。加快开展委内瑞拉超重油、加拿大油砂沥青等重油加工技术的研发与应用，推广应用重油梯级分离、延迟焦化等重油改质和加工技术，悬浮床加氢技术方面尽快取得技术突破。继续发展重油催化裂化工艺和催化剂，提高重油转化率，最大限度提高轻油收率，提高汽油

辛烷值，并兼顾多产丙烯。

3.3 加快清洁燃料质量升级换代，多产柴油调整油品结构

在可持续发展、低碳经济的大形势下，对石油产品的质量要求日趋严格。全球车用汽柴油质量提升十分迅速，其主要发展方向是低硫和超低硫。我国的油品标准也趋于与国际先进水平同步。目前已全面实施国Ⅲ汽柴油标准，北京、上海先后实施京Ⅴ、沪Ⅴ汽柴油标准，汽柴油硫含量不大于10μg/g；广州、深圳等少数大城市实施相当于欧Ⅳ的车用汽柴油地方标准，硫含量均降至50μg/g。政府提出加快油品质量升级步伐，决定在2014年底实施国Ⅳ汽柴油标准（硫含量不大于50μg/g），2017年底前全面实施国Ⅴ汽柴油标准（硫含量不大于10μg/g）。在油品质量标准更加严格的形势下，中国炼油工业必须加快产品质量升级步伐。

加快油品质量升级的关键途径是，提高加氢装置比例。重点采用催化汽油加氢后处理工艺解决汽油硫含量问题，适度发展催化汽油原料加氢预处理，进一步提高深度脱硫脱芳柴油加氢装置的能力，发展加氢裂化，生产清洁柴油。采用高活性、高选择性的汽柴油加氢催化剂和性能更加优异的反应器内构件，也是经济有效的汽柴油质量改进措施。

多产柴油也是当前和今后世界炼油工业的发展趋势之一。炼油厂可通过采取有效途径，优化利用现有流程增加柴油产量，包括调整馏分切割点、改变操作条件、更换催化剂提高产品选择性、调整炼油厂装置结构、采用先进技术等方法。除了原油常减压蒸馏装置可以多产柴油（如3%）外，能够较大幅度多产柴油的装置还包括催化裂化原料油加氢预处理以及催化裂化和加氢裂化，其中加氢裂化是生产超低硫柴油，特别是含硫10μg/g清洁柴油的最重要手段。除了应用新工艺外，炼油厂为应对中馏分油需求增加，通常还可采取以下操作调整措施：一是扩大蒸馏切割点范围，减少进入催化裂化原料油和直馏汽油的柴油量；二是提高蒸馏效率，使用作催化裂化和加氢裂化原料的减压瓦斯油中不含柴油馏分；三是采用提高催化轻循环油（催化柴油）收率的催化裂化催化剂。

3.4 加强自主技术创新，支撑和引领业务发展

当前的炼油技术进步主要集中在应对加工原料的品种及质量变化、市场对产品需求变化、环保法规日益严格上。美国采用水力压裂和水平井技术突破非常规天然气开发壁垒的经验，也证明了技术的持续创新是新兴业务的发展关键。未来的技术将向着多学科集成、综合一体化解决方案发展。在当前复杂多变的竞争环境中，在充分竞争的炼油领域，技术领先战略更加强调保持并发展核心技术优势，努力拓展新兴技术。

“自主创新、重点突破、应用集成、开放研究”仍然是我国炼油技术的发展原则，集中力量攻克关键技术，同时加强引进技术的消化吸收和再创新，提高自主创新能力，推进增长方式转变，通过“科技炼油、绿色炼油、可持续炼油”为建设“美丽中国”提供能源技术保障。通过进一步加大科研投入和扶持力度，重点开发劣质重油深加工和清洁燃料生产工艺和催化剂，以应对原油资源劣质化以及油品质量不断升级的需要。积极开发天然气、煤等碳一化工以及生物燃料等替代能源新技术，为能源接替和产业的长远发展提供技术保障。从战略角度研究工艺的革命性技术创新，如油煤气混炼、分子炼油、新型反应过程、新型催化材料等。

参考文献

[1] IMF. World Economic Outlook Update，2013－07－09.

[2] Global Oil Production up in 2012 as Reserves Estimates Rise again. OGJ，2012－12－03.

[3] EIA. Oil Market Report ，2013－08－09.

[4] Warren R True，Leena Koottungal. Asia，Middle East Lead Modest Recovery in Global Refining. OGJ，2012－12－03.

[5] EIA. Technically Recoverable Shale Oil and Shale Gas Resources：An Assessment of 137 Shale Formations in 41 Countries Outside the United States，2013－06－10.

[6] Chad Huovie，Mary Jo Wier，Richard Rossi，et al. Solutions for FCC refiners in the shale oil era，AFPM. AM－13－06，2013.

[7] Matthew Kuhl，Andy Hoyle，Robert Ohmes. Capitalizing on Shale Gas in the Downstream Energy Sector. AFPM AM－13－52，2013.

[8] Hart Energy. Global Crude，Refining and Clean Fuels Outlook to 2035，2012－12.

[9] Larry Dight，Gautham Krishnaiah，Barry Speronello，et al. Rive Molecular Highway TM Catalyst Delivers Over $2.50/bbl Uplift at Alon's Big Spring，Texas Refinery. AFPM AM－13－03，2013.

[10] Max Ovchinnikov，Josiane Ginestra，Dorian Rauschning，et al. Successes Gained in Oil Sands Derived Feed Processing：A Customized Application of Research & Development. AFPM AM－13－11，2013.

[11] Eric Burnett. Upgrading Oil Sands Bitumen Using FlexDS：Pilot Plant Performance and Economics. AFPM AM－13－34，2013.

[12] Keith Wilson，Amanda K Miller. Role of Bulk Metal Catalysts in Hydroprocessing Improvement. AFPM AM－13－14，2013.

[13] Raul Arriaga，Ryan Nickel，Phil Lane，et al. Improve Your Delayed Coker's Performance and Operating Flexibility with New OptiFuel Coker Additive. AFPM AM－13－67，2013.

世界炼油技术新进展

朱庆云　任文坡　乔　明

1　概述

21 世纪的全球炼油工业面临着诸多挑战。首先是加工原油的硫含量逐年增加，API 度逐年降低，加工难度加大，加工成本增加，加工工艺需要不断调整。其次是环保压力增大。随着汽车工业的快速发展，车用燃料消耗与日俱增，导致大气污染越来越严重。炼油生产的清洁化和燃油的清洁化促使炼油业不断调整生产结构和产品结构，同时也成为炼油工业可持续发展的强大动力。再次是世界油价剧烈波动，石油经营风险加大，炼油利润不断降低。炼油技术的不断改进和创新成为全球炼油行业应对上述挑战的主要措施。劣质原油改质、清洁燃料质量升级、炼油厂清洁化生产等涉及炼油厂众多的生产装置，关系到许多炼油生产技术。劣质原油改质涉及延迟焦化、催化裂化、渣油加氢等技术，清洁燃料生产涉及加氢处理、加氢裂化以及重整、烷基化等技术；炼油厂清洁化生产涉及催化裂化装置减排等清洁生产技术。在炼油厂二次转化能力中，催化裂化能力占总炼油转化能力的比例最大（图 1），但加氢裂化能力的增长则是三者中最多的。

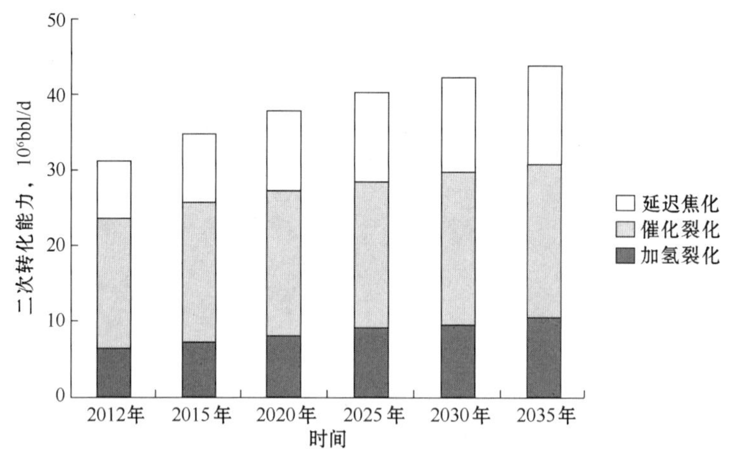

图 1　现在及未来全球炼油二次转化能力的变化趋势[1]

本届 AFPM 年会涉及炼油新技术的主要论文有 8 篇，其中与劣质重质原油改质技术有关的论文 2 篇，与催化裂化技术有关的论文 2 篇，与延迟焦化技术有关的论文 1 篇，与加氢处理技术有关的论文 2 篇，与烷基化技术有关的论文 1 篇。

2　劣质重油改质技术

石油输出国组织发布的数据显示，委内瑞拉探明石油储量 2011 年达到 2965×10^8 bbl，超过沙特阿拉伯，成为世界探明石油储量最大的国家，其中重质原油和超重原油的比例达到

92%，开发潜力巨大[2]。加拿大原油储量居世界第3位，其中97%是油砂沥青，据加拿大石油生产商协会（CAPP）2013年统计，该地区油砂沥青储量约1680×10^8bbl[3]。目前全球炼油厂加工原油中50%以上都是重质含硫、高硫原油，10%以上是中质和重质高酸原油[4]。重质劣质原油改质是炼油工业的热点和难点问题，由于加拿大政治和社会环境稳定，近年来油砂沥青资源的开发利用热潮逐渐升温，炼油企业和炼油技术供应商都在探索解决油砂沥青加工过程中的难题。据国际能源咨询机构（IHS）预测，世界油砂产量将从2012年的170×10^4bbl/d增长到2020年的320×10^4bbl/d，北美以外，特别是中国是油砂的主要潜在市场。

2.1 Criterion公司油砂沥青加工系列催化剂研发[5]

油砂沥青加工面临的一个重要挑战是其原料中杂质含量很高，硫、氮和金属杂质（如镍和钒）会影响催化剂性能；沥青质会堵塞工艺设备影响反应效率；砷（即使在非常低的浓度下）会导致催化剂迅速失活。Criterion公司针对油砂沥青的加工特点不断改进催化剂，为油砂加工企业提供了更好的解决方案。

2.1.1 脱砷催化剂

砷对加氢精制催化剂的活性影响很大，催化剂表面沉积0.1%（质量分数）的砷就能导致加氢脱硫（HDS）和加氢脱氮（HDN）催化剂活性损失高达50%。为应对这一挑战，Criterion公司2004年开发了砷保护催化剂Arsenix，通过大幅增加镍的活性，使催化剂具有很高的砷吸附容量。2006年实现了改进型Arsenix催化剂（即第2代砷保护催化剂）MaxTrap［As］的工业应用。MaxTrap［As］催化剂在炼油厂中的适用范围更广，包括从石脑油到重减压瓦斯油的加氢处理。自2004年以来，Arsenix和MaxTrap［As］催化剂已在150多套装置应用。

通过合作研发，Criterion公司开发了新催化剂MaxTrap［As］syn。与MaxTrap［As］催化剂相比，MaxTrap［As］syn催化剂的砷捕获能力提高70%，同时使镍对砷的捕获效率提高50%以上（图2）。此外，以焦化石脑油为原料进行的中试试验显示，MaxTrap［As］syn催化剂表现出更强、更稳定的脱硫和脱氮活性。

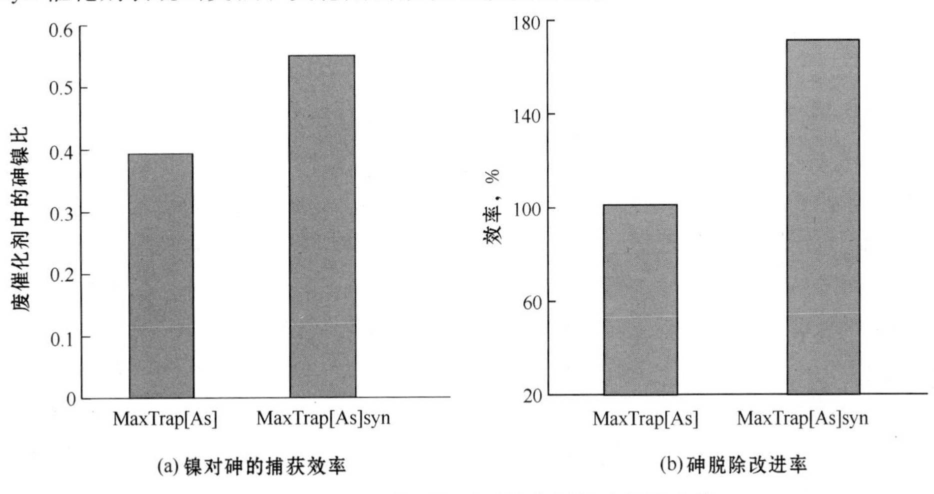

图2　MaxTrap［As］系列催化剂脱砷效果比较

2.1.2 提高催化剂的原料适应能力

催化裂化原料来自常减压、焦化、渣油超临界萃取、溶剂脱沥青等装置，因此催化裂化原料预处理催化剂必须有很强的适应性。加工沥青原料时，在镍、钒、硅、钠、砷和沥青质等杂质含量较高的情况下，预处理催化剂必须具备最优的脱硫、脱氮、芳香烃饱和性能，以确保催化裂化装置运行的经济性和稳定性。

Criterion 公司新一代 CENTERA® DN－3651 催化剂综合了 DN－3551 催化裂化预处理镍钼催化剂的杂质耐受性与 CENTERA® 活性位设计，具备更好的脱硫、脱氮、芳香烃饱和性能及更高的稳定性。当处理较难加工的原料（如来自沥青的减压瓦斯油和重焦化瓦斯油）时，在相同或者较高的脱硫活性条件下，相对于 DN－3551 催化剂，DN－3651 催化剂在脱氮活性方面至少降低反应温度 5.5℃。

加工油砂沥青原料时，Criterion 公司提出了 3 项强化催化剂优势的举措。第一，提高油砂焦化瓦斯油的处理量时，选用抗金属杂质性能更好的催化剂系统；第二，通过优化催化剂装填来提高催化剂的稳定性；第三，改善催化剂的开环裂化活性，以延长反应周期，提高油砂焦化瓦斯油的处理能力。

2.2 Auterra 公司油砂沥青改质工艺 FlexDS[6]

FlexDS 是 Auterra 公司开发的原油处理新工艺，用氧气代替氢气，用两种催化剂的组合可以达到脱硫、脱氮、脱金属，同时提高 API 度、降低酸值的效果。与现有技术相比，作为油砂与含硫重馏分改质的新技术有望降低二氧化碳排放。

FlexDS 采用标准工艺装置，包括两个反应器、两个循环回路和一个最终水洗装置（图 3）。硫分子的氧化发生在第 1 个催化反应器（A）中。FlexDS 技术独有的催化剂仅氧化原油中所需氧化的分子（硫和氮）。氧化过程在催化剂的金属中心（钛）上分两步发生，包括高选择性的氧原子转化过程。氧原子转化过程首先将硫化物氧化成亚砜，之后变成砜。在第 2 个反应器（B）中进行的是第 2 步选择性脱硫酰基反应，即将砜中的—SO_2—从烃链中脱除。该分离过程产生小相对分子质量的链（烷）烃，这可以增加体积收率并降低黏度。这种催化剂组合的优势在于，脱除了由总酸值来表征的酸性分子，同时氧化了氮和微量金属等杂环原子。这种脱硫酰工艺越高效，对燃料质量影响就越大，用这种方法改质原油得到的合成油价值比油砂沥青高很多。对 FlexDS 技术来说，有效的循环是提高经济效益的关键。第 1 步循环（C）是从油品中回收利用氧化剂载体。氧化剂载体循环采用的是富含芳香性组分，利用其自氧化生成有机过氧化物。该工艺反应温度相当低，容易适应特定需求。最具成本效益的方案是利用富含芳香烃的原油，发生自氧化反应，不需要循环和补充。氧化剂载体的成本为 0.05～0.25 美元/bbl，取决于回收（蒸馏）效率和其相应的补充水平。第 2 步循环（D）是回收利用第 2 步反应中的催化剂及物料，包括一个简单的热分离过程和水洗步骤。在热分离过程中绝大部分化合物被回收，其余的物质蒸馏出洗涤溶剂，之后循环使用。

FlexDS 中试装置于 2011 年 1 月开始运行，日处理能力为 20L，主要处理加拿大油砂，液收可达到 98%～99%。操作中使用的氧化剂载体是一种单一的石油化工产品，易于过氧化。FlexDS 反应器是固定床反应器，停留时间为 10min，操作温度为 85℃，压力稍高于常压。过氧化装置生成并循环氧化剂载体，操作条件为 120℃、常压。砜处理装置是连续型的

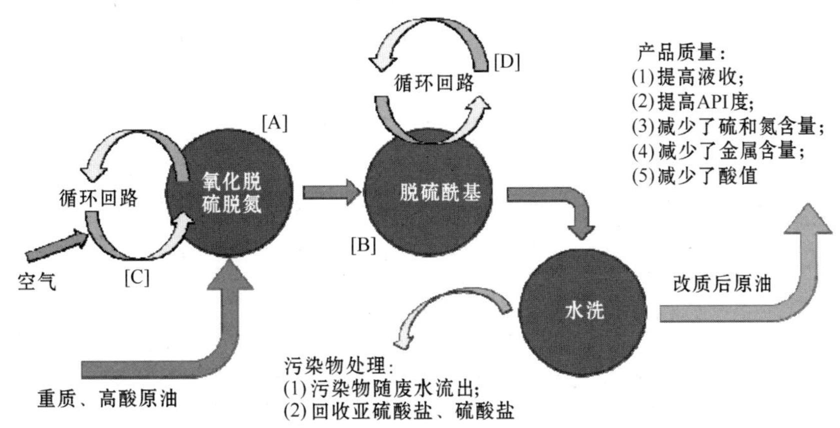

图 3　FlexDS 工艺流程

搅拌釜式反应器，操作温度为 275～300℃，标准压力为 300psi，沥青停留 80min。工艺收尾部分包含了分离和水洗装置，其操作温度略有上升。油砂沥青经 FlexDS 技术处理前后的性质变化见表 1。

表 1　FlexDS 改质技术的效果[6]

项目	油砂沥青处理前	经 FlexDS 处理后	转化率，%	价格上升幅度，美元/bbl
API 度，°API	5～10	>14	40	约 11
酸值，mg/kg	0.8	0	100	约 4
硫含量，%	4.8	2.8	42	
金属含量，μg/g	1200	500	约 60	
液收，%	—	+6	+6	约 4
WTI 原油价格，美元/bbl	88（EIA，2012.11）	稀释剂（约 25%）	—	—
WCS 原油价格，美元/bbl	72（CAPP，2012.11）	—	—	—

Auterra 公司将在 2013 年末兴建第 2 套中试装置，为建立准确的工业模型提供全套工程数据。第 1 套室外装置计划 2014 年建在加拿大艾伯塔省的 Fort McMurray，装置规模为 200bbl/d，目的是为了放大和试验。第 1 套完整的工业化生产装置预计于 2016 年投入运行。

3　加氢处理、加氢裂化技术

3.1　概述

截至 2012 年底，全球加氢总能力达到 25.71×10^8t/a，占全球总炼油能力的 51.5%（表 2）。加氢能力的增幅远高于炼油能力，加氢裂化能力的增幅高于加氢处理能力。

加氢能力持续增加的主要原因有两个：一是运输燃料需求量增加；二是全球许多国家越来越严格的汽柴油标准的实施（表 3）。许多国家、地区都已把进一步降低运输燃料的硫含量放到重要位置，其他指标如汽油苯含量、烯烃含量、蒸汽压，柴油的密度、十六烷值和多环芳香烃含量等都趋于严格，因为这些指标都与汽车尾气排放的颗粒物有关。

表2 2000—2012年全球加氢能力变化[7]

时间	常减压蒸馏	加氢裂化		加氢处理	
	能力，$10^4t/a$	能力，$10^4t/a$	所占比例,%	能力，$10^4t/a$	所占比例,%
2000年	426258	21268	5.0	182915	42.9
2005年	425637	23214	5.5	214135	50.3
2010年	441148	27085	6.1	227157	51.5
2012年	444817	27832	6.3	229271	51.5
年均增幅,%	0.36	2.57	—	2.11	—

表3 主要国家汽柴油标准

国家或地区	汽油			柴油	
	硫含量，μg/g	芳香烃,%（体积分数）	苯含量,%	硫含量，μg/g	芳香烃,%（体积分数）
美国	10～30	<50	0.62（体积分数）	10～15	35
加拿大	10～30	<25	1（质量分数）	15	30（最大）
拉丁美洲	400（部分地区30）	25～45	2.5（质量分数）	2000（部分地区10～50）	—
欧盟27国	10	35	1（体积分数）	10	35（西欧10）
中东、非洲	50	25	5（体积分数）	50～5000	—
亚太	10～50	30～45	1（体积分数）	10～350	10～35

目前全球多数炼油厂都采用加氢处理工艺对直馏柴油、重整原料油、催化原料油、催化汽油进行加氢处理，也有许多炼油厂采用低压或高压加氢处理工艺加工芳香烃含量多的催化轻循环油或焦化轻瓦斯油生产超低硫柴油。加氢裂化也是生产优质汽柴油的关键技术。随着清洁燃料质量要求的不断提高以及劣质原油处理量的不断增加，炼油加氢能力还会进一步增加（图4）。

3.2 加氢技术发展趋势

3.2.1 加氢处理技术

加氢处理技术的最新进展主要包括工艺和催化剂两个方面。

在加氢处理技术方面的进展主要有以下4个方面：

（1）处理重瓦斯油原料如焦化重瓦斯油，以应对焦化装置能力增加，用好焦化重瓦斯油的需要；提高中馏分油加氢处理能力，加工多种轻瓦斯油（包括催化轻循环油），以提高超低硫柴油收率；在工艺流程方面，如气相加氢处理和把低压装置改造为高压装置，以提高超低硫柴油收率。

（2）减少氢耗提高经济效益。现已工业应用的工艺有：杜邦公司IsoTherming，在原料油进反应器前先用氢气饱和原料油；SK公司HDS预处理工艺，含催化轻循环油或焦化瓦斯油的原料油在进加氢处理装置前先脱除耗氢多的化合物。此外，现已大量工业应用的

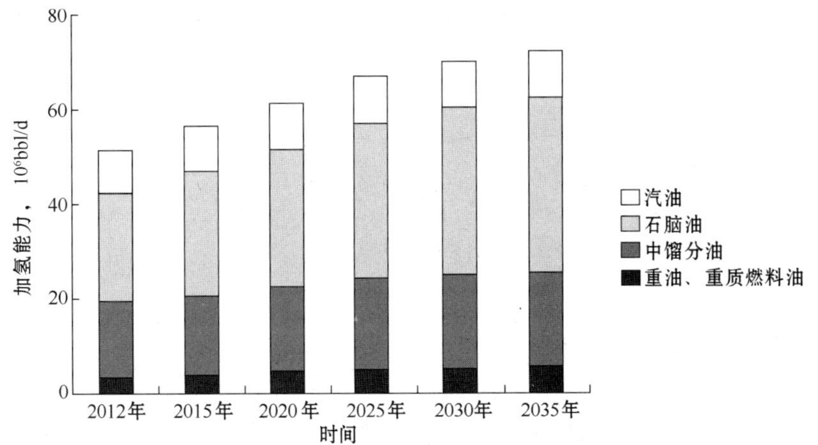

图4　现在及未来全球炼油加氢能力的变化情况[1]

Prime-G+、SCANFining 等都是通过限制烯烃饱和使氢耗大幅减少的工艺。

(3) 提高加氢处理反应器内构件性能。如果反应器内构件不能使原料油通过反应器时均匀流动，不仅会使产品质量不能满足要求，而且增加氢耗，即使采用先进催化剂也不会有好效果。Shell 公司、Haldor Topsoe 公司、UOP 公司和 Axens 公司等均可提供适于加氢处理的反应器内构件。

(4) 先进过程控制（APC）系统。已用于各种加氢处理装置，可以优化产品质量，减少水电汽等公用工程消耗。Aspen 公司称，用于汽油加氢脱硫装置，可以节省成本5～10 美分/bbl；用于超低硫柴油加氢处理装置，可以节省成本 10～30 美分/bbl。据 Axens 公司称，采用Prime-G+、Prime-D 技术的用户选用 APC 系统，通常可以每年得到 50 万～200 万欧元的效益。

在加氢处理催化剂方面的进展主要包括以下 5 个方面：

(1) 不断推出多种不同功能的重馏分油加氢处理催化剂。这些新催化剂，既可用于多段加氢处理工艺，也可用于单段加氢处理工艺，而且每个床层的催化剂都得到优化。

(2) 推出多种加氢裂化原料油加氢预处理新催化剂。这些新催化剂的脱氮能力提高，使加氢裂化装置能处理低质量原料油或提高装置加工能力。

(3) 推出催化裂化原料油加氢预处理新催化剂，目标是降低裂化原料油含硫量，取消催化汽油后处理（即催化汽油选择性加氢处理），以减少投资并降低成本。

(4) 推出延长运转周期的加氢处理新催化剂，改进催化剂再生技术，使废催化剂重新使用。

(5) 改进催化剂制备技术。

3.2.2　加氢裂化技术

加氢裂化技术的进展主要体现在催化剂和工艺两个方面。

在加氢裂化催化剂方面，其一是提高加氢裂化预处理催化剂的加氢脱氮性能，以适应加工重质高氮原料和延长装置运行周期的要求；其二是针对特定加工原料和目的产品要求，不断提高加氢裂化催化剂的活性、选择性和稳定性，改善加氢裂化装置的运行获利能力。

在加氢裂化工艺方面，为了适应加氢裂化原料油重质化，劣质化，以及产品质量要求日益严格的变化，开发具有各自特点的加氢裂化新工艺，并可根据特定用户需要对加工流程进行“量体裁衣”设计。

3.3 加氢技术最新进展

在加氢技术日益成熟的今天，加氢催化剂的不断改进和创新，以及加氢反应器设计水平的不断提升，成为加氢技术发展的主要方向，也成为许多与加氢技术相关的研究机构主攻的方向。

3.3.1 工业化非负载型加氢催化剂[8]

在加氢处理催化剂中，由Albemarle公司催化剂部门和埃克森美孚研究与工程公司合作研发的NEBULA非负载催化剂代表了一个全新领域。自2001年首次工业应用以来，许多加氢处理装置采用NEBULA催化剂，解决了因环保法规趋严和原料油质量变差带来的各种挑战，提高了加氢装置的经济效益。从催化剂工业应用结果上看，NEBULA仍然是目前活性很高的催化剂，尤其是在加氢裂化预处理和中压馏分油加氢装置上，NEBULA催化剂效果显著。高活性非负载型催化剂的价值体现在运行装置的经济效益上，其中包括拓宽原料来源、提高产品质量、提高装置的生产能力、延长生产周期以及降低操作费用。

非负载型催化剂主要成分为金属硫化物，制备原材料的成本要高于负载型催化剂，填充体积的成本要高于负载型加氢处理催化剂。NEBULA是目前工业应用的唯一一种非负载型催化剂，现已应用于全球范围内的加氢处理装置上。使用NEBULA非负载催化剂操作费用会增加，但采用该类催化剂的炼油厂认为，费用增加也是可以接受的，因为使用该剂后可为炼油厂降低氢耗提供机会。

在加氢处理领域，使用NEBULA催化剂可以提高收率。该剂主要有以下优点：

（1）消除原料来源限制。炼油厂的加氢处理能力受限的原因之一是受到原料选择限制，并影响原油供给的经济性。在这种情况下使用高活性NEBULA，可以处理更苛刻的原料，或处理高硫、高氮原料。

（2）拓宽原料范围。使用高活性催化剂，可以选择更为复杂的原料，同时又保证了装置处理能力。炼油厂使用NEBULA后处理量增加，并从中获益。

（3）提高液收。全球市场变化要求炼油厂提高柴油产率。NEBULA的使用提高了原料利用率和转化率，通过增加体积收率或可改善产品质量。

（4）符合环境法规条件下可使投资最小化。在现有催化裂化加氢处理装置上，使用NEBULA可帮助炼油厂生产符合美国Tier 3汽油质量标准的产品，对新设备的投资需求降至最低，而且可以有效降低催化裂化装置上硫氧化物和氮氧化物的排放。

NEBULA催化剂的工业应用实例更好地证明了该催化剂具有的特性，如在埃克森美孚公司减压瓦斯油加氢裂化预处理装置上用NEBULA取代25%的负载型催化剂，为该炼油厂带来了液收增加、未转化的塔底油收率降低50%、催化剂使用周期延长等益处；在埃克森美孚公司轻循环油加氢裂化预处理装置装填一部分NEBULA，原料利用率提高10%，轻循环油终馏点提高20 ℉等。使用NEBULA非负载型催化剂技术使埃克森美孚公司避免了许多装置改造导致的巨额投资，同时可在不增加投资的情况下，一些加氢装置可以生产超低硫柴油产品。

3.3.2 新型反应器内构件的开发应用[9]

新型高效加氢催化剂的有效利用，离不开先进反应器内构件的开发及应用。随着反应器结构（长度和直径）的扩大及重质、高芳香烃含量原油中加工成本的增加，世界范围内炼油厂均需要利用新装备确保流量和温度分布一致，实现催化剂利用率提高和安全操作等目标。因此，反应器内构件技术升级则应需而生。

对于现有反应器，内构件主要用于流体分布及催化剂床层间流体混合，限制了新型催化剂的使用及性能发挥，进而限制了炼油厂对重质及劣质原料加氢处理的能力。其根本原因在于，催化剂活性越高，对温度变化的敏感性越强。这种较强的温度敏感性往往更容易促进热点形成。有研究结果清楚地表明，最先进的反应器内构件产生的径向温差非常小，可使高活性催化剂的应用成为可能，并且可以在不损失收率或者形成过热点的条件下，最大限度延长催化剂的寿命。为此，CLG 公司针对加氢处理反应器开发了新型 ISOMIX® 系列反应器内构件，最新型号是 ISOMIX－e。在保证催化剂装填质量的前提下，可使新建或改建反应器在采用高活性催化剂时，降低温度分布不均和高活性催化剂固有的过热反应点等因素造成的风险。ISOMIX® 系列反应器内构件的关键组成部分是一台设计独特的混合箱，可使催化剂床层之间物料混合、急冷和平衡等更完全，进而防止床层之间发生温度传递或者浓度分布不均。该技术可以在较小的压力降下实现该目标，而且可以降低反应器体积。该系列反应器内构件的另一关键组成部分是流量喷嘴。这些高效率的喷嘴可在催化剂表面形成更加均一的气液分布，进而提高了流体接触效率。此外，在气—液喷雾状态良好的条件下，达到均匀、完全浸湿所需的催化剂床层厚度也大幅减小。总体来说，使用该喷嘴可提高催化剂利用率，同时增强了分配盘的耐用性，避免其在运行过程中出现非正常状况。

从 2003 年起，CLG 公司已为约 20 个装置改造项目及超过 180 套基础设计项目提供了 ISOMIX® 内构件设计。有些应用已体现出极佳性能，如在雪佛龙公司某炼油厂装置改造中安装 ISOMIX® 内构件，使床层入口径向温度分布明显改善、过热点（较高表面温度）得以消除、平均反应温度降低 15 ℉（8℃）、高附加值产品增加 3 个百分点以及废气排放量降低等。

4 催化裂化技术

催化裂化是炼油厂用来改质重质油和渣油生产运输燃料的核心技术，具有原料适应性强、轻质产品收率高等优点。2011 年，全球催化裂化加工能力达到 8.66×10^4 t/a，其中渣油催化裂化能力为 9100×10^4 t/a，占催化裂化总能力的 11%。催化裂化在化工方面的主要贡献是生产丙烯，已发展成为仅次于蒸汽裂解制丙烯的又一大生产工艺。2011 年，全球生产的丙烯中约有 57%产自蒸汽裂解装置，30%产自炼油厂催化裂化装置，其余的 13%产自其他装置。

作为当今重油高效转化的主要工艺过程，催化裂化技术将会在相当长的时期内发挥不可替代的作用，相关催化裂化催化剂和工艺也将不断地发展和完善。研制新型催化剂、增加装置操作灵活性、提高催化裂化产品质量和目的产品收率、降低干气和焦炭产率、烟气脱硫脱硝等依然是催化裂化发展的主要研究方向。

4.1 Rive公司Rive™介孔分子筛技术[10]

灵活的催化裂化催化剂技术可以提供更高的重油转化率和焦炭选择性，帮助炼油厂脱除操作瓶颈，生产更有价值的产品，提升炼油厂收益。Rive公司一直关注于研究催化裂化催化剂的分子筛，开发了Rive™介孔分子筛技术。该技术通过创建介孔（2～6nm）网络改进Y型分子筛，使分子筛拥有约4nm的孔径、0.15cm³/g孔体积的介孔，从而在Y型分子筛晶体内部形成“分子大道”，能够使催化裂化原料分子更快速地进入分子筛的内部发生反应，然后快速离开，从而实现较低的重油收率和较高的轻油收率。Rive公司和Grace Davison公司开展合作，将Rive™介孔分子筛与Grace Davison公司的催化剂基质配方相结合，生产出第1代介孔分子筛制成的GRX-3催化剂，并于2011年在美国印第安纳州CountryMark炼油厂催化裂化装置上成功进行了应用。2012年，采用第2代Rive™介孔分子筛制备的催化剂在Alon USA公司位于得克萨斯州Big Spring市的炼油厂的渣油催化裂化装置上成功进行了工业示范。结果表示，该分子筛从本质上改善了焦炭选择性、提高了塔底油转化能力，可使催化裂化装置效益提升2.50美元/bbl以上（图5）；同时实现该目标不需任何资本投入，且操作条件的改变也在正常的范围内。

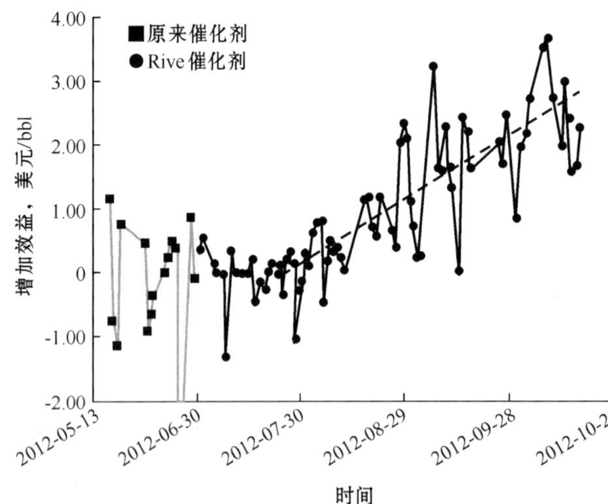

图5 Rive催化剂增加的效益

4.2 Belco Technologies公司减排技术[11]

面对日益严重的环保压力，世界各国对硫氧化物、颗粒物及近年来要求减排的氮氧化物的排放要求越来越高。Belco Technologies公司通过对催化裂化装置现有的Belco® EDV®湿式洗涤器进行优化和改造，以进一步降低空气污染物的排放，同时对具体优化和改造措施的效果、成本、优势和潜在的问题进行了比较。降低二氧化硫排放的方案包括提高pH值、增加液气比、降低洗涤器入口温度、在液体回路上增加冷却设备等（表4）。降低颗粒物排放的方式主要包括在湿式洗涤系统中添加或升级过滤组件、增加液体喷雾压力等（表5）。针对氮氧化物排放要求，Belco Technologies公司开发了LoTOx™脱硝技术。该技术是一种选择性低温氧化技术，如图6所示，在湿式洗涤器内用臭氧将氮氧化物氧化为水溶性的五氧化二氮，形成硝酸后通过洗涤器喷嘴进行洗涤并由洗涤器的碱性试剂中和。LoTOx™技术应用到现有湿式洗涤系统面临的最大挑战是找到最佳的布置来获得臭氧与氮氧化物反应形成五氧化二氮所需的停留时间，采取的改造方案有改造现有容器增加停留时间、在现有湿式洗涤器的上游或下游方向增加氮氧化物反应区，详见表6。

表 4　降低二氧化硫排放的措施

项目	提高 pH 值	增加液气比	降低洗涤器入口温度	增加冷却设备
相对成本	最小	中等	不确定	高
二氧化硫减排	不确定	显著	一般	显著
优势	不需资金投入	相对简单	能量回收	降低水耗
需重视的问题	pH 值太高	泵及管道改造	如果温度过低，上流腐蚀	冷却器设计

表 5　降低颗粒物排放的措施

项目	增加过滤组件	由 5000 型升级至 6000 型	增加液体喷雾压力
相对成本	高	中等	低
颗粒物减排	显著	一般	一般
优势	颗粒物减排最显著	相对简单	非常简单
需重视的问题	大多数洗涤器已具备过滤组件	泵及管道改造	颗粒物减排数量

表 6　实现 NO_x 减排的措施

项目	改造现有容器	上游增加容器	下游增加容器
相对成本	最少	多	多
氮氧化物减排	显著	显著	显著
优势	成本低，不需额外的装置空间	用现有喷雾液体吸收氮氧化物	对现有湿式洗涤器操作没有任何影响
需重视的问题	地基及容器设计可能不足	在催化裂化装置和湿式洗涤器之间需要空间	在新型容器中需要合适的亚硫酸盐

5　延迟焦化技术

全球原油供应重质劣质化趋势的加剧以及残渣燃料油需求的减少，使渣油加工和重油改质（如延迟焦化）需求增加。延迟焦化是目前工业应用最多的重油加工技术，可以灵活加工各种原料，包括直馏渣油、减黏渣油、加氢裂化渣油、裂解焦油和循环油、油砂、催化裂化油浆和炼油厂污油（泥）等 60 余种原料，处理原料油的康氏残炭质量分数为 3.8%～45%，API 度为 2～20°API。据美国《油气杂志》2012 年底统计，全球焦化能力已经超过 469×10^4 bbl/d（2.35×10^8 t/a），主要是延迟焦化装

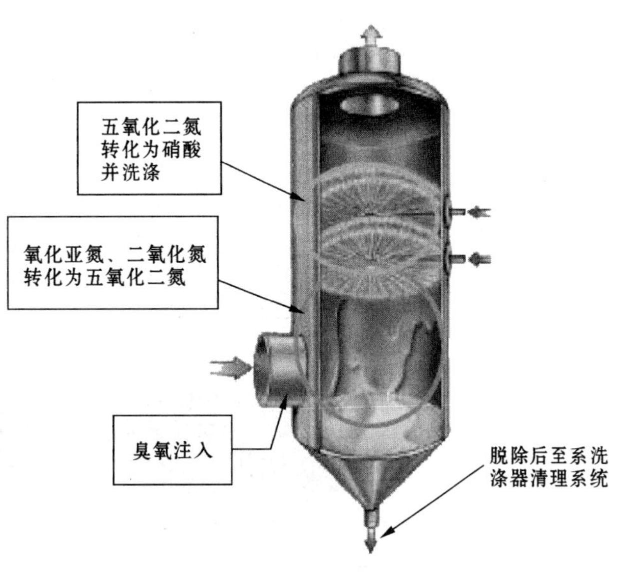

图 6　LoTOx ™示意流程

置。作为劣质重油改质的重要途径，延迟焦化技术仍有较大的发展空间。

作为劣质重质原油改质的重要途径之一，未来焦化能力仍占据很大的市场份额。现有的焦化工艺（尤其是延迟焦化）已经成熟，未来焦化技术改进的方向主要是降低低价值焦炭产量，提高液收，同时实现节能环保。

Albemarle公司和OptiFuel技术小组开发了OptiFuel™技术[12]，在延迟焦化装置中使用焦化添加剂以降低焦炭产量并提高液体产品收率。OptiFuel专利技术结合Albemarle公司专有的焦化添加剂，不仅可改善焦化装置性能，提高收益，也能消除生产瓶颈，提高处理量，生产更多高附加值产品。

在焦化反应器顶端的蒸气区域注入混合添加剂，混合添加剂包括液体部分（载体）和Albemarle公司的专有固体添加剂。与常规延迟焦化反应机理有所不同，混合添加剂的活性组分增加了催化裂化反应，减少了传统延迟焦化操作下的热反应，使延迟焦化装置能够生产更多的高附加值产品（图7）。

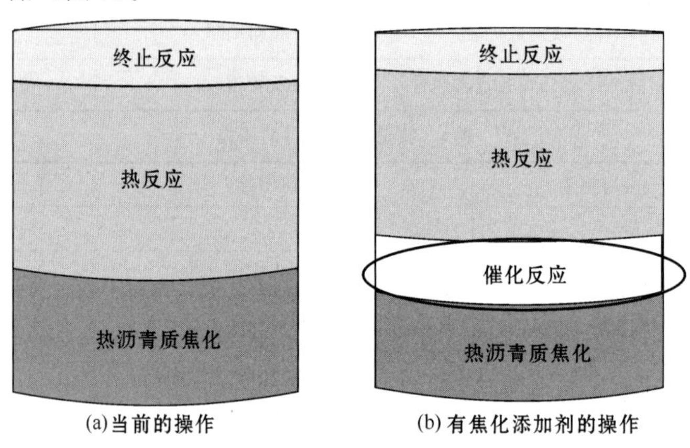

图7　加入焦化添加剂的OptiFuel技术反应机理

采用OptiFuel技术的装置，产品分布会发生相应变化。低价值产品（如焦炭与干气）的产量降低，高附加值液体产品（如液化石油气、汽油、轻焦化瓦斯油和重焦化瓦斯油）产量提高，如图8所示。

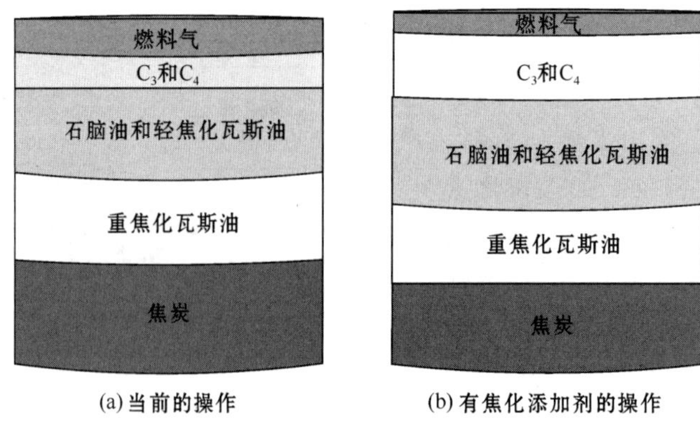

图8　OptiFuel技术应用前后产品选择性对比（固定进料）

采用这项技术也能够达到消除炼油厂生产瓶颈的目的。若焦化装置富气压缩机以最大产能运行，减少干气产量可以增加液化石油气产量或进料速率；若加热炉按最高生产能力运行，选择合适的添加剂配方可以提高轻质油品产量；若焦化装置焦炭塔空间较小，应用此技术可以增加装置新鲜原料处理量。在固定焦炭产量的情况下，采用 OptiFuel 工艺可提高处理量，增加液收，如图 9 所示。

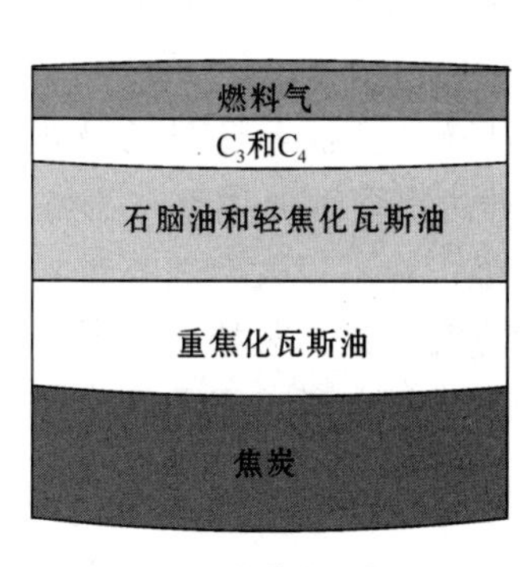

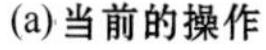
(a) 当前的操作

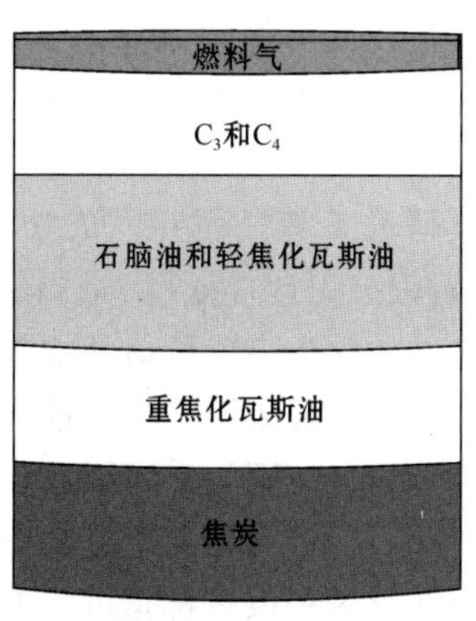

(b) 有焦化添加剂的操作

图 9 在焦炭产量一定的情况下采用 OptiFuel 工艺的产品分布

在宾夕法尼亚州立大学开展的中试结果显示，与无添加剂的操作相比，焦炭产率明显降低，C_{3+} 液收提高（表 7）。如果优化添加剂、原料和操作条件，燃料气收率明显下降。利用 OptiFuel 工艺经济模型，以 1 套 2×10^4bbl/d（110×10^4t/a）的延迟焦化装置加工残炭 22% 的原料为例，预计焦炭产率将降低 3.7%，同时干气减少，液收增加，即每年可增加 2700 万美元经济效益。如果通过 OptiFuel 技术提高装置处理量，每年可为装置再增加 5300 万美元利润。采用 OptiFuel 焦化添加剂的第 1 套工业化装置，据报道已于 2013 年实现工业化。

表 7 OptiFuel 工艺工业应用的产品收率变化预测

项目	基准值	预测值
焦炭，%	32.3	28.5
干气，%	5.6	4.4
C_{3+} 液体产品，%	62.2	67.1

6 烷基化技术

随着环保法规的日益严格，清洁燃料生产成了炼油厂的重中之重。虽然炼油厂有催化裂化汽油、重整生成油、烷基化油、异构化油以及醚化油等很多汽油调和组分，但烷基化油与其他燃料组分相比，不含烯烃、芳香烃，硫含量极低的优势显而易见。

全世界烷基化能力从 2000 年的 8084×10^4t/a 增加到 2012 年初的 9034×10^4t/a[1,2]，年增幅达到 1.0%，而全球炼油能力从 2000 年的 40.63×10^8t/a 增加到 2012 年的 44.48×10^8t/a，年增幅仅为 0.8%。世界烷基化能力最大的国家当属美国，2012 年达到 4959×10^4t/a，占世界烷基化总能力的 54.9%，占美国炼油总能力的 6.4%[2]。清洁汽油质量标准走在世界前列的美国，汽油中烷基化油约占汽油调和总量的14%，美国清洁汽油实施最先进的加利福尼亚州优质新配方成品汽油中烷基化油加入量高达20%～25%。随着全球清洁汽油需求量的不断增长，全球烷基化油产能将会进一步增长。

由于欧美等汽油标准限定苯含量为0.62%（体积分数），加上欧美国家汽油调和组分中重整油比例较高，所以欧美等国汽油降苯技术的开发及应用较为广泛。既能降低汽油苯含量，又能提高汽油辛烷值或者辛烷值不损失的技术，成为近年来欧美等国用以降低汽油苯含量的主要技术。

由埃克森美孚研究工程公司开发成功的可以降低汽油苯含量的技术——BenzOUT™，现由Badger许可有限公司负责授权[13]。该技术通过富含苯的物流与乙烯、丙烯等低碳烯烃进行化学反应，将苯转化为高辛烷值的烷基芳香烃。在不损失辛烷值和氢耗的情况下，为炼油厂满足汽油苯含量要求提供了一个低成本替代方案。该工艺特点如下：

一是采用固定床工艺。因为采用固定床液相反应器，所以需要的公用工程少。反应器可以用单床层也可以用多床层，取决于进料中的含苯量和所需要的苯转化率。利用现有的管式反应器或固定床反应器进行改造都是可行的。

二是采用埃克森美孚研究工程公司开发的高活性沸石催化剂，运行周期长，可以进行器外再生进一步延长催化剂寿命。

三是稳定。与丙烯一道进入装置的丙烷通过产品稳定塔从BenzOUT产品中分出，可以得到符合要求的丙烷产品。通过BenzOUT技术降苯以后得到的产品就是蒸气压降低的轻重整油。除了降低苯含量外，BenzOUT技术在经济上也有一定优势，如苯与轻烯烃反应体积增大，主要取决于进料中的苯含量和苯的转化率；全部重整生成油的抗爆指数［（RON+MON）/2］提高2～3个单位；可以提高重整装置的灵活性，重整装置可加工全馏分石脑油，提高产氢量和辛烷值。

7 看法与建议

7.1 持续跟踪及开发劣质重质原油改质技术，为后续装置提供优质原料

全球石油需求持续增长，常规石油供应日益趋紧，炼油企业必须优化生产装置，适应非常规原油（包括超重油和油砂沥青）的加工要求。中国三大石油公司在加拿大均参与了油砂沥青的开发项目，下一步应重点关注上下游一体化，尽最大可能利用好这些资源。劣质重质原油加工的难点之一是有效降低原料中的杂质含量，减轻对装置操作、催化剂性能的影响，这也是我国炼油厂未来加工此类原料需要考虑和解决的问题。借鉴国际领先技术的特点及研发思路，结合原料特性和现有装置结构，研发出适合我国炼油业特点和需求的催化剂技术。

中国石油现已开发成功委内瑞拉超重油延迟焦化及劣质重油供氢热裂化成套技术，也已计划开发油砂沥青的改质技术。中国石化在非常规原油延迟焦化工艺开发方面也取得较大进展，其含酸原油延迟焦化加工技术和劣质渣油延迟焦化加工技术已实现工业化。2010年在古巴国家石油公司与委内瑞拉国家石油公司合资进行的西恩富戈斯炼油厂扩建项目中，延迟焦化装置技术在新建的230×10^4 t/a延迟焦化项目中成功中标。

下一步我国应加快已开发成功技术的推广应用，同时深入研究油砂沥青改质技术，不断

积累劣质重质原油的加工经验，增强资源获取竞争力，提高重油资源利用价值，达到提升我国重油加工技术竞争力的最终目标。

7.2 重点开发加氢催化剂及反应器内构件技术，降低加氢装置操作及投资成本

加氢技术已成为清洁燃料生产以及改善催化裂化、加氢裂化等二次加工装置原料油质量的重要技术，加氢装置的投资和操作费用极高。降低操作成本、改善催化剂性能、改进反应器设计、提高装置经济效益等已成为全球加氢技术发展的主流。2013 年 AFPM 年会有关加氢催化剂及反应器内构件技术的开发及应用的介绍，也印证了全球加氢技术发展的方向。

目前，我国在加氢催化剂的研发及应用方面已有建树，下一步应该继续开发更多的适于我国炼油装置结构特点的新型催化剂，并拓宽已开发成功的加氢催化剂应用范围，同时应该在反应器内构件的开发和应用上下大力气，尽早拥有自己的专有技术，提高我国炼油加氢技术的整体竞争力。

7.3 继续加大重油催化裂化催化剂的研发力度，提高公司催化裂化技术的国内外竞争力

催化裂化催化剂依然是催化裂化技术发展的主要方向之一，高性能催化材料以及稀土替代技术的开发成为催化裂化催化剂发展的重点。我国在该领域拥有一定优势，今后应在现有基础上强化优势，研究出适于我国催化裂化装置特点的催化剂，进一步降低催化裂化催化剂生产成本。

在重油催化裂化技术领域，我国的技术开发水平和应用水平国际先进。为了应对不断增长的劣质原油加工带来的后续问题，今后我国应该拓深重油催化裂化催化剂的研发深度，拓宽其应用范围，提高我国重油催化裂化装置效率，提升我国炼油业盈利水平。

催化裂化装置排放是炼油厂污染物排放的主要来源之一，近年来国际许多大公司都已开发并应用了减少催化裂化装置排放的技术，我国在该领域的研究与国外相比，存在一定差距。今后应该加大催化裂化装置减排技术的研究，以使我国催化裂化系列催化剂的应用范围更加广泛，更好地满足炼油厂清洁生产的环保要求。

7.4 尽早开发并拥有烷基化、重整等优质汽油组分生产技术，降低公司清洁汽油质量升级成本

目前我国汽油调和组分与欧美等国相比，依然存在优质调和组分，如烷基化油、重整油比例较低的现状，随着全国范围内清洁汽油质量升级进程的加速，我国优质汽油调和组分的需求会不断增加。目前山东等地方炼油厂烷基化装置的兴建，也表明我国优质汽油组分生产能力的增加势在必行。重整油作为优质汽油组分，目前在我国的汽油调和池中比例不高。我国重整能力虽然位居世界前列，但我国重整装置能力的 2/3 用于为化工装置提供原料。优质汽油组分需求的增加，势必要提高重整及烷基化装置的能力。我国应尽早开发并拥有具有自主知识产权的烷基化及重整等技术，为我国汽油质量的顺利升级奠定技术基础。

参考文献

[1] Hart Energy. Global Crude, Refining and Clean ransportation Fuel Outlook Through 2035, 2013.

[2] OPEC. World Oil Outlook 2011. http://www.opec.org/opec_web/en/.

[3] Canadian Association of Petroleum Producers Crude Oil Forecast, Markets & Transportation. http://

www. capp. ca/.

[4] 蔺爱国，姚国欣．世界炼油工业现状、炼油技术新进展和发展预测．//蔺爱国．2012 年世界炼油技术新进展——AFPM 年会译文集．北京：石油工业出版社，2013.

[5] Max Ovchinnikov，Josiane Ginestra，Dorian Rauschning，et al. Successes Gained in Oil Sands Derived Feed Processing：A Customized Application of Research & Development. AFPM AM－13－11，2013.

[6] Eric Burnett. Upgrading Oil Sands Bitumen Using FlexDS：Pilot Plant Performance and Economics. AFPM AM－13－34，2013.

[7] Worldwide Refineries. http：//www. ogj. com.

[8] Keith Wilson，Amanda K Miller. Role of Bulk Metal Catalysts in Hydroprocessing Improvement. AFPM AM－13－14，2013.

[9] Sumanth Addagarla，Gavin McLeod，Kris Parimi，et al. Impact of Flow Distribution and Mixing on Catalyst Utilization and Radial Temperature Spreads in Hydroprocessing Reactors. AFPM AM－13－13，2013.

[10] Larry Dight，Gautham Krishnaiah，Barry Speronello，et al. Rive Molecular Highway™ Catalyst Delivers Over $2. 50/bbl Uplift at Alon's Big Spring，Texas Refinery. AFPM AM－13－03，2013.

[11] Edwin H Weaver，Nicholas Confuorto. FCCU Wet Scrubbing System Modifications to Reduce Air E-missions. AFPM AM－13－18，2013.

[12] Raul Arriaga，Ryan Nickel，Phil Lane，et al. Improve Your Delayed Coker's Performance and Operating Flexibility with New OptiFuel Coker Additive. AFPM AM－13－67，2013.

[13] El－Mekki El－Malki，Grant Donahoe，Benjamin Umansky，et al. Gasoline Benzene ReductionReformate Alkylation Catalytic Technology：BenzOUT™. AFPM AM－13－75，2013.

页岩气：美国石化工业复兴的助推器

李振宇　王红秋　乔　明

1　概述

页岩钻井技术的革新，迅速提高了北美地区非常规天然气的供应量。当前非常规天然气已占到北美天然气供应的25%左右，而且未来几年还将继续大幅增加。2012年美国页岩气产量为$6.8\times10^8 m^3/d$，占其天然气总产量的37%[1]。页岩气产量的大幅增长拉低了美国天然气价格，2012年天然气价格为100～300美元/t（2～6美元/10^6Btu），而石脑油价格为900～1000美元/t，成本低廉的页岩气为石化企业使用多样化原料和生产多样化产品提供了可能，由此带来经营的灵活性，使其在市场周期中具有更好的经济效益[2]。

2　世界和美国页岩气资源

2.1　世界页岩气资源和生产情况[1]

油价持续高位、技术不断创新加速了美国非常规资源的开发，扭转了天然气产量下降的趋势，并改变了全球能源平衡。据BP公司发布的《2030世界能源展望》，目前全球技术上可开采的页岩气资源总量为$200\times10^{12} m^3$，其中$57\times10^{12} m^3$分布在亚洲，$47\times10^{12} m^3$分布在北美。预计全球页岩气产量每年将增长7%，到2030年将达到$21\times10^8 m^3/d$（$740\times10^8 ft^3/d$），占天然气供应增长的37%。页岩气增长最初集中在北美，预计2020年后将趋缓。但从全球来看，仍将保持增长势头，因为其他地区将开始开发页岩气，增长最为显著的是中国，如图1所示。

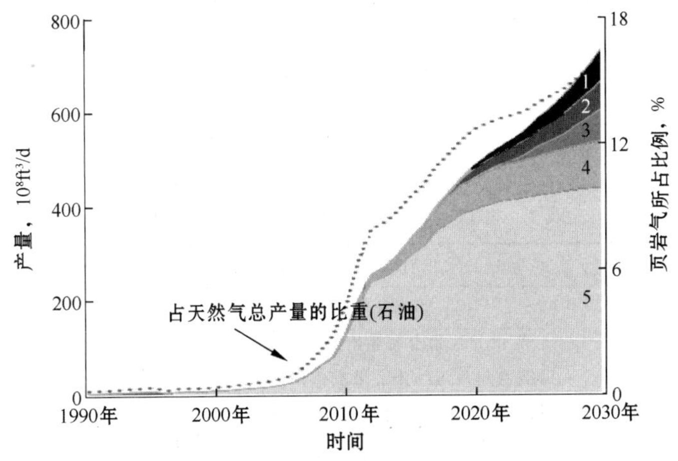

图1　全球页岩气产量增长预测

1—世界其他国家；2—中国；3—欧洲和欧亚；4—加拿大和墨西哥；5—美国

从全球不同地区来看，北美页岩气产量每年增长 5.3%，到 2030 年将达到 $15.3\times10^8 m^3/d$，其增量比常规天然气产量的递减量更多。受页岩气产量增长的推动，北美将在 2017 年成为天然气净出口地区，2030 年净出口量接近 $2.3\times10^8 m^3/d$。欧洲的页岩气开发面临诸多挑战，因此页岩气产量在 2030 年前不可能出现大规模增长。2030 年，欧盟页岩气产量将达到 $7000\times10^4 m^3/d$，不足以抵消常规天然气的迅速减产，因此净进口将增加 48%。预计中国将是北美以外页岩气开发最为成功的国家。到 2030 年，中国的页岩气产量预计将增至 $1.7\times10^8 m^3/d$，占中国天然气产量的 20%。然而，由于中国天然气消费的迅猛增长（到 2030 年将超过目前欧盟天然气市场总量），中国天然气进口量仍将迅速增加（每年增长 11%）。

2.2 美国页岩气资源[3]

过去几年，水平井和水力压裂技术的进步使页岩气成为美国天然气资源增量的最主要贡献因素，2011 年美国页岩气储量达到 $3.73\times10^{12} m^3$（$131.616\times10^{12} ft^3$）。页岩气资源在美国天然气资源总量中的比重从 2007 年的不到 10%增长到 2011 年的 38%，如图 2 所示。其中，宾夕法尼亚州、得克萨斯州和路易斯安那州的页岩气资源总量增长最快，也是美国主要的页岩气资源分布地带，占美国页岩气总储量的 72%。

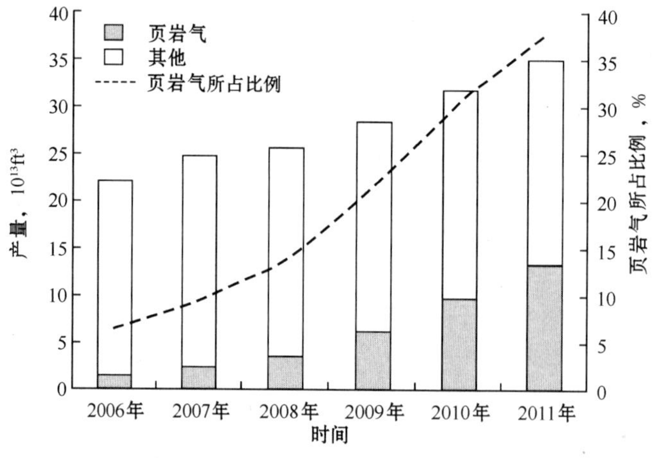

图 2 美国页岩气储量变化情况

美国近 96%的页岩气资源分布在 6 大区块，详见表 1。

表 1 2011 年美国页岩气资源主要区块和产量 单位：$10^8 m^3$

区块	所在地域	页岩气产量	页岩气储量
Barnett	得克萨斯州	566	9231
Marcellus	宾夕法尼亚州、西弗吉尼亚州、肯塔基州、田纳西州、纽约州、俄亥俄州	396	9033
Haynesville/Bossier	得克萨斯州、路易斯安那州	708	8353
Fayetteville	阿肯色州	255	4191
Woodford	得克萨斯州、俄克拉何马州	142	3058
Eagle Ford	得克萨斯州	113	2379

续表

区块	所在地域	页岩气产量	页岩气储量
小计	—	2180	36245
其他区块合计	—	85	1019
美国页岩气总计	—	2265	37264

2.3 美国页岩气组成[4]

从页岩气的组成来看，大部分页岩气属于干气，其中甲烷含量在90%左右，乙烷、丙烷和丁烷含量合计最高可达20%，一般在10%以下。根据页岩气开采方式的不同，其中二氧化碳含量也不同。美国页岩气的典型组成情况见表2。

表2 美国页岩气的典型组成情况 单位:%（摩尔分数）

组成	所占比重	组成	所占比重
甲烷	70～90	氧气	0～0.2
乙烷	0～20	氮气	0～5
丙烷		硫化氢	0～5
丁烷		其他	微量
二氧化碳	0～8	—	—

不同地区页岩气的组成情况差别较大，即使在同一区块，页岩气的组成也会有变化，见表3。

表3 美国部分区块页岩气组成变化 单位:%（摩尔分数）

区块	甲烷	乙烷	丙烷	二氧化碳	氮气
Barnett 东部	80.3	8.1	2.3	1.4	7.9
Barnett 西部	93.7	2.60	0	2.7	1.0
Marcellus 东部	79.4	16.1	4.0	0.1	0.4
Marcellus 西部	95.5	3.0	1.0	0.3	0.2
Fayetteville	97.3	1.0	0	1.0	0.7
Antrim	77.5	4.0	0.9	3.3	14.3
Haynesville	95.0	0.1	0	4.8	0.1

3 美国页岩气生产现状和中长期发展预测

据BP公司统计，2012年美国页岩气产量为$6.8\times10^{8}\ m^{3}/d$，占其天然气总产量的37%[1]。美国能源信息署（EIA）预计，页岩气在未来美国天然气产量增长中占最高份额。2011—2040年，美国天然气产量将增长44%，增长量主要来自页岩气、致密气和煤层气，如图3所示，其中页岩气产量在此期间将增长113%，在美国天然气产量中的份额将从2011年的34%上升到2040年的50%[3]。

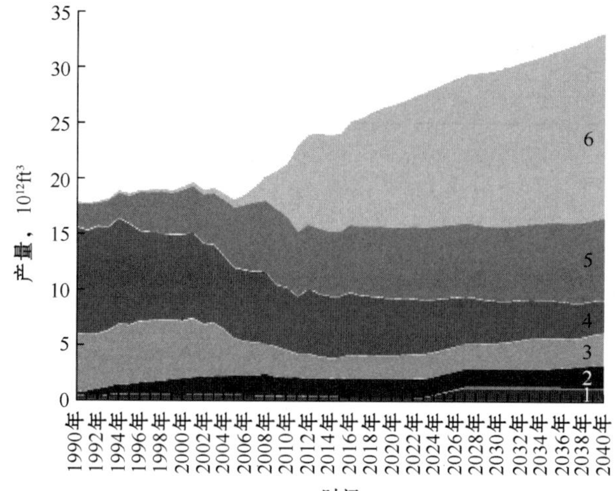

图3 美国1990—2040年天然气产量及来源情况

1—阿拉斯加全部天然气；2—煤层气；
3—美国本土48个州海上天然气；
4—美国本土48个州陆上常规天然气；
5—致密气；6—页岩气

天然气凝析液（NGL）是从气相烃类混合物中脱除（浓缩）成为液体的烃类混合物，比如油田伴生气或石油炼制得到的轻质产品。NGL是低相对分子质量烷烃的混合物，包括乙烷、丙烷、丁烷以及天然"汽油"（戊烷、己烷及微量更重的烷烃）。

2011年，美国NGL探明储量达到108×10^8bbl，产量为7.84×10^8bbl，如图4所示。储量增长最快的3个地区分别是得克萨斯州、俄克拉何马州和怀俄明州[3]。

2012年，美国超过2/3的NGL是开采原油和天然气的副产品，随着水力压裂技术的进步以及对湿气区块（富含NGL）的大规模开发，这一比例将继续上升。其余的凝析液来自炼油过程和进口，分别占20%和6%。天然气处理得到的凝析液中乙烷含量最高，达到42%；炼油过程中得到的NGL中丙烷含量可高达53%；进口的NGL也以丙烷为主[5]，详见表4。

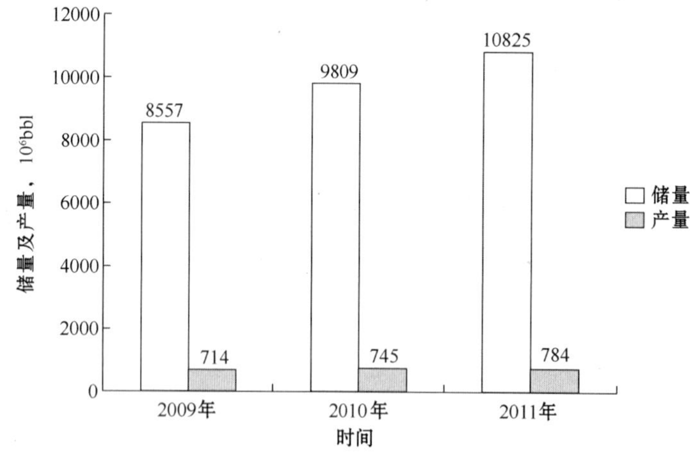

图4 2009—2011年美国凝析液储量和产量变化情况

未来北美地区NGL供应将快速增长，增长的主要组分是乙烷和丙烷，丁烷以及天然汽油这类重质组分的产量也将有所增长，如图5所示[5]。

表 4　美国 NGL 来源及组成情况

NGL 供应来源	供应量，10^4bbl/d	乙烷，%	丙烷，%	丁烷，%	天然汽油，%
天然气处理和分馏	224.9	42	28	17	13
炼油过程	62	5	53	10	32（石脑油）
陆路及水路进口	17.7		58	14	28（戊烷及以上组分）

注：表中数据为 12 个月平均值，即从 2011 年 3 月至 2012 年 2 月。

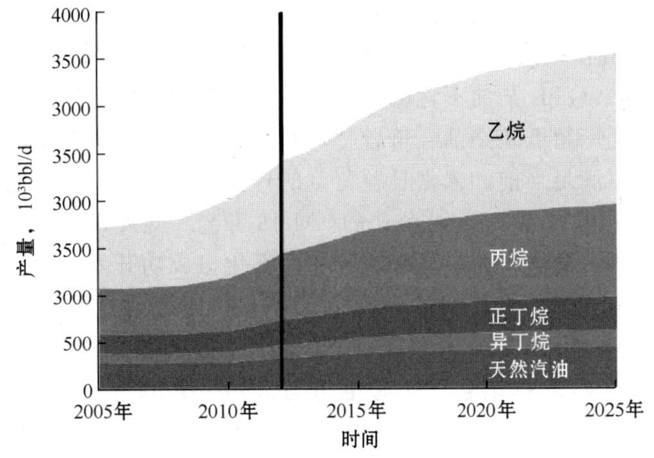

图 5　美国天然气处理厂 NGL 产量展望

4　页岩气的利用方案

4.1　生产液化天然气（LNG）

LNG 是在常压下将气田开采的气态天然气经过处理后冷却至其沸点（-161.5℃）凝结成的液体，主要成分是甲烷，LNG 体积约为同量气态天然气体积的 1/600，质量仅为同体积水的 45%左右，可以大大节约储运空间和成本，而且具有热值大、性能高等特点。近年来，天然气作为清洁能源越来越受到青睐，在天然气消费市场的推动下，全球 LNG 的生产和贸易日趋活跃，很多国家都将 LNG 列为首选燃料。LNG 作为一种清洁能源，正以每年约 12%的速率增长，逐渐成为世界油气工业的新热点。

美国的“页岩气革命”已经动摇了世界 LNG 的市场格局，并且影响还将越发显著。目前，美国已计划建设近 15 家 LNG 出口终端，已与日本、韩国、中国、西班牙、印度等全球 LNG 消费国签署长期销售和采购协议[6]。在 LNG 流通上，美国一方面进一步完善了连接加拿大和墨西哥的管线网；另一方面，对于其他国家和地区则采取油轮运输的方式。美国能源部预测，到 2016 年，美国将从 LNG 净进口国变为净出口国。在 2020 年左右，美国的天然气贸易收支将实现顺差，2040 年的顺差额将达到 450 亿美元左右。值得注意的是，美国 LNG 出口项目迅速发展的同时，仍面临能否得到美国政府许可的问题。

4.2　制液体燃料

4.2.1　天然气合成油（GTL）

虽然 GTL 技术已问世 20 多年，但受天然气和 GTL 的相对市场价格影响，尚未应用于美国。随着页岩气的有效开发，北美非常规天然气发展迅速，天然气供应量不断增加，其低廉的价格拉动了GTL技术在美国的发展。GTL技术的第1步是将天然气转化为合成气；第2步是合成气通过费托合成(F-T)转化为液体产品。相比以轻烯烃为终产物的过程，其产品销售和后处理更为便捷。目前世界上有5套工业化运行的GTL装置，合计产能近1000×10^4t/a[6]。

GTL技术可将天然气转化为液态的石油基产品，如石脑油、柴油、润滑油基础油等。目前应用最广泛的是以柴油为目的产品的GTL技术，以满足全球范围内不断增长的柴油需求。GTL柴油项目的经济效益不仅取决于全球不断增长的柴油需求，而且更大程度上取决于GTL柴油的高品质。GTL柴油不含硫和芳香烃，具有较高的十六烷值，可作为一种高质量的混合原料，用于生产超低硫柴油、符合“加州空气资源委员会”标准的柴油（CARB柴油）和飞机用柴油，以满足当前和未来日益苛刻的环保法规和发动机性能的要求[7]。代表性工艺有Sasol公司的GTL技术、Shell公司的SMDS工艺。此外，日本财团、韩国化学技术研究院、巴西石油公司、美国气体技术公司、中国石化也成功开发了GTL技术。

原料和产品价格是GTL项目经济效益的关键驱动力。非常规气的有效开发以及全球多个大型GTL项目经验促使GTL技术在美国已具备经济可行性。GTL技术不仅可以替代传统的天然气处理方法或与之相结合，同时也可与天然气运输相结合替代传统天然气营销渠道。

4.2.2 甲醇制汽油（MTG）

近年来，随着世界石油资源的减少和价格的高企，以煤或天然气为原料的MTG技术的研究日益升温。MTG技术是在美孚公司开发的甲醇制芳香烃技术的基础上发展而来的，以煤或天然气作原料生产合成气，再以合成气制甲醇，最后将粗甲醇转化为高辛烷值汽油。美孚法MTG技术于1976年首次公开，1986年初在新西兰实现了工业化，所建装置年产合成汽油60×10^4t/a，并已成功运行了10年。之后随着石油价格的回落，该装置改为生产化学级甲醇。历经30多年的改进和创新，该技术有了很大的进步。

美国页岩气发展为MTG创造了机会，Primus公司计划2013年在美国建设首套MTG工业化装置，产能1300bbl/d，产品成本低于84美元/bbl，相当于在天然气价格为11美元/10^6Btu时仍可实现盈亏平衡[8]。当然MTG在北美的发展还受到北美汽油需求的影响。

MTG技术根据烧炭再生方式的选择，工艺分为固定床间歇再生和流化床连续再生两种类型。目前流化床MTG工艺还没有工业装置建成，尽管普遍认为流化床技术代表了先进的发展方向，但是伍德公司和美孚公司目前推广的技术仍是固定床技术。MTG技术与GTL技术相比，突出的优点是能量效率高、流程简单以及装置投资少，缺点是只能生产汽油和液化石油气馏分。

4.3 制基础化学品

4.3.1 乙烷裂解生产乙烯

美国页岩气革命为当地市场提供了大量廉价的乙烷原料，正引发美国新一轮裂解装置投资的热潮，2020年前逾1000×10^4t/a的新增乙烯产能将陆续投产，（表5），这将给全球市场带来新的压力[9,10]。

表 5　北美乙烯新增产能计划

公司	乙烯，10^4t/a	预计投产时间	所处阶段
雪佛龙菲利普斯公司（Chevron Phillips）	150	2017 年	前期工程设计
埃克森美孚公司	150	2016 年	批复
陶氏化学公司（Dow）	150	2017 年	批复
墨西哥化工集团（Mexichem）/Oxychem	50	2016 年	评估
台塑集团（Formosa Plastics）	80	2016 年	规划
利安德巴塞尔公司（LyondellBasell）	50	2014—2015 年	在建
Sasol 公司	150	2017 年	前期工程设计
西湖化学公司（Westlake）	30	2012—2013 年	在建
威廉姆斯烯烃公司	30	2013 年	在建

根据 IHS 数据，目前乙烷生产乙烯成本约为 400 美元/t，而石脑油生产乙烯成本约为 1025 美元/t。对于北美地区石化、塑料等下游生产商来说，低成本天然气原料的获得大大提升了乙烯、聚乙烯和其他衍生产品的出口竞争力，总体来看，美国乙烯生产成本已降到约 500 美元/t，已经从高成本地区转变为低成本地区[11]。相反，欧洲和亚洲石化生产商主要依赖石脑油和减压瓦斯油等较重的石油基原料，在原料成本上继续处于劣势。

4.3.2　甲醇制烯烃（MTO）

随着国际原油价格的大幅上涨，依靠石油资源制备低碳烯烃的传统工艺受到了很大制约。近几年，利用煤或天然气制成的甲醇合成低碳烯烃工艺获得了国内外众多大型企业和科研院所的重视，并取得了突破性的发展，开辟了一条生产乙烯和丙烯的新路线。

天然气经甲醇制烯烃工艺是一种利用天然气资源本身，而不是 NGL 作为原料生产乙烯和丙烯的方式。北美低廉有利条件的天然气价格和丰富的甲烷资源为发展 MTO 工艺产业创造了有利条件。天然气经甲醇制烯烃工艺主要分两步，首先天然气或煤转化为合成气，合成气生成粗甲醇；然后甲醇转化生成烯烃（主要是乙烯和丙烯）。该技术的关键在于催化剂的活性和选择性以及相应的工艺流程设计，其研究重点主要集中在催化剂的筛选和制备。代表性工艺有 UOP/HYDRO 公司的 MTO 工艺、Lurgi 的甲醇制丙烯（MTP）工艺、中国科学院大连化学物理研究所（以下简称大连化物所）的 DMTO 工艺、中国石化上海石油化工研究院的 S-MTO 工艺和清华大学的流化床甲醇制丙烯（FMTP）工艺。

（1）UOP/HYDRO 公司的 MTO 工艺。

UOP/HYDRO 公司的 MTO 工艺是在美孚公司的 MTG 技术上发展起来的。采用专有 SAPO-34 分子筛催化剂和流化床反应器，在操作温度为 343～538℃、操作压力为 0.1～0.3MPa 的条件下将甲醇转化为烯烃。与 ZSM 催化剂相比，SAPO 系列属通用性较强的催化材料，尽管它与沸石的热稳定性不同，其化学性质和晶体结构与沸石材料很相似，具有均一的孔隙率、晶体分子结构、可调酸度、择形催化剂以及酸性交换能力，其最大的改进在于孔隙更小，酸性位和强度具有可控性，因此乙烯和丙烯的选择性更高，重质副产品更少。

UOP/HYDRO 公司的 MTO 工艺和 Total Petrochemicals/UOP 烯烃裂解工艺（OCP）

的结合奠定了先进MTO工艺的基础，工艺流程如图6所示。2009年MTO/OCP一体化示范装置在比利时成功投产，标志着先进的MTO工艺进入工业化应用阶段。先进的MTO工艺的丙烯/乙烯值为1.2～1.8，可以满足不断增长的丙烯需求[9]，并且可根据市场需要进行调整，获得更大的生产灵活性。中国惠生（南京）清洁能源股份有限公司是采用UOP/HYDRO公司MTO工艺的第1套工业化装置，烯烃产能为30×10^4t/a，计划2013年下半年投产。除此之外，UOP/HYDRO公司还发放了3个MTO工艺许可。

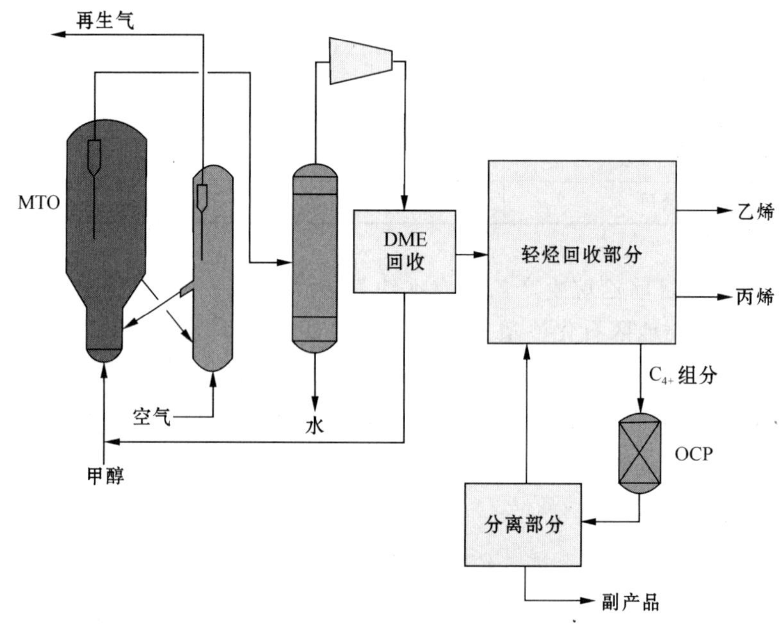

图6　OCP/MTO一体化工艺流程

（2）Lurgi公司的MTP工艺。

MTP工艺是由德国Lurgi公司于20世纪90年代研发的，该工艺采用与Sudchemie公司合作开发的改性ZSM－5分子筛催化剂和固定床反应器，压力为0.13～0.16MPa、温度为420～490℃，甲醇转化率大于99％，丙烯收率达65％。中国神华宁夏煤业集团公司和大唐多伦煤化工有限公司的MTO装置均采用MTP工艺，两套装置均已投产。

（3）中国科学院大连化物所的DMTO工艺。

中国科学院大连化物所从20世纪80年代开始MTO工艺的研究。最初主要是以ZSM－5及改性ZSM－5为催化剂，90年代研究重点转向SAPO－34分子筛。1994年以廉价的三乙胺为模板剂，成功合成了SAPO－34分子筛，大大降低了分子筛的生产成本，有力推进了MTO工艺的工业化。在MTO反应中，反应温度为460～520℃，反应压力约为0.1MPa，乙烯和丙烯的双烯选择性达到80％，转化率接近100％。2010年采用DMTO工艺的神华集团包头煤制烯烃项目投产标志着该技术实现了首次工业应用。

（4）中国石化上海石油化工研究院的S－MTO工艺。

中国石化上海石油化工研究院于2000年开始MTO工艺的开发。2002年申请制备SAPO－34的专利，用三乙胺和氟化物为复合模板剂，解决了以往SAPO－34分子筛合成成本高和成品分子筛晶粒较大、相对结晶度低、用于MTO结焦速率快的问题。采用SAPO

-34 分子筛甲醇转化率大于 99.5%，乙烯+丙烯选择性大于 81%，乙烯+丙烯+丁烯选择性大于 91%。2011 年 10 月，中原石化采用中国石化自主研发的 S-MTO 工艺顺利生产出聚合级乙烯和丙烯产品，实现一次投料开车成功。

（5）清华大学流化床甲醇制丙烯（FMTP）工艺。

清华大学很早就开始了 MTO 工艺的研究，通过水热合成的方法成功制备了交生相的 SAPO 分子筛。2006 年，中国化学工程集团公司与清华大学签订协议，合作完成 FMTP 工艺的研究。该工艺的一个显著特点是可以灵活地将反应产物中的乙烯或丁烯、乙烯和丁烯选择性地导入另一个流化床反应器中，进一步转化生成丙烯，甲醇的转化率达到 100%，乙烯和丙烯的双烯选择性大于 80%。中国天辰工程有限公司已经和中国两家企业签订了 FMTP 的技术许可协议。

尽管北美的 MTO 产业才刚刚起步，但在中国从 2010 年起，煤基 MTO 工艺就已实现工业化。目前，中国已有 6 套 MTO 工艺装置投产，原料分别来自煤基甲醇和外购甲醇。另外，还有 50 多套装置处于规划、设计和建设的不同阶段。随着石油价格的不断上涨，MTO 工艺将展现出越来越强的市场竞争力[12]。

4.3.3 丙烷脱氢制丙烯

页岩气中大量凝析液使得丙烷脱氢项目在北美越来越受到关注。丙烷脱氢制丙烯的特点是只用 1 种原料生产 1 种产品，原料丙烷的成本约占总成本的 60%，因此该工艺的经济性在很大程度上取决于原料丙烷和产品丙烯的价格差。美国稳定廉价的丙烷来源，使丙烷脱氢比其他原料路线更具竞争力。北美第 1 套丙烷脱氢装置（产能 54.4×10^4 t/a）在 2010 年后期投入生产。另外还有 6 套装置处在规划、设计和建设的不同阶段[9]。如果 7 套装置全部投产，将会增加丙烯产能 270 多万吨，导致美国的丙烯供应过剩，届时将对全球丙烯市场，特别是我国丙烯市场造成影响。

目前实现工业应用的丙烷脱氢技术有 UOP 公司的 Oleflex 工艺、ABB Lummus 公司的 Catofin 工艺和 Krupp Uhde 公司的 STAR 工艺。另外，Linde AG/BASF 公司、Snamprogetti/Yarsintz 公司等也开发了丙烷脱氢工艺。近年来，丙烷脱氢技术的进步主要体现在装置的规模效应、工艺过程的改进以及新一代催化剂的开发。

（1）UOP 公司的 Oleflex 工艺。

Oleflex 工艺采用移动床工艺和 Pt—Al_2O_3 催化剂，催化剂可以连续再生，反应温度为 600～700℃，反应压力大于 0.1MPa，丙烷单程转化率为 35%～40%，总转化率约为 88%。Oleflex 工艺自 1990 年工业化以来，已经开发了 5 代催化剂，全球已有 9 套采用 Oleflex 工艺的丙烷脱氢装置投产，产能共计 240×10^4 t，是目前世界上工业应用最早和最多的丙烷脱氢技术。

Oleflex 工艺分为反应部分、产品分离部分和催化剂再生部分，如图 7 所示。

Oleflex 工艺的主要特点是：采用移动床反应器，反应均匀稳定，连续运行；催化剂再生时反应器无需关闭或循环操作，同时可连续补充催化剂；副产氢气作为稀释剂，可抑制结焦和热裂解并作载热体维持脱氢反应温度。含有烃类的反应部分和含有氧气的再生部分在生产过程中保持相对独立，安全性高。由于可靠和精确的 CCR 再生控制，催化剂具有良好的催化活性和稳定性。对原料的要求不高，可以处理任何从气田来的液化石油气丙烷原料，也

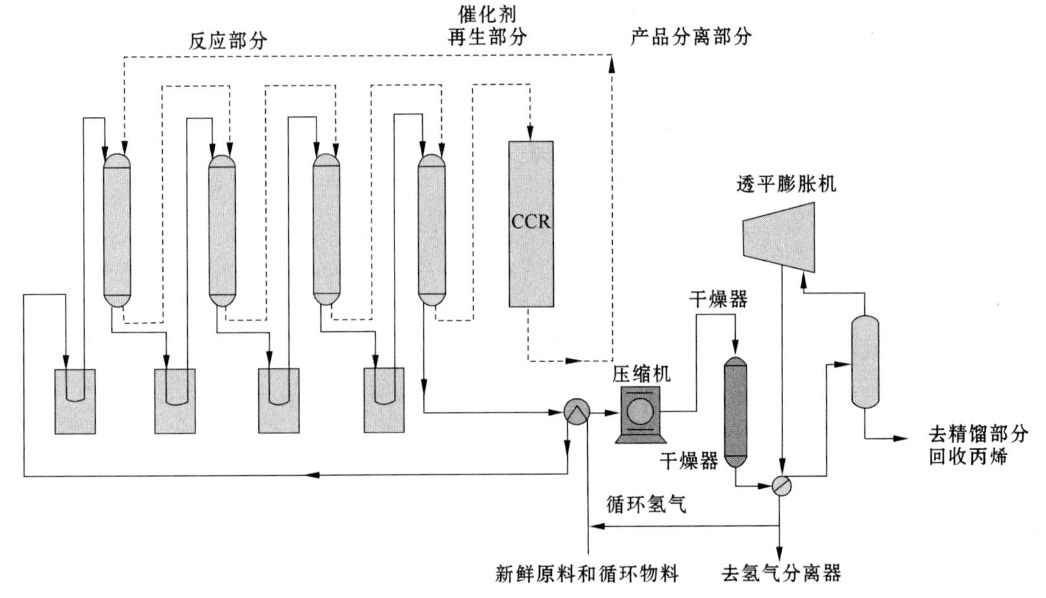

图7　Oleflex工艺流程

可以处理来自炼油厂或乙烯装置的液化石油气丙烷原料。

丙烷脱氢装置中丙烷丙烯分离塔也可用于提纯催化裂化装置中较低纯度的炼油级丙烯到化学级或聚合级丙烯（图8），实现200～250美元/t的效益提升。另外，丙烷脱氢装置产生的氢气可以用于炼油厂的加氢装置或作为产品出售。2011年，UOP公司在中东建设了全球第1套结合了丙烷脱氢装置的炼油厂。

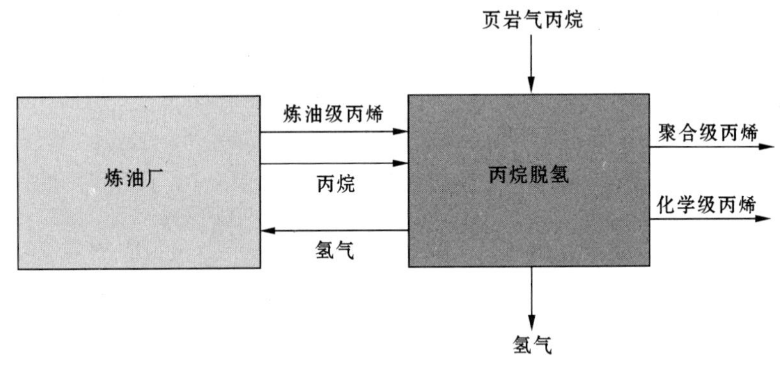

图8　丙烷脱氢装置与现有炼油厂结合示例

（2）ABB Lummus公司的Catofin工艺。

Catofin工艺采用固定床反应器和$Cr_2O_3-Al_2O_3$催化剂，反应温度为540～640℃、反应压力大于0.05MPa，丙烷的单程转化率约为45%，总转化率大于85%。目前，采用Catofin工艺在运行的最大装置是2011年SABIC子公司Ibn Rushd在红海边延布建设的65×10^4t/a丙烷脱氢装置。另外，天津渤化石化公司也引进该工艺建设了60×10^4t/a装置，预计2013年投产。到目前为止，全球共有6套采用Catofin工艺的装置投产，产能共计270.5×10^4t。

Catofin工艺的主要特点是：采用循环多反应器系统，应用逆流流动技术改变了反应物料流向，能以较少的原料获得较多的产品，从而减少了操作费用。Catofin 工艺装置很容易添加更多的反应器，而不用将整个并联的反应器系统复制，这样就使该工艺具有更强的获利能力。与 Oleflex 工艺相比，更容易扩大产能，提高规模经济性；非贵金属铬催化剂的选择性高，烷烃转化率高，循环量少。不足之处是反应装置多，为间歇操作。产品回收部分要加压操作，导致能耗增加，且催化剂结炭严重，寿命短。

（3）Krupp Uhde 公司的 STAR 工艺。

STAR 工艺采用固定床管式反应器以及专有铂和 Ca－Zn－Al_2O_3 为载体催化剂，在 500～580℃、0.3～0.5MPa、水蒸气存在的条件下进行反应，轻质烷烃脱氢转变为烯烃。水蒸气的作用是降低反应物的分压，促进反应，减少催化剂表面积炭。专有铂催化剂的脱氢选择性高，丙烷脱氢过程的单程转化率为 30％～40％，丙烷生成丙烯的选择性为 85％～93％。位于埃及 Said 港的丙烷脱氢装置是世界上采用 Uhde 公司 STAR 工艺的第 1 套装置，产能为 35×10^4 t/a。

STAR 工艺的特点是：脱氢反应器后面串联了 1 台氧化反应器，加入氧气与氢气反应生成水，使脱氢反应的平衡向右转移，提高了时空收率、降低了生产成本。另外，在反应中添加蒸汽，降低了反应物的分压有利于脱氢，也减少了生焦，延长了运转周期。与其他丙烷脱氢工艺相比，STAR 工艺具有催化剂用量少、反应器体积小等优点。

丙烷脱氢技术的经济性在很大程度上取决于原料丙烷和产品丙烯的价格差。改进丙烷脱氢技术再加上规模经济，将使丙烯与丙烷之间的价格差进一步加大，提高了装置的经济性。各种丙烷催化脱氢技术之间的差异在于反应器、反应供热方式及催化剂结焦后再生方式的不同[12]。

4.4　NGL 中丁烷的综合利用

丁烷目前主要用作汽油调和组分。尽管丁烷和丁烯辛烷值高，但是相对较高的蒸汽压限制了它们在汽油中的调和量，特别是在夏季，为避免挥发性有机化合物的排放，几乎不用它们作为调和组分。这些丁烷和丁烯除非被转化为重质、低蒸气压的产品或石化产品，否则只能储存。丁烷在乙烯原料中所占比例很小，主要原因是其价格相对于乙烷和丙烷等其他轻质组分更高，其他方面的市场需求增长也都非常有限。目前，美国一些炼油厂正考虑通过烷基化将丁烷等高蒸气压的产品转化为低蒸气压、高辛烷值的汽油调和组分[5]。

异丁烷烷基化技术比较成熟，目前世界各大型装置的生产路线基本仍以硫酸法和氢氟酸法为主。目前硫酸法烷基化技术供应商有 DuPont 公司、ExxonMobil 公司和 Kellogg 公司，其中采用 DuPont 公司技术的烷基化能力居全球之首，已有 500 多座 DuPont 公司电流接触式反应器应用于世界各地的烷基化装置中。氢氟酸烷基化技术供应商有 UOP 公司等。氢氟酸烷基化技术最大的困扰就是氢氟酸泄漏等带来的安全问题，经过多年的开发应用，该类技术在安全性措施方面取得较大进展。美国催化蒸馏技术 CDTECH 公司开发的低温硫酸烷基化工艺 CDAlky，是一种大幅降低传统硫酸法烷基化反应温度的新工艺[13]。

近年来，以固体酸和离子液体为催化剂的烷基化工艺也成为相关企业的关注焦点。与液体酸烷基化工艺相比，Lummus 公司的 AlkyClean 固体酸烷基化工艺已经显现出一定的经济性。酸性离子液体催化剂具有催化活性高、腐蚀性低、操作安全等优势，因此在大多数酸催化反应中都表现出良好的催化效果。但这两种新工艺的催化剂在回收再生和延长寿命方面还有待实质性的突破。此外，固体酸和离子液体这两种催化剂能否在大型工业装置上稳定运行还有待考验[14]。

5 启示和建议

页岩气革命使得美国天然气价格降到了2～6美元/10^6Btu，这给直接使用油气的化工行业及其他制造业集群带来了明显的原料成本优势，从而有效降低了美国制造业成本，相对提高了美国的产业竞争力。21世纪初，由于成本高、缺乏竞争力，美国石化企业开工率仅在60%左右，近年来基于页岩气的低成本，开工率跃升至2012年的93%。此外，美国LNG、油品、烯烃新建产能都将大幅增加，未来几年将陆续释放，这将全面冲击全球石化市场，特别是我国石化市场，使石化企业面临更大的竞争压力。

乙烯原料成本通常占到乙烯生产成本的60%～80%，以石脑油为原料的裂解装置及其下游装置经济效益较差，因此，拓宽乙烯原料来源是降低乙烯生产成本、增强炼化业务竞争力的关键。一方面，可考虑将石脑油制烯烃装置改造为MTO装置的可行性，将乙烯原料转为甲醇，降低原料成本，充分利用已有的配套设施，改造投资费用少；另一方面，集中利用好油田伴生气中的轻烃资源和进口LNG中的碳二和碳三资源，分离后就近供给裂解装置作原料。

但长期来看，世界乙烯裂解原料的轻质化和多元化，使得直接由乙烯副产碳四、碳五、碳八等组分生产的下游系列产品比例呈下降趋势，而随着我国多套以石脑油为原料的大型裂解装置的建成投产，在碳四、碳五、芳香烃系列产品的生产上具有一定的规模和原料优势。因此，在通过各种途径降低石脑油裂解装置生产成本的同时，高效分离、利用石脑油裂解装置的副产品，提高化工装置的综合效益是提升我国石化企业竞争力的有效途径。

参考文献

[1] BP. BP Energy Outlook 2030，2013. 1. http：//www. bp. com/.

[2] Matthew Kuhl，Andy Hoyle，Robert Ohmes. Capitalizing on Shale Gas in the Downstream Energy Sector. AFPM AM－13－52，2013.

[3] EIA，美国原油和天然气探明储量 . http：//www. eia. gov/naturalgas/crude oil reserver/.

[4] Akash Shah，Shannon Shuflat. Global Shale Gas Technologies and markets. http：//www. Sbireports. com/Global－Shale－Gas－60718531.

[5] Eric Ye，Daniel Lippe. Refiner Options for Dealing with the Coming NGL Tsunami. AFPM AM－13－76，2013.

[6] Uday Turaga. Benchmarketing Shale Gas Monetization Options. AFPM AM－13－54，2013.

[7] Horace O，Hobbs Jr，Lesa S Adair. 天然气合成油（GTL）技术在美国具备经济可行性 . 世界石油工业，2013（1）.

[8] 美国页岩气发展为天然气制油创造机会 . 世界炼油商务文摘周刊，2012－12－29.

[9] David Myers，Greg Funk，Bipin Vora. Shale Gas Monetization－How to Get Into the Action. AFPM AM－13－53，2013.

[10] Praveen Gunaseelan，Vantage Point Advisors. How Shale Hydrocarbons are Reshaping US Refined Products Markets. AFPM AM－13－56，2013.

[11] Blake Eskew, Chris Geisler. Petrochemical Integration: Changing Markets, Changing Strategies. AFPM AM-13-65, 2013.

[12] 王红秋，郑轶丹，梁川. 低碳烯烃生产技术进展及前景分析，中外能源，2010（8）.

[13] 朱庆云，乔明，任静. 液体酸烷基化油生产技术的发展趋势. 石化技术，2010（4）.

[14] 耿旺，汤俊宏，孔德峰. 异丁烷化工利用技术现状及发展趋势. 石油化工，2013（3）.

炼油工业宏观问题

AM－13－64

美国炼油和产品市场展望

John Boepple（Nexant，Inc.，USA）

蔺爱国　译

摘　要　本文以独立视角回顾了美国炼油和产品市场的历史情况，并对潜在的前景进行了展望，包括重点产品（汽油、喷气燃料、柴油/取暖油和燃料油）的市场发展趋势，响应市场变化的炼油投资趋势，以及几种未来方案下对市场、炼油能力和投资的分析预测。本文考虑了标准的影响，如企业平均燃油经济性标准，以及取暖油和船用燃料油补充规定的潜在影响；评估了可再生燃料供应的影响，以及来自页岩的低成本天然气对美国炼油竞争力的积极影响。

本文主要包含以下内容：

（1）历史回顾。

（2）市场变化的主要驱动因素（经济表现、标准、页岩气/页岩油等）。

（3）可再生燃料的影响。

（4）未来10年的炼油前景。

1　油品需求趋势

在过去10年中，汽油一直是美国炼油厂的主要产品，占到美国油品需求的45%，然而，如图1所示，2007年美国汽油需求达到930×10^4bbl/d的峰值，之后便受到经济衰退、汽油价格上涨、节油汽车的推广及燃料效率改进等不利因素的影响。

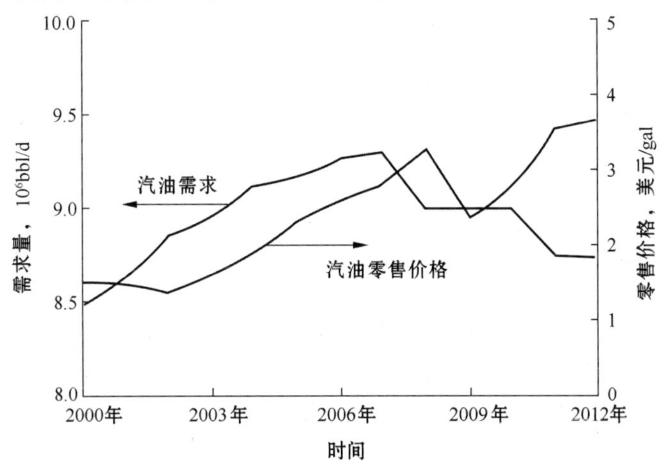

图1　美国汽油需求与零售价格变化趋势

2000—2007年美国汽油需求增长了80×10^4bbl/d，而2007—2012年则下降了55×10^4bbl/d。汽油需求下降与其零售价格上涨相对应（图1），汽油零售价格已超过3美元/gal。

2009 年和 2012 年企业平均燃油经济性（CAFÉ）标准的提升将对美国未来汽油需求产生不利影响，预计美国汽油需求下滑的趋势不会改变。2009 年美国发布了提升 2012—2016 年车型 CAFÉ 标准的法案。2012 年美国国家公路交通安全管理局（NHTSA）与环保署（EPA）发布了提升 2017—2025 年车型 CAFÉ 标准的法案。对于新车型，如图 2 所示，2025 年汽车和轻型卡车的 CAFÉ 标准将分别提升至 54.5mile/gal 和 39.5mile/gal。对 2017—2025 年车型更加严格的要求使得车辆燃油效率不断改进，预计车辆燃油效率年均增长率将从今后几年的不到 2%上升至 2020 年的 2%以上，而 2030 年将达到 3%。

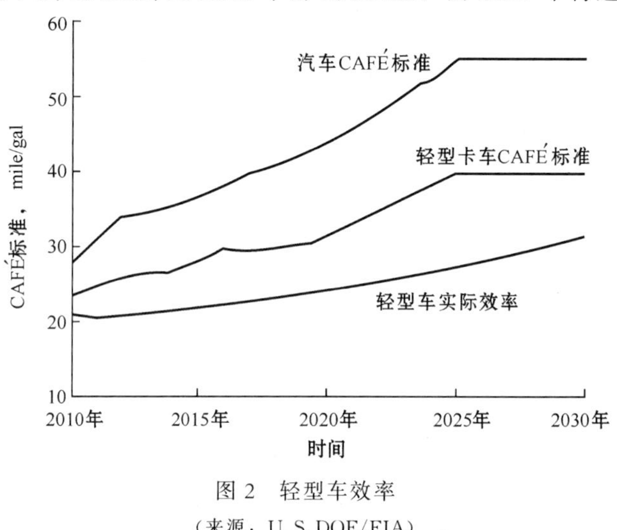

图 2　轻型车效率

（来源：U. S. DOE/EIA）

与 2012 年相比，预计 2030 年美国汽油需求将下降 10%，如图 3 所示，美国汽油需求到 2025 年将下降 50×10^4bbl/d 以上，到 2030 年下降超过 90×10^4bbl/d。越来越严格的 CAFÉ 标准是美国汽油需求下降的主要驱动因素，Nexant 公司表示，1978 年 CAFÉ 标准首次生效后，1978—1984 年的美国汽油需求也曾下降了 10%。

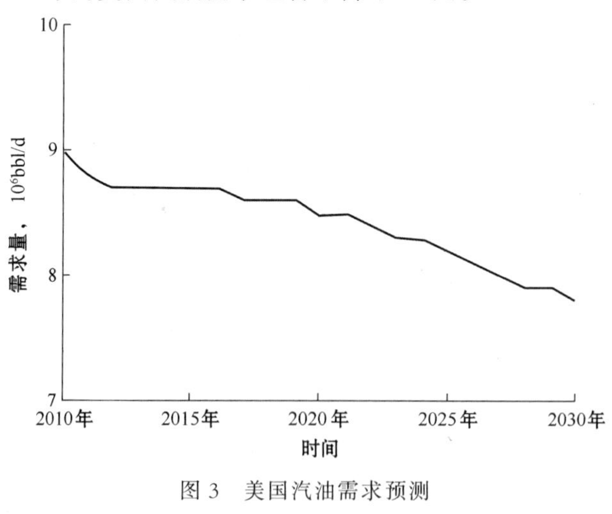

图 3　美国汽油需求预测

（来源：Nexant）

美国汽油需求也将受到人口数量增长、经济适度增长及轻型车行驶里程增长等因素的支撑，这些因素将缓解汽油需求的下降趋势。

自从2000年达到峰值后，美国喷气燃料需求也因航线合并使得航班减少、经济衰退及燃料效率改进等因素而下降。

预计未来10年，美国喷气燃料需求保持上涨趋势，年均增长率达到0.9%。美国喷气燃料需求将依循经济的增长而增长，预计替代燃料对喷气燃料的影响甚微。

预计美国馏分油（柴油和取暖油）需求的年均增长率为1%，这将是驱动美国炼油业务发展的关键因素，如图4所示，预计2025年美国馏分油需求增长将超过60×10^4bbl/d。

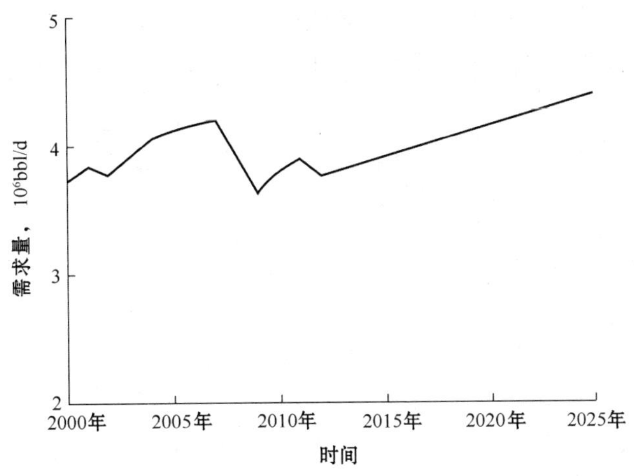

图4　美国馏分油需求预测

（来源：U. S. DOE/EIA和Nexant）

货车运输和经济增长将驱动柴油需求增长，由于更多的天然气用作重型卡车燃料，柴油需求的增长也会受到一定程度的限制。取暖油需求将继续以年均1%的速率下降，抵消部分柴油需求的增长。

由上述预测可知，馏分油需求增长而汽油需求下降，因此汽油/馏分油需求比将继续减小，预计将从目前的2.3降到2025年的1.9，如图5所示。

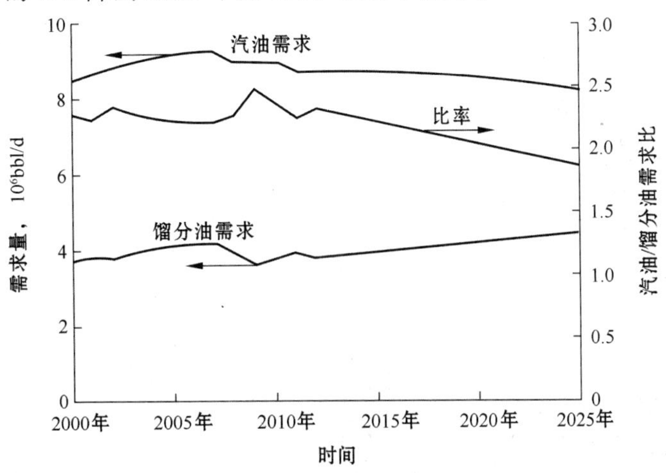

图5　美国汽油、馏分油的需求量和汽油/馏分油需求比

相对低的天然气价格使得美国残渣燃料油需求自2005年下降了50×10^4bbl/d，如图6所示，公用事业所需残渣燃料油的下降量占需求下降总量的绝大部分，2012年达到一个非常低的水平。目前，船用燃料油占到美国残渣燃料油需求的75%，显然替代燃料尚不足以取代这么大量的燃料油。

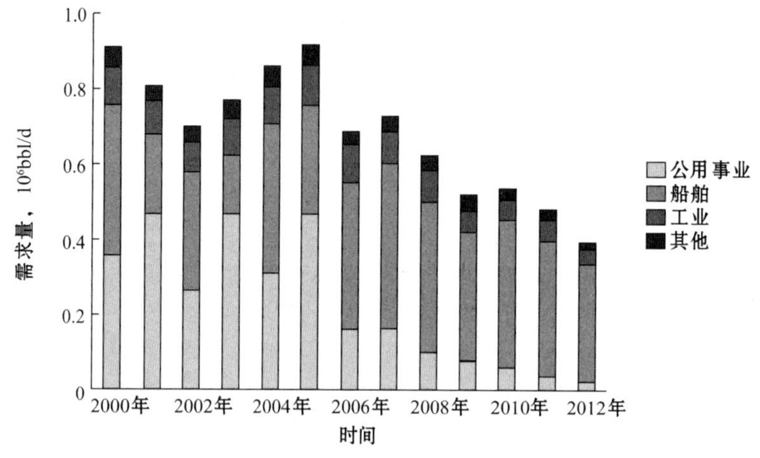

图6　美国残渣燃料油需求情况

（来源：U.S. DOE/EIA）

预计未来10年美国残渣燃料油需求将继续下降，由于天然气价格预计将继续保持低位运行，公用事业和工业用残渣燃料油需求基本恢复不到以往水平。残渣燃料油愈加严格的质量要求，如国际船舶防污染公约（MARPOL）附则VI的一些规定，预计2022年将给船用燃料油需求带来不利影响。虽然在2025年前全球船用燃料油硫含量控制在0.5%以内很难实现，但是预计部分船用燃料油将逐渐被馏分油和液化天然气（LNG）所取代。

2　油品供应趋势

汽油需求下降和乙醇掺入量增多共同导致美国炼油厂汽油产量自2005年以来始终保持在较低的水平，如图7所示。然而，美国汽油和汽油调和料净进口量的减少抑制了美国炼油厂汽油产量的下降，如图8所示，美国汽油出口量的增加超过了进口量的下降，成为美国汽油净进口量减少的主要贡献因素。

如图9所示，墨西哥和拉丁美洲国家已经成为美国增加汽油出口的主要目的地。

美国可再生燃料标准（RFS）作为2005年《能源政策法案》的一部分首次颁布实施，在2007年《能源独立与安全法案》中进行了扩充，形成新的可再生燃料标准（RFS2）。RFS2包含了对纤维素生物燃料富有挑战且有弹性的目标，它要求到2022年美国生物燃料使用总量要达到360×10^8gal/a（235×10^4bbl/d），其中先进生物燃料（包括纤维素生物燃料和生物柴油）使用量要达到210×10^8gal/a（137×10^4bbl/d）。值得注意的是，先进生物燃料的目标并不仅仅适用于乙醇或汽油调和料。

未来纤维素生物燃料的产量是非常不确定的，预计2022年将明显低于RFS2的目标要求。举例说明，隶属美国能源部的能源信息署（EIA）最新预测表明，2022年纤维素生物燃料的使用量与RFS2目标相比要相差120×10^4bbl/d（图10）。

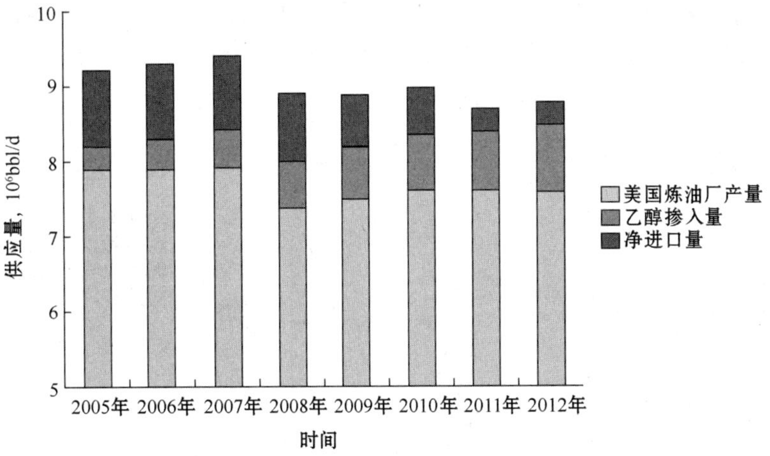

图 7　美国汽油供应情况

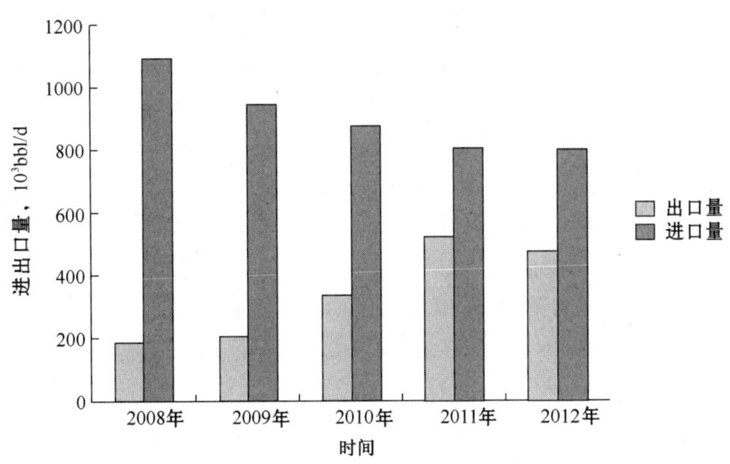

图 8　美国汽油进出口情况

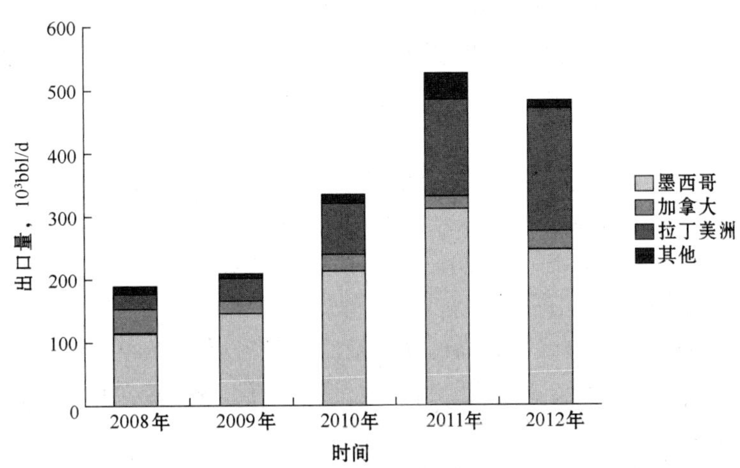

图 9　美国汽油出口情况

纤维素生物燃料面临生产和市场的双重挑战。生产方面的挑战包括采用的技术未经规模化生产验证，缺乏经济性，与现有汽油调和的产品成本较高。E10 乙醇汽油市场已饱和，以及市场对 E15、E85 乙醇汽油的接受度有限是纤维素生物燃料面临的主要市场挑战。

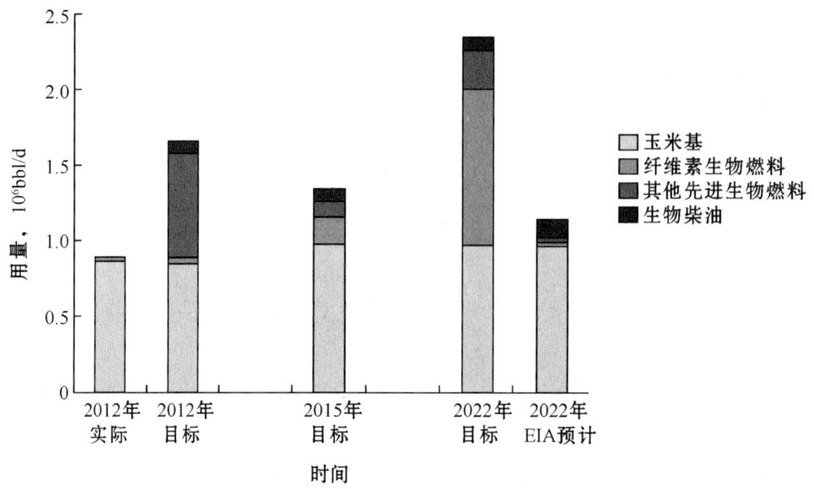

图 10　美国生物燃料目标和使用量

为应对这些挑战对未来美国炼油厂汽油生产所带来的不确定影响，需要采用不同的方案。下述 3 种方案涵盖了未来美国汽油生产的所有情况：

方案 1：汽油中生物燃料用量保持在 2012 年水平或者占汽油消费量的 9.8%。

方案 2：汽油中生物燃料用量在 2022 年将增加到 EIA 预测水平。

方案 3：汽油中非玉米基生物燃料用量在 2022 年将增加到 EIA 预测水平的 4 倍，反映出汽油调和用生物丁醇和乙醇、生物质气化生产的乙醇和汽油调和组分的较快增长。

方案 1 强调了美国较低的汽油需求对炼油厂汽油生产的影响，与汽油中生物燃料用量的进一步增加无关。由于汽油中生物燃料用量预计将会增加，该方案对美国炼油厂汽油生产报以乐观的态度。

如图 11 所示，若汽油中生物燃料用量保持在 2012 年水平，到 2022 年美国炼油厂汽油产量将下降 17×10^4 bbl/d。该方案同时假定，相比于 2012 年汽油出口量增加而进口量下降，从而汽油净进口量减少 12×10^4 bbl/d，缓解了因较低的汽油需求而导致的美国炼油厂汽油产量的下降。

方案 2 强调了增加汽油中生物燃料用量对美国炼油厂汽油生产的影响，如图 12 所示，若汽油中生物燃料用量增加到目前 EIA 预测的水平，到 2022 年美国炼油厂汽油产量将下降 30×10^4 bbl/d。该方案假定，相比于 2012 年汽油出口量增加而进口量下降，从而汽油净进口量减少 17×10^4 bbl/d。

方案 3 阐明了汽油中生物燃料较高的使用量对美国炼油厂汽油生产的潜在影响，其假定的 2022 年汽油中非玉米基生物燃料用量被认为是乐观的、有可能实现的，但仍仅占 2022 年 RFS2 目标的 15%。

如图 13 所示，若汽油中非玉米基生物燃料用量在 2022 年增加到 EIA 目前预测水平的 4 倍，到 2022 年美国炼油厂汽油产量将下降 37×10^4 bbl/d。该方案假定，相比于 2012 年汽油出口量增加而进口量下降，从而汽油净进口量减少 20×10^4 bbl/d，缓解了美国炼油厂汽油产

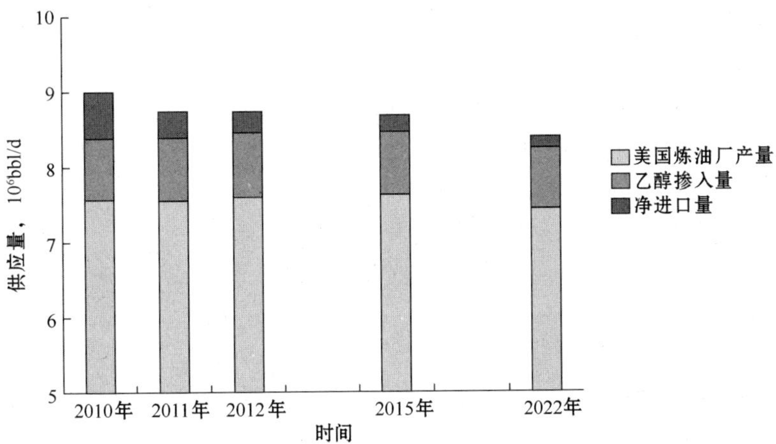

图 11　美国汽油供应—生物燃料用量（方案 1）

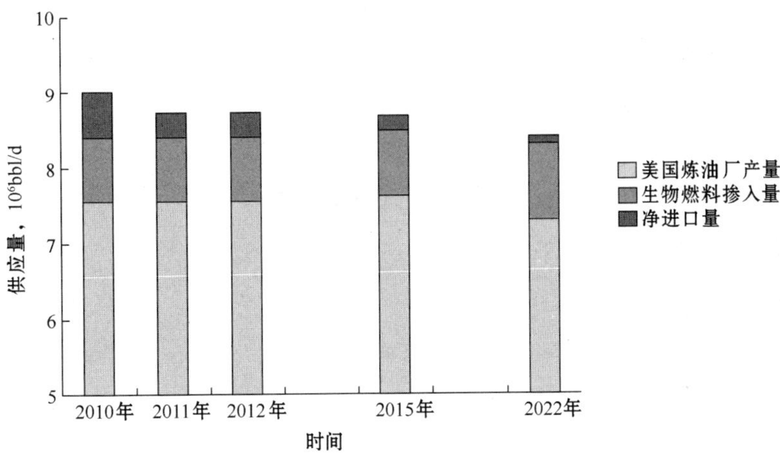

图 12　美国汽油供应—生物燃料用量（方案 2）

量的下降。

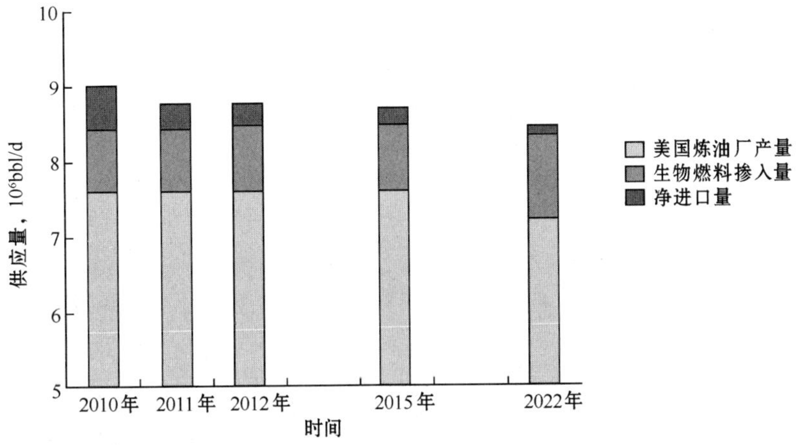

图 13　美国汽油供应—非玉米基生物燃料用量（方案 3）

虽然预计到 2022 年对美国炼油厂汽油生产的需求较低，但是需要增加美国炼油厂柴油产量以满足日益增长的美国本土和出口需求。巴西几家大型炼油厂项目的延期，使得巴西在未来 5 年甚至更长时间仍需进口柴油，而从长远来看存在更大的不确定性。随着柴油产量的增加，美国炼油厂需要在 2018 年前使得所有取暖油的硫含量小于 15μg/g。

与油价相比，天然气价格较低，使得人们对小型和大型天然气制油（GTL）装置的开发产生了浓厚兴趣。天然气制油装置能够生产超低硫柴油调和组分，收率高，因此，这些装置在 5～10 年可与美国炼油厂柴油生产相竞争。

在行业上一轮大的投资周期中，焦化装置是主要的投资领域，目前，美国炼油厂投资的焦点已经发生了变化，主要包括：

（1）增加加工轻质原油的灵活性。

（2）提供接收原油的铁路运输设施。

（3）持续提高柴油产率。

（4）加氢反应装置，尤其是加氢裂化。

3 炼油厂原料趋势

由于北美页岩油产量大幅增长，近期许多美国炼油厂受益于原油成本优势，如图 14 所示，2012 年美国页岩油产量上升了约 60×10^4 bbl/d，预计 2020 年将增加 220×10^4 bbl/d，达到 340×10^4 bbl/d。预计美国 Eagle Ford 和 Bakken 地区分别占到全美页岩油增量的 41% 和 25%。

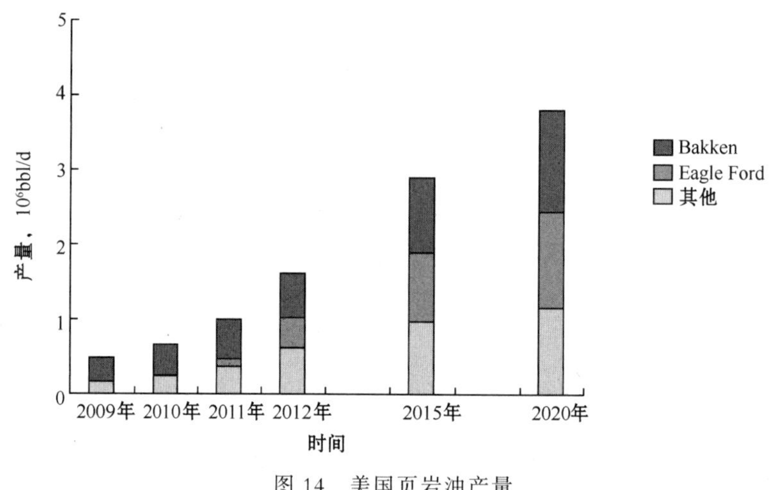

图 14　美国页岩油产量

（来源：Nexant）

美国页岩油产量增长大幅减少了西非轻质低硫原油的进口。由于页岩油产量持续增长，将取代更多的进口原油，本土原油的价格可能将变得更具吸引力，美国原油出口限制也有助于强化这种趋势。

中东和其他远离主要市场地区的一些炼油厂因低成本天然气供应一直具有成本优势。近年来，美国天然气产量增加使得天然气价格低于原油价格，美国炼油厂也因此具有了成本优势。

位于加勒比海、南美和西欧的大多数炼油厂需要采用燃料油作为炼油厂燃料，其成本要高于美国炼油厂现在购买使用的天然气，2012 年美国加工原油的成本优势近乎达到 2 美元/bbl，在过去几年随着油价上涨和气价下降，其成本优势一直在增加，如图 15 所示。2005 年美国天然气价格相对较高，油价也远低于目前水平，因此美国炼油厂在那时尚不具备成本优势。

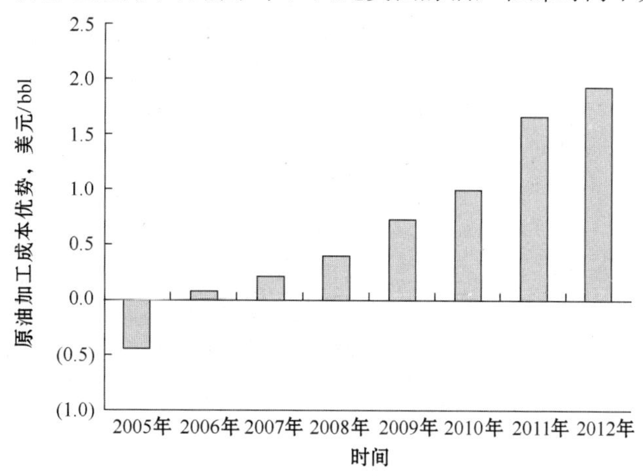

图 15　美国炼油厂燃料成本优势

（相对于大西洋盆地以高硫燃料油作为炼油厂燃料的裂化型炼油厂）

美国炼油厂的成本优势使得以燃料油作为燃料的炼油厂盈利压力越来越大，导致两家加勒比海炼油厂（美国维尔京群岛 HOVENSA 炼油厂和美国瓦莱罗公司 Aruba 炼油厂）永久关停。

4　结论

由于美国许多炼油厂将继续受益于低价天然气的成本优势，同时页岩油产量的增长也使得其原料具有成本优势，中短期来看，美国炼油工业前景看好。

然而长期来看，美国炼油工业的市场前景充满挑战性，尤其是新的 CAFÉ 标准将大大减少美国汽油需求及汽油产量。此外，生物燃料用量增多有可能进一步压缩汽油生产，但不如更加严格的 CAFÉ 标准所带来的预期效果。

考虑到美国炼油厂汽油需求下降的预期，长远来看，增加美国炼油厂的汽油出口越发重要。此外，对柴油需求的增长以及对汽油需求的走低将使得美国炼油厂积极地将汽油生产转向柴油生产。

AM－13－65

炼化一体化：市场改变，调整战略

Blake Eskew，Chris Geisler（IHS，USA）
吴冠京　译

摘　要　随着北美致密油和致密气产量的快速增长以及市场油品需求结构的变化，北美炼化工业正在发生巨大的变化。炼油行业加工重质原油，强调汽油产量的做法正在失去吸引力；炼油厂石油基汽油的需求快速下降，柴油和喷气燃料的需求继续保持强劲增长；美国已成为石化企业投资焦点，在计划或建设中的裂解装置均以乙烷为原料，产品收率和结构会很快发生变化。在这样的背景下，北美炼油企业迎来了新机遇，不仅可以继续为市场提供燃料，还可以参与丙烯和芳香烃等需求快速增长的高附加值化工产品市场。

老话说，唯一不变的是变化。目前北美的商业环境正在证明这句话是真理。随着原油来源的多样化，炼油厂原料也发生了剧烈的变化。多年来产品市场一直在不断变化，并且还在继续发生着快速变化。在这种背景下，炼油行业加工重质原油，强调汽油产量的做法正在失去吸引力。石化生产企业发生的变化更大，北美原料供应正在迅速增加，投资运营的方向和资源也正在发生变化。传统地理位置的优势正在消失，新地理位置的优势正在显现，紧随致密气之后，美国致密油的产量正在快速增长，如图 1 所示。因此石化生产商在亚洲以石脑油为原料建设裂解装置的计划现在已经发生变化。

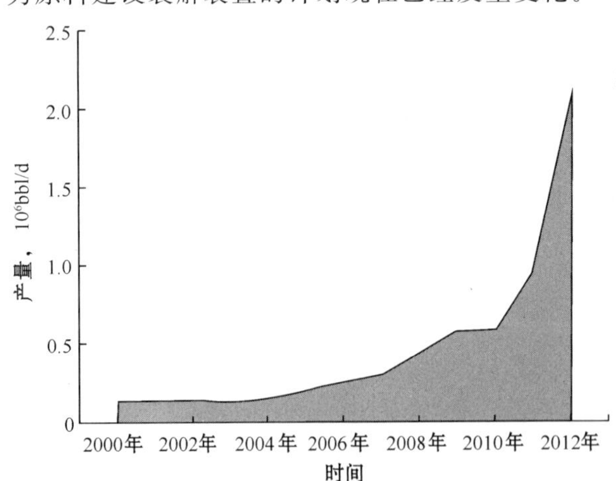

图 1　2000—2012 年美国致密油的产量
［致密：低渗透性（如页岩和砂泥岩）］

随着北美致密油和致密气产量的快速增长，石化工业正在发生巨大的变化。随着对先进水平井压裂技术开采非经济性油田的深入研究，致密气先被开采出来。利用致密气开采技术，致密油的产量也在增加。过去几年，美国原油产量一直在下降，从 1970 年的 1000×10^4bbl/d 下降到 2008 年的 500×10^4bbl/d，但自 2008 年以后，原油产量迅速增长，致密油增加产量超过 150×10^4bbl/d，预计未来仍将保持快速增长的趋势。

致密油产量持续增长的预测仍是不确定的，但很乐观。预计致密油产量的增长速率将超过常规原油和深海原油产量的下降速率，到 2020 年，美国致密油产量将达到 450×10^4bbl/d，如图 2 所示，届时将占到美国原油总产量的 2/3。如果没开发出新资源，2020 年前，深海原油的产量将增加，而后将下降。预计未来 20 年常规原油的产量将继续下降。

致密油革命不只使美国原油产量增加，而且其他液体原料产量也在增长，如图 3 所示。其中非常规原油的比例和数量都发生了显著变化；天然气凝析液的供应量也在增加，一方面来自致密油伴生气，另一方面来自非伴生气。随着天然气凝析液和原油产量的增加，非常规凝析油的产量也在增长，预计将从 2010 年的很小基数增长到 2020 年的 50 $\times 10^4$ bbl/d 以上。美国国内的凝析油通常掺混到原油中，但新增加的凝析油将可能输送至炼油厂和石化厂作为加工原料。

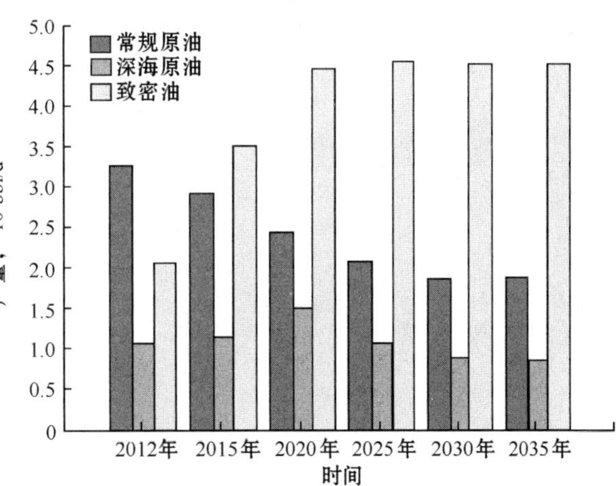

图 2 美国原油预测产量

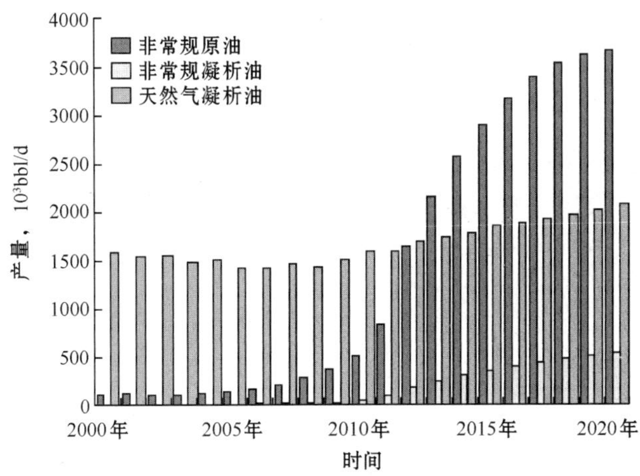

图 3 美国液体原料现状及预测产量

北美资源量的快速增长将迅速改变北美原油的供需平衡，如图 4 所示。预计炼油厂原油加工量将基本保持持平，而美国和加拿大原油产量的快速增长将造成原油进口量的迅速下降。未来几年，随着轻质、低硫致密油产量的增加，来自非洲、里海和北海的传统低硫原油产量将大幅下降。然而，随着致密油产量的持续增长，北美市场的中质含硫原油将有多少被取代仍是一个未知数。

美国油品需求变化也很大，如图 5 所示。汽油和馏分油的需求正呈现相反的变化趋势。经过几十年的增长，汽油需求在几年前已经达到了峰值，现在已经不可逆转地明显下滑。导致这一现象的原因很多，如人口变化、车辆效率提高、发展模式的变化以及汽油调和组分中乙醇量的快速增加。总之，净效应就是炼油厂石油基汽油的需求快速下降。同时，柴油和喷气燃料的需求继续保持强劲增长势头。在 2008 年和 2009 年金融危机期间，美国柴油需求曾较大幅度下滑，之后恢复增长，预计到 2025 年将超过汽油需求，这意味着汽油/馏分

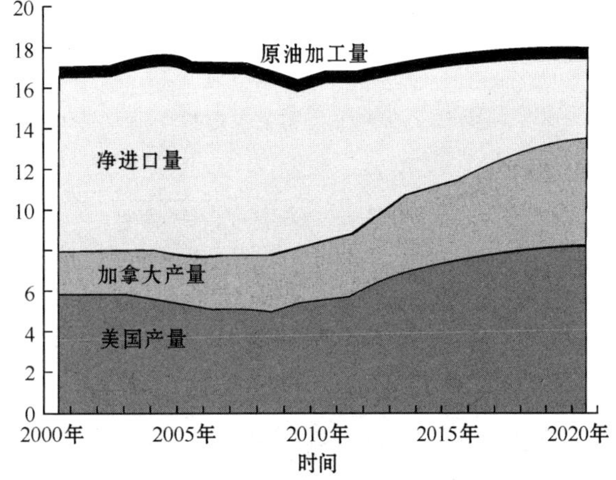

图 4 北美炼油厂原油供需情况

油值更大，炼油厂需要做出相应的调整。

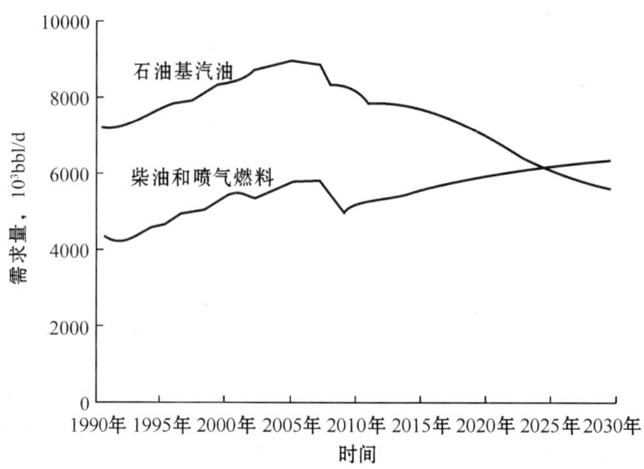

图5　美国油品需求量的变化

不仅汽油产量在下降，对炼油厂的经济贡献也出现了明显的下降趋势，如图6所示。1990年以来，汽油产量占炼油厂产品总量的比例从62%下降到54%。另外，汽油的产值也发生了明显的变化，汽油贡献的产值占炼油厂总产值的比例从1990年的63%下降到2012年的52%。炼油企业已经采取各种措施应对这些变化。由于原油的供应模式发生了变化，进口的低硫原油被国内的致密油替代，可获取优势原料地区的原油加工量也有所增长。由于汽油的需求下降，催化裂化装置正在调整为柴油模式，并且负荷减少；同时重整装置的开工率和高辛烷值汽油产量下降，这些变化使得本土石化企业面临危险。

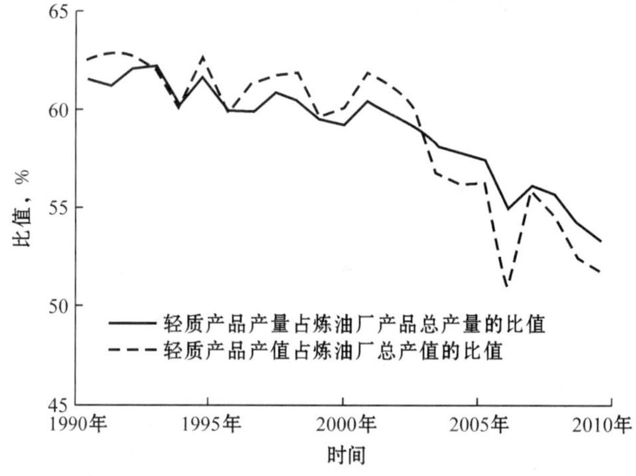

图6　墨西哥湾沿岸炼油厂的贡献情况

石化企业正在做出相应调整，对于美国烯烃生产企业，最大的调整就是选择轻质原料替代重质原料，重质原料正寻求新的用途。甚至投资模式也发生了变化，目前美国已成为石化企业投资的焦点，至少有5套大型裂解装置正在计划或建设中，它们均以乙烷为原料，结果就是石化企业的产品收率和结构会很快发生变化。

炼油厂不仅向市场提供常规燃料，而且为烯烃和芳香烃产业链作出贡献，如图7所示。

炼油厂从原油和凝析油中分离出石脑油，为烯烃和芳香烃装置提供原料。尽管热裂解汽油也是苯的一个主要来源，但来自重整装置的芳香烃主导了北美市场。由于苯和二甲苯更多地用于复杂的聚合物和纤维，来自重整装置的芳香烃为石化产业链提供原料。

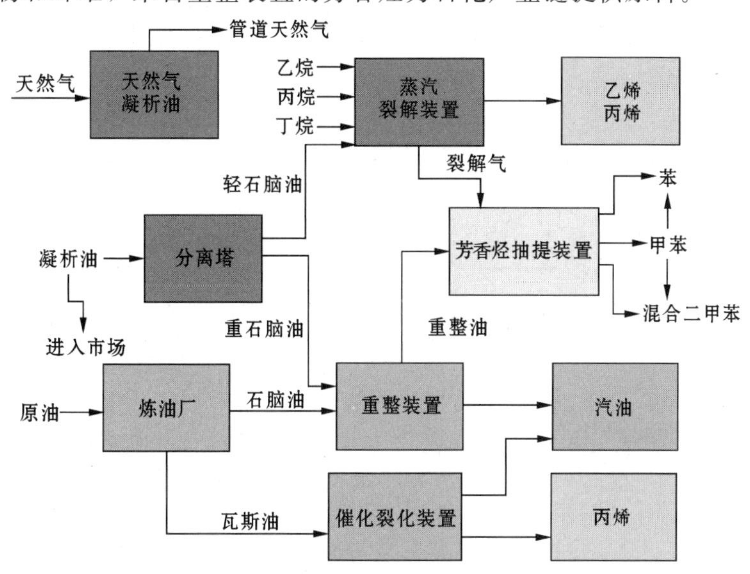

图 7　炼化一体化产业链

美国乙烯原料发生了很大变化，如图 8 所示。过去 8 年，乙烷的比例从 40%上升到 60%。丙烷和丁烷的比例保持稳定，石脑油和较重的液体原料比例减少。

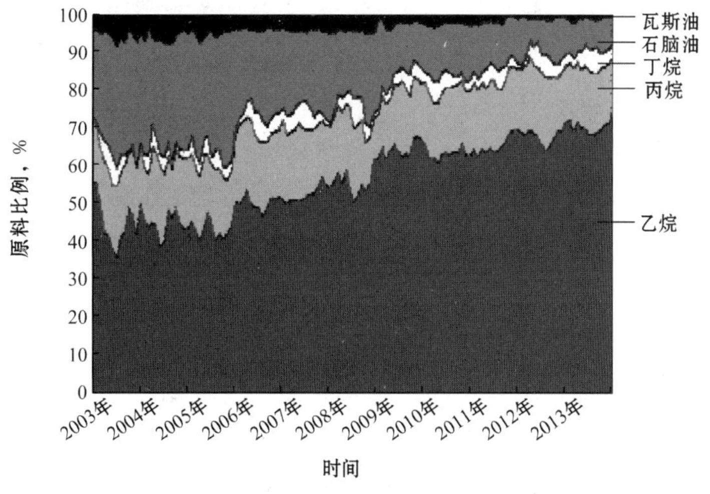

图 8　美国趋于轻质化的乙烯原料比例

相对于原油，美国天然气和乙烷的价格快速下滑，美国已经从高成本的乙烯地区转变为低成本的乙烯地区。如果目前的原料价格不变，沙特阿拉伯仍然是乙烯生产成本最低的地区，北美位居第 3。加拿大西部的原料优势很显著，美国墨西哥湾沿岸紧随其后。亚洲的乙烯原料仍以较重的石脑油为主，是世界生产成本最高的地区，如图 9 所示。与亚洲乙烯生产企业相比，美国乙烯生产具有很大的成本优势，约为 500 美元/t。

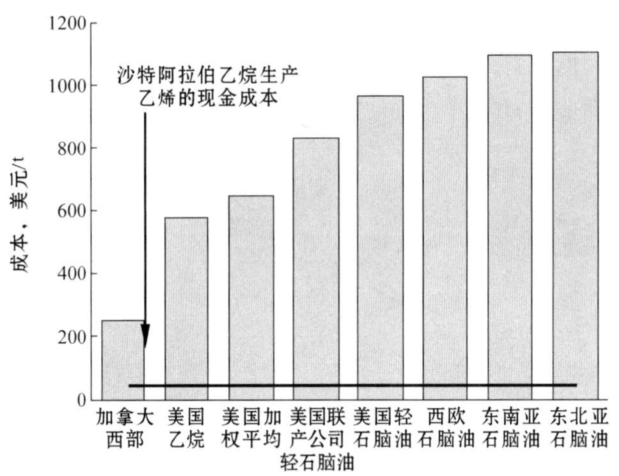

图 9　2017 年世界乙烯现金成本

乙烯原料的变化导致乙烯裂解装置副产品的产量发生变化，如图 10 所示。与石脑油裂解装置相比，以乙烷为原料，产品主要是乙烯，副产品苯、丁二烯和丙烯的产量都显著减少。

在美国，乙烷裂解生产乙烯造成丙烯产量显著下降，如图 11 所示。自 2005 年以来，北美蒸汽裂解装置的丙烯产量下降了 30%，苯产量也大幅下降。预计未来，尽管乙烯产量快速增长，副产品产量将保持不变。

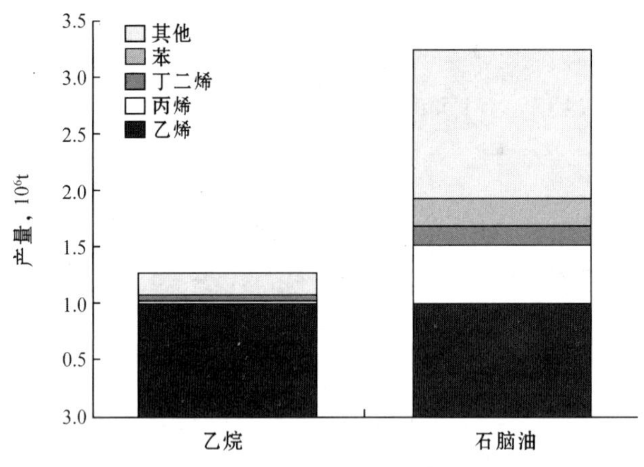

图 10　100×10^4 t/a 世界规模的乙烯裂解装置的产品产量

在这种背景下，炼油厂供应丙烯的角色越发重要。丙烯主要来自炼油厂、蒸汽裂解装置，还有小部分来自专门生产丙烯的装置，如图 12 所示。尽管一定数量的丙烯用于生产燃料，但来自炼油厂的丙烯所占比例仍最大，约 70% 的炼油厂丙烯进入石化市场，一方面由炼化一体化装置直接利用，另一方面将炼油厂级丙烯加工为纯度较高的丙烯产品，用于石化下游生产。

过去几年，来自裂解装置的丙烯产量减少，导致丙烯价格陡然上升，如图 13 所示，与

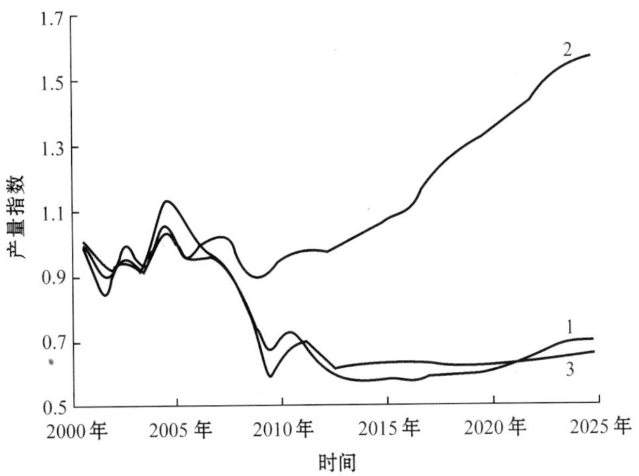

图 11　2000—2025 年蒸汽裂解装置的产品变化趋势

（指数 1.0 为 2000 年美国裂解装置的产量）

1—美国丙烯产量；2—美国乙烯产量；3—美国苯产量

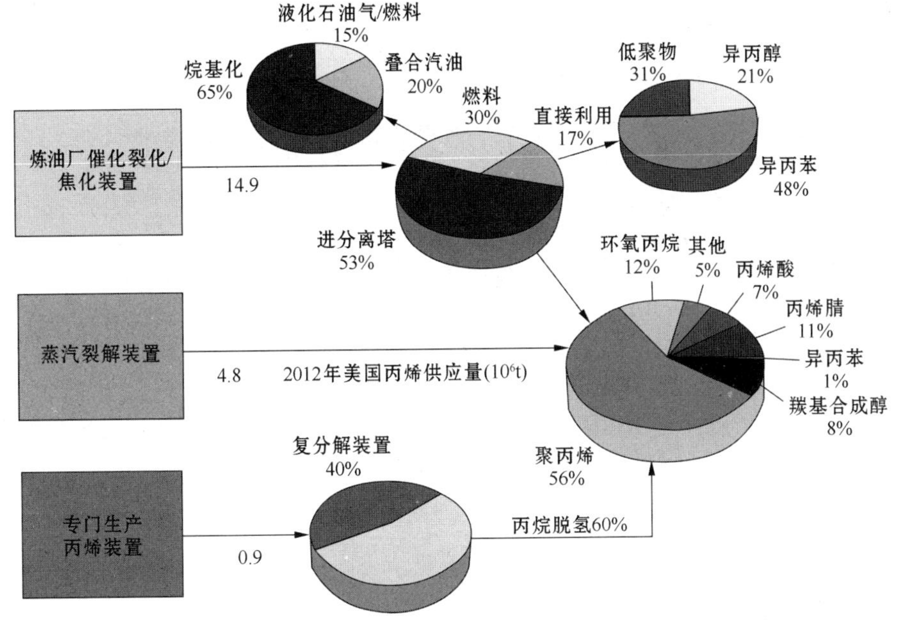

图 12　北美丙烯来源情况

典型的催化裂化原料瓦斯油的价格相比，上涨幅度尤其显著。然而，随着经济提振刺激，炼油厂的丙烯产量并没提高；相反，丙烯产量已经缓慢下滑，这主要是由于汽油市场需求疲软，催化裂化装置开工率下降的原因。由于裂解装置和催化裂化装置的丙烯产量没有增长，新型增产丙烯技术发挥的作用越来越大，来自丙烷脱氢和复分解装置的产能都有所增长，如图 14 所示。美国丙烷价格优势大大地促进了丙烷脱氢装置的建设，预计未来，来自丙烷脱氢装置的丙烯产量将显著增长。

炼油厂不仅为丙烯产业链提供原料，而且为芳香烃产业链提供原料，如图 15 所示。芳香烃是继烯烃之后的第二大化工原料，在石化产业链中居重要地位，特别是在纤维市场尤为重要。

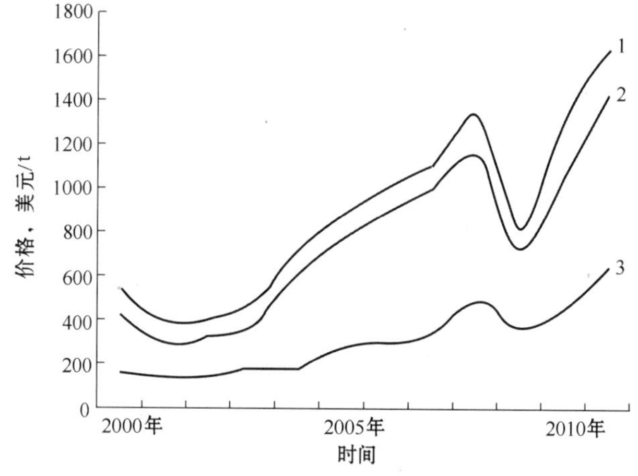

图13　美国丙烯和瓦斯油价格

1—聚合级丙烯现货价格；2—炼油厂级丙烯现货价格；3—含硫1%的瓦斯油现货价格

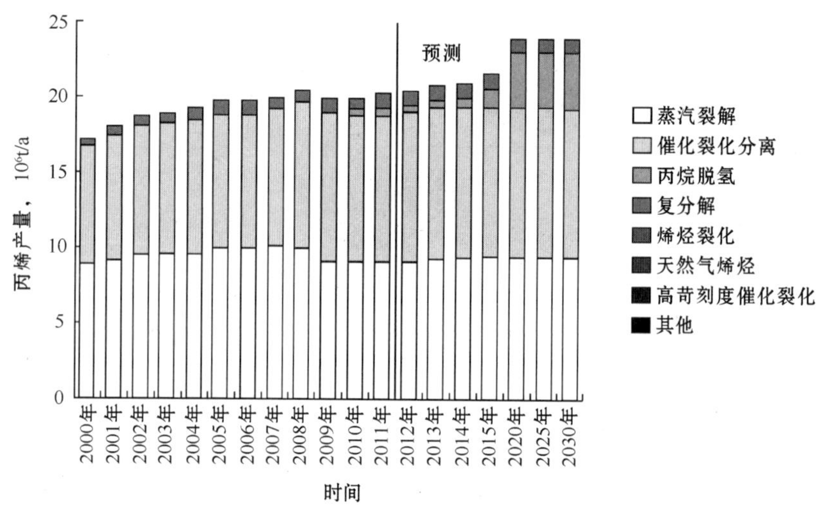

图14　2000—2030年北美丙烯来源结构

催化重整在混合二甲苯的供应中具有重要作用，全球超过2/3的混合二甲苯来自催化重整装置（图16）；相反，仅超过1/3的苯来源于催化重整装置，乙烯生产过程的裂解汽油占总供应量的比例与催化重整供应的比例大致相同。来自重整装置的二甲苯产量主要取决于炼油厂规模、烯烃产量以及聚酯市场的增长情况。需要特别指出，上述因素都会影响芳香烃市场，但不会特别敏感。

芳香烃供应取决于重整装置和来自原油的石脑油，这意味着芳香烃价格与原油价格密切相关，如图17所示。石脑油价格和芳香烃价格变化基本相同，同时芳香烃的价格与辛烷值相关。近年来，聚酯需求的快速增长以及芳香烃供应不足导致对二甲苯价格强势增长，混合二甲苯供应趋紧。苯的市场行情也受相似因素影响。因此，尽管甲苯的价格相当坚挺，甲苯转化为苯和二甲苯的经济效益仍很可观。在这样的背景下，炼油厂提高甲苯产量（图18），

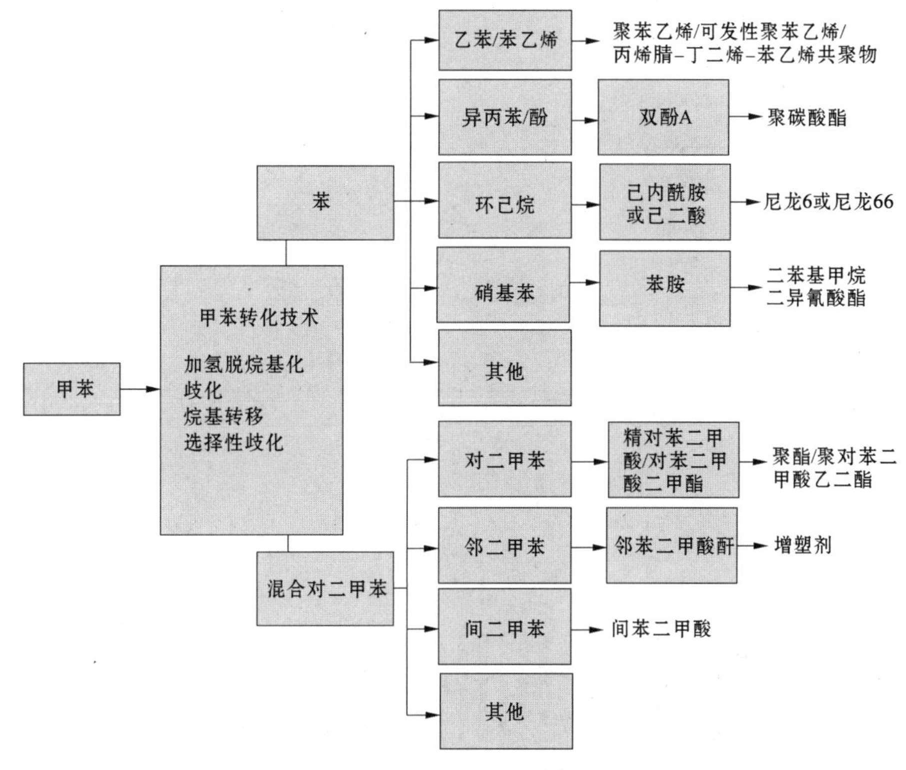

图 15　芳香烃产业链

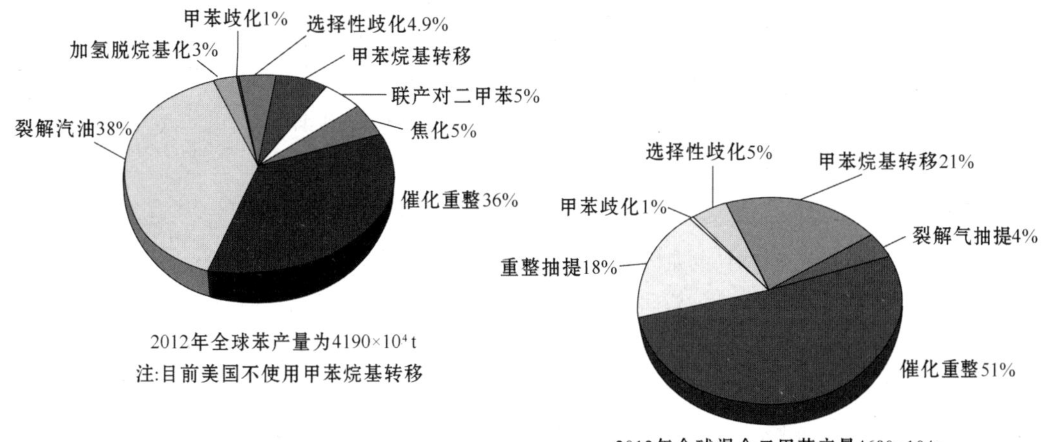

图 16　2012 年全球苯和甲苯产量及来源结构

一方面出售给石化企业，另一方面保证歧化装置的原料供应。此外，炼油厂瞄准时机提高混合二甲苯的产量，参与全球聚酯增长的商机。

致密油的快速增长已经影响了芳香烃市场。北美乙烯生产企业采用轻质原料导致热裂解汽油产量明显下降，同时导致芳香烃产量减少。一些致密油，包括得克萨斯的 Eagle Ford 区域，含有的直链烷烃比传统原油多，导致重整装置的芳香烃收率下降。然而美国国内原油的产量优势帮助炼油企业保持生产规模，同时芳香烃产能也得到了保证。相反，在欧洲炼油

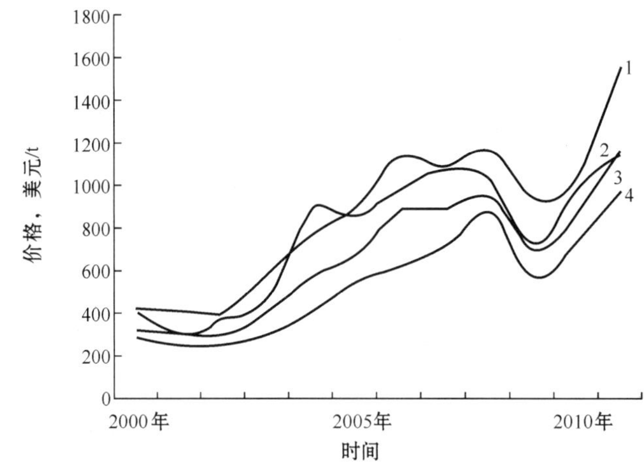

图 17 美国芳香烃和石脑油价格

1—对二甲苯现货价；2—苯现货价；3—混合二甲苯现货价；4—重整石脑油

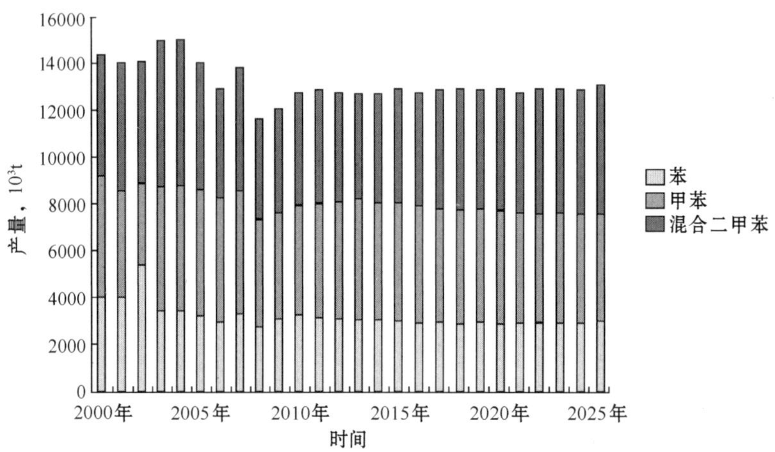

图 18 北美来自重整装置的芳香烃产量

企业的装置负荷明显下降，有的甚至关停，芳香烃产能也随之大幅减少。

未来，全球特别是在北美，汽油的需求增长将与芳香烃的需求增长形成鲜明的对比，如图 19 所示。未来 10 年，芳香烃需求增长将继续快于汽油需求增长，因此，到 2025 年芳香烃的需求量将接近汽油需求量的 20%，这些巨大的变化已经成为依赖炼油厂芳香烃供应的石化生产企业忧虑的根源。

当我们关注石脑油供应、重整能力以及芳香烃需求的平衡情况时，忧虑的原因就更显而易见了。根据全球原油结构中重整石脑油含量估算，目前，重整装置提供的石脑油量大约为 1250×10^4bbl/d，2025 年将增长到 1500×10^4bbl/d。石脑油生产芳香烃的最高收率约为 80%，芳香烃需求已经从 2000 年的总潜在供应的 20%增加到 2012 年的 28%，如图 20 所示，到 2025 年，芳香烃需求预计将提高至总潜在供应的 40%。尽管潜在供应似乎很充足，但这种变化仍预示市场供应趋紧。

致密油和致密气产量的快速增长为北美炼油企业提供了新的机遇，但由于北美需求疲软，并且远离炼油产品需求强劲增长的出口市场，机遇的规模将有限。炼化一体化为这些炼

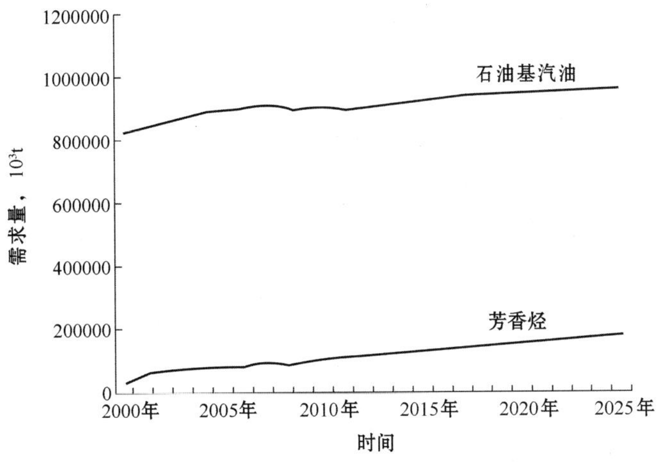

图 19　全球芳香烃需求情况

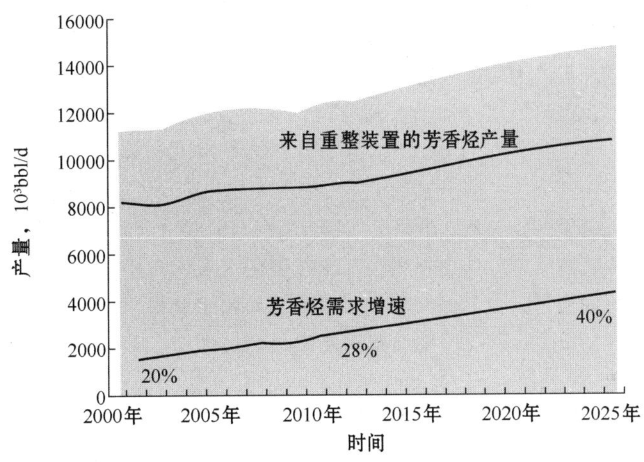

图 20　重整芳香烃潜在供应及需求

油厂提供了机遇，炼油厂不仅可以继续为市场提供燃料，还可以参与快速增长的高附加值产品市场。芳香烃市场供需趋紧促进重整和芳香烃抽提产能增长。此外，由于汽油需求疲软，进一步促使重整石脑油转化为石化产品。

丙烯供应紧张也为炼油企业扩能创造了机会。通过采用提高烯烃产量的催化剂和改进工艺提高丙烯产量。然而，如果北美天然气和天然气凝析液的供应量增大，丙烷的价格将走低，将促使丙烷脱氢生产丙烯的量增大，这将使炼油厂参与丙烯市场的机会减少。

除了与石化企业结合的传统价值，炼油企业现场还具有新的潜在价值，为看似无关的石化投资提供协同作用。炼油企业现场通常具有完善的物流基础设施、原料供应和副产品处置场所。我们已经看到同行正重新利用东海岸关闭的炼油厂参与天然气处理和天然气凝析油出口。由于美国具有成本和原料供应的明显优势，石化投资热潮仍在持续，预计类似的机遇也会出现在整个海湾沿岸和中西部地区。

AM－13－63

成功的出口中心——美国墨西哥湾沿岸地区的潜在经验

Alan Gelder（Wood Mackenzie，UK）

马 安 译

摘 要 目前美国是石油产品的净出口国，其大部分出口盈余都来自美国墨西哥湾沿岸地区炼油厂向加勒比海和拉美邻近市场的出口。国内成品油需求下降导致出口增加，因此，炼油厂仍能利用其国内原油优势和天然气原料保持较高产能。

Wood Mackenie公司认为促进石油产品出口的因素是持续的，具体原因如下：

（1）国内致密油供给将继续增长。

（2）这些致密油需由美国炼油商加工，由于美国近10年没有实现石油独立，预期原油将继续被禁止出口。

（3）作为炼油关键原料，天然气价格将继续保持较低水平。

因此，美国墨西哥湾沿岸地区正在成为一个重要的区域出口中心。与国际同行相比，美国墨西哥湾沿岸地区炼油商得天独厚的原料优势极大地增强了竞争力，使得汽油出口的自然供给范围被显著扩大。初始余额预示美国墨西哥湾沿岸地区炼油商应该考虑将汽油出口的目标锁定在亚洲市场。

一份有关全球成品油定价和贸易枢纽的分析认为，成功的出口需要高质量的物流、仓储和混合设施的支持，这对于服务亚洲市场尤其重要，因为亚洲具有广泛的产品质量规格及贸易差额多样性。目前中东是供给亚洲地区的主要出口中心，但是其到市场的距离、多样化的产品质量规格以及交易方式促进了石脑油而非汽油的出口。

对于美国墨西哥湾沿岸地区炼油商的启示是有必要发展远距离运输贸易的出口基础设施，且全球贸易活动能够促进交易的优化配置。将轻馏分油出口简化为远距离运输石脑油而非汽油交易的机会成本是每年30亿美元的订单，这足以提供足够的商业激励使过去的教训不再重演。

1 历史回顾

目前美国是成品油的结构型出口国，其墨西哥湾沿岸地区的出口远远超过东西海岸地区的进口（图1）。

这种情况的出现源于成品油整体需求的上升，以及不断增长的非炼油厂来源成品油供给和较高原油产能。较高原油产能反映了目前美国炼油商在高利用率情况下运营的强烈经济诱因，原因如下：

（1）美国致密油供给的增长使国内原油折价（因为WTI原油仍保持对布伦特原油的结构性折价）。

(2) 作为主要炼制燃料的天然气成本较低。

墨西哥湾沿岸地区的出口主要供应了加勒比海和拉丁美洲的本土市场，同时也供应了如欧洲和中东地区等的远距离市场，并向亚洲出口燃料油。

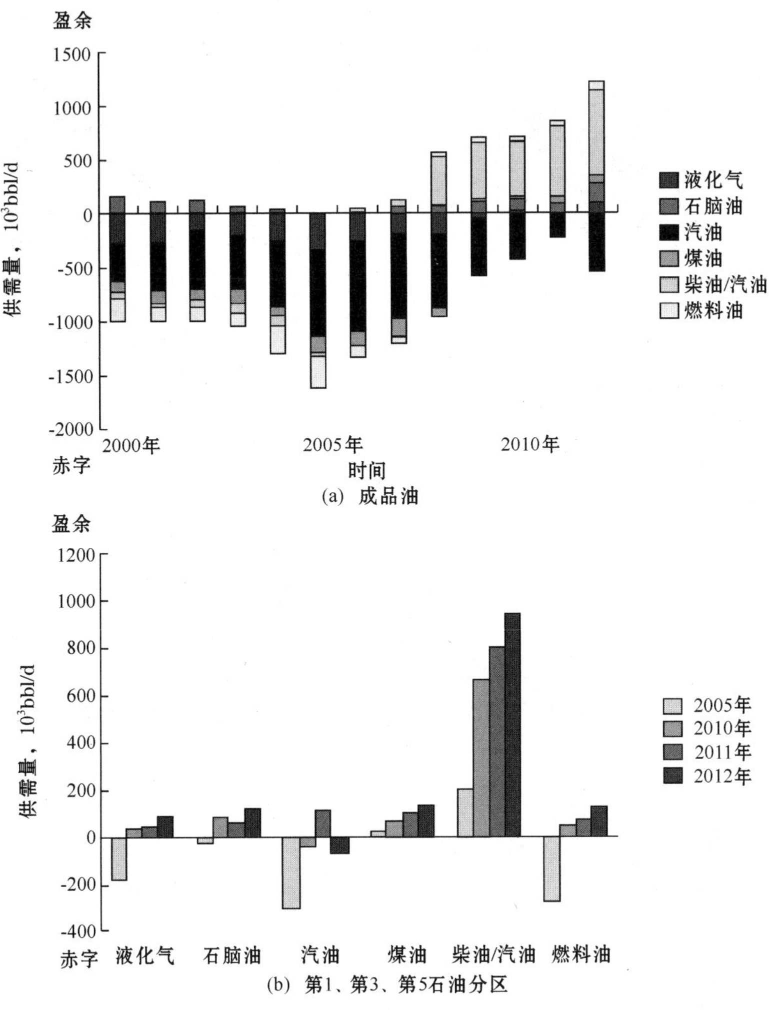

图1 美国成品油及第1、第3、第5石油分区的供需平衡情况

2 美国墨西哥湾沿岸地区的出口可持续性

Wood Mackenzie公司认为美国成品油出口的关键动力是具有显著优势的国内原油原料和低成本天然气，这些都是可持续的。图2显示了截至2020年美国液体燃料供应总量预测数据，由于致密油的供应，美国整体石油供给的前景将持续大幅增长，同时供给增长速率将超过管道基础设施发展。

致密油产量增加和全球石油供给需求平衡的变化，为美国管道基础设施建设带来如下启示：

(1) 欧佩克闲置产能的增长增强了全球原油市场供应中断的恢复力。

(2) 预期通过改善管道基础设施而降低的原油运输成本将被质量折扣抵消（至2020

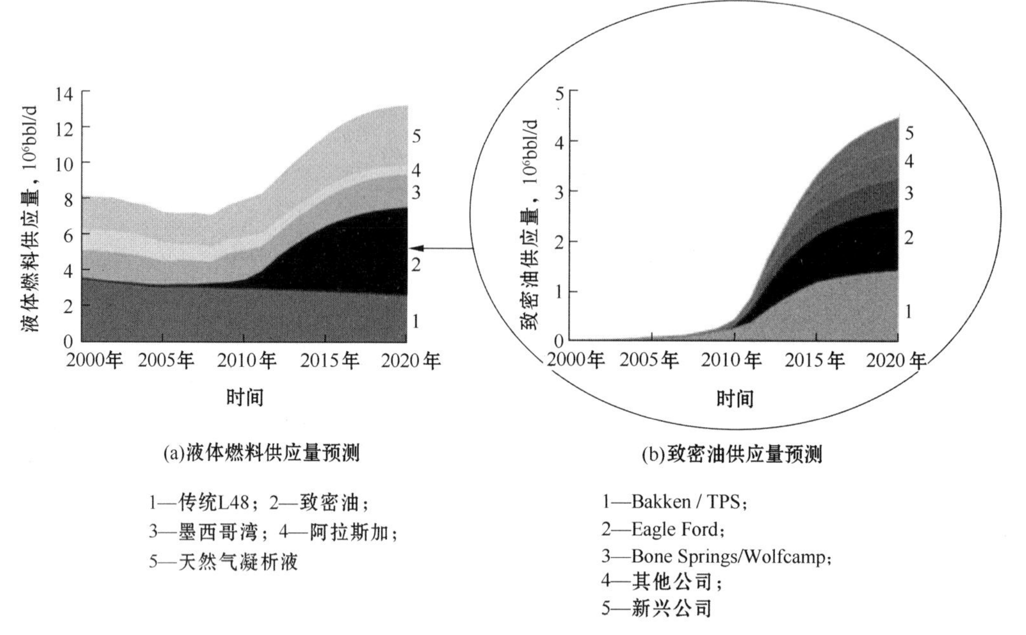

图2 美国液体燃料及致密油供应量预测

年)，因为致密油不能从美国出口，并且必须替代进口的低质量中等石油。

(3) 到2020年前布伦特—WTI折价仍将很大，为美国炼油商提供了有成本优势的原料。

同样，预计美国天然气价格将缓慢复苏，但整体上仍将低于欧洲和亚洲与石油相关联的天然气价格。

基于此，美国炼油产能将保持较高水平，而由于燃料有效性的提高，对汽油等特定产品的需求将会下降，如图3所示，因此汽油出口量将上升。

从中期来看，尽管由于缺口的不断扩大，特别是在欧洲，柴油的市场机会远大于汽油，拉丁美洲地区的出口目标市场仍将保持对出口的支持。

3 成功的出口中心特征

在西北欧、地中海、新加坡和美国墨西哥湾沿岸地区都有炼油定价枢纽，这些定价枢纽的出现归因于它们出口业务的性质。另外，还有其他影响定价枢纽和出口中心形成的因素，这是由于许多国家具有更大型的出口（相对于炼油产能和国内需求来衡量）。

出口中心并不需要拥有最多的炼制资产（由净现金利润衡量），但是，由于大量的成品油进口、调配和再出口，出口中心错综地参与到成品油交易中，这主要是由区域目标市场产品规格多样性所驱动的，一个出口中心和交易枢纽需要良好的运输和仓储来供应产品质量规范多样化的区域市场。图4列出了目前欧洲各地区的汽油含硫标准，图4中的进出口比率说明：

(1) 新加坡是汽油和柴油的交易枢纽，在进口汽油和柴油组分的同时，也出口符合不同市场需求的产品。

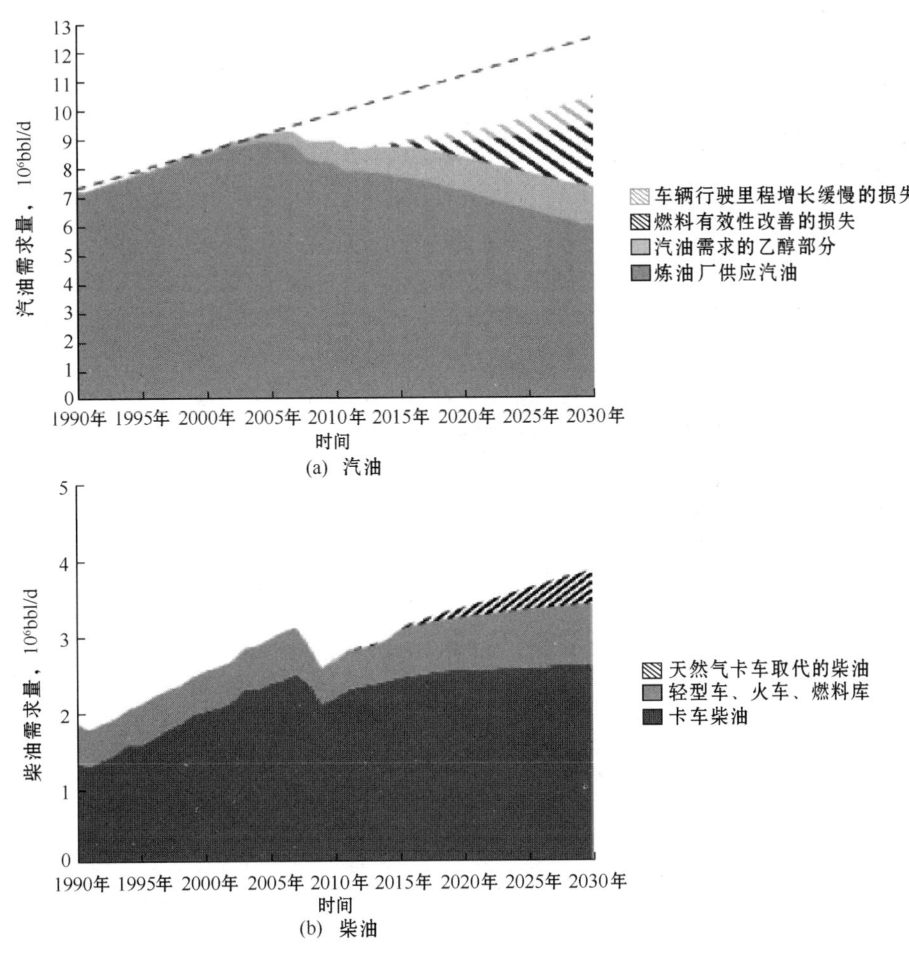

图 3　美国汽油和运输用柴油需求情况

（2）科威特是汽油出口国，没有进口。

（3）沙特阿拉伯似乎像一个交易枢纽国，反映了其东西海岸炼油厂的不同模式。

对于美国墨西哥湾沿岸地区的一个主要问题是哪一个是其出口的恰当模式——新加坡式的交易枢纽还是中东的供给推动型中心？

4　美国墨西哥湾沿岸地区的启示

美国墨西哥湾沿岸地区作为一个区域出口中心的崛起，对于区域间定价具有重要启示，这是由于它相比西北欧的溢价将降低墨西哥湾沿岸地区离岸价。目前原油出口的立法环境导致美国原油价格从国际市场中脱节。该原油原料的优势是显著的，并且超过了在成品油定价上的影响，使得美国墨西哥湾沿岸地区轻质低硫裂化型炼油厂的毛利将超过 10 美元/bbl，高于加工北海原油的西北欧地区类似炼油厂，如图 5 所示，致密油和美国立法为炼油商提供了结构型的利润优势，支持其成为出口中心。

上述情况对于美国墨西哥湾沿岸地区出口的自然供给范围的启示是非常明显的，具体包括：

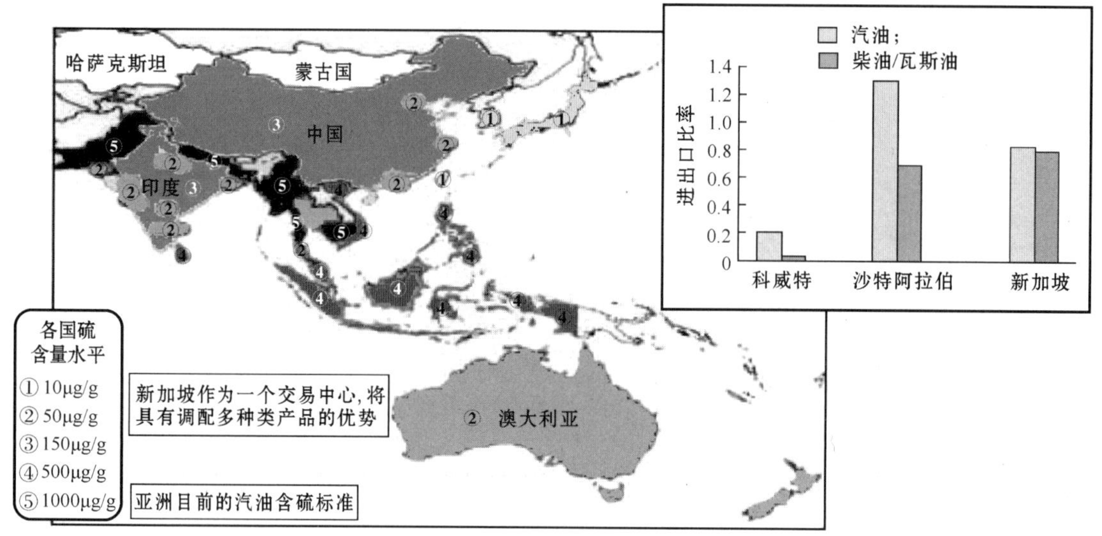

图 4 目前世界各地区的汽油含硫标准

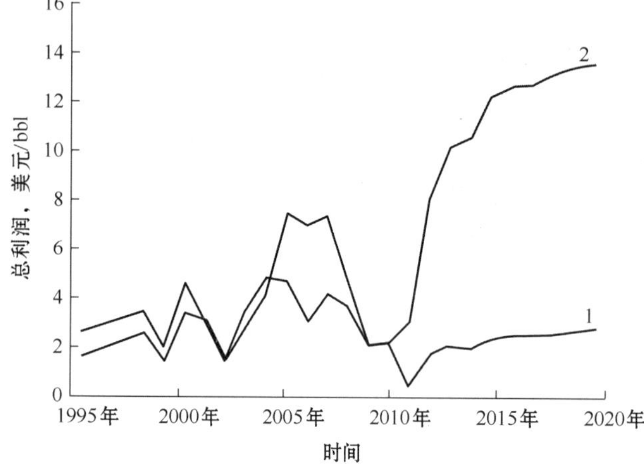

图 5 美国墨西哥湾沿岸地区和西北欧炼油总利润

1—西北欧布伦特催化裂化型；2—美国墨西哥湾轻质低硫裂化型

（1）它将范围扩大了 5000mile 以上（如果这一利润优势完全应用于辅助额外的运输）。

（2）美国墨西哥湾沿岸地区汽油出口的增长远远超过了墨西哥、拉丁美洲（作为一个区域）和中西非地区预期汽油赤字的增加。

（3）从美国墨西哥湾沿岸地区出口的汽油需要运至大西洋盆地（图 6）这为将大量产品通过巴拿马运河的延伸部分运至亚洲提供了机会，这一优势显著拓展了其自然供给的范围和界限，远超过大西洋盆地。

因此，这一更加广阔的自然供给引入了目前中东地区在供应其亚洲和非洲多样化的出口市场所经历的复杂性。由于汽油是一种多组分混合物，尤其受到出口市场多元化的挑战。图 7 比较了中东地区和美国墨西哥湾沿岸地区的历史产品出口情况。图中的一个主要差别是轻质馏分出口，由于中东地区主要出口石脑油而非汽油，因此反映了向多元化市场出口不同产品质量规范的汽油相对于蒸汽裂解原料石脑油的复杂性。远距离市场的有效供给需要不同的途径，因为美国墨西哥湾沿岸地区可能与供给推动型的中东地区更加类似。

美国墨西哥湾沿岸地区炼油商值得注意的潜在经验是：

（1）预计来自美国墨西哥湾沿岸地区的液化石油气出口与中东地区类似，将变为天然气凝析液，未来石油化工行业开始转向使用乙烷基原料。

（2）出口基础设施需要发展，以支持石油产品运输至更远的目的地，因此发展仓储、混

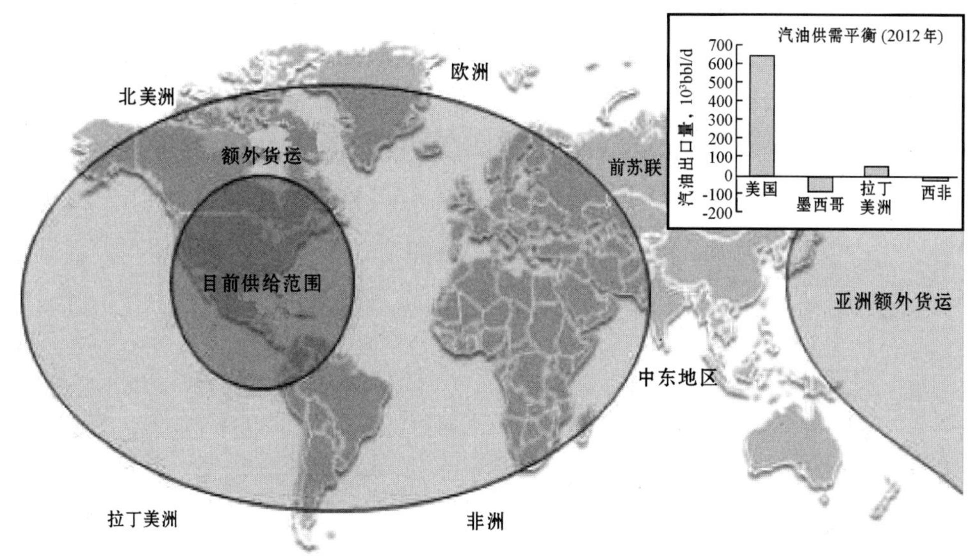

图6　美国墨西哥湾沿岸地区出口的汽油供需平衡

合和深水区域的通道是必需的。

(3) 位于接近稀缺市场的关键交易线路上的交易枢纽设施，可以通过允许混合优化靠近终端用户市场来获得巨大价值。

(4) 发展全球交易以实现汽油出口增长的最优配置可以带来巨大的价值，这项技术（或能力）的缺乏可能导致美国墨西哥湾沿岸地区轻易走向中东地区出口石脑油的历史路径，这将带来（价值每年30亿美元的订单）巨大损失。

然而，这不是毫无风险的，因为这个机会依赖于美国致密油供给的持续增长，以及美国保持限制原油出口的政策。

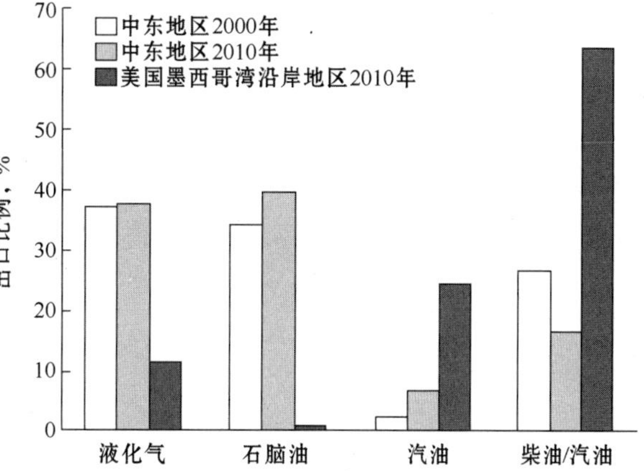

图7　美国墨西哥湾和中东地区产品出口对比

本篇报告由Wood Mackenzie公司发表并保留版权，报告根据Wood Mackenzie公司和其客户之间的订阅协议向Wood Mackenzie公司的客户提供，对这篇报告的使用由订阅协议的条款和条件所规定。Wood Mackenzie公司对报告中包含数据的准确性和完整性不做任何保证或要求，关于这篇报告的功能性或与任何机器、设备或其他软件的通用性也没有任何保证或要求。这篇报告不包含任何购买或销售有价证券的提议，也不包含任何购买或销售投资产品的建议。Wood Mackenzie公司没有提供关于对任何公司或实体的财务状况、资产和负债、收益或损失和前景的完整分析，文中内容都不应视为关于任何公司或实体证券相对价值的评论或暗示。

AM－13－32

北美石油复兴的影响

Neil Earnest（Muse，Stancil & Co.，USA）
薛　鹏　王春娇　黄格省　译校

摘　要　本文使用美国 Muse，Stancil & Co. 公司的原油市场优化模型，建立不同假设条件，分析讨论了北美地区石油市场的中期前景。美国和加拿大不断上升的原油供应将重塑北美原油市场的历史分布。由于缺乏与亚太地区大型市场的有效连通，到 2025 年，北美重油市场将存在极大压力，重油生产商将承担巨大价格折扣；同时对生产商和政府实体也有很大影响，但对北美轻质原油生产商的影响较小。

1　概述

北美（指的是加拿大和美国）原油市场的供应状况正在迅速改变，这种改变对该地区原油供需平衡、定价和运输设施的影响尚未完全确定。多年来，尽管北美生产的不同种类原油的绝对价格波动明显，但价格差异相对稳定。2011 年，这种情况有所改变，来自加拿大西部和威利斯顿盆地原油的产量增加，西得克萨斯州和中大陆原油供给增加，使内陆地区原油达到并超过了管道的有效容积。因此，相当数量的原油开始用铁路运输，这在过去数十年中都未曾发生过。

本文使用美国 Muse，Stancil & Co.（Muse）公司的原油市场优化模型讨论和分析了北美地区石油市场的中期前景。这个分析工具是北美一个高度详细的原油分布模型，模型输入的变量包括：按种类划分的（轻质低硫、重质高硫）地区原油供应量；管道、驳船及铁路输送能力和运输费用；可用管道容量；北美及东北亚炼油厂产能和炼油厂具体的限制条件；通过许多不同种类的原油产量来衡量的炼油价值。该模型旨在将原油生产商的净利润最大化，同时满足各炼油厂的管道和炼制条件。模型输出的结果包括不同运输模式下的原油运输量及在生产中获得的原油净回值。因此，该模型和模型输出的关联分析为探索不同种类原油供应和交通运输设施对北美石油市场的影响提供了一个强有力的定量方法。该模型已经用来量化石油工业中多个数十亿美元管道工程带来的效益，包括目前正在审批阶段的“北方通道”项目。

本文重点了解北美与通过水运方式输送原油的亚太地区原油市场之间大规模运输原油的影响和不足之处，其他北美运输项目也做了相应分析，但仅出口到市场需求很大的亚太市场的原油对整个北美原油供需平衡具有实质性的影响。以下两种情况需要考虑：（1）加拿大 Northern Gateway 油砂管线和 Trans Mountain 管道系统扩容两个项目会如期完工；（2）这两个项目不会如期完工，且不允许以铁路运输的方式向加拿大不列颠哥伦比亚省的各港口运送原油（为分析方便，这些管道项目在优化模型中设定为已经从计划完工后第 1 年的 1 月 1

日起投入运行)。

2 原油市场概述

原则上，预测内陆地区某个原油品种的价格是非常简单的——确定感兴趣的原油种类的结算（或增量）市场，在结算市场中用已知价格的原油推算该种原油的价值，再适当减去从产地到结算市场的运输成本。事实上，潜在结算市场的数量和北美原油运输基础设施的复杂性会使分析变得更加复杂。

例如，现今加拿大西部原油输送至美国西海岸、落基山脉、中西部上下游、中大陆、安大略省、加拿大大西洋省份、美国东海岸以及美国墨西哥湾沿岸地区。大部分原油通过大量的管道输送，而如今不断增长的原油量需要通过铁路运送至各炼油商，密西西比河沿岸则辅以船运输送。对于加拿大西部原油来说，识别精确的结算市场并不容易，尤其是当用铁路或船运作为运输方式进入该市场时，估算到达某个特定结算市场的成本更加不容易。准确的铁路和船运运输成本通常不会公开。此外，随着各运输方具体情况的不同，管道输送情况也大不相同。更重要的是，针对不同加拿大西部原油种类（轻质低硫、重质高硫）的结算市场是不完全相同的。

在预测中，情况更加复杂，因为快速变化的区域中原油供应量和新增运输基础设施的时间都需要进行估算，后者受到难以预知的主要管道工程审批时间变化的严重阻碍，这一点可以由 Trans Canada 公司的 Keystone XL 项目证明。尽管炼油商可能根据其所在区域市场的油价和需求情况不同做出相应对策增加或关停炼油产能，但利用单一结算市场趋势预测原油总需求更简单。

Muse 公司约在 10 年前开发出原油市场优化模型，以便对北美原油市场未来走向做出定量评估。该原油市场优化模型是一个分布模型，用来预测原油向不同市场的流动及由此流动引起的北美原油价格变化，因此，它非常适用于评估由北美向最终市场输送原油的运输基础设施改变产生的市场影响。该模型已由 Muse 公司广泛用于商业应用中，包括加拿大西部原油价格的详细预测、预估加拿大西部原油的潜在消费者及管道利用研究。

该模型使用线性规划技术在加拿大、美国和东北亚炼油厂范围内现有和预建的管道、铁路、驳船及有限的炼油产能下分配所有加拿大西部和美国原油产量，同时使原油在生产地（加拿大西部、威利斯顿盆地）的出厂净回值价格（指某特定种类的原油在其结算市场上的售价扣除运输成本后的价格，结算市场通常也称为利率平价市场）最大化。换句话说，该模型正在寻求将内陆原油输送至会支付高价购买的炼油厂的有效途径，同时将运输成本及管道、铁路和炼油厂本身的输送能力考虑在内。事实上，该模型试图反映高效运营的原油市场形成的原油分布模式，需要输入模型的因素包括：(1) 加拿大、阿拉斯加及美国内陆单一种类原油（重质高硫、低硫合成油）的供应量；(2) 管道、铁路、驳船路线的输送能力（必要时分段计算）；(3) 适当考虑可用管道容量；(4) 管道建设费和其他运输成本（如油轮、驳船和铁路成本）；(5) 各炼油厂的原油产能及炼油厂的具体限制条件；(6) 各炼油厂所有原油种类的炼油价值，表示为原油产量的一个函数。一旦变量输入到模型，线性规划技术就会使预期结果最大化，得出的结果就是原油净回值价格，且同时满足解决方案中所有强加的限制条件。

2.1 原油供应预测

美国原油供应预测是Muse公司和Crane Energy公司合作的结果，Crane Energy是一家专门从事页岩和非常规油气储藏开发的工程公司。北美地区原油供应量和分析方法在Muse-Crane研究中进行了详细描述，参见“逐步扩大的轻质液体资源市场：页岩油和致密砂岩在美国中下游及以外地区的影响”（此项研究是Muse公司与Crane Energy公司共同努力的结果）。图1反映了通过Muse-Crane模型得出的2012—2025年美国内陆地区原油供应总量的预测数据。需要注意的是，图1不包含美国沿海地区原油的增量，尤其是Eagle Ford和墨西哥湾沿岸地区。

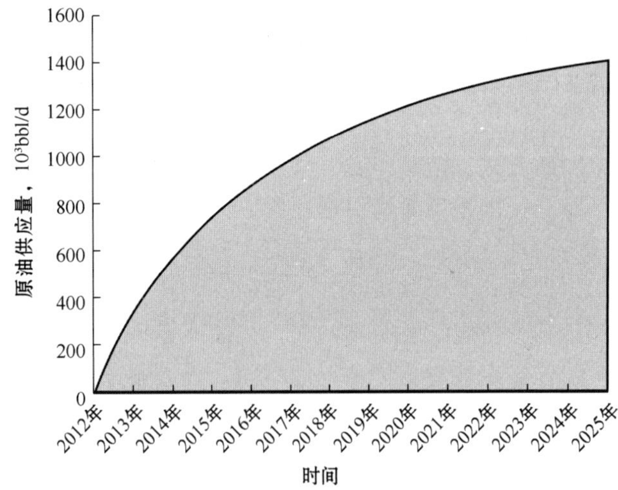

图1 美国内陆原油供应量预测

2012年6月，加拿大石油生产商协会（CAPP）的预测是利用原油市场优化模型作为加拿大原油供应预测的基础。图2反映了从2012年开始CAPP内部轻质、重质原油供应总量的预测数据。预计到2025年，新增重质原油供应量约为260×10^4bbl/d。在加拿大西部，几乎所有新增的重质原油都是高硫重油，高酸重油也占一大部分。此外，CAPP也解释称，他们预测出的轻质原油供应量似乎比较保守。

2.2 原油运输基础设施和运输费

原油运输的几个关键假设条件概述如下：

（1）Keystone XL项目。该管道项目从艾塔省哈狄斯底起始，原油输送能力约70×10^4bbl/d，预计2015年完工。91×10^4bbl/d的可用容量用于Keystone项目（包括XL和Legacy Keystone）。可用容量的约束限制了Keystone系统中固定收费下的原油输送总量。Muse公司已经进一步设定Keystone XL项目中Bakken Marketlink和Cushing Marketlink这两项也将继续进行。

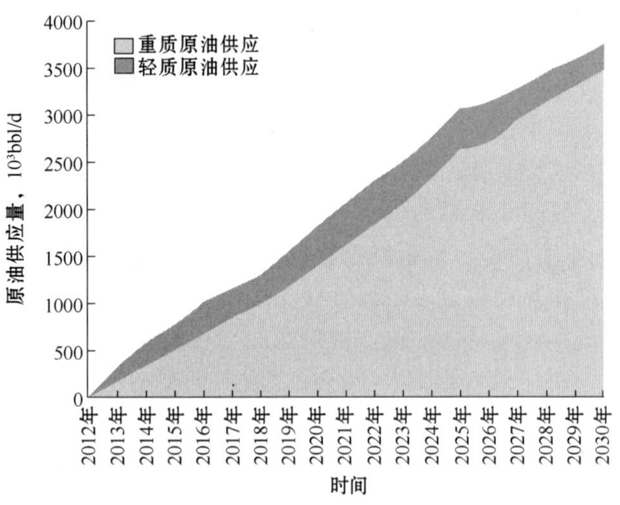

图2 加拿大西部原油供应量预测

（2）Enbridge Flanagan South项目。拟建的Enbridge Flanagan South管道项目将于2015年投入使用，原油输送能力达60×10^4bbl/d，可用输送量相当可观。Flanagan South

管道始于芝加哥地区，终止于俄克拉荷马州库欣市。

（3）Seaway System 项目。Muse公司假定现有 Seaway 管道将扩能2倍，以便在库欣市和休斯敦之间提供向南输送的 85×10^4 bbl/d 的原油输送能力，并将从休斯敦向博蒙特/阿瑟港的输送能力扩大 60×10^4 bbl/d。扩能后 Seaway System 管线的可用输送能力也随之变化。

（4）Enbridge Mainline 项目。与 Enbridge 公司已经宣布的业务计划一致，该管道项目开始扩能以增加加拿大西部向中西部和安大略市场的输送能力。拟建到蒙特利尔的 Line 9B re－reversal 项目也被假定继续进行。

（5）Northern Gateway 项目。Northern Gateway 项目原油输送能力为 52.5×10^4 bbl/d，是埃德蒙顿地区和不列颠哥伦比亚省基蒂马特之间的输油管道项目，将于2019年实现运营。

（6）Trans Mountain 项目。该项目目前原油总输送能力为 30×10^4 bbl/d，比预计的输送能力约少了 4.5×10^4 bbl/d，Trans Mountain 扩能项目假定于2018年完工，新增原油产能达 59×10^4 bbl/d。Westridege 码头也假设能等量扩能。

（7）铁路和驳船。驳船目前用于密西西比河沿岸运输原油，铁路已经成为大容量原油运输的一种可靠方式，因此，分布模型使用铁路和驳船作为从加拿大西部和威利斯顿盆地向北美其他地区运送原油的工具（使用油轮从美国得克萨斯州科珀斯克里斯蒂向加拿大大西洋省份和美国东海岸输送 Eagle Ford 原油也是被许可的）Muse公司认为铁路和驳船运输能力将随着时间的推移而增长。

（8）其他美国原油管线项目。Muse公司已经做了一些必要的关于美国其他潜在管道项目的假设。图3反映了将连接西得克萨斯州和中大陆与墨西哥湾沿岸地区的各管道项目的总输送能力。

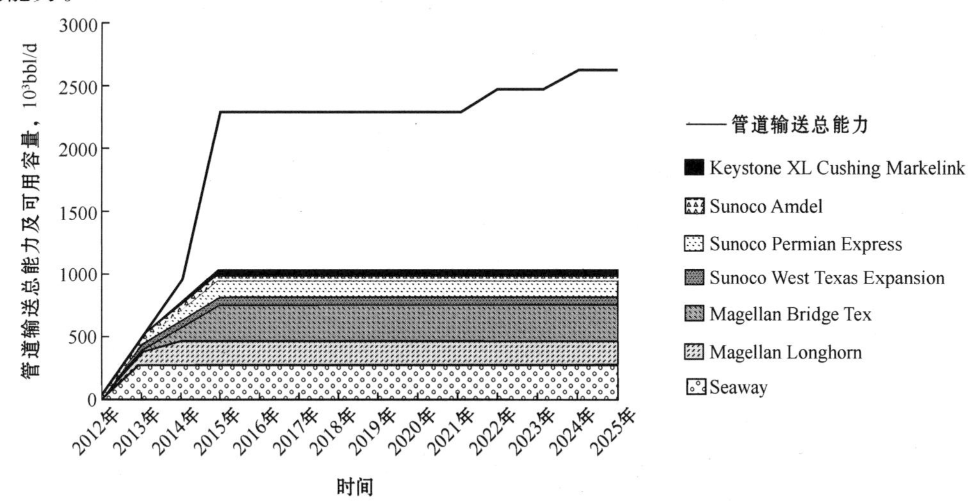

图3　管线输送总能力及可用容量预测

同时，图3也反映了Muse公司对各管道可用容量的估算值。一个实际问题是，管道公司需要在建设长距离、高输送能力的管线之前，从信用声誉较好的交易伙伴处得到数量可观的管道可用输送量。对于掌握了可用输送量的输送方，增加的现金成本就非常低了，由于可用输送量的保证实质上是一种沉没成本，即无论输送量的大小为多少，所需支付的费用都是固定的。因此，可用输送量决定管线输送方式，即使可用套利不足以承担运输费。他们将显著影响北美原油分布模式。

管道建设费和税率需要国家能源委员会、联邦能源监管委员会和国家关税申报的共同审核。从阿尔伯塔省延伸到中西部和安大略省的 Enbridge Mainline 项目已经使用了在竞争费用结算中详述的运输费，该船运和铁路成本是基于 Muse 公司的行业经验和研究得出的。

当在运输费较低时而不是在输送量最小时发货，所有的可用输送量都会模式化，这样能更密切地模仿实际市场行为，因为这样委托供货商会承担较低的现金成本增量，但并不是绝对义务发货。

2.3 炼油能力

在原油市场优化模型中，对位于加拿大、美国普吉特海湾、中西部地区和中大陆地区的大多数炼油厂都单独进行了描述。位于中国北方和南方、日本、韩国、中国台湾、美国墨西哥湾沿岸地区、落基山脉和加利福尼亚的大部分炼油厂都作为几个总体之一进行描述，而没有对单独炼油厂进行分析，主要是由于这些地区的炼油厂数量很多。Muse 公司已经应用了利用系数按照不同的地区和炼油厂稍作区分来说明原油市场优化模型中炼油厂每日（日历日）产能。

2.4 炼油价值

原油市场优化模型中输入的一个关键变量是各内陆地区，尤其是加拿大西部，原油对于潜在炼油厂客户的价值。Muse 公司引用这些原油价值作为炼油价值标准，通过使用高度复杂的炼油厂线性规划模型形成炼油价值。Muse 公司授权 AspenTech PIMS® 模型系统，该系统被北美 50%以上的炼油厂用来优化他们的炼油厂经营。炼油商们的最优化目标包括原油选择、决定加工装置运行率及选择需要生产的产品配置。Muse 公司使用的 PIMS® 模型与各炼油厂本身使用的实际上是相同的。

对北美和东北亚感兴趣的炼油厂来说，PIMS® 模型是根据与单一加工装置产能相关的公共信息建立的。一个基本案例是炼油厂通过充分利用主要加工装置对国内原油和水运进口产品的联合使用建立的；接下来，各内陆原油品种增加的输送量输入模型中，以支持炼油商原油输送的替代方案，因此，需要为内陆炼油商开发炼油价值认知标准作为内陆原油产量的一个函数。任何原油种类的价值通常都会随着其产量的增加而减少，因为所有炼油厂都曾经历随着更大量特定原油的加工而收益递减的情况，这可能是由于关键加工装置的限制要求，中间产品低价出售，各产品规格变得越来越难以满足，或关键加工装置的不完全利用造成的。通过开发内陆原油价值认知标准作为单一炼油厂产量的函数，北美原油市场可以统一成一个比考虑所有单一炼油厂有更大数量的需求点，这种分析方法增加了优化模型的精确度。

利用炼油厂线性规划模型的北美原油精炼价值标准的发展需要一套完整的非北美原油和成品油价格体系。非北美原油价格非常重要，因为它们是正在被北美原油替代的竞争替代品。北美原油也可以加工成与非北美原油替代品所不同的一些成品油，因此成品油价格也需要充分评估北美原油的精炼价值。

2.5 原油及产品价格预测

截至2013年1月，Muse 公司已经利用它们的标准对原油和成品油价格进行预测。

Muse公司使用了一个长期建立的方法来发展其价格预测，主要基于5个关键的市场变量。这些变量是：

（1）路易斯安那轻质低硫（LLS）原油价格，该变量建立了所有原油和成品油的绝对价格水平。

（2）休斯敦湾天然气价格，该变量影响炼油厂运营成本和液化石油气同低硫成品油（汽油、柴油等）的定价关系。

（3）墨西哥湾沿岸地区裂解炼油厂边际收益，该变量主要影响低硫成品油与原油的差异。

（4）墨西哥湾沿岸地区炼焦厂的边际收益，该变量主要影响轻质油品和重质油品的差异。

（5）超低硫柴油和无铅常规产品的区别，这些变量是炼油业的主要方面且相对独立。

一旦这5个独立变量被选定，Muse公司的专有定价模型便开始形成一套包含墨西哥湾成品油、液化石油气和中间原料在内的价格体系，得出裂化型炼油厂和炼焦厂边际收益的要求，并符合其他3个独立变量。

2.6 分析结论

为预测亚太市场准入的影响，原油市场优化模型于2013—2015年首次引入亚太市场准入案例（基本案例），北美各类原油的分布和定价确定下来。2018—2025年的第2组模型在非亚太市场准入（无准入案例）市场情况下运行，因为2018年以前并没有做高容量准入的计划。在非准入案例所在的当年，所有需要输入的变量（原油供应、管线输送能力等）保持不变，但该模型将不再允许通过管道（Northern Gateway 和 Trans Mountain Expansion）或铁路向亚太市场输送原油（向亚太市场输送原油仍然可以利用 Trans Mountain Westridge 码头的现有输送能力）。因此，两个模型之间包括最终原油价格在内的所有差异仅归因于高容量的亚太市场准入。

原油市场优化模型得出的结果包括：

（1）每个管道、驳船、油轮、铁路路线的输送量。

（2）加拿大西部原油按市场划分的分布情况。

（3）美国内陆原油按市场划分的分布情况。

（4）炼油厂产量。

（5）北美各类原油的价值（价格）。

北美原油生产商无法分割市场，导致不同原油买家对同等品种的原油支付不同的价格，因此，估算加拿大和美国内陆每种原油种的价格是基于最后1bbl售出的原油代表整体原油价格的原则。Muse公司使用优化模型的一个特性是它可以报告加拿大和美国内陆向市场供应的不同种类原油的影子价格（或双值），因此，加拿大和美国内陆供应的每种原油的影子价格等同于每种加拿大原油的预测价格。改变一个或多个模型中输入的变量产生的影响，可通过比较不同模型下的影子价格来评估。

（1）关于亚太地区原油出口的影响。图4表明了每个基本案例中估算的向亚太市场出口的原油量（采用船运重质高硫原油具有的优势）。2012年，Northern Gateway 和 Trans

Mountain 管道已全部利用，向普吉特海湾、加利福尼亚和亚太地区输送原油。在预测的最后阶段，也完成了使用铁路将加拿大西部原油输送至一个或多个不列颠哥伦比亚港口的预测。

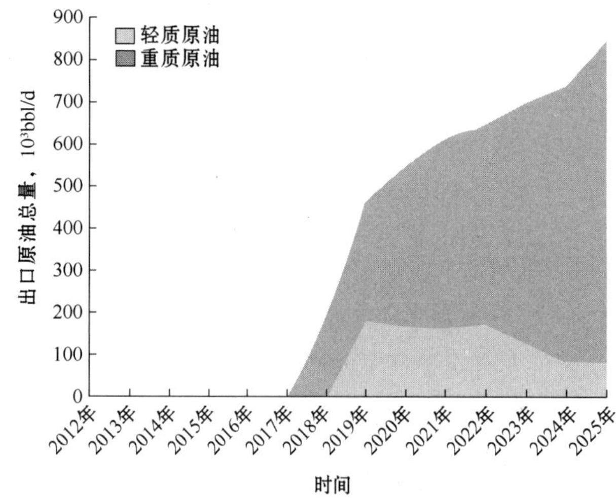

图 4　向亚太地区出口原油总量预测

（2）关于原油进口的影响。如图 4 所示，预计相当数量的北美原油将输送至亚太市场，图 5 表明了这种输送方式对墨西哥湾沿岸地区炼油厂进口非加拿大重油的影响（重质原油量包含了大气残留物和重质高硫、重质低硫等不同种类的原油）。预计 2013 年进口量约为 280×10^4bbl/d，如果存在亚太市场准入，那么到 2015 年，进口量将降至 100×10^4bbl/d，如果不存在亚太市场准入，进口量接近 0。对于这个特定模型的运用，或是由于对炼油厂所有权的考虑，Muse 公司没有在模型中强加任何最少重油进口量的限制。迫使重质高酸原油进口量为 0 的实际问题仍是一个未解决的问题，特别是如果委内瑞拉国家石油公司（PDVSA）和墨西哥国家石油公司（PEMEX）继续在墨西哥湾沿岸炼油厂持有大量股权。

（3）关于加拿大原油定价的影响。尽管北美原油市场很大，但仍是有限的，如果 Muse - Crane 和 CAPP 对美国和加拿大原油供应的预测都是准确的，那么未进入意义重大的亚太市场的原油将取代北美进口重质原油，这样重质原油加工产能将不会增加。对加拿大西部方案的重质高硫原油价格变化预测如图 6 所示。2018 年之前影响相对平稳，约到 2021 年将迅速扩大成为重要影响。Muse 公司大大低估了在图 6 中预测末期显示的价格影响，因为此时加拿大西部会面临极大的压力，正如现在一样。为了此次分析的最终目的，Muse 公司并没有试图估计加拿大原油以委内瑞拉和墨西哥原油交货价格输送至墨西哥湾沿岸地区的不断增加的原油供应量的影响。换句话说，Muse 公司没有试图量化目前向美国出口的重质原油为了维持市场份额而降低价格的程度。另外，当前版本的原油市场优化模型可能夸大了墨西哥湾沿岸地区炼油厂加工加拿大西部重油的技术能力。

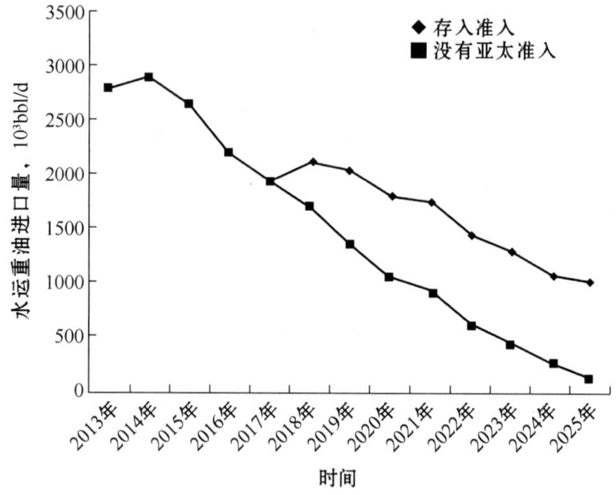

图 5　墨西哥湾沿岸地区水运重质原油进口量预测

进驻亚太市场对美国原油生产商有所影响。图 7 说明了 Bakken 生产商缺少市场准入的影响（Bakken 是一种产生于威利斯顿盆地的轻质原油，威利斯顿盆地是沿北达科他州、蒙大拿州东部和南部的萨斯喀彻温省一带的大型盆地）。而价格作用并不吸引加拿大西部生产商，尽管如此，他们仍然具有经济意义。Bakken 成品油总产量约为 100×10^4bbl/d，价格下降了 3 美元/bbl，相当于生产商的收益和政府税收每年减少 11 亿美元。

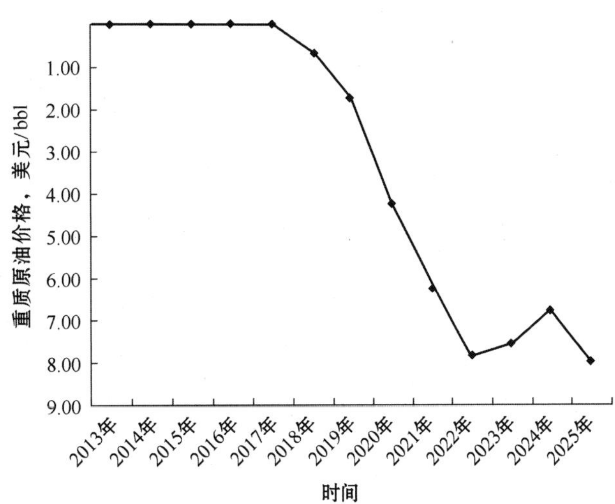

图 6　缺少市场准入对加拿大西部方案定价的影响

总之，预计美国和加拿大不断上升的原油供应将重塑北美原油的历史分布。由于缺乏与亚太地区大型市场的有效连通，到 2025 年，北美重油市场将存在极大的压力，重油生产商将承担巨大价格折扣。对于生产商和从成品油交易中获得税收的政府实体的影响也十分巨大。此外，缺乏连接性也将对北美轻质原油生产商有一些微小但很重要的影响。

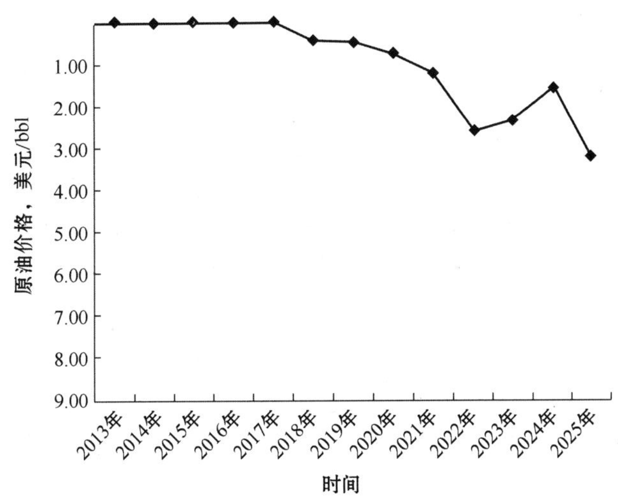

图 7　缺少市场准入对 Bakken 轻质原油定价的影响

原油供应与页岩油气开发

AM－13－35

北美原油产能复苏对原油加工的影响

Michael Wojciechowski，Skip York，Alan Gelder（Wood Mackenzie，USA）

于建宁　钱锦华　译校

摘　要　北美原油产能正在恢复乃至超过其历史水平，由于生产商能更快地向市场供应原油，在未来的3年中，致密油和油砂的产能将额外多出200×10^4bbl/d，而这一切都将对已有的原油加工市场和原油运输能力造成更大的压力。然而，Wood Mackenzie公司的分析报告称，这次的供给冲击也将为炼油厂以及原油生产商提供更多的机会。

基于对轻质原油在不同市场中相对精炼价值的研究表明，其最好的精炼价值存在于美国的东西海岸。目前，由于原油运输能力的不足而不得不依赖于铁路运输，但这也存在同样的选择。我们也发现市场深层次的问题，到底原油应以怎样合理的价位进入每个市场以及最终供需如何平衡？

针对这一问题，轻质油与致密油的调和油也许是最适合解决西海岸北坡油田不断减产的方法，例如，Bakken原油与圣华金河谷或加拿大冷湖原油的调和油已经与北坡油田的油品相近，但这又能否可行呢？

中部地区原油价格下滑，毫无疑问，其中许多的问题都需要一个答案来解释其背后的经济推动力。机遇意味着回报，哪方又能影响原油的竞争优势？

1　形势

在美国乃至更广阔的北美都面临着石油产业的复苏，这得益于致密油和油砂的开采。到2015年，美国致密油产量将达350×10^4bbl/d（图1），其中接近2/3来源于Bakken油田和Eagle Ford油田，而且，若是加上加拿大35×10^4bbl/d的致密油产能，这意味着世界石油供应量的4%将来自北美。由于原油生产商正加快把越来越成熟的开采技术应用到其他油田上，例如Eagle Ford、二叠纪盆地以及Utica等，产量飙升的致密油不断对市场原油价格造成冲击。

类似的情况是，加拿大仅开发了其油田商业储备的1/3，预计显示，到2020年，加拿大原油产量将增长50%，其中沥青产量接近300×10^4bbl/d（图2）。由此全球原油的供应必定是充足的，然而目前的形势变得更为复杂。

2　复杂化的因素

原油供给冲击造成两个复杂化因素，都是围绕着新增原油的处理的瓶颈问题：(1) 如何以最低成本完成新增原油产量的管道运输问题；(2) 提炼原油，尤其是在美国的墨西哥湾沿岸区域，目前主要的问题在于其海岸线上的炼油厂更适宜提炼重质油以及酸性原油。

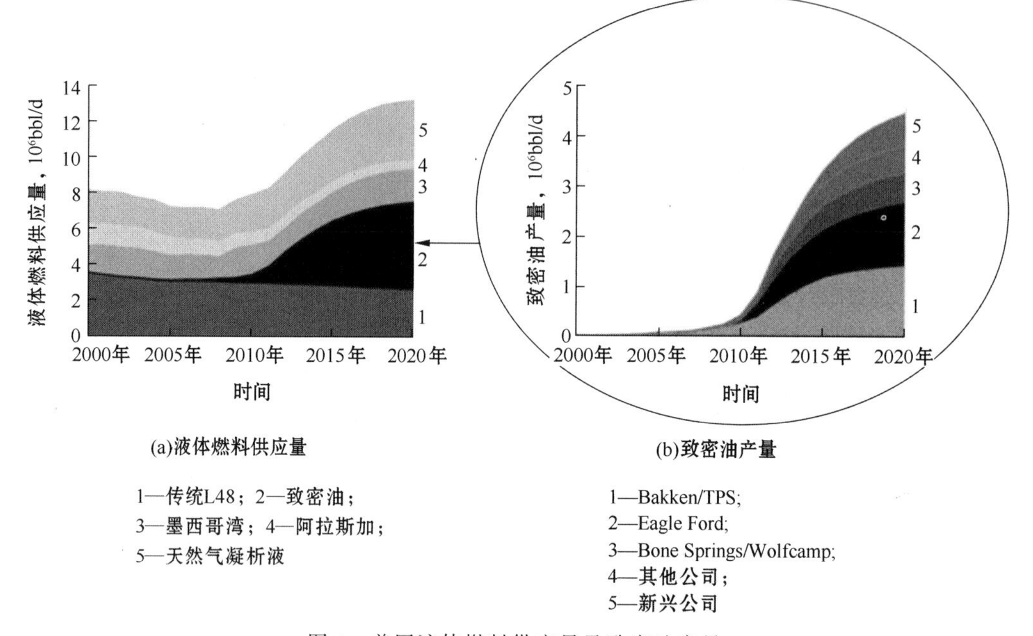

图1 美国液体燃料供应量及致密油产量

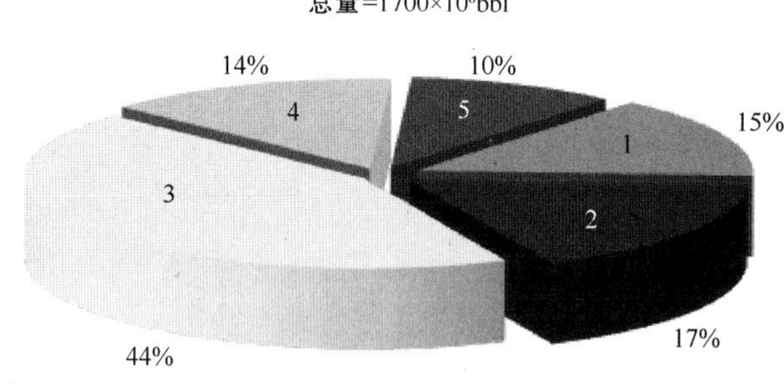

图2 加拿大油砂资源开采情况

1—商业化—原地开采；2—商业化—露天矿采；
3—次商业化—原地开采；4—次商业化—露天矿采；
5—次商业化—未指定

就原油运输来说，管道运输系统是弱项，以加拿大管道运营商恩桥公司为例，原油经过普拉特管道，或经库兴至墨西哥湾，或经海运，抑或跨境管道Keystone XL南上海湾岸区，原油急需多种运输方式到达市场。

考虑到加拿大油砂以及美国中部地区致密油产量的激增，在相互竞争的前提下必须要解决的问题便包括了运输系统对原油运输的影响，以及最终决定何方将会赢得市场。甚至不需要考虑哪条石油管道会被铺设，又或者其运输的目标是轻质油还是重质油，几乎可以预测到的是，未来石油产量必然超过管道的运输能力，这直接说明铁路将继续在石油运输中扮演重要角色。事实上，Wood Mackenzie公司预测，到2015年，需要由铁路运送至海湾地区的轻质油高达40×10^4bbl/d（图3）。

一旦这些原油被运输至墨西哥湾地区，接下来需要考虑的是如何适应现有的炼油设备，以及如何平衡成本与收益。海湾炼油厂主要面对的是从中西部来的轻质油，图4显示的即是从海湾炼油厂的角度来预测未来几年内的油源变化。到2013年，轻质油将不再进口，这种改变并不关乎原油质量，炼油厂需要最低限度地保持精炼装置全开以及保证轻馏分装置运行，油源的变化使得炼油厂必须做出相应调整。考虑到美国致密油产量的激增但却没有当前出口的能力，中部的轻质油的开采即要受到限制。但是否还有更好的方法？海湾地区是否是市场所认为的最适宜的原油提炼地点？

3 机遇

这些复杂的因素意味着利益，对于东西海岸炼油区的轻质原油精炼厂来说尤为如此。全球原油价格主要取决于各大市场，图5中，Wood Mackenzie统计了一份中部轻质原油在各大炼油区的对比情况。

我们假设存在一种足够的驱动力，比如原油的精炼价值与其离岸价格的对比，相信原油生产商与炼油厂都会有不同的表现。

选择主要原油加工区域的一些典型炼油厂通过研究发现，当增加轻质原油的提炼比重时，会有不同的精炼价值。中部区域显示出最低的价值，这是由于炼油厂面对的是太多的原油以及太多的可选择性。墨西哥湾岸区表现并不太好，甚至预计其处境会更差，这是由于大量的原油是从克里斯蒂运输至圣詹姆斯。

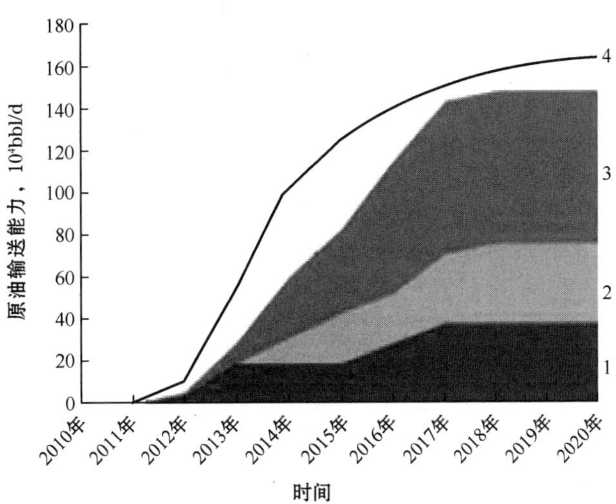

图3 运往PADD Ⅲ的轻质原油量预测

1—海运能力（轻质低硫原油）；2—Keystone XL管道（轻质低硫原油输送）；3—其他已经宣布的管道项目；4—PADDⅡ地区过剩的轻质低硫原油

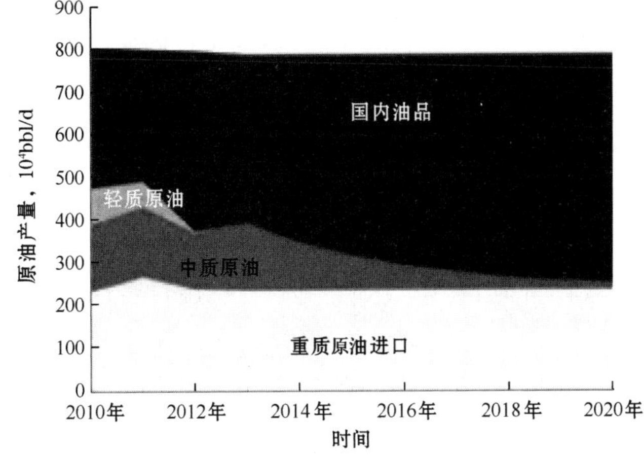

图4 国内原油增长对墨西哥湾原油产量的影响

（进入市场的轻质原油增加，墨西哥湾原油产量随之改变；国内L48原油的增长冲击墨西哥湾原油的生产）

由于西海岸地区炼油厂适宜提炼重质原油，其精炼价值快速下滑（图6）。倾向于重油加工意味着这些炼油厂会减少轻质原油的加工，以期提高装置的开工率。然而，市场能够消化一定份额的轻质原油，也许有原油产量的10%。

对于轻质原油的精炼来说，东海岸地区产生的价值高，而且有继续增长的趋势。鉴于中等复杂程度的裂化配置的普遍存在，中部地区非常适合作为炼油市场，这表明，与其他市场相比，在这里高效的原油运输可以处理更多的原油。

对这些原油的分析揭示了它们相对价值的根本驱动力（图7）。新近较为普遍的中部轻质原油与西得克萨斯州轻质原油非常相似，当地的原油产量远远大于中部炼油厂的炼油能力，因此原油价格下滑有助于原油的处理。这对炼油厂来说是好事，但对原油生产商来说则相反。

在西海岸地区，北坡原油一度占主导地位，当地炼油厂的设备也因此被设计用于炼制其

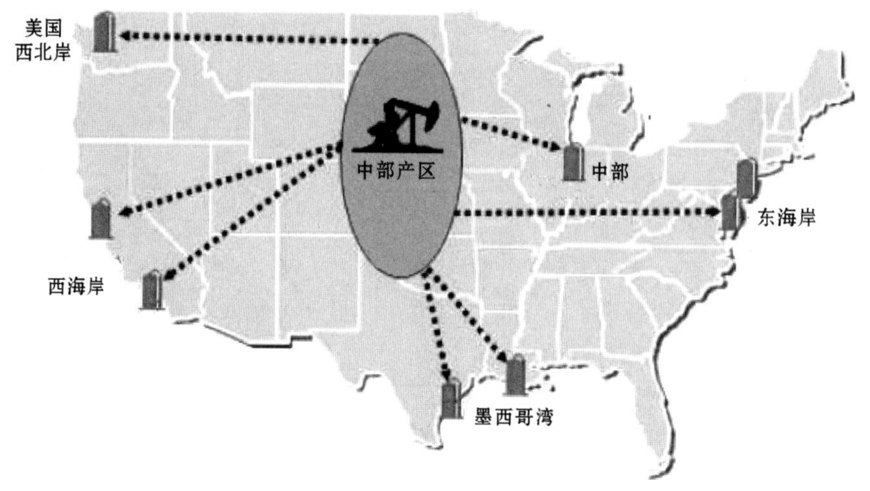

图5 中部产区的石油供应各个目标市场

（中部石油产区为市场提供不同的选择性）

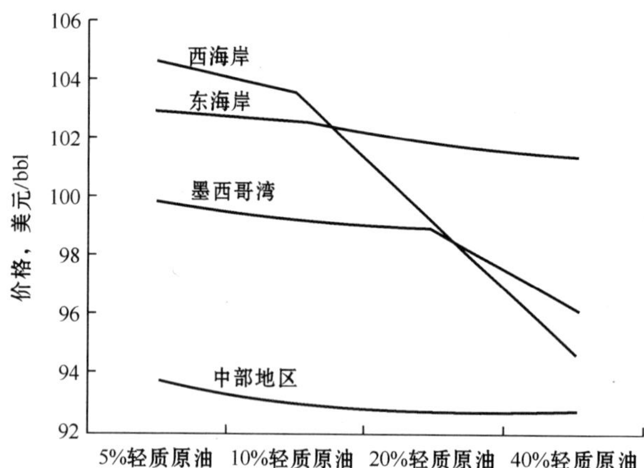

图6 2013年不同地区轻质原油的价格变化

（西部原油相对精炼价值快速下滑而东海岸精炼价值较为坚挺）

原油，虽然此海岸线仍然存在许多类似北坡油田的高价值油田。据Wood Mackenzie公司的估算，若Bakken原油与圣华金河谷或加拿大冷湖原油按接近50/50的比例进行调和，可以得到性质非常接近于北坡原油的调和油。由于北坡原油产量的降低以及其油价的提升，调和油可以展现更高的价值。

4 关键问题

值得注意的是，在原油价格下滑之前，各个提炼市场又能消化多少？各个产区的动态变化要求无论是原油生产商还是炼油厂都要考虑好各自的市场大小。

（1）在中西部，由于人口结构的变化、石油产品需求的下降，以及成本较低廉的原油，一些石油产品的市场趋向于饱和。这会造成原油及其产品向外输送的担忧，进而破坏如今利好的石油加工环境。

（2）对于西海岸，即使可采轻质原油的储备充足，但是更可能的状况是轻质原油供应的减少。因此，混合油是用于平衡各装置的好方法。

（3）东海岸可能多一些机会提炼高价值的原油，但同时也面临着原油运输的问题。即使运输的问题可以用铁路来解决，但增加Utica原油产量的同时也有可能使得中部的轻质油减产并导致海岸线原油产量的又一次反弹。

（4）迄今为止的解决方案是保持墨西哥湾岸区的中部原油产量，但是由于来自Eagle Ford地区和二叠纪盆地的原油产量不断增长，墨西哥湾岸区轻质油的提炼价值很可能会被

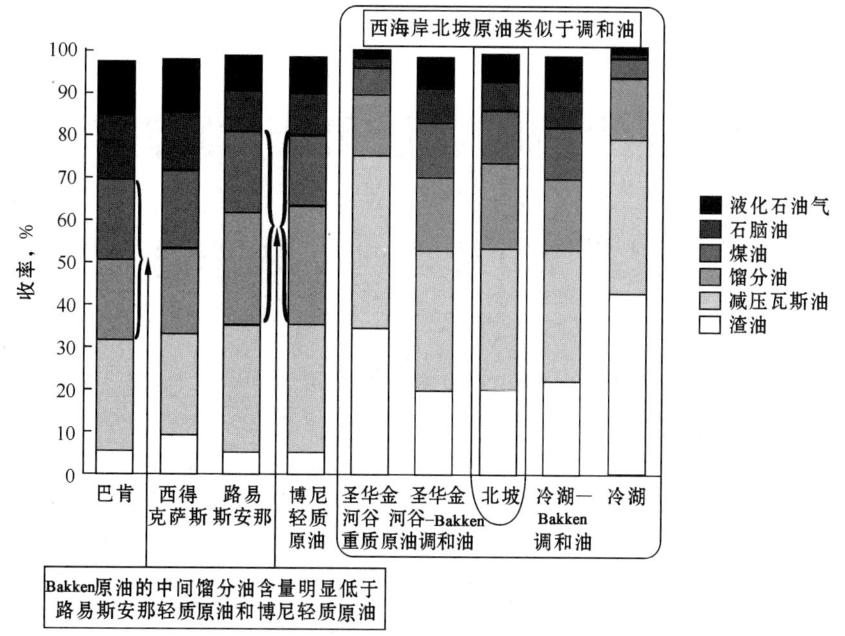

图 7　各种原油组成对比

（分析对比提示了价值驱动力以及未来机遇原油分析对比）

拉低。

因此，随着北美其他地区原油供应的增长，无需国内轻质油出口禁令的取消，炼油厂在原油供应方面也将面临空前的机会（图 8），机会在于市场如何对原油进行分配，理解剧增的原油产量的价值以及把握住油价下滑前的价值。

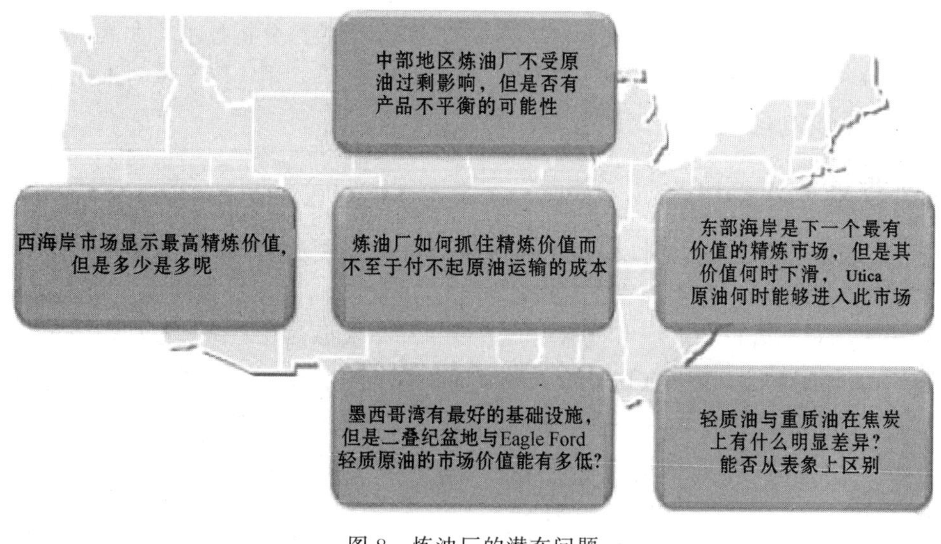

图 8　炼油厂的潜在问题

AM－13－33

机会原油的性质表征和杂质跟踪分析

Robert Ohmes，Mark Routt（KBC Advanced Technologies，Inc.，USA）

陆雪峰　王甫村　译校

摘　要　对于现代炼油厂来说，原油性质表征和杂质跟踪分析至关重要。本文介绍了原油中的关键物性数据和其中的杂质对生产装置和产品造成的影响，从4个方面介绍了物性数据的来源，分别是实验室分析、“论文”数据、工厂数据和先进技术，并介绍了4种跟踪原油杂质的方法，分别是原油分析管理系统法、电子表格关联法、线性规划法和过程模拟法，并介绍了各自的优缺点。本文以原油中的硫、金属、残炭和碳氢比为例，介绍了其对原油装置、性能和产品的影响，并以工厂的实例验证本文的观点和结论。

1　概述

现代炼油厂的设计和操作需要考虑两个关键因素：原油的性质表征、特性和杂质的跟踪分析。由于目前原油来源丰富（比如升级所产生的合成原油、页岩油等），所以了解原油对炼油厂操作产生何种影响有利于炼油厂将上述机会原油作为新型原油，利用现有装置将其并入常规生产流程中。

本文重点介绍了原油关键组分的性质表征方法和杂质跟踪分析技术，尤其是涉及的工具和过程模拟方法，并且在一定的设计工况和装置操作条件下，用实际案例对上述方法进行了理论和实践验证。

2　市场背景

由于美国国内原油丰富，所以其原油市场目前正处于复苏期。而加拿大原油产量同样保持持续增长，其合成油、稀释沥青、合成油和沥青的混合油以及沥青的供应量也逐渐增加。但是，由于美国梯形管道的注册审批滞后，阻碍了加拿大原油在美国炼油厂的使用。

加拿大的原油历史产量（数据来源于国家能源局）和预测产量（数据来源于KBC公司的能源经济部门）如图1所示。不同种类的原油质量差别很大，例如，合成原油质量较差，但可通过品质升级大大提高质量，而沥青通常只能进行部分加工，再与稀释剂混合，以便运输[1]。

美国原油市场复苏的另外一个驱动则是页岩油或致密油动力。在过去5年，Bakken、Eagle Ford和Utica这3座城市的致密油产量增长迅速，目前产量大约为100×10^4bbl/d，基于能源局的分析数据显示（图2），在未来5年内其产量预计超过300×10^4bbl/d，这些原油都是典型的轻质、低硫和石蜡含量较高的油品。

美国炼油的发展将随着国内情况而变，来自KBC公司能源经济部门的数据显示（图3），由于高度依赖人口变化和国内经济表现，美国国内对汽油的需求持续停滞，但是对柴油的需求却不断增长，原因是全球柴油需求的快速增长带动了柴油出口。

美国炼油厂有能力满足柴油出口需求的因素有：（1）由于美国国内经济不景气，导致与其他需要基于较高布伦特原油价格进口原油的炼油厂相比，美国炼油厂更具优势；（2）与全球的天然气价格相比，美国天然气价格达到了历史最低点。

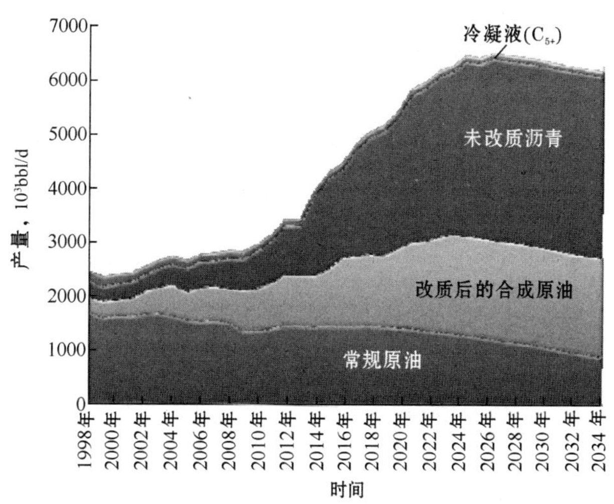

图1 加拿大原油产量逐年分布趋势

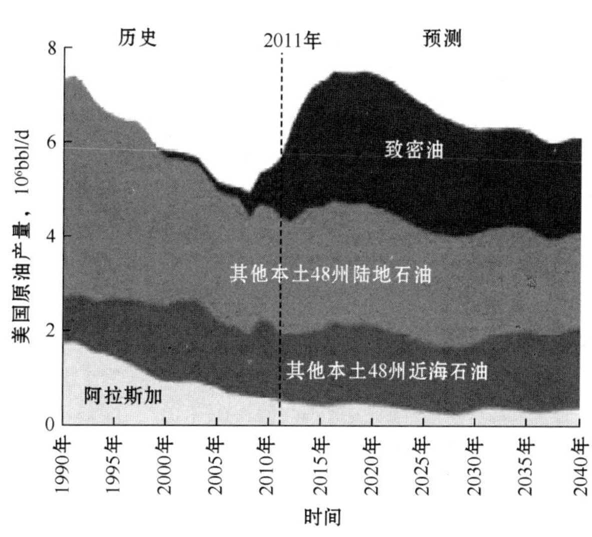

图2 美国原油产量（按区域划分）

原油是影响炼油厂不利的一个至关重要的因素，而美国炼油厂与其他地区的炼油厂相比，在加工和购买原油的成本方面都占有相当大的优势[2]。近几年，许多美国的炼油厂重新配置其装置以便能够灵活地调整汽柴比（G/D）。在此形势下，美国炼油厂增加柴油产品产量以利用国际市场对柴油的高需求与高价格。

如图4所示，来自KBC公司能源经济部门的数据显示了汽柴比调整的能力，可以看出汽柴比呈减小趋势。实际上，美国炼油厂目前增加的柴油产量并不是为了满足国内需求，而是为了出口。这些来自于市场的因素影响着美国国内和国外对运输燃料的需求，所以美国炼油厂的开工率和加工的原油种类已经并将继续随之改变。

不同性质和来源的原油对大多数炼油厂产生了影响。加工轻质原油和低硫原油的装置目前能够处理与其相匹配的致密油。在最近的5～10年，许多美国的炼油厂已经重新改造装置，以便加工加拿大和委内瑞拉的重质原油。

随着新装置的投产，炼油厂正在着手加工处理重质原油，但为了达到理想的经济效益，需要同时加工致密油或者常规原油。因此，许多炼油厂为了应对轻质原油和重质原油的种类变化，正面临着如何平衡新装置的生产能力。

最终，原油可用性上的巨大转变使得大多数炼油厂加工处理的原油种类扩大，影响装置

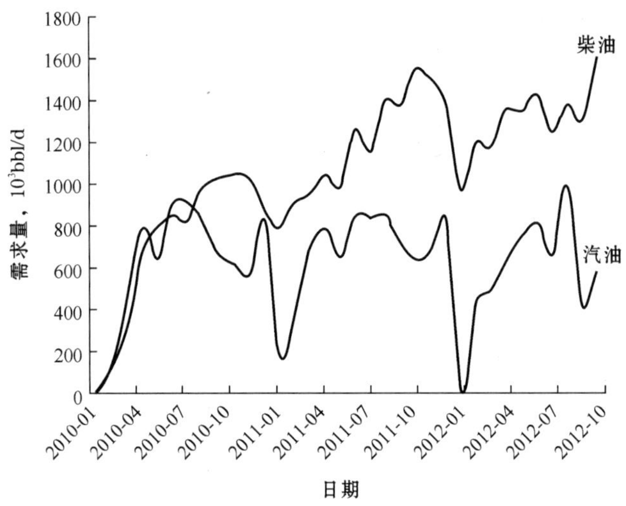

图3 美国对汽油和柴油的需求增长

（目前美国对汽油的需求萎靡不振，但是依赖于出口需求，其对柴油需求持续增长）

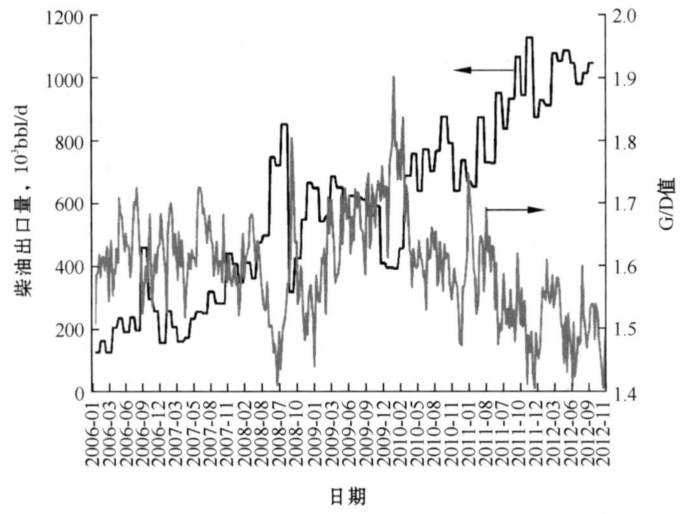

图4 美国的汽柴比和柴油出口量

（由于柴油出口需求增长，所以G/D值随着柴油出口的增加而减小）

的跟踪能力，需要了解不同种类的原油对装置性能产生的影响。KBC公司已提议各炼油厂应该增加可选择性的投资以便能够加工处理更多种类的原油。

3 关键物流的性质和杂质

本文并没有全面且严格地讨论影响炼油厂的全部物流性质和杂质，但是本文高度总结了炼油厂需要跟踪和检测的关键物性参数和杂质。

物流的主要性质和对炼油操作造成的影响见表1和表2。

表 1　关键物流性质和影响

性质	评价	影响
API 度,°API	由于原油与水的密度接近，需要用稀释剂将水从碳氢化合物中分离出来	水油分离
硫	硫含量高需加氢处理，生成较多 H_2S	腐蚀
氮	氮含量高需加氢处理，生成较多 NH_3	腐蚀
PONA	影响汽油、芳香烃产率	会影响生产产品时的氢耗量
金属镍/钒/铁	催化剂再生周期长	催化剂失活
金属钠/钙/砷/钛	碱金属的存在，需要特殊保护床层催化剂	腐蚀、催化剂失活
残炭	需要脱碳功能	催化剂失活和产率
沥青	增加积垢风险，积垢需停车处理	积垢
环烷酸	含量高会引起腐蚀	腐蚀、积垢
相溶性	某些原油和调和油不互溶	影响原油混合和积垢
氯化物	与碱金属反应	腐蚀
甲醇	有助于防止水合物生成	水油分离，催化剂失活
黏度	黏度太大，很难用泵输送，需要稀释剂或者重新设计	较高运输成本

表 2　原油中的金属和来源

金属		来源	影响
常规金属	镍、钒（沥青中）	天然有机物	催化剂中毒
	铁（氧化铁）	腐蚀性产品硫化物	催化剂中毒，积垢
	硅（聚二甲硅氧烷）	消泡剂	催化剂中毒
	砷（含砷有机物）	天然有机物	催化剂中毒
异金属	磷	天然有机物；清管凝胶；酸化凝胶	催化剂中毒
	钛（固体沥青中）	自然生成	催化剂中毒
	碱金属（钙、镁、钠）	自然生成	催化剂中毒，积垢
	硬脂酸钙	减阻剂	原油污染
	汞	自然生成	催化剂中毒
	硒	自然生成	环境问题

以上这些性质可能对炼油操作造成如下影响：

（1）常减压装置。

①常压装置是否能够合理回收和分离原油中的石脑油和馏分油？

②现有装置是否具有有效的冶金技术以避免环烷酸腐蚀？

③当原油混合时，是互溶还是发生沉淀？

④脱盐设备能否脱除大量的底部水不溶物和盐而避免下游管道发生腐蚀和堵塞？

⑤原油对蜡油回收和蜡油中杂质含量有什么影响？

（2）轻馏分装置。

①尾气压缩机是否足够大，能否处理原油中的轻馏分油？

②常减压装置是否会由于较高压力操作而损失切割点馏分油吗？

③饱和气分装置能否保证 C_{3+} 产品的回收率？

（3）石脑油装置（加氢处理装置和重整装置）。

①加氢处理和重整装置能否处理原油中所有石脑油？

②原油的 N+2A[1] 含量对重整装置操作苛刻度要求有什么影响？

③是否能够在汽油调和中加入加氢处理石脑油以帮助控制辛烷值？

④需要综合考虑汽油辛烷值和雷德蒸气压（RVP）时，如何恰当地处理 C_5 和 C_6 产品？

（4）精馏装置（加氢处理装置）。

①微量非常规金属会引起催化剂失活吗？

②致密油的低温流动性会影响喷气燃料的冰点、柴油的凝点和倾点吗？

（5）蜡油装置（蜡油加氢处理装置、流化床催化裂化装置、加氢裂化装置）。

①蜡油中的硫和氮对这些装置会产生什么影响？

②下游的胺、酸性水和硫回收装置能否处理在这些装置中产生的硫化氢和氨气？

③金属、残炭和沥青质对催化剂活性和转化率产生什么影响？

④给定的蜡油馏分对收率和装置处理能力产生什么影响？

⑤是否能提供足够的氢气保证杂质脱除和/或转化率目标？

（6）渣油装置（焦化装置、沸腾床加氢裂化装置、固定床渣油加氢处理装置）。

①残炭水平对焦化装置的收率和利用率将产生什么影响？

②渣油处理能力对原油加工量和原油种类有限制吗？

③原油的不互溶性对运转中的焦化装置和沸腾床加氢裂化装置有影响吗？

综上所述，这些性质很大程度上影响着炼油厂的运营，以及如何创造出持续可靠的经济效益。因此，熟悉原油，以及中间产品和最终产品的性质和污染物情况，对选择原油种类、制订生产计划和操作计划至关重要。

4 物性数据来源

有多种数据可以了解和预测给定的原油或炼油过程中的物流性质。

4.1 实验室分析

了解物流性质的最好方法就是通过实验方法测定，虽然这种方式直观、显而易见，但是想要准确测定某些性质会比最初预想的困难。

首先，测定给定物流的性质存在多种方法，大多数炼油厂使用国际公认的标准方法，例如美国实验材料协会（ASTM）提供的一些技术方法，但是，炼油企业必须决定是使用自己装置采用的方法还是使用产品销售时要求的测定方法。

除了测定方法存在多样性外，任一测定方法都存在一定的重复性和再现性，各种性质的重复性和再现性实例见表3。因此当实验室提供物性报告时，应该使用某个值的置信水平区

[1] N+2A指重整指数，表示原料中环烷烃与芳香烃的含量。

间而不是单纯的绝对值。

表 3　重复性和再现性实例

物性	方法	重复性	再现性
硫，约 2%（质量分数）	ASTM D4294	0.06	0.25
硫，约 500μg/g	ASTM D4294	63	128
碳，约 2%（质量分数）	ASTM D4530	0.12	0.39
碳，约 0.5%（质量分数）	ASTM D4530	0.05	0.15
氮，约 3000μg/g	ASTM D5762	261	798
氮，约 30μg/g	ASTM D4629	1.1	4.7
钒，约 100μg/g	ASTM 5708	4	19
钒，约 100μg/g	ASTM 5863	11	21

注：重复性是指同一实验人员使用相同的实验仪器，在同一操作条件下采用同一操作方法进行实验得到的一系列实验结果之间的差异，不超过 20%。

再现性是指在不同的实验室不同的实验人员使用同一实验材料，得到的两个独立的实验结果之间的差异不超过 20%。

在实验室能否准确测量物性主要取决于以下几个因素：

（1）测量设备的有效性和准确度。

（2）实验人员的训练程度及是否能够遵守操作规程。

（3）对给定物流的取样、准备和处理技术。

由于不能准确测定原油性质，炼油企业做出重要决定导致事故发生的案例比比皆是。

最终，想要通过实验方法测量所有物料和所有物性是不实际，也不经济的。此外，能够测量某一物料的性质也意味着某一原油或物料已经进入装置开始加工处理。因此，炼油厂是基于被动反应而不是主动预测的基础上运行。炼油厂商需要其他的方法，在原油或物料被购买、被加工处理之前，了解其物性。

4.2　“论文”数据

除了原油中每个馏程馏分的质量数据，原油分析法还会提供每个馏程馏分的性质，并且以表格或者“论文”的形式汇总。

该方法要求专业实验室采集原油样本，对每个馏程馏分进行一系列的分离和检测以测定每个馏分的质量和性质。原油以来源不同进行区分，比如区域或生产油田不同。原油实验数据库可以通过购买公开的文献资源或者内部共享资源得到[3]。之前所讨论的测试方法和存在的问题同样会对原油数据分析产生影响。

影响原油性质文献数据准确性的因素如下：

（1）原油性质和馏分油含量深受产油油田年代的影响，通常来说，油田年代越久远，原油中重组分含量增加，杂质含量越高。

（2）回收、分离和运输原油的化学药剂和技术方法对微量金属和杂质的测定有影响。

（3）不同油井生产的原油的性质和馏分含量不同，影响混合后的原油性质。以合成油为例，改质装置的运行方式，多少未加工或者部分加工的沥青掺进已加工的沥青中，都会影响原油的性质。

（4）许多致密油是从指定油田的不同油井以铁路或者货车运输的，所以不同装车的原油性质和馏程馏分可能差别非常大。

原油分析可以提供大量信息以确定给定装置应使用的原油种类，可以运用一些工具（后文讨论）预测给定装置加工的混合原油性质。然而，炼油厂和原油贸易商通常假设给定的原油性质和产率不变，由此可能造成安全事故和发生常识性错误。

事实上，原油分析数据是一种快捷的方法。原油分析数据的验证、实际的与预测的原油性质和数量的比较分析，都是原油选择和管理过程的重要组成部分。

4.3 工厂数据

如前文所述，大多数炼油厂经常去工厂采样分析，为监测装置性能、出售中间或者最终产品的质量提供数据支持。由于新原油的加入，需要对炼油装置重新进行评估。

首先，原油分析法的验证越来越严格。比如，炼油厂需要观察同一批次的原油 API 度，确定其波动范围是否为 5～10°API 或者更大，因为 API 度是评价原油轻重的一个标准，它的波动对炼油厂管理和应对产品质量变化产生重要影响。

因此，为了提高原油分析检测法的有效性，首先提出几点建议和意见：

（1）部门的每月生产计划应该包括原油分析法的验证：

①将混合原油的性质和原油分析法计算得出的性质进行对比。

②确定原油配方跟踪，合理地处理通过铁路或者货车运输的原油。

③定期校验原油的密闭输送距离（以 m 计），并且说明原油 API 度变化的原因。

（2）根据原油配方、液位计、流体移动速率和原油剩余量计算原油混合量（以日计）。

①安装合适的原油采样工作站，采用 ISO3171、ASTM D4057 和 ASTM D4177 方法进行检测。

②采用合适的油包水、水不溶物检测方法。

③在常减压装置安装复合原油采样工作站，为加工处理过的原油提供具有代表性的样本。

④开发内部原油质量标准，了解放宽该规范对经济效益和绩效产生的影响：

（3）从本质上讲，原油质量标准应该作为标准操作限制之一（SOL）。考虑使用先进控制系统，改善常减压装置应对原油品质变化的能力。

其次，对于原油以外的物流，对改善物性跟踪和管理方法提出如下的一些建议：

（1）将实验室认可的性能测验方法列成清单，确保实验室操作人员接受过相应的培训，并且实验室有合适的实验设备。

（2）考虑采用周期性循环或者独立的实验室检测方法，以确保实验室内部可以提供准确且重复性好的数据。

（3）安装在线分析仪器，能够主动并且持续地监测关键物流性质，从而更好地应对物性改变引起的操作变化。

（4）为操作和管理人员提供关于物流物性、允许范围、监控方法和校核工作的参考和培训材料，从而提高员工应对品质变化的能力。

①从本质上讲，物流质量影响应该视为标准操作限制之一（SOL）。

②将物流品质变化作为操作重复训练、模拟假设训练的一部分。

最后，炼油厂需要更积极主动地检测和监测物流品质，以便管理新原油种类和各种原油配方。

4.4 先进技术

物性检测技术正发生着日新月异的变化。尽管目前有很多新颖的技术，但是大多数炼油厂都采用成熟的检测方法，并且几十年都没有发生太大的变化。

但是，本文将介绍一些改善物流监测方法的先进技术：

（1）在生产现场、采集站和炼油厂安装在线分析仪器，监测和跟踪关键物流物性。目前的一个研究热点是通过公路及铁路运输致密油时原油蒸气压的测定，以及出于保护环境和人员为目的而允许释放的硫化氢量的测定。

（2）生产厂、管道公司炼油厂商联合开发原油性质检测标准。比如，原油质量协会（COQA）中的合作企业为西得克萨斯中质油（WTI）开发了原油质量标准，该标准正被纽约商业交易所（NYMEX）审核并考虑加入原油质量等级设定以用于该种原油的交易。

（3）正在持续研发常规金属和微量金属（比如氯、硅、磷和其他等）的检测和在线分析方法。

（4）一些机构组织，比如 COQA 和加拿大原油技术协会（CCOTA），正在推进原油性质和检测方法的基础性研究项目。

（5）网站，例如 www. crudemonitor. ca，会提供所选类型原油的性质变化和原油来源。

（6）由于很多美国炼油厂正在加工处理较重的加拿大原油和常规原油（其中石蜡含量较高），所以最近 5 年，原油的互溶性研究又引起了学者的兴趣。

①实验室和在线分析仪器为原油的混合和反应提供具有指导性的数据。

②KBC 公司通过收购 Infochem 电脑服务有限公司，将 Infochem 的 Multiflash 技术用于预测相平衡，包括水合物、蜡和沥青。该技术目前广泛应用于上游生产，为流动保障建模。补充并增强 KBC 公司在预测原油不互溶性方面的现有能力[4]。

5 跟踪杂质的方法和工具

如前所述，为了采购原油和制订相应的操作计划，炼油厂需要找到预测物流性质的方法，最终需要将原油分析法的原始数据和工厂物流数据转变成有用的信息。本文将讨论选择的方法和工具及其优缺点。

5.1 原油分析管理系统

大多数炼油厂都依赖原油分析管理系统（CAMS）软件，将文献中的数据转变成对自己有用的数据。该软件本质上允许用户混合多种原油，并生成在常减压装置中生产物流的属性和流速。

此工具使用相对简单，并能够快速生成物流属性以直接用于原油选择以及其他模拟工具。该工具可以读取原油分析数据库、实验或者文献中生成的化验数据。另外，该工具可以为新原油或者调整原油切割点快速生成物性数据。

该方法的主要缺点在于不能利用严格分馏法和热力学数据包来生成切割点等物性。常减压装置分馏部分的效率是基于典型设备性能（预期的一般性能）假定的，且基本上固定不变。尽管这种简单的精馏方法对于大多数用户和任务来说是合理准确的，但是不能全面体现和反映出常减压装置中原油的混合情况和反应速率。另外，该系统不能得到热回收、加热炉性能和限制泵的因素。最后，该方法不能模拟任意的生产装置或者常减压装置下游的产品混合，此时需由其他方法完成。

5.2 电子表格关联法

一些炼油厂依赖电子表格关联法预测物流性质及装置性能和收率，通常这些性质都是通过公开文献中的方程或者简化的混合方法进行计算的。

虽然这些电子表格使用方便且计算速率快，但是该方法通常依靠用户自身保证计算结果的可靠性和准确性。如果电子表格复杂或者缺少文献信息支持，会导致其他用户可能不能正确地利用该工具和信息，得到错误的结果而做出错误的变更操作计划。另外，与原油分析管理系统方法相比，该方法只涵盖一些典型的物性数据和潜在的装置性能，不能有效跟踪流经设备的物流性质。因此，如果想要电子表格计算下游装置的物性，就必须输入常减压装置和其他工艺装置的进料物性数据。所以，用户为了完成计算，可能需要预测一些进料的关键物性数据。

5.3 线性规划法

许多炼油厂利用线性规划法决定原油、进料和高水平操作策略。该方法可以模拟从原料到最终产品的整个流程，每个过程单元用线性的子模型代替，通过原料的流速和关键物性数据生成产品的流速和关键物性数据。从该方法的名字可以看出，每个子模型都用线性表示，复杂的线性程序使用Base+Delta方法，能够更准确预测装置性能[5]。该方法的另一优点是计算速率快，允许用户在几分钟内评价几十种甚至上百种原油、操作计划以及工况。另外，线性规划法是个优化程序，即对于给定的一系列约束条件，可以算出最优解。

该方法的难点在于非线性过程的线性表示，使用Base+Delta方法在一定程度上缓解了限制因素，但依赖于合适的Delta移位向量，该向量由第3方工具和技术授权商提供。其他限制包括：

（1）线性规划法用“模态子模型”代替多重模式或者原油：

①“模态子模型”是基于给定的原料或者一系列操作条件，得到的收率和物性参数是固定不变的。

②限制其准确地反映装置操作的巨大变化：

（2）当操作条件、原料和产品目标发生变化时，要求更新子模型中的收率和物性数据。

①一般自身不包含大量的从原料到最终产品的物性数据。

②使用“悬摆切割”代表切割点变化。

③不能恰当地表示分馏效率。

④在项目设计阶段的细节信息不足。

因此，线性规划法能够评价不同原油和炼油厂的性能经济性，但是某些限制因素影响了炼油厂能够预测跟踪物性的数量。

5.4 流程模拟

在最近10年，流程模拟法（例如，KBC公司的Petro-SIM软件）软件已经逐渐形成规模，大大地提高了炼油厂的建模能力。流程模拟软件数据包不仅包括详细的热力学数据，还可以模拟泵、压缩机、换热器、分离器和精馏塔等设备，同时还可以对反应器的动力学模型进行建模，跟踪和预测从原油到最终产品的物流性质，使用严格的非线性方法模拟全部设备。因此，该方法有助于炼油厂了解原油性质发生改变时所有装置应该如何做出调整，有助于确定所有工艺装置中杂质的分布情况。

由于使用多组分和窄馏分切割数据，使流程模拟方法能更严格地表示和跟踪物性和杂质的分布情况。因此，在分析新原料或调整馏分切割点时，工艺模拟方法与前文所述其他方法相比，能更准确和全面地分析性质变化。

对一个独立工艺装置进行建模时可以使用相同的工具。通过这些独立的装置模型更能详细地分析装置性能，这些独立的装置模型同样可以用来改进线性规划方法。反应器模型可以模拟原料性质和装置操作条件改变等情况，线性规划模型可以利用该预测结果更新其移位向量。KBC公司的Petro-SIM软件包括LPU（LP实用工具），能够自动完成上述操作，建立更新后的线性规划子模型数据。使用该软件可以快速更新和升级工厂的线性规划模型[6]。

流程模拟方法的主要缺点如下：

（1）当进行全场模拟时，与线性规划法相比，其求解时间较长，但是随着电脑速率的提升和技术的进步，会逐渐克服该缺点。

（2）该方法基于典型案例进行求解，所以需要用户运行多个案例以达到最优解。另外，当给定的条件发生改变时，案例研究方法可以更好地做出调整，但是线性规划方法做不到这点。

（3）流程模拟技术是经过软件供应商授权许可后才有权使用，许多炼油厂已经取得了传统的模拟器和工艺流程的授权许可，只需增加额外的授权许可就可进行整个工厂的模拟。

本文所述所有技术的优缺点见表4。

表4 方法和工具优缺点

技术	优点	缺点
原油数据管理系统	能创建标准的原油切割预测数据；使用方便	估算的分馏效率；不能反映对下游装置的影响
电子表格关联	使用方便；基于公开的文献	运行条件改变时，需要估算进料的性质
线性规划法	常用；求解速度快；预测的设备范围较宽	非线性过程的线性化；跟踪原油切割的数量有限
流程模拟法	预测的设备范围较宽，能表示非线性过程；预测分离过程和反应过程中的物性变化；能提供详细的组分性质曲线	求解时间较长；专有方法；价格

6 性质分布

了解不同原油性质和杂质分布之间的区别，有助于了解其对炼油操作产生的影响，利用

KBC公司的Petro－SIM软件可以生成上述关键物性数据的性质曲线。

6.1 硫

评价炼油厂原油性质的一个主要方面是硫含量，如果原油中的硫含量较高，就需要额外的装置进行脱硫和处理硫，比如加氢处理装置、氢气生产装置、胺系统、酸性水系统和硫黄回收装置[7]。

几种常规和非常规北美原油中硫含量分布如图5所示。

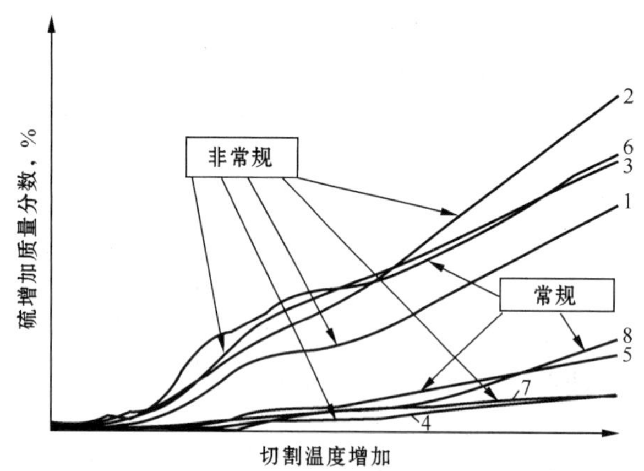

图5 常规和非常规原油的硫含量分布

1—阿尔必阶重合成油；2—阿萨巴斯卡沥青；3—阿萨巴斯卡Dilbit原油；4—Bakken原油；5—布伦特原油；6—玛雅原油；7—合成低硫原油；8—西得克萨斯州轻原油

如图5所示，原油中硫含量的分布特点如下：

（1）无论是常规原油还是非常规原油，重油硫含量比轻油高。

（2）沥青升级改质成合成原油后，会很大程度地降低汽油和渣油中的硫含量。西得克萨斯州轻原油、布伦特原油和Bakken原油的全流程范围相比，低硫合成原油接近或小于其较轻原油的硫含量。

（3）与常规原油相比，致密油中的硫含量较低，所以炼油厂更希望将其作为低硫原油的原料。

对控制原油中硫含量和分布提出几点意见和建议：

（1）为了解硫对加工新型原油产生的潜在影响，必须提供准确、严格的信息。

（2）不仅对原油中的硫含量进行定期监测，最终产品和中间物流的硫含量也要作为监测炼油厂性能的重要指标。

（3）加工处理外购的中间产品（比如蜡油、柴油和石脑油等）时，需要进行周期性的硫分布检测，以便了解全馏程范围内的硫分布情况。外购的原油可能由多种不同类型的原油混合而成，如果只监测整体硫含量值，不能全面准确地预测物流对工厂造成的影响。

6.2 金属

如镍和钒等金属对催化装置有较大的影响，本节以催化裂化装置和蜡油加氢装置（蜡油加氢脱硫装置）举例说明。通常，蜡油的切割点受减压装置中催化剂的金属含量限制，正常情况下，蜡油加氢脱硫装置中的镍和钒的总含量上限值是2μg/g，但是如果装置中的脱金属催化剂较多，该值可以更大。只要相应地调整催化剂的添加速率和方式，催化裂化装置可以处理更高金属含量的原料。鉴于美国大多数的催化裂化装置都加工加氢处理过的原料，蜡油加氢脱硫装置都限制蜡油的切割点。

部分北美地区常规原油和非常规原油所生产蜡油中的镍和钒含量分布如图6和图7所示。

从图中可以看出几种趋势：

（1）通常来说，各种原油中钒含量高于镍含量，随着切割点温度的升高，钒含量比镍含量增加得快。

（2）非常规原油中金属含量不一定高。

①加拿大沥青和玛雅原油之间的相对趋势可以证明此点。

②沥青中使用稀释剂会影响原油中金属含量的分布，甚至会影响到蜡油馏程，稀释剂的类型影响明显。

（3）致密油（Bakken 原油）与常规原油，比如西得克萨斯州轻原油相比，其镍含量分布虽然类似，但是其钒含量相对较低。

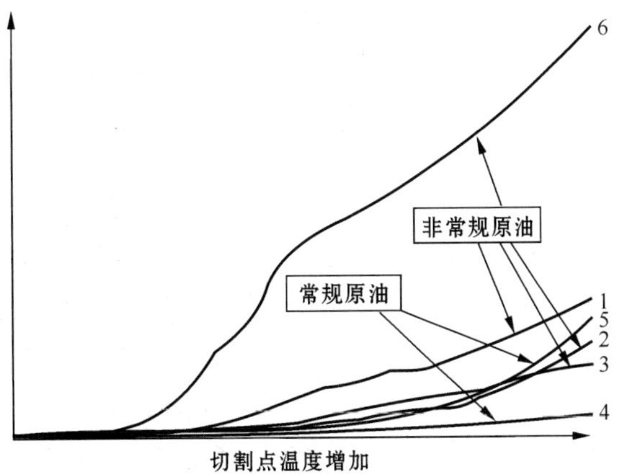

图 6　常规原油和非常规原油中镍含量分布

1—阿尔必阶重合成油；2—阿萨巴斯卡 Dilbit 原油；
3—Bakken 原油；4—布伦特原油；
5—西得克萨斯州轻原油；6—苏阿塔中质油

对处理原油中金属含量和分布提出几点意见和建议：

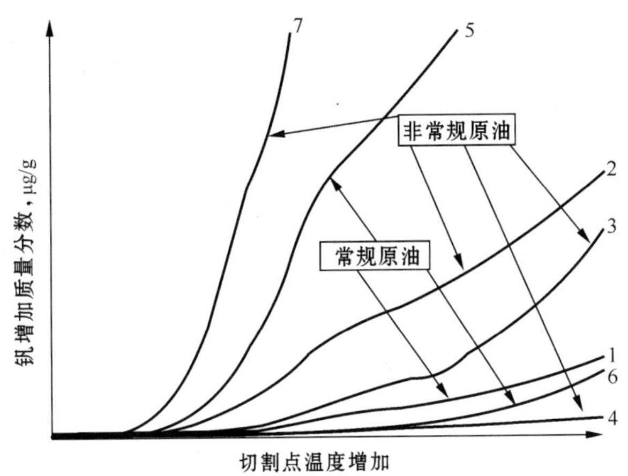

图 7　常规原油和非常规原油中钒含量分布

1—阿尔必阶重合成油；2—阿萨巴斯卡沥青；
3—阿萨巴斯卡 Dilbit 原油；4—Bakken 原油；
5—玛雅原油；6—西得克萨斯州轻质原油；
7—苏阿塔中质原油

（1）HVGO 减压塔需要设计冲洗区（分配器、冲洗速度、网格/填装物）、闪蒸区（塔入口、气液分离）和轻油线（流速和流态），这些区域可能会引起夹带，引起蜡油产品中的金属含量分布同天然分布的一样多。

（2）使用流程模拟软件有助于区分本身切割产生的金属和夹带的金属，因此可以为改善冲洗区域的设计提供有力的证据。

（3）想要跟踪催化剂活性和蜡油加氢处理过程中的金属量，就必须保证催化剂能够达到理想的运行周期。

（4）利用流程模拟软件模拟的数据和实际工厂数据对比，有助于确认原油分析法中金属含量和分布的误差，将此作为减压装置监测和制订月度生产计划的一部分。

6.3　残炭

跟金属一样，残炭含量也是影响许多装置运行的关键性杂质之一，残炭会使加氢催化剂失活，因此如果金属和残炭在加氢反应过程中以结焦的方式结合，会影响催化剂的使用周期。催化裂化过程中，残炭含量对反应器热平衡有很大影响，因此会影响催化剂循环速率，即剂油比。当用催化裂化装置加氢处理渣油时，需要使用催化剂冷却器保证热平衡，以达到残炭水平。对于焦化装置，残炭含量决定了产焦量，影响装置的生产能力和液收。

部分常规和非常规的北美原油所生产蜡油馏程内的残炭含量分布如图 8 所示。

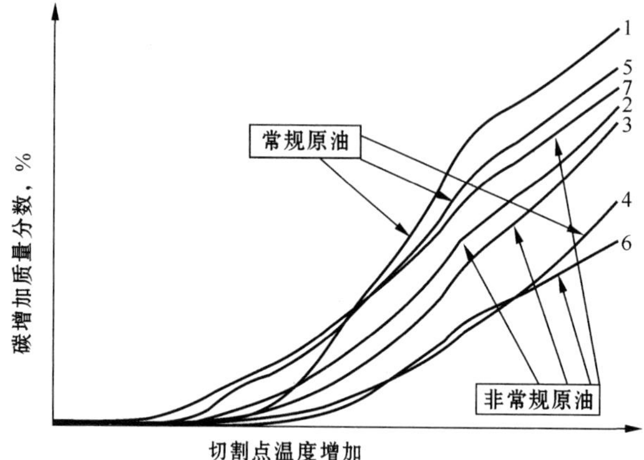

图 8　常规原油和非常规原油中的残炭含量分布

1—阿尔必阶重合成油；2—阿萨巴斯卡 Dilbit 原油；3—Bakken 原油；4—布伦特原油；5—玛雅原油；6—合成低硫原油；7—苏阿塔中质油

从图 9 中各原油的相对残炭含量分布可以看出：

（1）与金属含量的曲线图类似，非常规原油残炭含量并不一定高。相同的残炭含量下，示例中常规原油的馏程要低于大多数常规原油和非常规原油。

（2）尽管布伦特原油和合成低硫原油的生产方法不同，但是二者有相似的残炭含量分布。

①合成原油是指对加拿大沥青进行焦化和严格的加氢反应合成制得的原油。

②该过程不仅大大地降低了原油中的渣油含量，同时影响残炭的含量和分布。

（3）利用化验分析得到的数据，Bakken 原油残炭含量实际上相对较高而且上升很快。

对处理原油中残炭的含量和分布提出几点建议和意见：

（1）与处理原油中的金属一样，由于夹带减压塔的构造和操作会影响蜡油中残炭含量，因此，原油中碳含量是评价装置生产能力、减压塔设计和监测操作条件的一部分。

（2）同处理原油中的金属一样，蜡油加氢处理装置可以安装专门的脱碳催化剂，有助于控制残炭含量，并保证满足催化剂的运行周期目标。另外，监测原油中残炭含量应该成为监测催化剂活性程序的一部分。

（3）炼油厂加工处理致密油时，应考虑评价以下几个方面：

①这些致密油与大多数的常规原油相比，其馏程范围内的蜡油含量较少。

②如果限制减压塔内液压上升，可能会增加切割点。

③如果致密油中的残炭含量相对较高，蜡油加氢脱硫装置的催化剂使用周期受到影响，那么蜡油的切割点可能不会增加。

④为了保证催化裂化装置最大的生产能力，新型原油可能导致蜡油产量不足，炼油厂不得不对原油进行改质，评估外部购买的原油，或者了解“松弛”催化裂化对整体经济产生的影响。

⑤已知大多数的致密油不仅有较低的渣油收率，而且残炭含量也相对较低，所以焦化装置若以最大化的生产能力进行生产，可能导致原油不足。因此，可能需要对多种原油改质或者外购原油，分析经济效益时，要包括对较低的焦化收率进行经济补偿。

（4）线性规划法和详细的流程模拟法有助于分析所有工艺装置对原油改质过程产生的影响，只要上述工具包含具有代表性的化验分析信息，就能正确地说明下游工艺装置对残炭水平变化产生的影响。

6.4 碳氢比（C/H）

碳氢比并不是常用的测量和跟踪性质，但是这个性质却能从根本上描述一座炼油厂的结构和生产能力。简单地说，一种给定的原油有一定的碳氢比，这一性质就像其他原油性质一样，有其自己的分布曲线。就产品而言，像汽油、喷气燃料和柴油的碳氢比都有固定的范围，以满足产品质量标准，比如相对密度、十六烷值和芳香烃含量等。这些质量标准可以根据当地、区域、国家或者国际标准进行调整变化。

因此，炼油厂不仅要分离、改质物流，以便脱除硫和氮等杂质，同时要改变其碳氢比。为了改变比值，必须除碳或者加氢，像催化裂化和焦化装置就是用来除碳的，而加氢处理装置主要是用来加氢的。销售类似于燃油或者船用燃料这种重油产品时，价格和需求通常不占优势，所以要除碳，避免加氢。一些典型的原油和产品的碳氢比范围见表 5。

表 5　原油和产品碳氢比的范围

项目		碳氢比范围
原油	稀释沥青和沥青	7.3～8.1
	合成原油	7.0～7.2
	常规重油	6.9～7.3
	常规中质油	6.3～6.9
	致密油	6.3～6.5
产品	液化石油气	4.5～4.9
	汽油	5.7～6.2
	喷气燃料	6.2～6.7
	柴油	6.4～6.9
	燃油	>7.0

尽管碳氢比可以测量，但是大多说炼油厂并没有定期测量该性质，而且大多数原油分析法中也不包含该性质的测定，但是它们包含其他可以反映碳氢比的性质，比如说特性因数 K 值和 PONA 组成。因此，用流程模拟软件模拟出碳氢比和这些性质之间的关联，可以用来计算物流的碳氢比。该性质对于流程模拟的准确性很重要，因为基于动力学模型的反应器需要利用该性质，预测和确定改质原油到成品油所需氢气或者脱碳的量。

几种常规和非常规北美原油的煤油和柴油馏程范围内的碳氢比分布如图 9 所示。煤油和柴油是说明碳氢比对产品造成影响的很好示例，因为柴油的一个重要性质就是其十六烷值，通常由 API 度或者相对密度决定，而柴油的相对密度只能通过加氢改变，因此，碳氢比越高，柴油的十六烷指数越低，需要通过加氢满足标准要求。

从图 10 可以看出：

(1) 大多数加拿大非常规原油都“缺少氢”，所以为了满足十六烷值要求，需要加氢。

(2) 几种常规原油与其相对应的非常规原油相比，在煤油馏程范围内其碳氢比更高，但

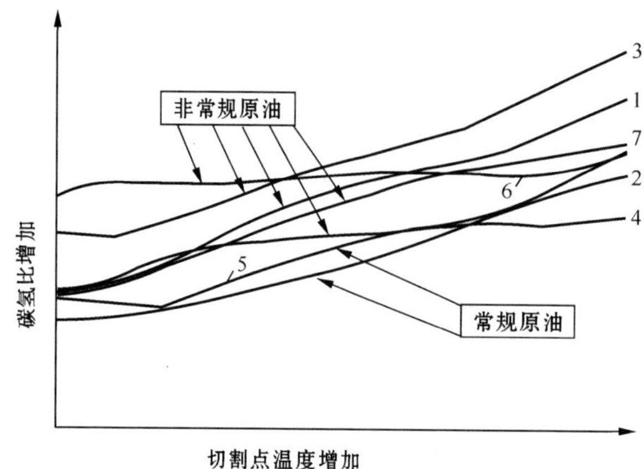

图9 常规和非常规原油的碳氢比

1—阿尔必阶重合成油；2—阿拉伯重油；

3—阿萨巴斯卡Dilbit原油；4—Bakken原油；

5—玛雅原油；6—合成低硫原油；

7—苏阿塔中质油

是在柴油馏程范围的末端，其值收敛。

（3）像Bekken原油和合成原油，碳氢比分布相对较平缓。

处理碳氢比含量和分布的几点意见和建议如下：

（1）认真核对加氢处理装置、购买的氢气和选择的产品，确保新原料能够满足必要的产品标准。

①因为流程模拟软件可以计算和跟踪碳氢比，用动力学模型可以预测脱碳量和加氢量，所以可以用于有效地分析上述影响。

②可以使用线性规划模型，但是装置的子模型必须有转换向量用来说明需要消耗的氢气量。

（2）焦化装置加工非常规原油，生成的液体产品碳氢比值较高。

（3）因此，要生产满足指标要求的产品，需要考虑水力学和热力学能力以满足加氢反应的需要，因为作为精馏原料，许多致密油很丰富，所以这些原油可以很好地满足现在以柴油为中心的市场需求：

①这些原油中石蜡含量很高，所以即使其中的馏分油可以满足十六烷值的要求，但还要满足最低的硫含量及其低温特性（冰点、浊点和倾点）。

②例如，如果喷气燃料产品接近冰点要求，那么加工处理致密油时就要求降低煤油的馏程，增加柴油产量，这对柴油十六烷值、加氢装置的苛刻度和水力学要求都有影响。

7 案例分析

下面将举例验证本文提到的论据、原理和建议。

7.1 炼油厂改造

南美的某炼油厂正在进行一块工业区改造项目的前期工作，该工程的战略目标是不仅能加工国内生产的原油，作为一个商业炼油厂还要有灵活的操作性，能够购买和加工更多种类的机会原油，并出口给多个地区高品质产品。因此，可以利用KBC公司的Petro－SIM软件和线性规划模型来选择正确的炼油厂构造和多种情况的检测。

来自公开文献资源的原油分析法、炼油厂自己的数据库和其他授权的原油分析数据库都可以用来表征潜在的不同种类的原油。利用Petro－SIM软件可以建立炼油厂的整体工艺流程模型，检测炼油厂结构并跟踪从原油到最终产品的关键物流的性质。综合利用线性规划法和Petro－SIM软件进行原油评价，其中用线性规划法选择经济型原油，用Petro－SIM软件从技术上确定工厂的设计生产能力和产品质量保证。一旦确认了工厂结构，就给技术授权商提供各种物流的性质（包括原油和产品质量目标）用于研发设计。

该项特殊的工程正处于建设初期，在此后几年应该能够运行。在其他项目前期工作阶段，利用 Petro－SIM 软件有助于合理化设计，减少整体施工时间。另外，所选的炼油厂构造能够经历原油种类和操作条件变化时的压力测试，这就要求炼油厂有能力满足未来的加工任务。

7.2 评价致密油

北美的某个炼油厂正检测在装置中加工致密油的影响。炼油厂不仅要了解装置中现有的致密油和可以加工的致密油的量，还要了解选择战略性投资对加工数量产生的影响。

利用 Petro－SIM 软件模拟现有工厂加工流程，并进行一系列案例研究。某些情况下，可以用致密油代替现有的轻质常规原油，添加新的塔和工艺装置，确定需要额外增加的氢气量。

上述案例结果分析显示，在最低限度改变操作目标的前提下，炼油厂可以用现有装置加工处理一定数量的致密油。另外，案例研究表明一些约束条件和机会因素并不能直观地显现出来，需要依赖 Petro－SIM 软件跟踪当原油种类改变时关键物流性质的变化，了解对炼油厂运行产生的二级和三级影响。最后，与其他有代表性的方法相比，该方法能够迅速地筛选出合适的装置投资方案，从而，允许相关组织机构关注那些经济和技术层面上具备优势的投资。

8 结论

最后，表征和跟踪特定性质和杂质对现代炼油厂至关重要，这些性质不仅影响现有装置原油种类的选择，而且还对装置改造和装置设计有影响。虽然有几种可行的来源和方法来测量和生成数据，但是难点在于如何把这些原始数据转化成有用的信息。解决的方法是使用“适用”的工具和方法，使炼油厂能够满足经济、可靠、环保和安全的操作目标。

参考文献

[1] Aldescu，M.，“Heavy Oil Upgrading”，AFPM Annual Meeting，March 2012.

[2] Kuhl，M.，A. Hoyle，and R. Ohmes，“Capitalizing on Shale Gas in the Downstream Energy Sector”，AFPM Annual Meeting，March 2013.

[3] Ecopetrol Website，Ca? o Limon Crude Assay - August 2003，http://www.ecopetrol.com.co/english/documentos/40546 _ Assay _ Cano _ Limon.xls.

[4] Sayles，S. and M. Routt，“Unconventional Crude Oil Selection and Compatibility”，NPRA Annual Meeting，March 2011.

[5] Tucker，Michael A.，“LP Modeling - Past，Present，and Future”，NPRA 2001 Computer Conference，CC5015153.

[6] Ohmes，R and S. Sayles，“Analyzing and Addressing the Clean Fuels and Expansion Challenge，” NPRA Annual Meeting，March 2007.

[7] Sayles，S.，“Unconventional Crude Processing Part 2：Heteroatoms”，Crude Oil Quality Association (COQA)，October 2010.

AM－13－06

页岩油时代催化裂化型炼油厂的解决方案

Chad Huovie，Mary Jo Wier，Richard Rossi，et al
（UOP LLC，a Honeywell Company，USA）
李雪静　乔　明　译校

摘　要　美国致密页岩原油的供应量近年来迅速增加，其轻质低硫的特点使之成为炼油厂生产低硫运输燃料的优质原料。UOP 公司开展了加工致密油对炼油厂操作影响的研究，重点关注催化裂化装置加工高比例页岩原油时对装置可能产生的影响，提出了为适应催化裂化进料质量变化所需的技术和操作解决方案。

1　概述

在美国，从致密页岩中生产原油的进展已经使此类原油的供应迅速增加，并且预计在未来 10 年还将有更大的增长。致密页岩油的典型特征是轻质低硫，因此对炼油厂生产低硫运输燃料具有吸引力。由于采集输送设施的发展提高了这类原油的可获得性，对美国炼油厂来说，在现有炼油厂装置内掺炼加工这种原油的机会正在出现。位于美国 PADD Ⅱ 和 PADD Ⅲ区域的炼油厂最有可能快速获得这些具有价格优势的页岩油。铁路和管道输送项目的实施也正在增加将页岩油输送到美国其他地区炼油厂的能力。炼油厂正在利用这类原油替代昂贵的进口轻质低硫原油，并且根据原油的可获取性、价格以及炼油厂加工能力，在未来 10 年内可能将转向一种更轻、更低硫的原油配方，或将采取一种混合轻质低硫致密页岩油和重质高硫加拿大原油加工战略。

来自致密油生产现场的减压馏分油（VGO）和减压渣油（VR）的馏分富氢，非可蒸馏碳含量很低，并且钒、镍等易引起催化裂化（FCC）装置操作问题的杂质含量极少。尽管致密油的质量普遍对 FCC 装置操作是有利的，但如果在高浓度下操作，非可蒸馏残炭的相对缺乏会影响 FCC 热平衡。这些情况提出的挑战类似于在过去 10 年中 FCC 技术进步所带来的挑战（如改善提升管反应终止、原料分布以及待生催化剂汽提），以及为降低硫和再生器排放而进行原料预处理降低了硫和再生器排放，并提高了 FCC 转化水平，已经降低了 FCC 装置的焦炭差（结焦催化剂焦含量与再生催化剂焦含量的差值）。FCC 进料质量因页岩油共炼战略的方向性改进可能对 FCC 热平衡形成新的问题，而这需要经济的解决方案。

UOP 公司在马拉松石油公司的协助和指导下进行了一项评价致密油加工对炼油厂操作影响的多方位研究。本文探讨了研究结果，特别关注了适应于 FCC 进料质量变化的技术和操作方面的解决方案。在 UOP 中试装置进行的致密油 FCC 实验数据揭示了在 FCC 装置加工高比例此类进料时对装置可能产生的影响。采用第 2 代 RxCat™ 工艺技术和设计思路应对低焦炭差问题的解决方案将被验证。

2 市场概况

美国炼油工业自2009年大衰退后一直处于一个不稳定的状态，这不仅仅是经济危机带来的影响，也是人口变化、政府法规以及价格驱动的燃料节约趋势的后果。

来自新的全球炼油中心的竞争加剧也迫使美国炼油工业自2008年以来陆续关闭了120 $\times 10^4$ bbl/d的生产能力，很多研究推测未来综合加工能力相对较低的PADD Ⅰ炼油厂（高度依赖进口高价原油）将出现关闭潮。

然而，水力压裂技术等突破性生产技术的大规模应用引发了美国炼油业主要的结构性变化和炼油业盈利能力的回升。首个变化产生于压裂含烃源岩石生产天然气的新方法应用，其结果是增加了天然气供应量，导致天然气（炼油厂作为燃料来源和制氢原料）价格大幅下降。通过获得这种低价的天然气，燃料和氢气成本明显比世界其他地区大幅度降低，改善了美国炼油商的竞争地位。图1显示了美国炼油厂相比世界其他地区炼油厂获得的天然气价格的相对优势。

第二个变化主要是水力压裂技术的进展，利用该技术可勘探开发已知的含有液态烃的资源，如北达科他州Bakken页岩油、得克萨斯州Eagle Ford页岩油以及包括美国东北部的Utica油田和加利福尼亚州的Monterey油田等正在发展中的地区。尽管这些“致密”页岩资源几十年前已被发现，但经济地开采这些资源的技术直到最近才趋于成熟。

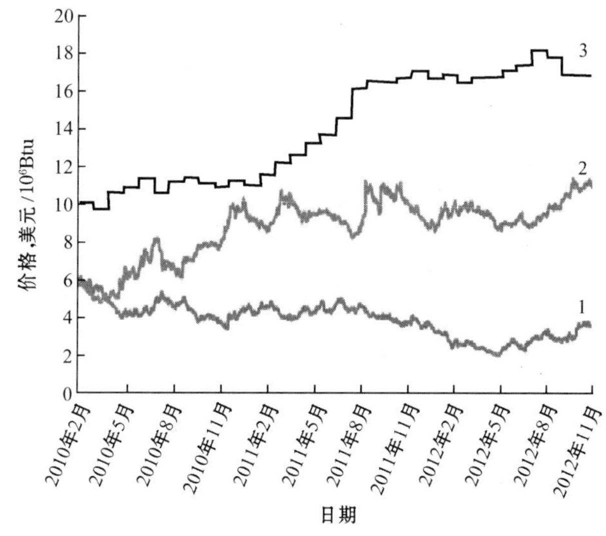

图1 全球天然气（包括液化天然气）价格的比较

1—美国CME HH天然气现货价格；2—英国NBP天然气现货价格；3—日本液化天然气进口价（到岸价）

（来源：Bloomberg，2012年11月）

来自这些油田的致密页岩油的产量在过去2～3年已迅速增长，北达科他州也由此成为目前美国第二大原油生产州（美国EIA数据统计）。总体来看，致密页岩油的生产已经使得2012年成为美国历史上原油产量年增长率最高的一年（源自《华尔街日报》，2013年1月18日报道“美国原油产量增长达到历史最高水平”）。事实上，2012年美国原油产量提高了近 80×10^4 bbl/d，总产量达到 640×10^4 bbl/d。美国EIA估计2013年原油产量还将增加 90×10^4 bbl/d，达到 730×10^4 bbl/d，到2014年进一步扩大到 790×10^4 bbl/d（图2）。仅Bakken油田的原油产量已经从5年前的约 12.5×10^4 bbl/d增长到了当前的 75×10^4 bbl/d。从长期预测来看，美国致密页岩油的产量还将增加（200～600） $\times 10^4$ bbl/d（《欧佩克2012年世界石油展望》），美国原油产量将达到（1100～1300） $\times 10^4$ bbl/d。

2.1 美国原油生产的转变

价格差异已经导致美国原油输送能力建设滞后于原油产量增长，大部分的增量原油仍要

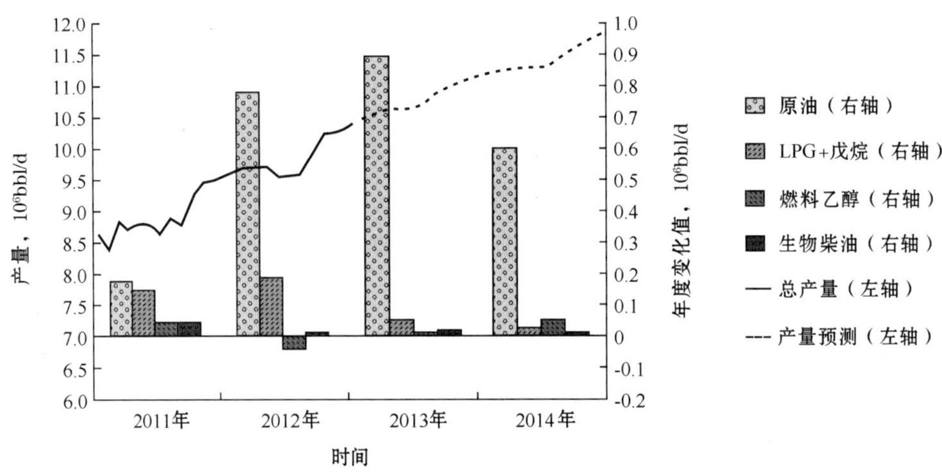

图 2　短期内美国致密页岩油对石油产量的影响

（来源：短期能源展望，2013 年 1 月）

经过美国原油储存中心俄克拉荷马州的库欣进行中转，导致当地的库存量创下纪录。WTI 原油基准价格以往略高于 Brent 原油价格，但现在已低于 Brent 原油价格，2011 年价差达到 30 美元/bbl，2013 年 1 月缩小为 15～20 美元/bbl。虽然随着新的原油外输能力的增加，这个价差预计将进一步降低到 5～6 美元/bbl，价格优势仍是提高美国炼油厂盈利能力的一个主要驱动力。

对价格优惠的原油供应的反应是，美国许多炼油厂已经选择投资原油物流以获得这些机会原油。以马拉松、特索罗、瓦莱罗能源、菲利普斯 66 等公司为代表的集团和投资财团倾向于投资铁路卸车设施、罐车、炼油厂分馏设施改进以提高这些原油的吞吐量。PBF 最近完成了特拉华市的铁路卸车设施的第Ⅰ期工程，而 BP 公司也发表了类似的关于运输致密页岩油到其华盛顿州的 Cherry Point 炼油厂的声明。

炼油厂同样感兴趣的是这类原油的质量，它通常很轻（API 度为 40～45°API），并且含有非常少的硫。公开的数据分析表明，这类原油含有大量的石脑油馏程范围的组分和少量的减压渣油，性质类似于进口的轻质低硫原油，如美国炼油商可采购到的博尼轻质原油。因此，美国炼油商正在用国产原油取代或减少进口的国外轻质低硫原油。这类价格优惠的轻质原油的易获取性配合较低的天然气价格和综合加工能力强的炼油设施的另一个结果是已使美国大量的炼油产品出口到其他有需求的市场。

因原油采购战略的利润驱动，许多美国炼油厂已经利用当前致密页岩油产量增加带来的价格优势开始加工这些原料，主要是 Bakken 和 Eagle Ford 页岩油（图 3）。然而，随着这些油田的成熟以及经济开采这些原油的技术进一步发展，美国炼油厂加工源自页岩的原油比例将继续上升，对操作产生更加显著的影响。一个趋势是减少进口墨西哥的重质高硫原油，以及进口中东和非洲西部的原油，这些进口原油可被邻近的能够经济有效地输送到综合加工能力强的、同时可将轻质低硫和重酸原油改质成高价值运输燃料的美国炼油厂的重质加拿大原油所替代。

3 致密页岩油在 FCC 中试装置的实际测试情况

本文之前的有关致密页岩油处理的 AFPM 论文大部分关注了致密页岩油加工量增加对炼油厂操作可能产生的影响，包括原油调和、原油结垢、卸载和加工装置的影响（重点关注了原油蒸馏、焦化和重整装置）。作为具有大量经验 FCC 技术供应商的 UOP 公司，结合 FCC 中试装置的实践更加专注地评价了页岩原油处理对 FCC 装置性能的影响。来自 Utica 油田［据俄亥俄州自然资源局估计，其储量为（10～60）×10^8bbl 可采原油）］的几种页岩油在 UOP 先进裂化评价装置（ACE）和循环中试装置进行了中试试验。实验研究中测试了多种来源的原料，包括一种阿拉伯中质原油的减压馏分油（原料 A）、一种经过深度加氢处理的来自美国南部常规原油的减压馏分油（原料 B）和购自 Utica 页岩油田的全馏分原油（原料 C），这些原料被用来提供基于原料质量的收率和选择性的比较基准，以及预测 FCC 操作变化。除了加工全馏分 Utica 原油，尤蒂卡致密页岩油还被分馏成 650 ℉以下（原料 C－1）和常压 650 ℉以上塔底油（原料 C－2）进行测试。各种原料性质列于表 1。

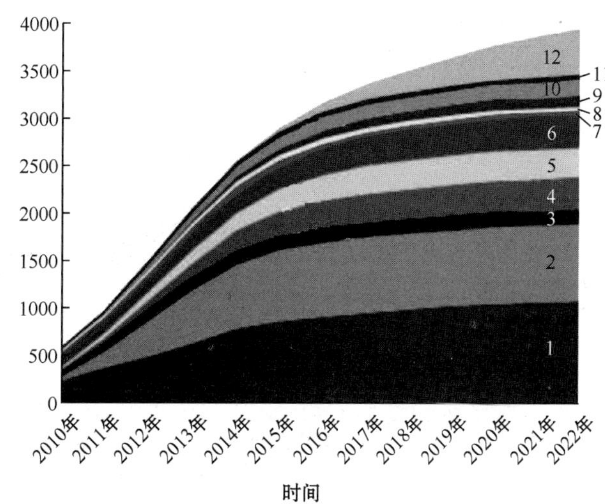

图 3 美国分区块页岩油产量预测

1—Bakken；2—Eagle Ford；3—Granite wash；4—Permian Delaware；5—Permian Midland；6—Nobrara；7—Uinua；8—Bame；9—Uinta；10—Woodtord/Anadarto；11—Morterey；12—Upside Potental

（来源：Citi Investment Research and Analysis，“Resurging North American Crude Production and the Death of the Peak Oil Hypotheseis”，2012 年 12 月 15 日）

表 1 中试装置加工的原料性质分析

原料	原料 A	原料 B	原料 C	原料 C－1	原料 C－2
API 度，°API	21.0	27.8	43.4	51.1	30.1
硫含量，μg/g	23639	633	290	129	470
氮含量，μg/g	1257	422	42	1.2	94
康氏残炭，%（质量分数）	0.27	0.16	0.4	<0.1	0.5
HTSD 5%（质量分数）	653	504	185	153	670
HTSD 50%（质量分数）	825	773	583	386	887
HTSD 95%（质量分数）	991	1061	1167	627	1309
UOP K	11.74	12.07	12.43	12.21	12.7

Utica页岩油具有与来自Bakken和Eagle Ford页岩油相似的性质，原油中的总水含量小于1%（质量分数），未经处理的原油含有大约10%（质量分数）的白色固体颗粒悬浮在烃相，分馏之前需要沉降、离心分离。此外，观察到Utica原油放置一段时间后，分成了两种不同颜色的溶液层［图4（a）］；经过分馏后，颜色又集中在模拟常压塔底部馏分（650℉以上）中［图4（b）和图4（c）］，原油的不溶物质被脱除。

(a)原料C

(b)原料C-1

(c)原料C-2

图4 Utica原油分层照片

3.1 中试装置实验结果

中试装置的测试能确认炼油厂从加工常规减压馏分油转变成页岩派生的减压馏分油和/或常压渣油时对FCC装置的性能影响。中试装置测试了由UOP许可装置提供的两种平衡催化剂，分为汽油模式催化剂（ECAT A）和多产丙烯模式催化剂（ECAT B）。这些催化剂的性能列于表2，两种催化剂样品都含有助剂ZSM-5，估计ECATA模式下含1.5%（质量分数）ZSM-5晶体，ECAT B模式下含12%（质量分数）ZSM-5晶体。

表2 中试装置采用的平衡催化剂性质

项目	ECAT A	ECAT B
ACE微活性测试（MAT）	73	66
晶胞常数，nm	2.4295	2.4249
总表面积，m^2/g	216	146
沸石表面积，m^2/g	157	91
钒含量，$\mu g/g$	510	610
镍含量，$\mu g/g$	100	970
钠含量，%（质量分数）	0.08	0.34
Al_2O_3，%（质量分数）	40.2	38.2
Re_2O_3，%（质量分数）	3.2	0.97
ZSM-5（晶体），%（质量分数）	1.5	12

ACE装置在两种平衡催化剂、3种剂油比（3，6和9）以及多个反应器温度条件下进行了试验，以确定在不同的操作条件和原料来源下收率与选择性的变化。不同原料和催化剂体系下的中试装置收率如图5所示。

3.1.1 研究 1：不同原料收率情况（ECAT A，975 ℉）

ACE 测试结果确认了预期的转化率、LPG 收率（高烯烃选择性）和相比于常规的加氢处理 VGO 原料的页岩油常压渣油的汽油收率的提高趋势。尽管页岩油常压塔底油进料含有比 VGO 更高的残炭，检测结果显示对动力焦炭差的影响并不大。

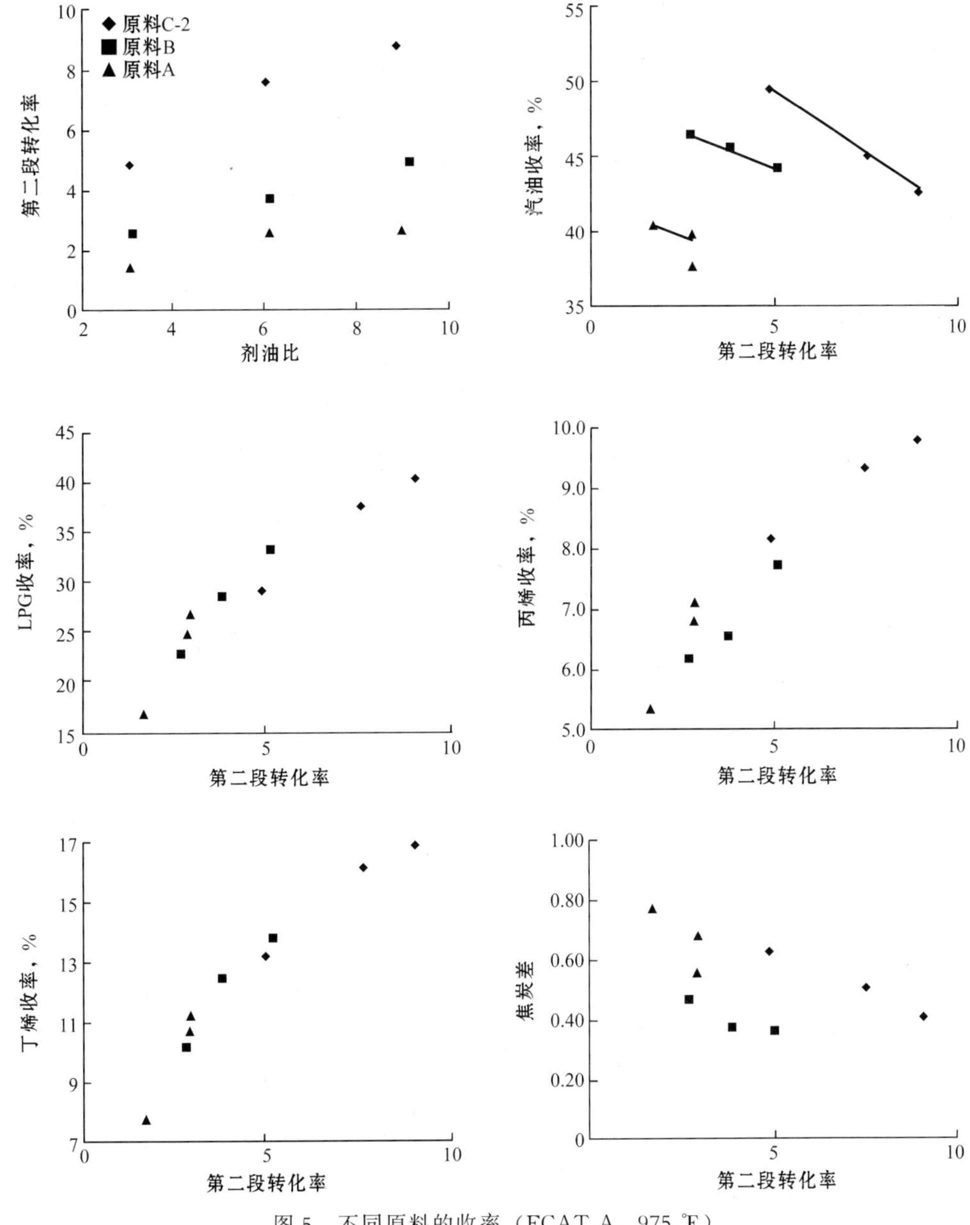

图 5 不同原料的收率（ECAT A，975 ℉）

3.1.2 研究 2：不同催化剂收率情况（ECAT A，975℉；ECAT B，1050℉；原料 C－2）

ACE 测试结果确认了加工 100％页岩油常压塔底油时不同催化剂配方对收率选择性的影响（图 6），特别是低活性、高 ZSM－5 含量的催化剂 ECAT B，相对于 ECAT A 能够产

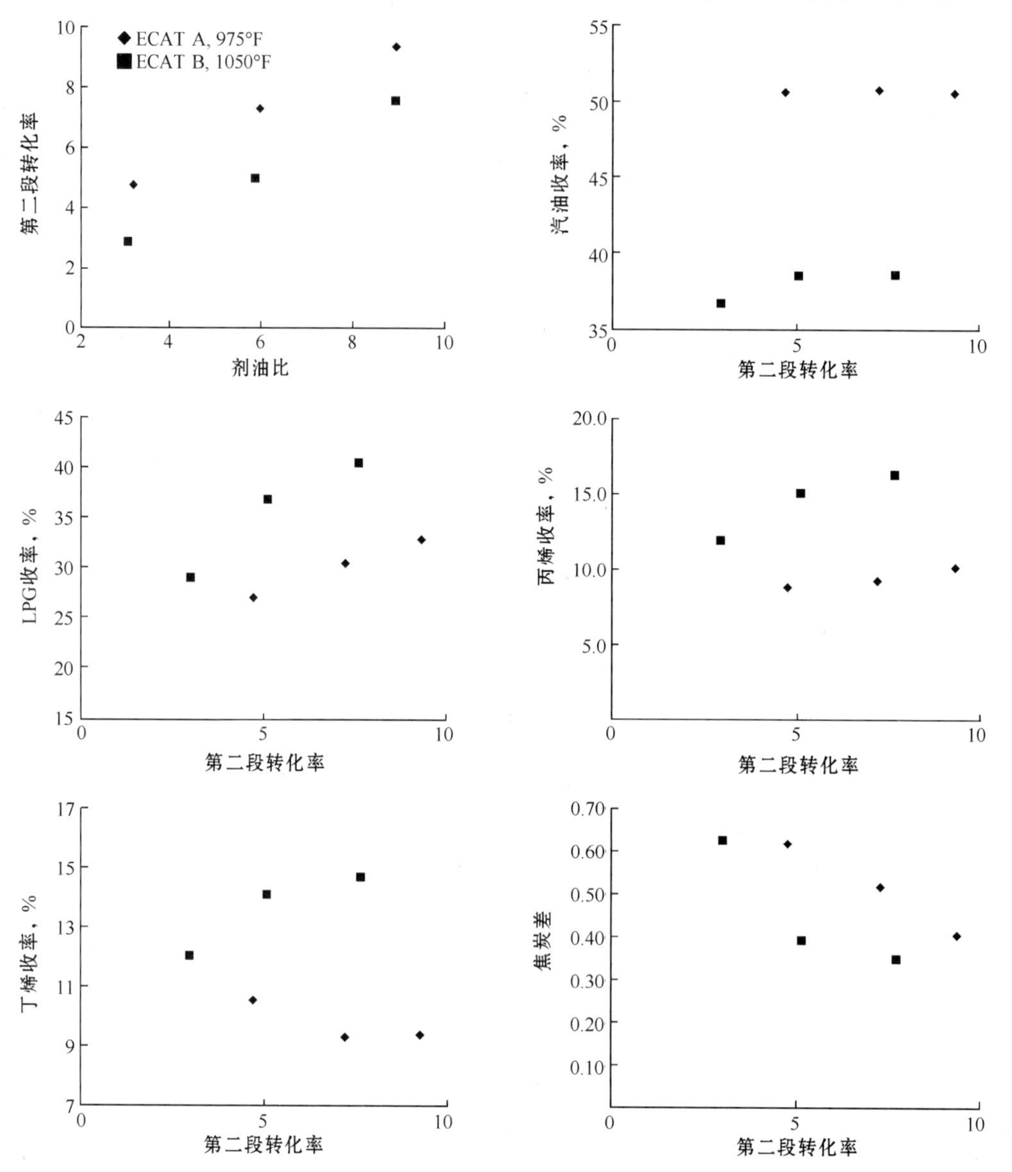

图6　不同原料的收率（ECAT A，975℉；ECAT B，1050℉；原料C-2）

生大量的轻烯烃而非汽油。在线性规划（LP）研究中有一种情形没有建模，但却是似乎合理的操作模式，特别是在长期汽油市场情形下，可使FCC操作成最大量生产丙烯模式，以选择性地将汽油转化成作为化工原料的轻烯烃。这种操作模式对于目前与石化设施一体化的炼油厂或者在FCC装置生产丙烯具有经济性的炼油厂最有价值。

3.1.3　研究3：不同的页岩油切割馏分对FCC汽油产品质量的影响

炼油商已经开始讨论高质量的页岩原油能否绕过原油蒸馏装置直接进入FCC装置加工的可行性。由于在FCC进料中存在“已转化”的原料（大部分未受FCC裂化反应影响），FCC全馏分汽油的辛烷值受到严重影响（表3）。这使大比例的页岩原油直接进入FCC装置加工和高质量柴油（以及石脑油，可在重整装置进行质量升级）降级是可行的，然而长期运行和操作将受装置约束和经济性影响。许多炼油厂已经证明在原油蒸馏装置停运时掺炼50%以上凝析油或合成原油直接进入FCC装置加工是可行的。具有过剩能力的减压馏分油外购的装置可能会发现加工增量原油是一项经济性的操作方案。

表3　FCC全馏分汽油质量与不同页岩油FCC切割馏分

项目	100%粗页岩油	100%页岩油（650℉以下原料）	100%页岩油ATB（650℉以上原料）
原料	C	C－1	C－2
FCC转化率,%	87.7	87.8	87.9
FCC汽油收率（以新鲜原料计）,%（质量分数）	57.4	63.7	50.9
MONC	62.7	54	78.5
RONC	69.4	58.4	89.4

注：转化率是基于100℉以下轻循环油＋塔底油收率，未考虑原料中650℉以下组分。

3.1.4　循环中试装置测试

在UOP循环中试装置中，ECAT A操作条件下，采用40%原料C－2和60%原料B的混合进料测试平衡催化剂。这个实验的结果与采用100%原料B和100%原料A的结果进行了对比，表4列出了产品收率和全馏分汽油产品质量等实验结果。

表4　加工不同原料的中试装置循环运转数据

项目		运行情景1	运行情景2	运行情景3	推测运行
操作条件	物料平衡,%	101.30	99.70	100.20	—
	原料	100%原料A	100%原料B	60%原料B和40%原料C－2	100%原料C－2
	平衡催化剂	ECAT A	ECAT A	ECAT A	—
	Rx压力，psi	20.5	20.7	20.3	—
产品收率（以新鲜原料计）%（质量分数）	焦炭	5.34	3.09	2.74	2.20
	干气（H_2－C_2）	2.44	1.52	1.71	2.00
	LPG	20.38	22.90	25.05	32.05
	汽油（C_5～430℉）	48.17	54.10	55.40	57.35
	轻循环油（430～650℉）	14.93	14.49	11.21	6.29
	主塔底油（650℉以上）	8.61	3.83	3.90	3.99
转化率,%（质量分数）		76.46	81.68	84.89	89.72
辛烷值	MONC	82.8	81.5	79.6	—
	RONC	94.9	93.2	91.3	—

4　加工致密页岩油对FCC装置操作的影响

4.1　评价、预测致密页岩油影响的分析能力改进

相对于常规的、未加氢处理的VGO，预期的原料质量改进（更高的API度、更高计算

出的 UOP K 值和康氏残炭值低于可测量下限）将直接降低 FCC 装置的焦炭差。尽管包含在 UOP 方法 375（用于计算 UOP K 值）中的参数曾经用于表征和预测原料中的氢含量（见格雷斯·戴维森公司的催化裂化指南，第Ⅲ部分），但可以确定的是，对于富氢原料，尤其是对于含氢量大于 12.5%（质量分数）的原料，相对于实验测定的氢含量，这种技术无法一直提供可靠的和重复的结果。

为解决这种限制，UOP 公司开发了一种新的分析方法——UOP 997－13：低分辨率脉冲核磁共振光谱法测定碳氢化合物的氢含量，最近已获 ASTM 发布。该方法采用低分辨率脉冲核磁共振确定沸程在 60～662℉的轻质和中间馏分油、沸点超过 662℉碳氢化合物的氢含量和可有效适用于氢含量在 9.5%～15.4%的原料或产品的测定。这种改进后的氢含量测量方法能更为精确地预测提高进料氢含量对工艺装置性能（包括收率和焦炭差）的影响。为了说明这种新方法的好处，对预测氢含量和采用本方法测定原料中的氢含量进行了比较，结果见表 5。这些数据清楚地表明，利用 UOP K 值估算的氢含量要比实际致密页岩原料的氢含量更高。

表 5　不同原料氢含量预测值与实测值比较

氢含量,%（质量分数）	原料 A	原料 B	原料 C	原料 C－1	原料 C－2
通过 UOP K 值估算	12.07	12.99	14.66	14.39	14.02
采用 UOP 997－13 方法实测值	12.03	12.99	14.15	14.61	13.55

这种分析技术已经用来更透彻地分析加工页岩油对 FCC 装置操作的影响，特别是在收率、辛烷值和焦炭差的变化方面。

4.2　影响 1：预计收率变化

在 FCC 装置加工石蜡基致密页岩油原料的收率变化类似于在 FCC 装置加工常规加氢精制 VGO 的影响。本研究中采用中试实验数据和不同进料的分析测量方法证实，随着炼油厂从处理常规（非加氢处理的）原料转换成深度加氢处理原料或页岩原油，原料中的氢含量可能平均增加 0.5%～ 1.0%（质量分数）。表 6 总结了处理 100% 的 650℉以上页岩原料相对于常规的非加氢处理的 VGO 原料时预期的装置操作变化。

表 6　FCC 装置中加工致密页岩油预期收率变化

收率	收率变化	变化范围
原料氢含量,%（质量分数）	增加	0.5～1
原料转化率,%（质量分数）	增加	6～10
汽油收率,%（质量分数）	增加	6～9
澄清油,%（质量分数）	降低	3～5
焦炭收率,%（质量分数）	降低	0.2～0.5
LPG 收率（苛刻度不变）,%（质量分数）	增加	4～6
LPG 收率（W/ZSM－5 和/或苛刻度增加）,%（质量分数）	增加	6～10
产品硫含量,%（质量分数）	降低	与原料硫含量降低保持一致

4.3 影响2：降低FCC汽油辛烷值

随着页岩原油的加工比例和/或原料中页岩常压塔底油的增加，全馏分FCC汽油辛烷值降低。总体而言，在恒定条件下下降1.5个RON单位。加工致密页岩原油保持辛烷值不变有3种方案：

（1）为了恢复失去的辛烷值，反应器温度升高15～25℉，这将提高再生器温度，抵消一部分影响3的影响。

（2）使用ZSM－5助剂以提高辛烷值和副产LPG烯烃，为处理增加的烯烃，将需要增设FCC轻烃回收和下游加工装置（烷基化或烯烃齐聚）。

（3）降低稀土在沸石中的含量（减少晶胞常数0.005～0.01nm），这将直接增加烯烃汽油的产量，即提高辛烷值。减少稀土（和相应的UCS）与方案1一样有相反的效果，将改善催化剂焦炭选择性，降低FCC焦炭差，加剧影响3的效果。

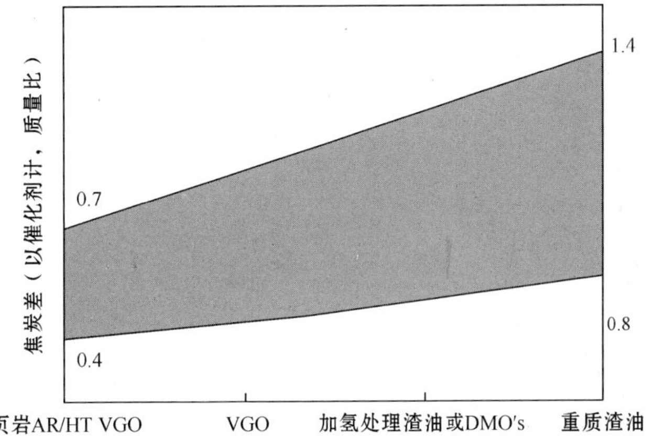

图7 不同原料焦炭差的典型范围

4.4 影响3：降低FCC焦炭差

焦炭差定义为再生催化剂焦炭含量和待生（结焦）催化剂焦炭含量之间的差值，可以用公式（1）表示，不同原料焦炭差的典型范围如图7所示。

$$\Delta 焦炭 = 焦炭收率/剂油比 = C_{p催化剂}\left(T_{再生器} - T_{反应器}\right)/\Delta H_{再生} \quad (1)$$

一般会预测页岩原油氢含量的增加使焦炭差降低，这在图8和图9中得到了证实，表明页岩原油氢含量的增加可使焦炭差降低0.08～0.16，从而使再生器温度降低30～60℉。

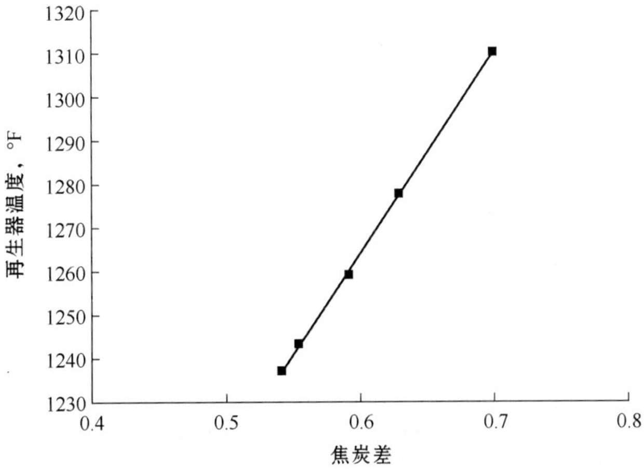

焦炭差
（以催化剂计，质量比）

图8 再生器温度和焦炭差的关系

再生器温度的降低将使总碳燃烧率由基准降低40%～60%，如图10所示。于是要求采用更长的再生器停留时间和/或高氧分压来抵消这种效应，这些变量中只有氧分压可以控制，这就需要炼油厂在高的过量氧条件下操作，以降低一氧化碳，但却可能增加了氮氧化物的排放量。

对于大多数全燃烧FCC装置，在再生器温度低于1260℉下的稳定操

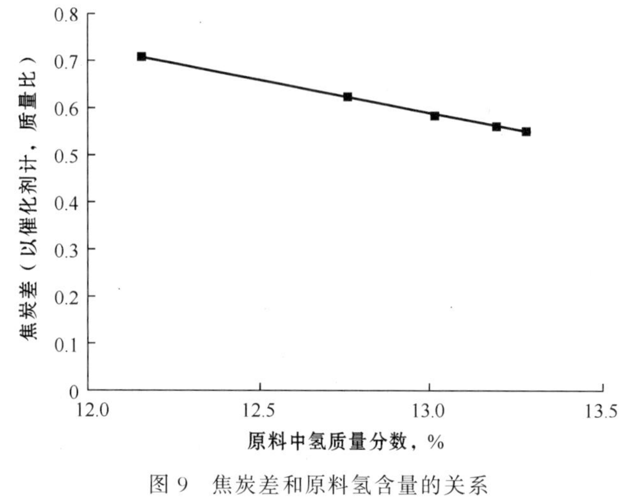

图 9　焦炭差和原料氢含量的关系

作是有问题的，也是许多炼油厂主要关心的问题。对于许多炼油厂来说，这是一个关键，随着原料加氢处理量和/或富氢致密页岩油在 FCC 装置加工比例的提高，都倾向于降低再生器的温度甚至比现在更低。或许还有关于现有装置的加工能力的问题和提升管/汽提塔需要循环过高剂油比的问题。

5　致密页岩油对炼油厂操作的宏观影响

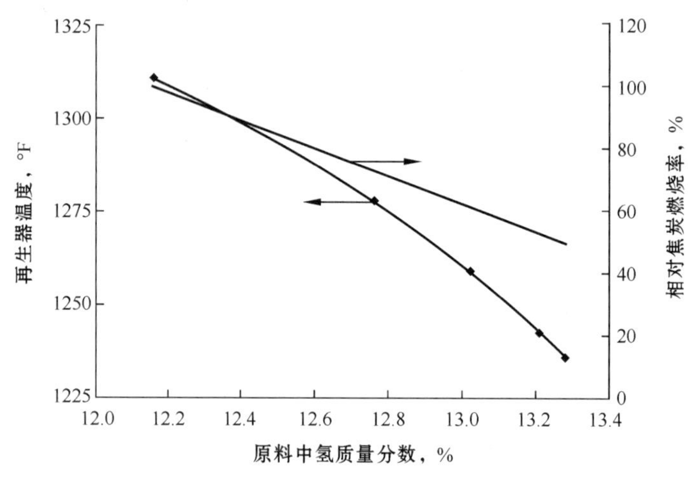

图 10　再生器温度与原料氢含量的关系

为了提供设计方案和产品性质的评估以及确定转换原油对加工装置的操作影响，UOP 公司开发了一个炼油厂 LP 模型，示意图见图 11。模型的对象是一个中等复杂的炼油厂，设有催化裂化、焦化、催化裂化进料（VGO）加氢处理（CFHT）等装置。采用 LP 模型评估加工越来越多致密油对现有装置的影响。LP 模型以 Rossi 等人的 2009 年 NPRA 论文《利用现有装置最大化生产柴油》（AM－09－33）中所描述的装置结构为基础，假设原油加工能力 15×10^4 bbl/d，加工阿拉伯中质原油、玛雅原油和博尼轻质原油的混合原油。对原始的 LP 进行改进，包括基于详细 UOP 过程模型许可技术的动态子模型。

本研究采用的不同原油和产品的价格基准列于表 7。运输燃料规格是基于典型的美国标准，包括超低硫柴油（ULSD）和普通新配方汽油。对轻、重石脑油切割点进行调节和控制，以及用一个异构化装置（UOP Penex™工艺）和低苯重整装置（UOP CCR 铂重整™工艺）以优化控制苯。FCC 石脑油中硫的控制采用 FCC 石脑油选择性加氢处理过程（UOP SelectFining™工艺）。各种情况的可行性取决于汽油市场需求结构和不限制增量燃料销售

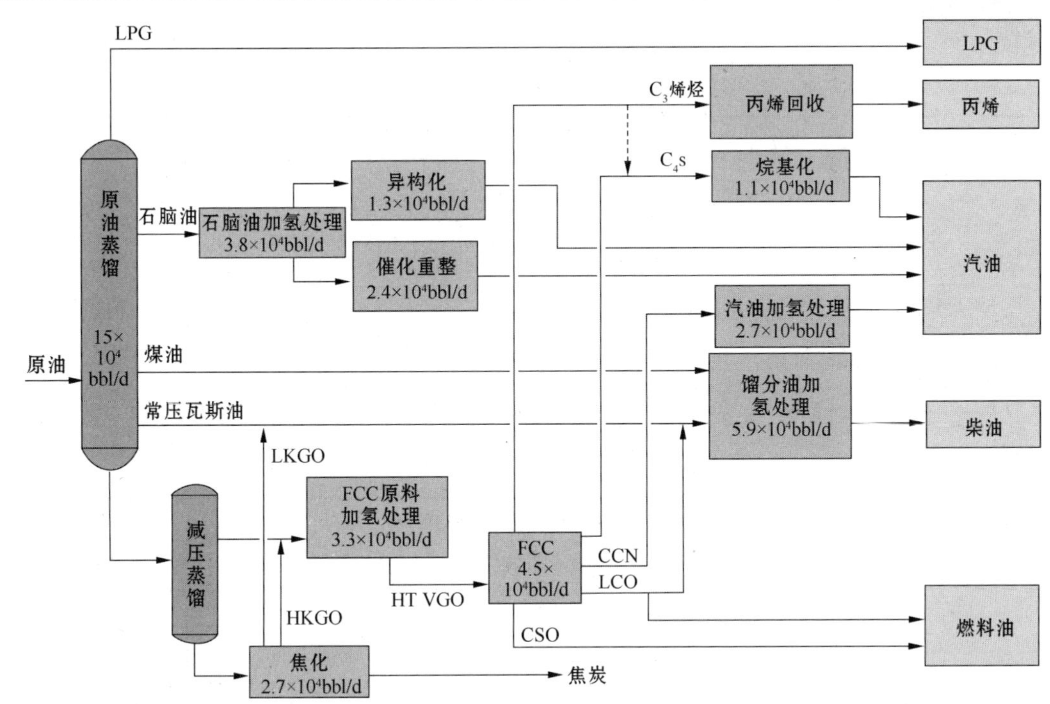

图 11　针对美国炼油厂的 LP 模型

（在传统定价基础上）。LP 模型运行是非约束型的，这样才能评估对装置能力、产品质量和炼油厂汽柴比的宏观变化的影响。

5.1　LP 评价方法

评估了大量的加工情景以了解加工致密页岩油对炼油厂装置操作、汽油柴油生产和装置能力变化的影响。本研究中评估的情景如下：

情景 1：用西加拿大精选原油（WCS）替代进口玛雅原油。

情景 2：用国内 Eagle Ford 致密页岩油替代进口博尼轻质原油。

情景 3：用国内 Eagle Ford 致密页岩油减少进口阿拉伯中质原油。

情景 4：用 25％/75％的混合 WCS 和 Eagle Ford 替换所有水运原油。

情景 5：评估加工 100％Eagle Ford 致密页岩的影响。

情景 6：评估将 Eagle Ford 页岩油换成 Utica 油的影响。

情景 7：评估将 Eagle Ford 页岩油换成 Bakken 油的影响。

5.2　定价和原油质量基准

评价所用的定价和原油质量基准分别列于表 7 和表 8，将西得克萨斯中质原油（WTI）价格作为基准，与原油采购和产品在相对价值基础上进行比较。

5.3　总体结论

总的来说，致密页岩原油更轻（更高的 API 度），污染物（硫、氮、金属）含量低，含有不同比例的、更高含量的石蜡烃，比常规的美国国内原油和水路进口原油的 LPG 和石脑油收率高，馏分油少。一般来说，处理致密页岩油（Eagle Ford、Utica 和 Bakken）将在以下方面对炼油厂产生影响：

表7 LP研究所用价格基准

购买原油	价格	主要产品	售价/WTI原油价格，%
西得克萨斯中质原油（WTI）	基准	丙烷	61
玛雅原油	104%	丁烷	74
阿拉伯中质原油	113%	非新配方汽油	110
博尼轻质原油	104%	新配方汽油	112
西加拿大精选原油	68%	ULSD	125
Eagle Ford页岩油	97%	船用燃料油	69
Utica页岩油	97%	—	—
Bakken页岩油	97%	—	—

来源：原油价格来自EIA网站（2012年10月和2013年1月综合平均值）。

表8 原油性质

项目	西加拿大精选原油	玛雅原油	阿拉伯中质原油	阿拉伯轻质原油	博尼轻质原油	WTI	Bakken油	Utica油	Eagle Ford油
API度，°API	20.3	21.4	30.8	33.2	35.1	39.1	42.3	44.9	46.5
硫含量，%（质量分数）	3.3	3.5	2.6	2	0.2	0.3	0.1	0	0.1
中性或酸值（KOH），mg/g	0.8	0.1	0.3	0.1	0.3	—	0	0.1	0.1
氮含量，μg/g	2770	3573	1210	937	980	1000	500	35	41
氢含量，%（质量分数）	11.4	12.1	12.7	12.9	13.2	13.3	13.8	—	14.3
兰氏残炭，%（质量分数）	9	11.2	5.6	4.1	1	—	0.8	—	0
铁含量，μg/g	8	5	4	4	4	—	2	1	1
钒含量，μg/g	118	286	34	14	0	—	0	0	0
镍含量，μg/g	49	53	10	4	3	—	1	0	0

来源：H/CAMS Haverly Systems Incorporated。

（1）更高的API度和低残渣含量将降低减压和焦化装置的进料量。

（2）更高的原油LPG收率增加了原油塔LPG回收部分的需求。

（3）更高的石脑油收率将增加对石脑油加氢处理装置（NHT）、重整和异构化装置的需求。

（4）较低的污染物含量会降低加氢处理苛刻程度和总氢气需求。

（5）较低的中馏分油收率将降低馏分油加氢处理进料流量。

（6）更高的原油石蜡烃含量生产更多的石蜡基石脑油，导致进入CCR铂重整装置的原料质量变差，产生更高的焦炭，降低收率和活性。

（7）柴油十六烷值和浊点增加，但相对密度降低。

（8）整体FCC进料质量提高，主塔底油和焦炭产率降低，汽油选择性和轻烯烃（C_3烯烃/C_4烯烃）收率增加；主塔底油相对密度减少，直接降低了作为相对密度调和的柴油或喷气燃料的用量，从而提高了整体柴油产量；因轻烯烃能力显著增加，FCC主塔和气体提浓设施也需要评估。

(9) 高的氢氟酸烷基化进料速率增加了 iC_4 的需求，提供了低值丁烷升级为汽油的机会。

(10) 由于加工原油中硫含量降低，硫黄生产装置需求将减少。

5.4 情景讨论

5.4.1 情景1：用西加拿大精选原油替代进口玛雅原油

基本情况是，某炼油厂加工25%（体积分数）玛雅原油（重质、含硫原油）、50%（体积分数）阿拉伯中质原油和25%（体积分数）博尼轻质原油的混合原油，加工能力为 15×10^4bbl/d。这个情景用美国和加拿大生产的原油替代了价格较高的进口原油，在这种情况下，玛雅原油替换为西加拿大精选原油，这两种原油具有相似的性质，即低API度和高硫。当装置能力在基准范围5%以内，对炼油厂的影响很小。主要的经济驱动力是每年可最多降低原油采购成本4.2亿美元。由于降低了柴油产量，产品收入略低于基准值。

5.4.2 情景2：用美国国内Eagle Ford致密页岩油替代进口博尼轻质原油

在此情形中，进口的博尼轻质原油替换为Eagle Ford原油，每年原料采购成本（在加工量、能力不变的条件下）可节省8600万美元。随着炼油厂加工致密页岩油的增加，进入FCC装置进料质量的改善使得汽油和轻烯烃收率增加，FCC进料能力约增加7%。由于页岩原油中更高的LPG含量，预测在原油蒸馏装置中LPG回收部分增加33%。

5.4.3 情景3：用美国国内Eagle Ford致密页岩油减少进口阿拉伯中质原油

阿拉伯中质原油的比例从50%（体积分数）下降到25%（体积分数），使得原油采购成本与之前情况相比每年最多降低1.88亿美元。在本情景中，由于降低了VR流量，焦化装置的进料流量可最多降低到基准情况的85%。

5.4.4 情景4：用25%/75%的混合WCS和Eagle Ford油替代所有的水运原油

在此情景中，水运进口原油被北美原油特别是西加拿大精选原油和Eagle Ford页岩油完全替代。原油混合模型为25%（体积分数）西加拿大精选原油和75%（体积分数）Eagle Ford页岩油，代表了所有模拟情景中最低的原油采购成本模式。石脑油产量增加，使汽柴比从1.36（基准）提高至1.66，原油蒸馏装置中LPG产量增加，由于降低了加氢处理的苛刻度，氢气需求下降，硫和焦炭的产率也下降。与基准情景相比，炼油厂年净利润提高了10.42亿美元。

5.4.5 情景5：评估加工100%Eagle Ford页岩油的影响

情景5评估了加工100%Eagle Ford页岩油对炼油厂的影响。在此情景中，由于取代了低价格的西加拿大精选原油，炼油厂混合原料价格已经提高，加工100%的Eagle Ford原油将对炼油厂产生很大的影响。减压装置流量将降低45%，焦化装置进料流量将降低73%。NHT和CCR连续重整装置原料流量将增加20%以上，原油蒸馏装置中LPG产量将翻倍。在此情景中，减压装置有可能关闭，常压塔底油直接送往FCC装置，将需要很大的投资以脱除NHT和CCR重整装置的瓶颈。

5.4.6 情景 6 a 和情景 7：评估用 Utica 油或 Bakken 油替代 Eagle Ford 页岩油的影响

采用 LP 模型评估了 3 种致密页岩原油（Eagle Ford 油、Utica 油和 Bakken 油），比较了这些不同页岩油对炼油厂的影响。情景 6 a 和情景 7 评估了分别用 Utica 油和 Bakken 油替换 75%（体积分数）Eagle Ford 油，剩余原油均为西加拿大精选原油。归纳起来，Utica 油和 Bakken 原油对炼油厂的影响极为类似，采用 Utica 原油和 Bakken 原油，相对于 Eagle Ford 原油，预计该炼油厂将产生更多的石脑油和略少的柴油。

5.4.7 情景 6b 和情景 6c：评估关闭减压蒸馏装置的影响

情景 6b 和情景 6c 分别评估了有无减压蒸馏装置两种情形下 100%Utica 原油加工策略。情景 6 c 假定减压蒸馏装置、CFHT 和焦化装置闲置，使得 100%页岩原油的常压渣油在 FCC 装置处理，这导致了所有模拟情景中最高的汽柴比。结果表明，页岩原油的常压渣油可以有效地在 FCC 装置转化，而 FCC 的液收、性能和炼油厂产率没有明显退化。这个加工策略可供减压装置没有得到充分利用和地区性汽油需求较大的炼油厂采用。

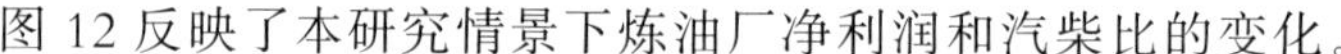

图 12 反映了本研究情景下炼油厂净利润和汽柴比的变化。

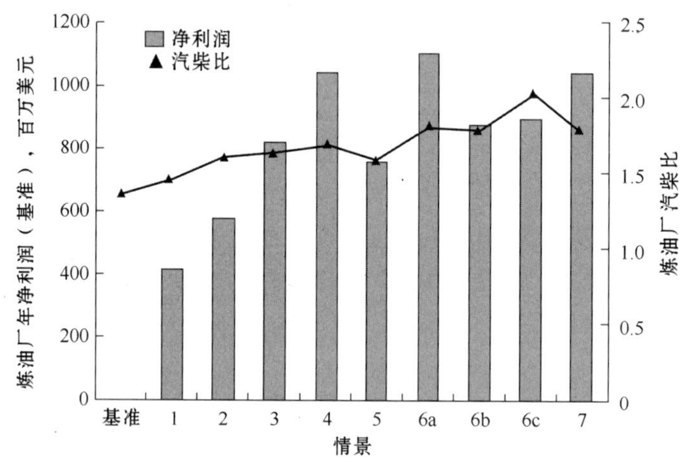

图 12 LP 模型中炼油厂年净利润和汽柴比关系

5.4.8 致密页岩油对重整装置原料质量的影响

页岩原油都倾向于含有更高的石脑油和馏分石蜡烃浓度，对高质量柴油（高十六烷值）的生产具有有利影响，但被进入重整/石脑油处理装置的原料质量变差而略有抵消。表 9 所示是不同情景下重整原料 N+2A 的质量和调和柴油的十六烷值。Eagle Ford 石脑油比 Utica 原油或 Bakken 原油具有更高的石蜡烃浓度和调和柴油的十六烷值；可以观察到，随着传统水运原油被当地的页岩原油取代，柴油的十六烷值和浊点提高，在最极端的情景下，柴油的浊点比基准情景可提高 15℉以上。

尽管 LP 模型预测加工 Utica 原油和 Bakken 原油相对于伊 Eagle Ford 原油对 FCC 装置的影响差异很微小（表 10），由于已有研究观察到的原油质量的变化不明显，特别是 Eagle Ford 原油，实际的性能差异可能更不明显，因此可以得出结论，本研究评估的一般研究方向是页岩原油比阿拉伯中质原油、博尼轻质原油和玛雅原油等常规原油产生更高的汽柴比，但这种变化还应考虑到相对于本研究评估的原油，每种单一页岩原油的质量存在不确定性和缺乏一致性。

表 9　重整原料组分和柴油十六烷值比较

项目		基准	WCS原油替代玛雅原油	Eagle Ford 页岩油替代博尼轻质原油	Eagle Ford 页岩油替代阿拉伯中质原油	75%Eagle Ford 页岩油与25%WCS 原油完全替代阿拉伯中质原油	100% Eagle Ford 页岩油	75%Utica 原油和25% WCS 原油	75%Bakken 原油和25% WCS 原油
连续重整原料	环烷烃	25.2	25.9	18.9	17.7	16.5	14.6	30.3	32
	芳香烃	10.7	10.5	10.7	10.4	10.1	10.1	7.8	7.1
	链烷烃	64.1	63.6	70.4	71.9	73.4	75.3	61.9	60.9
	N+2A,%(体积分数)	46.6	46.9	40.3	38.5	36.7	34.8	45.9	46.2
调和柴油十六烷值		44.3	43.6	50.2	54.1	57.9	62.3	53.8	45.1

表 10　LP 模型评价结果

原油加工量 15×10^4bbl/d		基准	1	2	3	4	5	6a	6b	6c	7
原油品种	玛雅原油,%(体积分数)	25	0	0	0	0	0	—	—	—	—
	阿拉伯中质原油,%(体积分数)	50	50	50	25	0	0	—	—	—	—
	博尼轻质原油,%(体积分数)	25	25	0	0	0	0	—	—	—	—
	西加拿大精选原油,%(体积分数)	—	25	25	25	25	0	25	—	—	25
	Eagle Ford 油,%(体积分数)	—	—	25	50	75	100	0	—	—	0
	Utica 油,%(体积分数)	—	—	—	—	—	—	75	100	100	0
	Bakken 油,%(体积分数)	—	—	—	—	—	—	—	—	—	75
原油价格,美元/bbl		100%	92%	90%	86%	83%	89%	83%	89%	89%	83%
年净利润①,百万美元		基准	414	575	814	1042	758	1106	868	888	1040
汽柴比		1.36	1.44	1.59	1.63	1.66	1.57	1.8	1.77	2.01	1.74
销售量	LPG,bbl/d	基准	102%	120%	123%	126%	117%	125%	117%	122%	133%
	CBOB 普通汽油 bbl/d	基准	102%	110%	112%	114%	113%	119%	121%	127%	115%
	低硫柴油,bbl/d	基准	96%	93%	94%	94%	98%	90%	93%	86%	90%
	船用燃料油,bbl/d	基准	126%	84%	66%	54%	48%	57%	49%	58%	76%
	石油焦,10^3lb/d	基准	100%	95%	75%	56%	13%	58%	14%	15%	64%
	硫,10^3lb/d 基准	103%	100%	78%	56%	9%	62%	18%	0%	60%	—
	购买氢气,10^3lb/d	基准	114%	99%	82%	66%	18%	56%	1%	0%	42%
常压蒸馏,bbl/d		150001	150002	150002	150002	150003	150003	150004	150000	150000	150002

续表

原油加工量 1515×10⁴bbl/d	基准	1	2	3	4	5	6a	6b	6c	7
减压蒸馏，bbl/d	54100	106%	105%	94%	82%	55%	92%	68%	0%	78%
常压蒸馏 LPG，bbl/d	基准	93%	133%	159%	186%	239%	177%	226%	221%	289%
焦化装置，bbl/d	基准	106%	104%	85%	65%	23%	83%	47%	0%	67%
焦化进料加氢处理，bbl/d	基准	106%	107%	100%	94%	77%	100%	85%	0%	86%
催化裂化，bbl/d	基准	105%	107%	107%	107%	101%	105%	99%	118%	95%
氢氟酸烷基化，bbl/d	基准	105%	120%	123%	124%	109%	122%	109%	128%	105%
FCC 加氢处理，bbl/d	基准	105%	119%	123%	127%	116%	124%	115%	137%	107%
馏分油加氢处理，bbl/d	基准	98%	93%	94%	96%	103%	90%	95%	88%	92%
石脑油加氢处理，bbl/d	基准	97%	99%	103%	107%	120%	113%	129%	118%	120%
异构化装置，bbl/d	基准	102%	97%	97%	96%	102%	124%	139%	132%	139%
连续重整，bbl/d	基准	94%	98%	103%	108%	123%	108%	123%	111%	109%
气体饱和装置，10^3lb/d	基准	103%	106%	99%	91%	78%	95%	82%	76%	103%
氢耗，10^3lb/d	基准	114%	99%	82%	66%	18%	56%	1%	0%	42%

①假设汽油全部售出。

6 FCC 炼油厂的潜在解决方案

6.1 调节原料灵活性和热平衡的 UOP RxCat™工艺

UOP 公司观察到在加工富氢原料，如深度加氢处理的瓦斯油或页岩油的 FCC 装置的操作困难之一是再生器的温度控制，如之前所示，随着焦炭差的下降，再生器温度急剧降低。

正如在 2012 年所披露，通过 UOP RxCat 工艺技术从反应器汽提塔回收碳化的催化剂为 FCC 装置优化和操作提供了一种控制手段，特别是处理低焦炭差原料时。因为在待生催化剂循环中使用的催化剂的起点和终点温度是相同的，在反应器系统内发生的焓变化小，这个物流认为是“热平衡中性”，因此，RxCat 系统提升管剂油比现在可以采用 UOP RxCat 技术改进后的剂油比公式表述：

$$剂油比_{提升管} = 焦炭产率 \times \Delta H_{再生} / [C_{p催化剂} \times (T_{再生} - T_{反应})] + 剂油比_{Rxcat} \quad (2)$$

即使 RxCat 工艺的净焓不变，它确实通过增加待生催化剂循环到再生器的焦炭差来影响热平衡。随着待生催化剂循环速率的增加（通过 RxCat 技术），由于催化剂颗粒在进入再生器之前增加了在提升管中多次行程而积累了更多的焦炭，单位焦炭差增加。因为再生器温度是焦炭差的一个函数，从额外增加的焦炭差提高了再生器温度，这些数据见表 11 和图 13，反映了不同的 RxCat 比率及恒定反应器条件下的装置操作情况。

表 11　RxCat 比率变化对工业化反应器、再生器的影响

RxCat 比例，质量比	0①	0.6	1.2
焦炭差（质量比）	0.52	0.62	0.76
再生器温度，°F	1237	1282	1344

①RxCat 比率为 0 的数据是推测值。

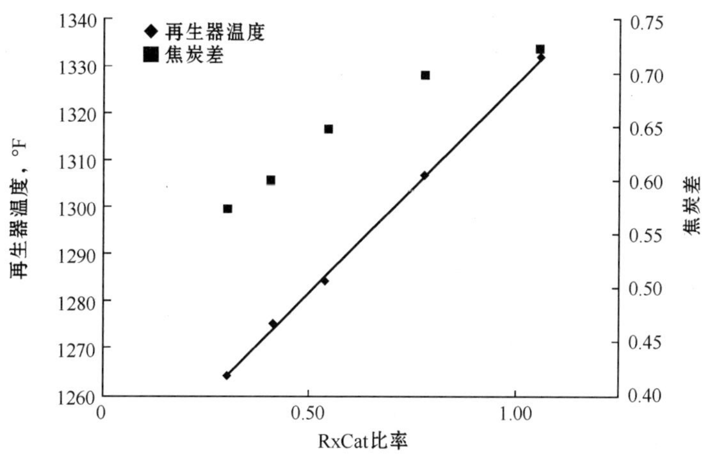

图 13　RxCat 技术对工业再生装置温度的影响

提高再生器温度极大地改善了再生器中的燃烧动力学，并允许 FCC 操作者减小必需的过剩氧，使一氧化碳排放符合规定。与待生催化剂再循环有关的减少的过剩氧量不仅允许处理额外的原料，同时减少氮氧化物的排放（与再生器多余的氧气高度相关）。因此，RxCat 技术可改进再生器排放控制和操作，通过更高的处理量、转化率和/或改善收率选择性来提高利润。对于一个催化剂循环有限的装置，RxCat 技术提供了一种脱瓶颈方法，通过降低反应器、再生器循环率要求到可控制的水平，同时保持恒定的反应器温度。

6.2　增加焦炭差的其他方案

另一种增加焦炭差的方法是循环油浆或重油返回提升管，这种方法通常被低焦炭差的装置选用。这种策略只是在一定程度上有效，并且由于消耗液压能力可能引起进装置的新鲜进料减少，直到混合进料率超过 1.05（体积比），该方案才略有优势。

其他方案，例如利用更少的焦炭选择性催化剂提高反应器压力，降低反应器汽提塔效率、使用空气预热器或添加点火油到再生器可以用来增加焦炭差，但经济上不合算。例如，再生器温度低时，连续点火再生器的空气预热器可以解决问题（UOP 公司有这个设计方法），然而，产生的额外烟道气影响能源效率，更重要的是，由于高的再生器温度引起的再生器剂油比值下降导致转化率下降。相比之下，RxCat 工艺技术提供了一个可选择的解决方案，既可维持高的再生器温度，同时通过提高总提升管剂油比值来强化装置性能。表 12 显示了提高再生器温度的方案对比以及对转化率的影响。

虽然每种方法都达到了提高再生器温度的最终目标，但只有 RxCat 技术解决方案是在提高再生器温度的同时提高提升管的剂油比，从而使转换率增加，不需要多消耗再生器中的燃气或 FCC 产品（从循环主塔底油或未汽提的碳氢化合物产品进入再生器）。

表12　RxCat再生器温度控制替代方案的评价

项目	情景1 基准	情景2 DFAH	情景3 主塔底油循环	情景4 汽提蒸汽减少量	情景5 RxCat
进料量，bbl/d	30000	30000	30000	30000	30000
RxCat剂油比（质量比）	0	0	0	0	6.2
提升管剂油比（质量比）	7.3	5.7	6.1	6.6	12
进入空气加热器的燃料气（以原料计）%（质量分数）	0	1.1	0	0	0
主塔底油或重循环油循环（CFR）	1	1	1.07	1	1
焦炭氢含量，%（质量分数）	7	7	7	9	7
再生器温度，°F	1260	1340	1328	1290	1350
转化率，%（质量分数）	基准	-2.5	-1.8	-1.0	2.1

6.3　针对提高柴油产量和质量的解决方案

根据潜在的提高柴油产量和调整投资项目的需要，还可考虑采取下面一些方案：

（1）改造或将现有的原料催化加氢处理装置转换为缓和加氢裂化装置（转化率为40%），在牺牲汽油收率的情况下可将柴油产量提高6%～7%。

（2）副产的FCC LPG烯烃齐聚转化成柴油运输燃料可能使炼油厂柴油产量增加4%。

（3）在柴油加氢处理（DHT）装置中采用加氢异构化催化剂改善柴油低温流动性能。

（4）升级原料系统以从FCC进料中分离出柴油。

BASF公司进行的进料基准研究表明，由于在上游的原油常减压装置分馏效果不佳，许多炼油厂当前加工FCC进料中含有高达20%（体积分数）或更多柴油馏分的原料（定义为沸点为430～650°F的馏分）。

一个潜在的解决方案是在FCC上游安装1个简单的进料闪蒸塔以回收650°F以下组分进行直接处理和混合进入柴油池。通过这个简单的分馏系统，在有限的投资成本下，炼油厂能增加柴油产量至多达原油能力的3%（体积分数）（假设平均FCC能力大约是原油能力的16%）。UOP公司已将FCC进料分馏塔概念应用于一个新建的北美FCC装置，已在2012年开工运行，进料系统在FCC装置上游使用一套简单的闪蒸/分馏系统，类似于图14所示的流程配置。

这个设计可以对现有的FCC装置进行改造，在加工致密页岩油时不必使用减压塔，同时仍然可从常压渣油中回收有价值的柴油馏分。此外，原料分馏措施为现有FCC装置提供了一个额外的自由度和潜在的脱瓶颈方法，以改善LCO和主塔底油之间的分离效果。

7　结论

随着越来越多的炼油厂将要加工诸如Eagle Ford、Bakken、Utica等机会页岩油，将有可能面临下列操作变化和挑战：

（1）更高的石脑油收率提高了对石脑油一体化加工的需求，炼油厂整体汽柴比很可能

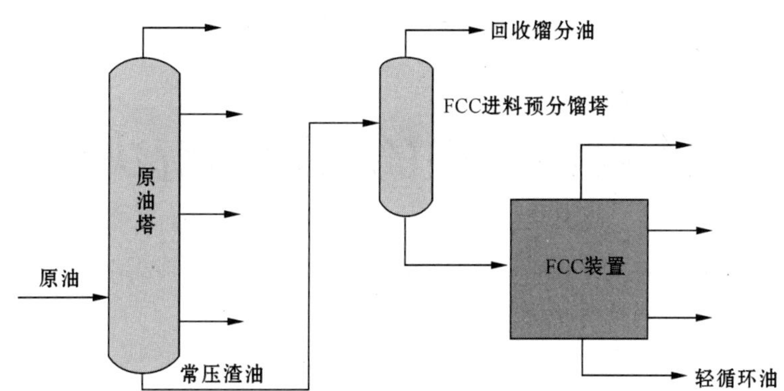

图 14 FCC 原料分馏器原则概念流程

增长。

（2）原油 LPG 产量增加，明显需要改进原油蒸馏塔的 LPG 回收部分。

（3）FCC 进料质量提高，增加了汽油选择性和轻烯烃（C_3 烯烃/ C_4 烯烃）收率，同时降低主塔底油产率和焦炭差，较低的焦炭差可能会产生再生器约束，可以通过几种方法得以解决。

（4）FCC 再生器温度降低 30～60℉，降低 FCC 再生器温度将对焦炭燃烧动力学产生负面影响，可能增加氧化氮和一氧化碳排放。

大量的工具可供炼油厂和炼油工艺技术供应商选择来评估各种场景下炼油厂原油采购战略的转变，特别是 LP 模型，利用详细的子过程调优并验证中试装置实验数据，可以用来更精确地评估这些变化对炼油厂转化装置操作包括 FCC 装置所带来的影响。这些模型和工具通过应用更准确的进料表征方法（如 UOP 方法 997－13），进一步提高子模型的预测精度（包括 FCC 装置中再生器温度的变化），从而不断得到改进。

UOP RxCat 技术独特的解决方案可用于解决加工页岩油时可能遇到的 FCC 热平衡问题，该技术已经进行了商业示范，证明该技术相对其他普遍常用技术具备了同时提高再生器的温度和增加提升管剂油比及装置转化率的能力。这种技术可使 FCC 装置处理更为广泛的原料，采用更加灵活的操作调整措施，以适应炼油行业未来面对的市场挑战。

参考文献

[1] R. Rossi, D. Banks, C. Huovie, V. Thakkar, J. Meister, "Maximizing Diesel in Existing Assets" (NPRA) Annual Meeting, Paper AM－09－33, March 2009.

[2] M. Lippmann, L. Wolschlag, "Innovative Technology to Improve FCC Flexibility" (AFPM) Annual Meeting, Paper AM－12－26, March 2012.

[3] J. Knight, R. L. Mehlberg, "Creating Opportunities From Challenges: Maximizing Propylene Yields" (NPRA) Annual Meeting, Paper AM－11－06, March 2011.

[4] J. McLean, "How Can We Increase Diesel Production from FCC?", (NPRA) 2008 P&P 5. Rosser, F. S., Schnaith, M. W. and Walker, P. D., "Integrated View to Understanding the FCC NO_x Puzzle", paper presented at the 2004 AIChE Spring Meeting.

[5] Grace Davison, "Guide to Fluid Catalytic Cracking, Part III", 1999.

AM－13－55

加工致密油存在的问题和解决方案

Bruce Wright, Corina Sandu (Backer Hughes Incorporated, USA)

赵广辉　张东明　译校

摘　要　在 Eagle Ford、Utica 和 Bakken 等地区，能够通过压裂提取得到致密油或页岩油，炼制这种致密油已经普及美国许多地区。由于致密油容易得到并且价格低廉，因此作为炼油厂原料，致密油很具有吸引力，但是加工它们也被证实是一项挑战。致密油的质量变化很大，它的凝点和熔点高，并且由于它的轻链烷烃的特点，当与其他重油混合时，会导致沥青质不稳定。这些综合特点会导致冷预热系统结垢、脱盐装置紊乱、热预热换热器和加热炉结垢，也有报道称在运输存储、成品油质量以及炼油厂会有腐蚀问题存在。这些操作问题会导致产量降低，甚至是原油系统停车。

本文介绍了页岩油加工存在的问题以及现行能够预防和控制的方法。

1　概述

得益于钻井技术和水力压裂技术的重大进步，页岩气和致密油产量迅速增加。化学处理与机械钻井技术相结合，能够使工业达到生产增效的目的。

2012 年 9 月报道，致密油产量达到 650×10^4 bbl/d，产量较高的产区大多集中在北达科他州（Bakken）、得克萨斯州（Eagle Ford）、俄亥俄州和宾夕法尼亚州（Marcellus 和 Utica）、科罗拉多州、堪萨斯州、内布拉斯加州和怀俄明州（Niobrara），其他可能生产致密油的地区是新墨西哥州、俄克拉何马州和犹他州。如图 1 所示，基于钻井能力的扩张，到 2020 年，页岩油产量将至少达到 1000×10^4 bbl/d[1]。在很大程度上，预测是依赖于石油价格的波动、科技进步、资本投资、基础设施需求以及处理的这些丰富资源遇到的相关挑战。

与常规原油相比，致密油的性质有明显不同，这导致一系列的问题需要解决，以保证持续运输和炼制致密油。本文强调现在面临的主要问题是由储藏和运输到炼油厂得到成品燃料油过程中的原料带来的。

2　致密油的物理和化学性质

与大多数常规原油不同，致密油是轻质低硫原油，蜡含量高，酸值低，沥青质含量少，可滤性固体、硫化氢、硫醇含量变化大。

表 1 是 Eagle Ford 和 Bakken 致密油典型的油品性质的比较[2]，在硫含量和可滤性固体含量上有很大不同。

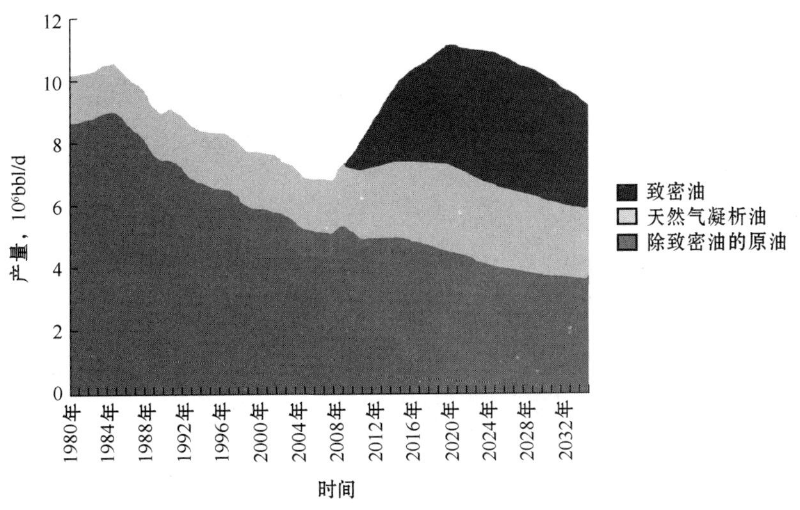

图 1　美国石油产量的预测（EIA 资料）

表 1　Eagle Ford 和 Bakken 页岩油性质的比较

性质	Eagle Ford	Bakken
API 度,°API	52	40.8
TAN（以 KOH 计），g/g	<0.05	0.09
硫,%（质量分数）	<0.2	0.304
沥青质,%（质量分数）	0.1	0.41
胶质,%（质量分数）	1.6	4.95
可滤性固含量（以每千桶计），lb	225	76

另外，图 2 显示出不同矿区产出的致密油原料有很大不同，这些致密油样品来自同一地区，颜色从琥珀色到黑色。

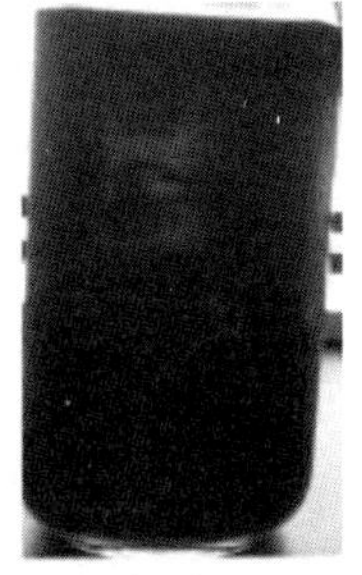

图 2　Eagle Ford 致密油的颜色变化

同一产地的样品固体含量也有很大不同，报道称这与生产原油过程中压裂和生产阶段有关。表 2 显示的是图 2 中 3 种致密油的典型分析结果，可滤性固体含量（以每千桶计）为 176～295lb。贝克休斯公司已经分析得出，这种差异性可以在所有的致密油产地发现得到。

致密油的石蜡含量是一个重要指标，它会引起从运输、储运到炼油厂加工的一系列下游问题。分析检测一批致密油，显示它们的石蜡碳链含有的碳超过 50 个。相似的石蜡含量分析也能从很多致密油中得到。为了了解由于石蜡沉积造成结垢的可能性，需要对碳链进行剖面分析，以便系统地记录相对分子质量分布和石蜡的熔点。图 3 比较了 Eagle Ford 和 Bakken 油样的石蜡性质特征，分析表明，一些 Eagle Ford 致密油的石蜡烷烃碳链包含的碳超过 70 个。

表 2　Eagle Ford 致密油样品的物理性质

性质	黄色	红色	黑色
API 度，°API	55.0	44.6	52.3
TAN（以 KOH 计），g/g	<0.05	0.07	<0.05
硫，%（质量分数）	<0.20	<0.2	<0.2
钠，μg/g	1.0	1.6	1.6
钾，μg/g	0.3	0.4	0.5
镁，μg/g	3.4	2.9	3.0
钙，μg/g	2.6	2.8	3.8
沥青质，%（质量分数）	0	0	0
胶质，%（质量分数）	0.5	3.2	1.6
可滤性固体（以每千桶计），lb	176	295	225

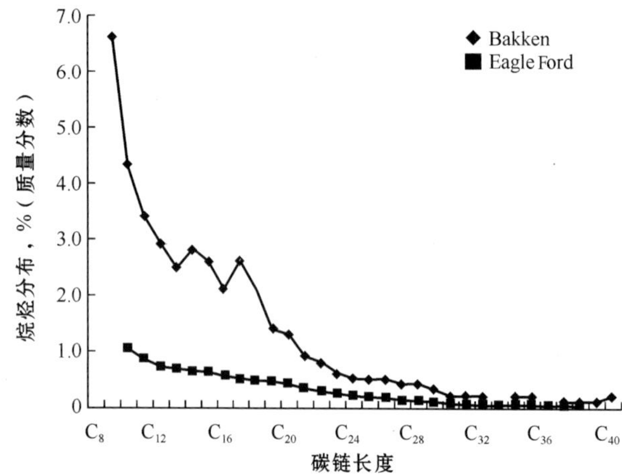

图 3　Bakken 和 Eagle Ford 致密油的石蜡碳链分布

由于它们的烷烃特性，致密油与沥青类石油混合会导致沥青核扰动。沥青质为极性化合物，它会影响油品的胶体稳定性，一旦沥青质扰动，它们会凝聚形成更大的大分子，遇热时凝聚的沥青质易于裂化或脱氢，并逐渐形成焦炭类沉积。

一些致密油产区的硫化氢含量高，为保证工作人员的安全，清洁剂常用于降低硫化氢浓度。用于控制硫化氢的清洁剂通常是氨基产品，例如甲基三嗪，它能在原油系统中转化为一乙醇胺（MEA），这些胺类可造成炼油厂原油系统的腐蚀问题。一旦 MEA 形成，它能迅速与氯发生反应，形成氯盐，这些氯盐会在油态下失去溶解性，在常压塔原油预热系统形成固体，在塔盘或塔顶系统上结垢，沉积具有吸水性，一旦吸水，它们变得具有很强的腐蚀性。这些物理特性对致密油从储存、运输系统到炼油厂加工、得到成品燃料过程中遇到的问题负有责任。

3　提取和生产

与致密油生产相关的挑战是致密油的成分复杂，并且产地的地理结构变化多样，这些油是轻质油，但是蜡含量高，并且产地是亲油型。致密油在开采中遇到的主要困难是由于致密油的这些特质造成的。

与致密油生产相关的问题包括结垢、积盐、石蜡沉积、沥青质不稳定、腐蚀和细菌生长。通常向刺激流体添加多组分化学添加剂可控制这些问题。

如上所述，致密油具有低沥青质含量、低硫含量和特别的石蜡相对分子质量分布，烷烃碳链的碳数可从 C_{10} 到 C_{60}，也有发现某些致密油的碳链可达到 C_{72}。为了控制石蜡引起的沉积和堵塞地层，通常会用石蜡分散剂。在上游应用中，这些石蜡分散剂通常作为多功能添加剂包的一部分，除了用于石蜡沉积，还可同时解决沥青质的稳定性问题和控制腐蚀。贝克休斯公司已经拥有丰富的专业知识为给定的应用选择适当的添加剂。

在生产或钻井时，方解石水垢沉积、碳酸盐和硅酸盐的量需要加以控制。现在市场上，盐类添加剂种类广泛，如选择恰当，这些添加剂会非常有效。依据钻井的性质和操作状况，可推荐一种特定的化学剂或组合方案用于妥善解决水垢沉积。

4 储存和运输

在工业生产中，运输装置是另一个容易出问题的方面。为炼油厂快速分配致密油对保证产能稳定是必需的，一些管线现已在使用，另一些提供稳定供应的管线也正在建设，同时，随着卡车运输显著扩张，驳船和铁路运输也用于为炼油厂提供多样的致密油。预计 Eagle Ford 的产能将扩张 6 倍，从 35×10^4bbl/d 到 2017 年的 200×10^4bbl/d，需要更多可靠的设备来分配运输这些致密油到更多的地区。可以预见，Bakken 和其他致密油产地会遇到相似的产能扩张。

致密油的蜡含量影响所有运输系统，已在铁路罐车、驳船和卡车管线上发现蜡沉积。通常需要清除管线的蜡沉积，以保证全产能运行。尽管为适应长期需要，管道扩张工程正在进行，Bakken 致密油的典型运输是利用铁路，铁路需要定期用蒸汽清理以便再次使用。卡车运输也发会生相似的沉积。在将致密油运输到炼油厂装置的过程中，蜡沉积也制造了问题，图 4 显示了在致密油的开采管道中发生的蜡沉积实例。

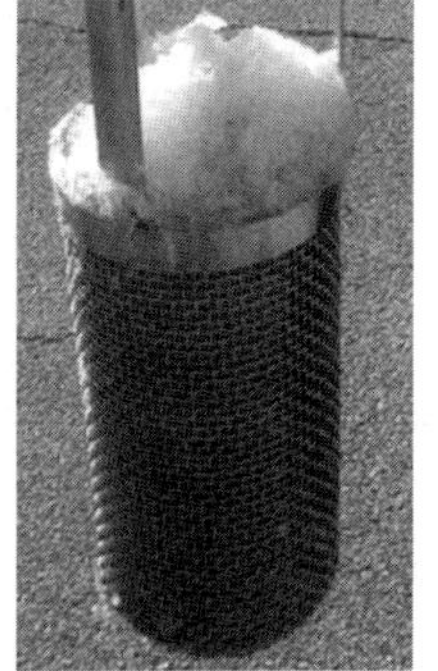
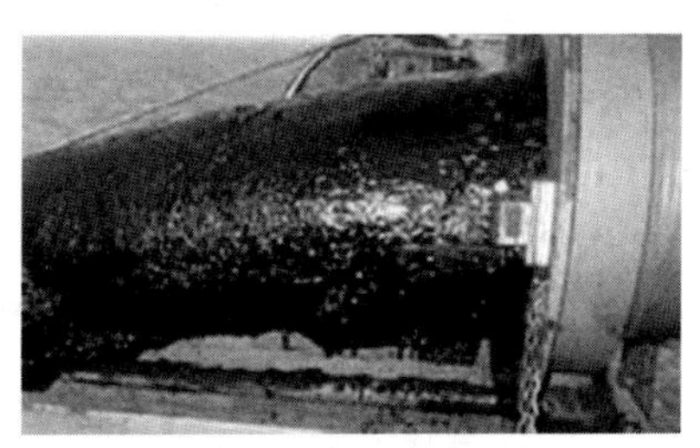

图 4　致密油管道中的蜡沉积

贝克休斯公司利用包含石蜡分散剂的化学添加剂和能有效用于管道的流减阻技术的组合，解决这些沉积问题。

清洗运输卡车和炼油厂储罐是利用石蜡分散剂并搭配清洗溶剂。管理管线结垢的案例中，利用这些组合技术，并配合频繁清管，是现行用于清除石蜡沉积的主要方法。预防结垢的控制方法已用于管理储运卡车上发生的蜡沉积，通过注入合适的化学处理剂来控制储运卡车里的蜡聚集，生产地区和炼油厂可以在不发生重大堵塞事故的情况下处理并运输大量的油品。

另一个在储存和运输致密油时发生的问题是轻馏分油聚集，蒸汽浓度提高，需要增加安全卸放系统。Bakken 原油通过驳船运输面临着有机化合物（VOCs）水平提高的问题，需要应用蒸汽控制系统，以保证环境安全。

由于致密油石蜡的特性和它们缺少重组分，大多炼油厂将致密油与原油混合，以便于操作。致密油芳香烃含量低，因而与常规原油混合时，常常导致沥青质析出。如果运输混合油，沉积会包含蜡沉积和沥青质沉淀，需要配制合适的分散剂用于这些碳氢化合物，以便控制运输过程中形成结垢。

直到合适的运输装置建成，致密油的运输才会发生重大改变，并且潜在的环境污染问题也会得以改善。炼油厂已经历了致密油原料性质的很大差异所带来的影响，并且处理了如结垢和塔顶腐蚀的调整，这些问题将变得更加普及。

5　炼油厂影响

上面讨论了致密油的性质，由于在固体含量和它们石蜡性质上的不同，加工致密油给炼油厂操作带来了很多挑战，问题发生在从罐区到脱盐装置、预热换热器和加热炉，并且增加了原油系统的腐蚀。在炼油厂罐区夹带的固体能够凝聚并迅速连成一体，增加了储罐底部的污泥层。蜡结晶并沉积或附着在罐壁上，进而减少存储容量；蜡能够稳定储罐车内的乳状液和悬浮液，致使形成污泥进入原油系统；蜡也会附着在运输管道上，导致压力降上升，液压受限。沥青质原油和烷烃致密油混合会导致沥青质扰动，从而形成稳定乳液和污泥。为了控制这些问题，石蜡结晶改善剂或者石蜡分散剂得到成功的应用，当致密油的形成仍然是热态时，必须添加石蜡结晶改善剂；当石蜡烷烃已非液态时，石蜡改进剂是无效的，需要添加石蜡分散剂来控制沉积。

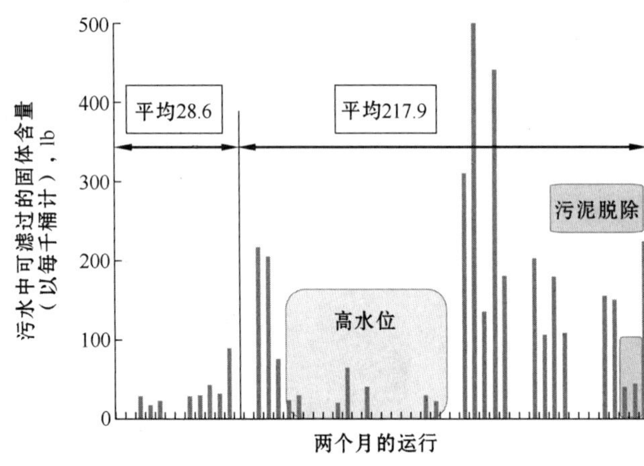

图 5　罐区预处理对脱盐装置可滤固体含量的影响

电脱盐的操作可能由于致密油的相关性质发生问题。不同的固体类型会导致清除固体的操作方式有很大变化。在储存罐区形成的污泥层可能引起严重的紊乱，包括稳定乳液层的增长和在脱盐水中油含量的间歇增加。聚集的沥青质能够从储罐车中进入脱盐剂层并在此絮凝，导致在脱盐废水中形成油泥。解决方法包括使用罐区添加剂来控制污泥层的形成，特别研制沥青分散剂和严格的脱盐处理从而保证最佳操作。预处理结合运行高性能脱盐装置已被证明提供的脱盐设备整体性能和脱盐原油质量可达到最佳。贝克休斯公司采取多个处理方法用于这些地方，可保证最佳运行状况。图 5 显示了利用罐区预处理的例子。原油罐区处理技术可刺激破坏储罐内的石蜡乳状液，能够改善原油的水处理，并减少污泥和固体进入脱盐装置。相比以前的技术，这个技术能够显著改善进入脱盐污水的固体含量。在使用预处理技术之前，污水中的固体含量（以每千桶计）平均 29lb，并且对乳状液带的控制微乎其微。开始使用储罐预处理技术后，利用乳状液破坏技术更容易控制脱盐装置中的乳状液带，并且进入污水的固体清除率可提高 8 倍，达到 218lb（平均值）。

预热换热器结垢冷车时在脱盐装置前发现，热车时则在脱盐装置后发现。冷车结垢是由于不稳定的蜡烷烃沉积和无机固体聚集，解决冷车换热器结垢的方法包括添加石蜡分散剂和原油处理 TM 技术，从而保证在最小的污泥处理情况下固体持续沉积。原油处理技术可包括添加沥青质稳定剂和表面活性剂以解决乳化和改善水分离。好的原油处理技术也包括主动检测沥青质的稳定性，以保证原油混合加工时达到可接受的稳定状态。

热车结垢的发生是由于不稳定的沥青质聚集并形成沉积，这些物质包含无机物，比如硫化铁和生产产生的沉积物进入沉积系列，一些沉积物包括大相对分子质量的烷烃，它们与聚集的沥青质复合。如上讨论的，致密油与沥青质原油混合，特别是沥青质容易扰动的原油可以导致沥青质的迅速聚集。在处理沥青质浓度在 1%或以下的混合油时已发现热车换热器的迅速结垢。表 3 显示了运行一段时间后必须停车的热车换热器中的沉积分析结果，该氢碳比与沥青质沉积相一致。

表 3　热车换热器沉积分析（致密油与沥青质原油混合）

单位：%（质量分数）

样品	C	H	N	O	Cl	Fe	S	H/C	灰分	总结
换热器 1（原油侧）	82	8	1	2	1	—	6	1.16	1	沥青质
换热器 2（原油侧）	78	7	1	4	1	1	8	1.07	3	沥青质
换热器 3（原油侧）	81	8	1	2	1	—	7	1.18	3	沥青质

致密油和原油混合加工的原料分析揭示了沥青质的稳定性很差。ASIT™沥青质稳定性数值检测方法用于测定原油混合溶液中可溶解沥青质的能力[3]，该方法利用光散射，结合自动滴定，迫使沥青质扰乱并聚集。

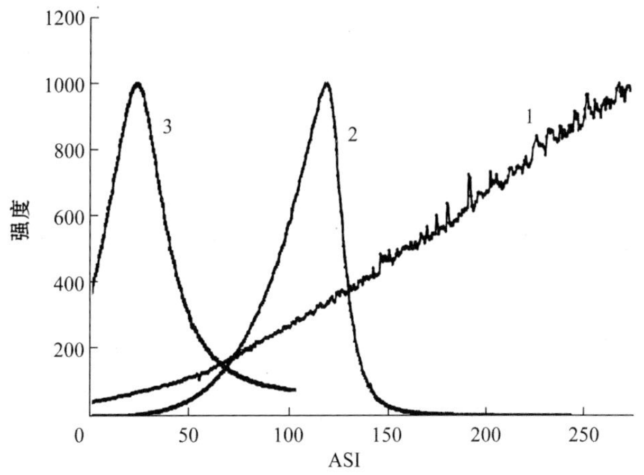

图 6　致密油和致密油/原油混合的沥青质稳定指数试验

1—页岩油；2—混合的原油；3—页岩油与原油的混合物

滴定开始后，油品的不透明程度变低，光强度增加；当达到不稳定点时，沥青质迅速聚集，并絮凝在一起，流体的不透明程度迅速提高；当沥青质变得不稳定时，曲线出现挂点：离右边越远表示沥青质越稳定，当拐点离左边越远则表示沥青质越不稳定。图 6 显示了几种原油与 Eagle Ford 致密油混合试验的沥青质稳定常数（ASI）结果，致密油的拐点没有出现，因为它没有沥青质发生絮凝，典型原油的 ASI 结果大约是 120。当致密油与典型原油以 80∶20 的比例混合时，ASI 的监测结果小于 30，这显示了快速、不可控沥青质的不稳定性。

如果混合原油中沥青质没有呈现快速不稳定性，则 ASI 大于 120 个单位，这些数据表明特定的原油与致密油混合会导致沥青质快速沉淀。积极主动检测和监控不同混合原油的沥青质稳定性或相容性，Baker Hughes Field ASIT 技术服务公司基于实验室 ASIT 实验，提供了合适的检测装置。这个技术提供了高度准确、就地快速检测沥青质稳定性的能力[4]。

热车换热器结垢可以使用制定的防结垢添加剂加以控制，防结垢添加剂能够控制沥青质、夹带无机固体的聚集和沉积。另一个控制结垢的方法是定期分析以监控加工混合原油的沥青质稳定性，这个信息能够指导生产，帮助将结垢问题降到最低程度。

原油装置常压加热炉结垢也在一些加工致密油的炼油厂中发现，特别是那些掺炼致密油和沥青质原油的炼油厂。在一些案例中，结垢速度很快，以至于原油装置不得不停车清理加热炉。在加工常规原油的生产状况下，原油装置的加热炉在很长时间内很少会结垢，这些加热炉能够在生产周期中运行5～6 年。图 7 比较了一套装置加工致密油/原油混合油时的结垢速率与加工典型原油时的结垢速率。

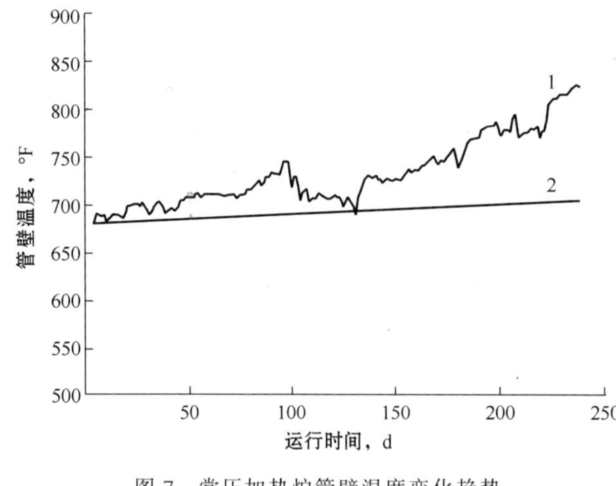

图 7　常压加热炉管壁温度变化趋势

1—致密油与原油混合加工；2—典型混合油加工

由于致密油/稠油混合油的沥青质稳定性很差，加热炉管壁温度每天升 0.5～2°F，相比较，多数典型操作长期会低 1°F或更小。为了控制加工致密油与不同稠油混合时的加热炉结垢，需要对潜在的沥青质扰动进行持续监控。在 ASI 上设定最小限定值，保证在加工过程中，大多数沥青质能够在溶液中保持稳定。基于工作中的加热炉结垢速率和稳定性指数的相关性，限定值需要对每台装置设定。合适的防结垢添加剂可以控制沥青质聚集，还能够将不稳定的物质分散到油相中。

在概述中讨论的，致密油常常具有高浓度的硫化氢，为了安全，需要利用清洁剂处理。当原油预热通过热预热车和加热炉时，氨基清除剂常常分解，形成胺化物。单乙醇胺，一种最常见的胺，在常压塔中容易形成氯化铵盐，这些盐沉积在塔的上部，或者在塔顶换热器中，并引起结垢层下的快速腐蚀。结垢层下的腐蚀常常是加工系统中腐蚀失效的最大原因，因为它的腐蚀速度比通常的酸侵蚀快 10～1000 倍。削减方法包括精细控制氯化物、减少塔上部和塔顶的氯通量、提高塔顶的操作温度，以便在塔顶系统中盐能够往下部移动，联合酸化脱盐装置的污水以提高水中的胺脱除率。

6　成品燃料

由于炼油厂加工致密油，成品燃料的质量会有很大改变。由于致密油的轻组分含量高，好处是能提高汽油组分的石脑油、性质稳定的柴油和喷气燃料馏分油的产量，增加的产量能够帮助炼油厂提高炼油利润。然而，由于这些致密油的化学特性，所制造的燃料性质也遇到几个问题。由于低沸点和低浊点的性质，馏分中含有太多的烷烃。另外，致密油有较低的硫含量，所以预计需要润滑添加剂。贝克休斯公司市场有提高馏分油性质的有效添加剂，为了得到最佳的化学溶剂方案，需要针对具体产品馏分做试验，并且需要制定合适的产品选择方案。

表 4 汇总了针对炼油厂加工不同馏分油的主要问题，并且贝克休斯公司能够提供化学和物理解决方案应对这些问题。

表 4　致密油加工得到的成品油可能出现的问题和解决方案

馏分	问题	贝克休斯公司解决方案
轻组分（C_3—C_4）	铜片腐蚀	缓蚀剂
石脑油	脱水；腐蚀	缓蚀剂；微生物控制
喷气燃料	润滑性；导电；脱水；稳定性	各种润滑添加剂；过滤装置；干固体系统；微生物控制
柴油	润滑性；导电；稳定性；脱水	各种润滑添加剂；稳定剂；微生物控制
渣油燃料油	沥青质不稳定；胶体沉积	混合油相容监控；沥青质稳定剂；胶质分散剂

7　结论

致密油改变了美国市场的原油供应，很多炼油厂采取措施加工这些油，将这些油作为它们整个加工原料的一部分，从生产到运输、炼制，致密油的性质引起了很多问题。蜡沉积对于运输是个问题，并且致密油的烷烃性质导致了沥青质紊乱，这会导致炼油厂的操作问题。成品燃料可能需要额外的、其他的处理措施以消除沸点或润滑问题。针对这些存在的问题，有操作、预测和化学的解决方案，炼油厂可以利用这些方案加工致密油获得经济效益。

参考文献

[1] U. S. Energy Information Administration，Shale Plays Report，May 9，2011.

[2] Larry Kremer，Shale Oil and Solutions，COQA Meeting，November 2012.

[3] Joseph L. Stark and Samuel Asomaning，“Crude Oil Blending Effects on Asphaltene Stability in Refinery Fouling”，Petroleum Science and Technology，Vol. 21，Nos. 3 & 4，2003.

[4] Corina Sandu and Thomas Falkler，“New Field Tool Helps Refiners Detect Incompatible Feedstocks，Prevent Operational Problems”，ERTC 2012.

【致谢】　作者要感谢几位为这篇文章提供信息的同事的贡献，包括：Dr. Larry Kremer，Thomas Falkler，Tomasa Ledesma，Molly Cooper，Waynn Morgan 和成品燃料组；同时要感谢 Baker Hughes 公司允许发表此文。

AM－13－52

页岩气在下游能源板块的资本化

Matthew Kuhl，Andy Hoyle，Robert Ohmes（KBC Advanced Technologies，USA）

张子鹏　钱锦华　译校

摘　要　页岩气开发正深刻影响着美国天然气市场，天然气产量增加，价格大幅下降。这些变化使炼化企业从能源成本降低以及原料价格下跌中受惠，但也面临一些问题：（1）当前的天然气生产和低价格能持续多久？（2）企业如何利用当前优势在短期和长期中获益？本文着重分析了未来天然气定价和供需关系，以及炼化企业如何利用当前低廉天然气价格获益，并提供了案例实例分析。此外，本文介绍了一种获取和分析能源使用量的新方法，该方法在天然气价格低廉时同样适用。

1　概述

在过去几年中，伴随着页岩气的开发天然气产量不断增长，从产量和价格上深刻影响着美国天然气市场。在过去10年中，美国天然气产量增幅超过20%；在过去3年中，天然气价格已经从13美元/10^6Btu跌至3美元/10^6Btu。这些变化降低了炼油厂的燃料和氢气成本，石化企业也从能源成本降低以及原料价格下跌中受惠，但是炼油和石化企业（下文统称炼化企业）也面临一些问题：

（1）当前的生产和低价格能持续多久？

（2）企业如何利用当前优势能够短期和长期获益？

本文将着重分析未来天然气定价和供需关系，以及炼化企业如何利用当前低廉的天然气价格获益。文中将介绍一种获取和分析能源使用量的新方法，该方法在天然气价格低廉时同样适用。

本文将对加氢优化以及对整个炼油战略进行短期和长期的影响分析，案例研究部分将提供一些实例来说明如何利用廉价天然气来提高炼化企业的效益。

2　天然气为何价格低廉

2.1　背景

从历史上看，美国天然气价格相较于同样热量的石油价格略微偏低（图1），对于当前能源主要来源于天然气、燃料油、柴油以及其他原油产品而言，这是一个非常微妙的关系。这是因为天然气的处理相对液态燃料的处理要困难些，在热量相同时，天然气投资成本更高（如购买压缩机和大型管道），而原油仅需要较廉价的泵和小型管道。此外，液体燃料能量密度高，也更适合运输。

在美国，煤炭提供的能源继续高于其他任何燃料，然而，天然气市场份额却在不断增长，如图 2 所示。2011 年，天然气发电量占美国发电总量的 24.7%，同比 2005 年增长 18.8%；然而 2011 年，液化石油气仅仅提供美国发电总量的 0.4%，同比 2005 年下降 2.5%。在其他方面，用于发电的液体石油从 2005 年的 5.67×10⁴bbl/d 下降至 2011 年的 14.3×10⁴bbl/d，而且目前这个趋势还在继续。截至 2012 年 9 月，天然气发电量已占全美发电总量的 31.4%，以原油为基础的产品已经全部退出美国发电市场，因此，天然气和原油价格不再具有替代效应。

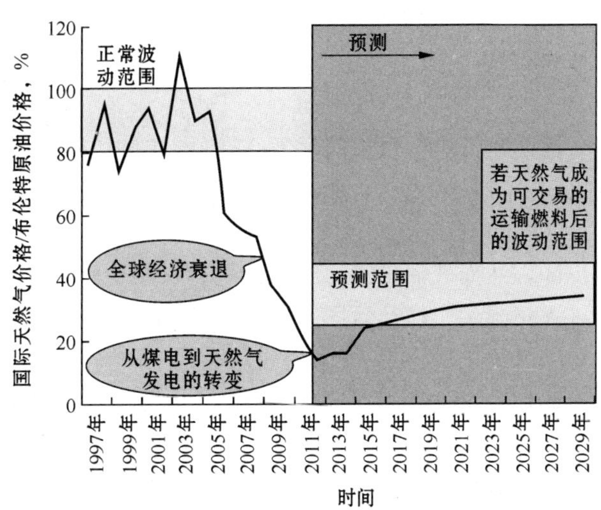

图 1 天然气/原油价格比预测

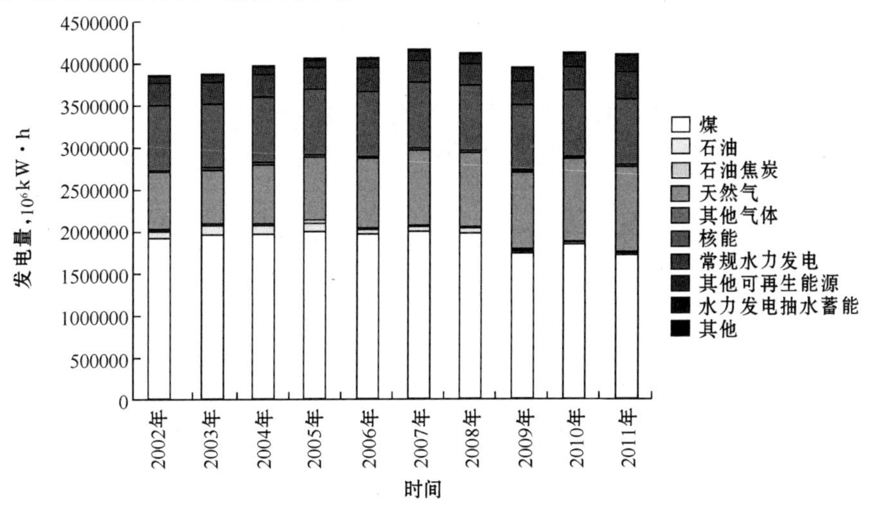

图 2 美国发电量

以热量为参考，历来天然气定价都是原油价格的 80%～100%，如图 1 所示。原油价格在 1998 年的 55 美元/bbl 到 2005 年的 13 美元/bbl 波动时，布伦特原油与天然气价格的关系一直保持稳定。

布伦特原油价格之所以被选定为基准原油价格，是因为进口原油是美国原油供应增量的主要来源，因此，布伦特原油适合于柴油和燃料油价格的设定。虽然可能有不同看法，但是 KBC 公司不认为美国在将来会停止石油进口，因此，与布伦特原油价格相关的石油产量都应当成为增量定价的机制。

美国国内原油产量的快速增长得益于致密油的开发。根据美国法律规定，国内生产的原油不能出口，因此，Bakken 区块和 Eagle Ford 区块增加的供应量肯定会对原油进口产生冲击。西非原油不适合进口，因为价格很昂贵——西非原油定价一般绑定布伦特原油价格。此外，西非原油的品质同 Bakken 油区和 Eagle Ford 油区的原油类似，都属于轻质低硫型，因此用 Bakken 区块和 Eagle Ford 区块所产原油直接替代进口西非原油不需要很多炼油设备的更换。

原油和天然气价格的联系在 2006 年被切断了，原因是因为页岩气产量的迅猛增长打乱了之前的市场格局，从那时起，原油和天然气之间的价格差越拉越大。

2008 年末，全球经济陷入一片混乱，石油天然气的市场需求、价格以及钻机开工数骤然下降，然而气油价格比（天然气价格和原油价格的比值）仍然保持下降趋势。到 2010 年末，天然气生产商经营困难，Chesapeake 等公司宣布大量关停天然气生产，同时生产商也大量削减了钻探预算。

2012 年冬季异常温暖，导致市场对电力需求减少，天然气库存激增，天然气价格在 2012 年 4 月触底达到 1.8 美元/10^6Btu。正是由于天然气价格达到历史最低点，发电企业开始着手从煤电向天然气发电转变，并且促进电力行业在 2012 年底通过了天然气基础设施储存能力测试。

今天，天然气价格在相同热量时比石油价格低 20%，这种变化是什么原因造成的呢?

简而言之，目前天然气价格较石油价格相对较低的原因，主要是因为现在的天然气生产成本已显著下降，2006 年之前，全球对天然气的需求几乎完全由常规天然气提供。2008 年，瑞士信贷发布研究数据指出，北美平均天然气盈亏平衡价格为 8.15 美元/10^6Btu（图 3），这个价格包括 10%的回报率，这是合理的，因为谁会愿意投资数百万美元开发天然气而预期最低回报却少于 10%?

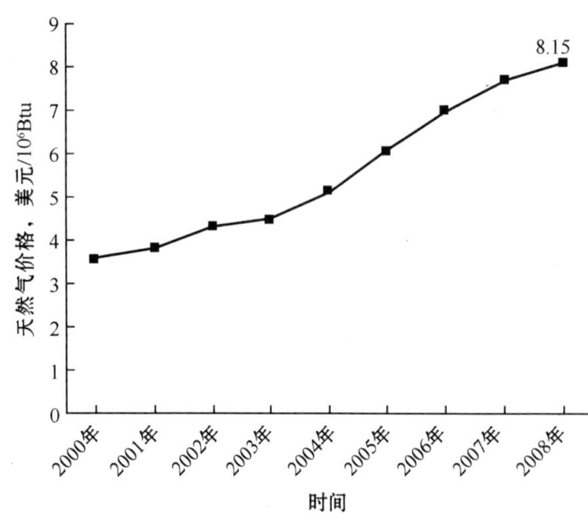

图 3 2008 年北美天然气盈亏平衡价格（包括 10%的回报率）

虽然瑞士信贷很可能知道页岩气生产还在不断增加，但是他们计算出的平均价格大部分是基于传统天然气价格。EIA 是从 2008 年才开始收集页岩气产量数据的，而且直到很久以后才开始公布这些数据。如果常规天然气钻井成本保持不变，那么与页岩气相比，新增常规天然气井可能在经济上会缺乏吸引力。

2008 年时，页岩气产量占美国天然气产量的比重不到 9%，而 2012 年 9 月这一比重达到了 41%，更重要的是，页岩气产量已经占到新增产量的绝大部分。

水平钻井和水力压裂技术的开发成功是导致页岩气产量大幅增加的关键原因。水平钻机适合页岩气区块的钻探任务，从图 4 的钻机数趋势图可知，水平钻机数占天然气钻机数的比例已从 2007 年的不到 20%上升至 2012 年的 70%以上。大多数新开气井都集中在页岩气区块，而常规钻机在这里也已经很罕见了。

同时，钻机分配也进行了相应的调整，更多钻机从天然气钻探转到了石油钻探，如图 5

所示，石油钻机数已恢复并远远超过了经济衰退前的水平，而天然气钻机数却持续下降。这些趋势与低气油价格比是完全一致的。

2.2 天然气市场现状

瑞士信贷为许多页岩气田提供了最新的盈亏平衡价格，如图 6 所示，第 1 个数据点表示从 Eagle Ford 高含液地区提取的天然气凝析液收益几乎和整个生产成本相当。有意思的是，伴生气凝析油和/或天然气凝析液摊平整个项目成本，这是可能的。很显然，这些假设中天然气凝析液和凝析油的价格并不是市场价，但摊平成本的思路可以参考。从经济性上讲，这些高价值的液体使得 Marcellus 和 Barnett 等湿气田要优于 Haynesville 和 Fayetteville 等干气田。

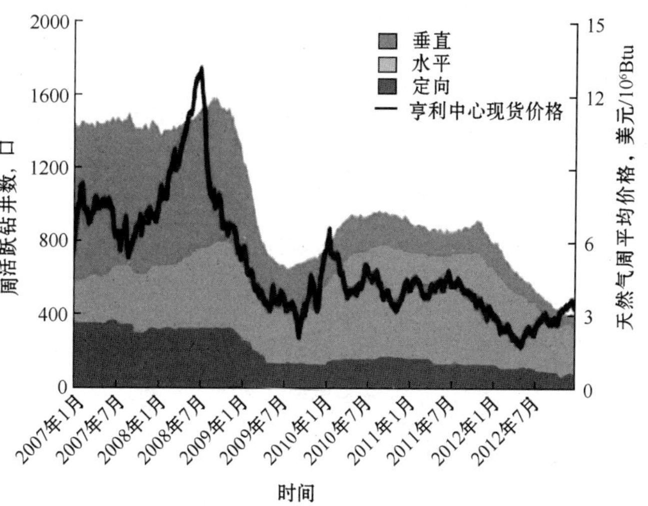

图 4 美国天然气钻机数

（来源：贝克休斯公司）

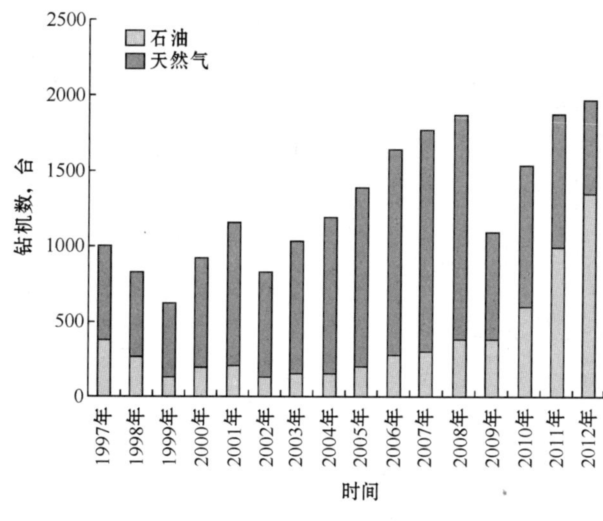

图 5 美国石油和天然气钻机数

KBC 公司通过和每个生产源的当前干气盈亏平衡值相结合的方式，得到了一条天然气供给曲线（图 7）。对于像 Barnett 这样的分段区块，假设的情况可能粗糙些，这是因为 Barnett 有多个盈亏平衡值。目前 $66\times10^8ft^3/d$ 的干气产量中，致密气产量达到 $28\times10^8ft^3/d$（图 6），而传统天然气生产提供了剩余的 $38\times10^8ft^3/d$ 的产量。

需要说明的是，供给曲线并没有表示传统天然气生产应该关停。传统天然气生产已经投入了大量资本——这是一种已支付成本，这些传统气井将继续生产，因为现在的天然气价格仍高于边际成本。然而，供给曲线也表明当前投资的传统天然气生产是不适宜的。诚然，一些常规井可能会在特定情况下“成本达标”（即在一个特定的成本非常低的传统天然气田情况下），生产商必须继续开钻以保留原有租约，投资者也需要继续销售天然气，然而也有例外情况。

显然，当天然气价格降至 4 美元/10^6Btu 时，生产商不会投资新的常规天然气生产。此外，期货曲线如图 8 所示，到 2020 年天然气价格将仍低于 6 美元/10^6Btu。因此，新增天然气产量将越来越多地来自低成本的页岩气区块，而传统天然气生产将继续下滑。

期货曲线虽然不应该视为对价格的预测，然而它和与价格有关的数据存在关联。以相同

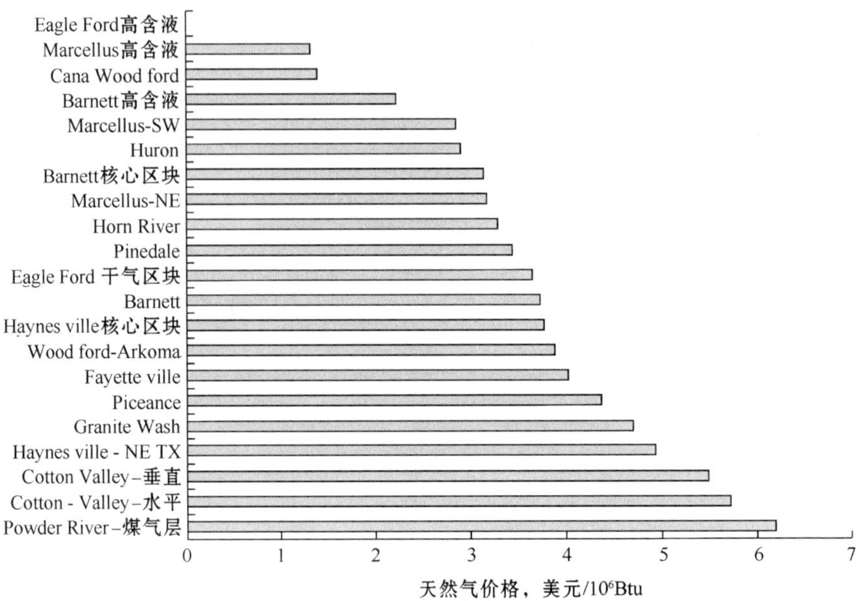

图6 2012年不同区块天然气盈亏平衡价格（包含10%回报率）

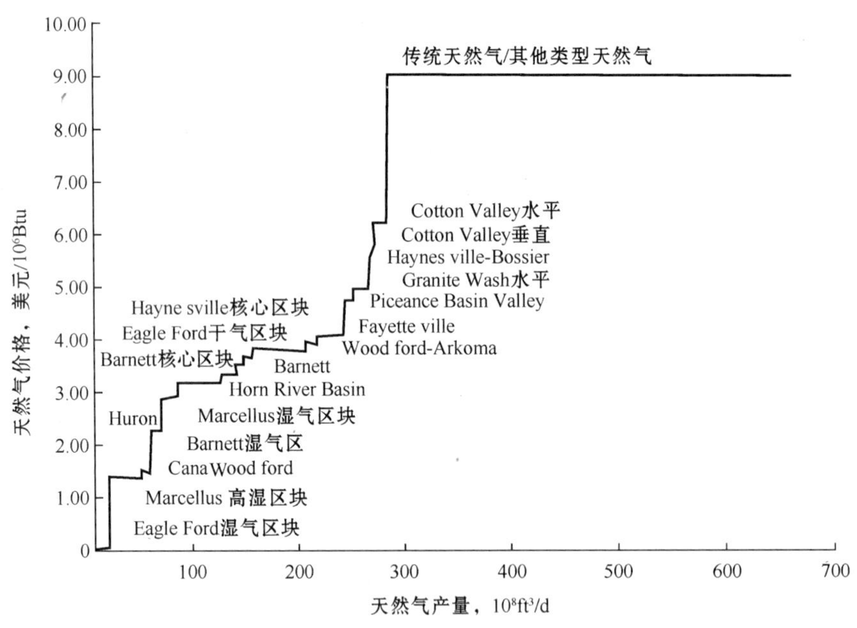

图7 KBC公司提供的美国天然气供给曲线

热量考虑，期货曲线表明天然气价格在2019年底将只有布伦特原油价格的36%，这实际上是一个比图7中KBC公司更积极的预测。

从2006年开始，低成本的页岩气价格导致气油价格比发生了根本性下降，暖冬所带来的能源需求抑制可能导致这项比例在2012年见底。根据对石油和天然气的投资情况来看，这项比例在较长时间内应该保持稳定。从保守的角度来看，石油勘探技术的进步理论上可以降低石油开发的成本，同样也可以降低天然气开发的成本，然而，这种现象至今还没有出现，而且在期货曲线或 KBC 公司预测中都没有显示。

2.3 需求反馈

有许多因素可能将气油价格比推高至超过 KBC 曲线或期货曲线的数值。例如，煤炭发电正承受着环境合规成本上升的挑战，同时汞和空气有毒物质的排放规定以及煤燃烧残留物的排放规定将使燃煤发电厂的运行成本增加，因此，天然气发电需求可能会上升。

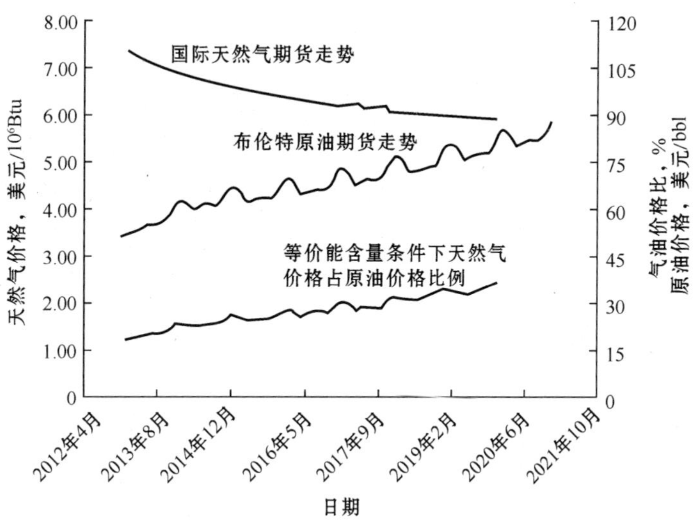

图 8 石油和天然气期货曲线（2012－12－21）

美国有句名言：“低价格的特效药是价格低”。持续的低廉天然气价格无疑将刺激更多项目的开发，以充分利用目前天然气的低廉优势。液化天然气的出口可能是部分新增天然气生产重要的选择方案，至少有 15 项液化天然气项目现在正等着监管部门的批准，然而，只有 Cheniere 公司在得克萨斯州的 Sabine Pass 项目于 2012 年年底获得批准。如果完成所有这些待批复项目的建设，将给美国带来额外的 $27.5\times10^8ft^3/d$ 的出口量，这相当于目前美国天然气干气产量的 42%。但是项目融资、客户承诺以及自由市场经济都将阻止大多数项目的实现。尽管如此，液化天然气仍有潜力成为天然气需求的主要来源之一。

Sasol 公司还公布了一项在路易斯安那州的 11 亿～14 亿美元的天然气制油投资项目，项目落成后将能够提供 9.6×10^8bbl 液体燃料产品。该公司的计划表明，该项目将分为两部分：第 1 部分在 2018 年上半年启动，第 2 部分在 2019 年下半年启动。

同样，天然气汽车的投资也获得了青睐，到 2012 年底，清洁能源燃料公司将在全美各地建成 70 座液化天然气加气站，加气站分布如图 9 所示。这个天然气网络为长途运输卡车提供了低成本燃料，通常情况下，每加仑零售液化天然气价格一直比每加仑柴油价格低 1.50 美元。清洁能源燃料公司还建设了压缩天然气加气站，瞄准的市场目标是那些短途行驶的车辆。但是，美国现在的加油站数量是 159000 座，因此天然气公司需要大力投入基础设施建设，才能使市场对传统燃料的需求产生冲击。

Methanex 公司目前正把他们的甲醇厂从智利迁到路易斯安那州，这是因为阿根廷的天然气生产一直处于长期下降的趋势，所以从阿根廷穿越安第斯山脉运输到智利的天然气也在减少。受天然气原料短缺影响，Methanex 公司计划把他们的生产设备转移到天然气原料丰富的地区，此举将花费大约 5.5 亿美元，计划于 2014 年底启动。

制造商正在大力生产用于天然气开发的钻机和水力压裂设备，这对于在 Bakken 进行天然气伴生火炬燃烧的生产商来说是合理的选择。

开门见山地说，上述这些举措将全部或部分增加天然气需求量，并可能提高气油价格

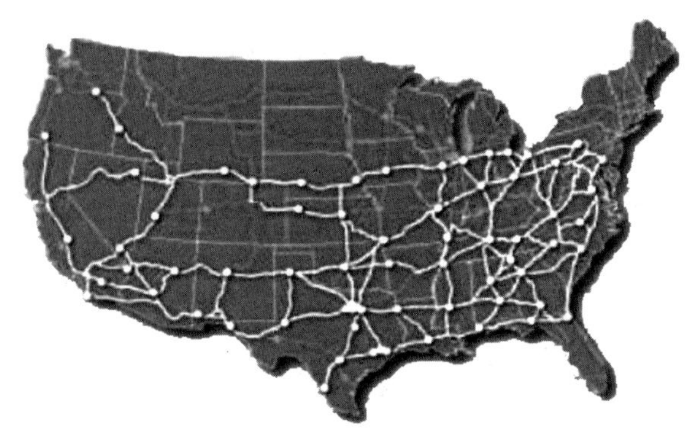

图9 美国天然气高速公路液化天然气卡车运输供给站地图

比，然而，市场需要一段时间来了解和参与，并最终推动需求量的显著增加。页岩气开发技术已导致石油和天然气生产的相对成本发生了根本性转变，因此，在相同热量的情况下，气油价格比重新持平可能需要相当长的时间。所以北美炼化企业有充足的时间来利用当前天然气的低廉价格优势。

3 对炼化生产企业的直接影响

基于以上分析，至少在可预见的未来，天然气将保持较低的价格和持续增长的供应量。接下来的问题是较低的天然气价格如何影响炼化企业。

3.1 能源价格

能源是除原料采购外设备运行中最大的支出，对于那些依靠天然气作为原料的设施，影响更为显著。

对于大多数运行的设备，增加天然气供应和降低天然气价格会产生以下影响：

（1）降低的天然气购买成本可用于加热器点火。

（2）产生内部蒸汽的成本整体降低。

（3）契约机制可能会对蒸汽交易产生指导作用。

（4）燃料气或天然气产生的低成本电力（如燃气轮机）。

（5）契约机制可能会对电能交易产生指导作用。

（6）较低的能源价格会整体改善营运利润。

（7）根据炼油厂复杂程度、能源效率、电能购买合同和工厂设施，每降低1美元/10^6Btu天然气价格可使炼油厂运营成本（以每桶石油计）减少0.15～0.35美元/bbl。

（8）自2008年以来，较低的能源成本已使炼油利润从0.75美元/bbl增加到1.75美元/bbl。

（9）内部生成氢气的价格降低。

（10）契约机制可能会对氢气交易产生指导作用。

（11）氢气产品可能价值较低，但较低的天然气输入价格可减轻这种影响。

总之，大多数运行设备的能源成本将会降低，所以现在必须决定该如何利用这一趋势。

3.2 更低的氢价格

大多数现代炼油厂都依赖于加氢反应，通过加氢处理装置和加氢裂化装置将原油提炼成低硫液体产品，如汽油、喷气燃料、柴油，如图 10 所示。

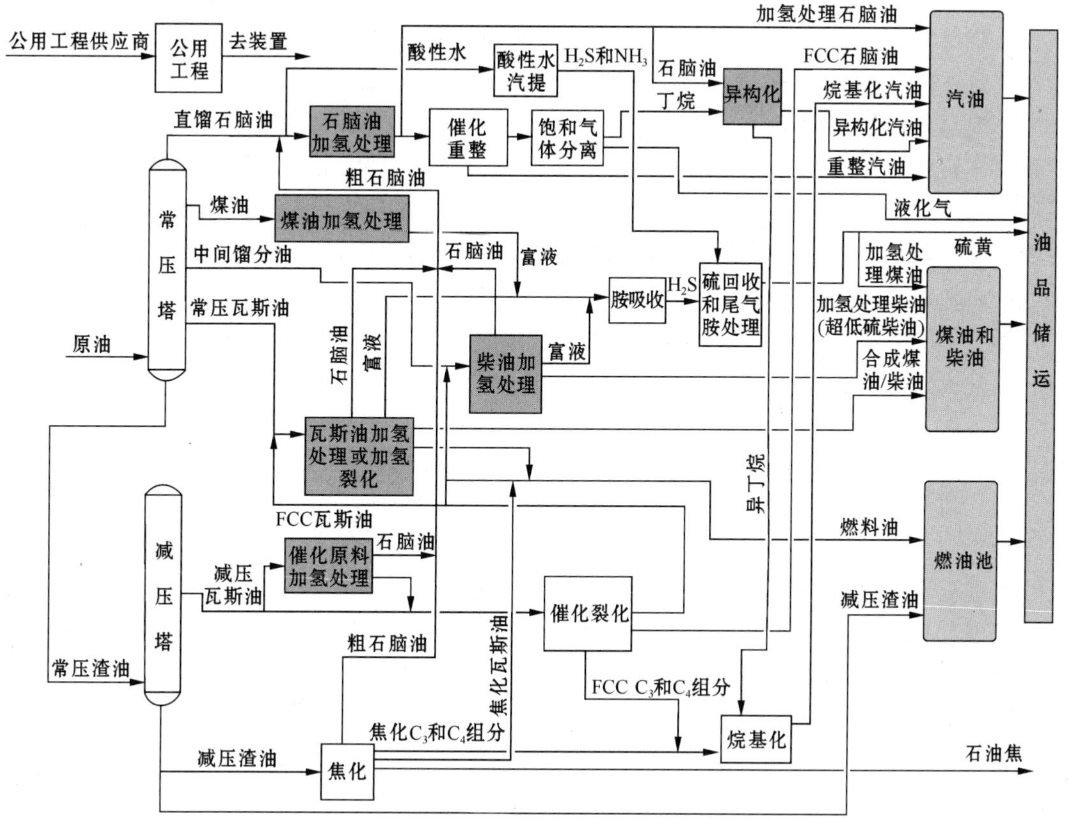

公用工程供应商
公用工程
去装置
酸性水
酸性水汽提
H_2S和NH_3
加氢处理石脑油
石脑油
异构化
丁烷
FCC石脑油
烷基化汽油
异构化汽油
重整汽油
汽油
直馏石脑油
石脑油加氢处理
催化重整
饱和气体分离
粗石脑油
常压塔
煤油
煤油加氢处理
液化气
中间馏分油
石脑油
富液
加氢处理煤油
硫黄
常压瓦斯油
胺吸收
H_2S
硫回收和尾气胺处理
加氢处理柴油(超低硫柴油)
煤油和柴油
原油
石脑油
富液
柴油加氢处理
富液
合成煤油/柴油
油品储运
瓦斯油加氢处理或加氢裂化
异丁烷
减压塔
FCC瓦斯油
燃料油
燃油池
石脑油
减压瓦斯油
催化原料加氢处理
催化裂化
减压渣油
粗石脑油
焦化瓦斯油
常压渣油
FCC C_3和C_4组分
焦化C_3和C_4组分
烷基化
减压渣油
焦化
石油焦

图 10　典型炼油厂流程

4.00
3.50
3.00
2.50
2.00
1.50
1.00
0.50
0
50
100
150
200
250
300
350
400
450
500
Δ毛利润，美元
Δ氢气消耗量，ft³/bbl
3.00
4.00
5.00
6.00
7.00

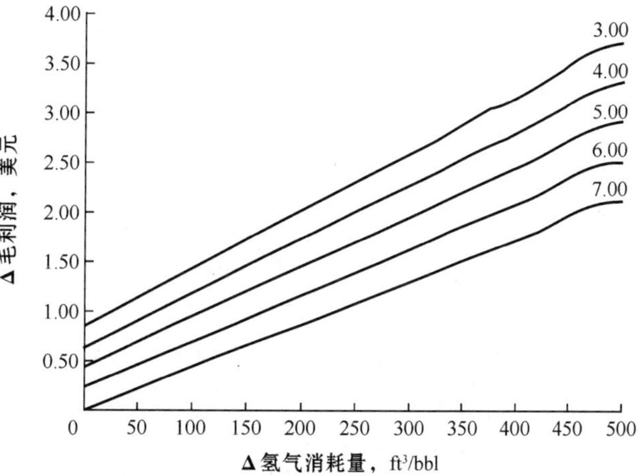

图 11　天然气对超低硫柴油利润的影响

氢气作为原料输入，较低的氢气价格意味着利润大幅增加。由于大多数炼油产品按液体体积出售，使用加氢装置将氢气加入液体中意味着产品总量的增加，即体积膨胀或增加。因此，增加设备盈利能力的方法之一是增大体积，图 11 显示了不同天然气价格下典型超低硫柴油加氢处理装置的加氢与液体体积增量和毛利的关系。

另外，大多数炼油厂利用石脑油重整制氢、甲烷水蒸气重整制氢。石脑油重整制氢的经济性主要由以下两个因素驱动：

（1）对辛烷值桶的需求以满足汽油池辛烷值需要。

（2）为满足相关设施对氢气的需求，需增加氢气产量。

因此，石脑油重整策略将会改变天然气价格。例如，如果炼油厂不能生产或输入更多的氢气以获得额外的液体体积，可以提高石脑油重整流量或操作苛刻度来增加氢气的产量。然而，在重整过程中，产量的增加需平衡20%石脑油产量的损失率。

甲烷水蒸气重整装置可以加工多种原料来生产氢气，包括天然气、炼油厂燃料气、液化石油气、石脑油（即C_5、C_4和C_6），尽管大多数炼油厂利用天然气作为原料，还是有一些炼油厂正在使用液体燃料或不使用炼油厂燃料气作为原料。鉴于天然气价格的低廉，炼油厂希望检验用作原料的边际物料，并考虑改进甲烷水蒸气重整以减少或最小化液体原料的使用，从而将原料升级为商品。

基于热力学定律和物理化学原理，没有设施的效率可100%将氢转化为液体产品，有很大一部分氢气会进入燃料气池，一些典型的例子包括：

（1）加氢装置中用于纯度控制的高压清洗。

（2）由于氢气的溶解度，加氢和重整装置的低压清洗。

（3）流化催化裂化器废气。

（4）氢气头压力控制。

氢气分布系统会严重影响最终进入燃料气池的氢气量，例如，一些设施利用变压吸附、膜或低温装置来获得部分氢气和回收高含氢产品，以补充氢气池。此外，一些高压装置的清洗也可用作补充低压装置（如级联）的氢源。

因为天然气的价格设定为燃料气价格，所以从燃料气中回收氢气并将其转化为液体产品的经济价值更高，因此，炼油厂现在能够明确加氢回收装置或改善氢分布系统为级联的合理性。

3.3 高企的丙烯和丁二烯价格

正如下文即将讨论到的，造成天然气价格较低的因素之一是乙烯裂解不再使用石脑油作为原料，因此，乙烯裂解产品分布也已经改变，导致丙烯和丁二烯产量降低。

根据生产级别（炼油、化工或聚合物），炼油厂生产的价值最高的产品通常是丙烯。假设丙烯需求量大，减少供应量可使丙烯价格强劲上涨。

炼油厂有几个选项来增加丙烯生产的体积和纯度（级别）：

（1）通过改变操作或资本调整，增加催化裂化气体工厂的丙烯回收率。

（2）考虑安装1个丙烯分配器提高丙烯产品的纯度和级别。

（3）这个过程属能源密集型，较低的能源价格增加了这个选项的吸引力。

（4）催化裂化使用ZSM-5催化剂以提高丙烯的产量。

（5）降低催化裂化汽油产量须有经济合理性，包括分析石脑油重整操作。

（6）催化裂化气体工厂必须能够处理和回收增量丙烯以保证此选择经济可行。

（7）检查催化裂化工艺苛刻度，以增加丙烯产量。

（8）对回收石脑油将其转化成丙烯进行评估。

（9）对提升管和气体工厂进行资本调整。

（10）需要考虑对汽油池的影响。

（11）减少使用丙烯作为内部原料，例如在烷基化、异丙基苯的生产和/或聚合物生产中。

炼油厂中丁二烯生产通常可选性很小，因为催化裂化尾气中丁二烯的百分比相当低。然而，丁烷生产中长期使用的设备也许可以验证安装的丁二烯生产装置，授权装置可将正丁烷转化为丁二烯，比如CB&I Lummus公司的CATADIENE工艺。尽管目前在北美没有正在运行的项目，一些工厂正在考虑利用丁二烯市场的需求和预计优惠价格，将现有的资产转成此流程。

3.4 美国化工企业对石脑油需求将持续低迷

目前在美国市场上，石脑油作为蒸汽裂解原料在经济性上没有优势可言，简单的方式例如使用乙烷作为原料进行供应，更多的方式还在研究中，因此，乙烯利用石脑油进行生产的成本无法与利用乙烷进行生产的成本相比较。蒸汽裂解改用天然气凝析液作为原料后不再能生产混合芳香烃，对石脑油重整制芳香烃需求增加，超过了为生产燃料而减少的重整需求。强制乙醇用量的持续增长推动汽油池成为“混合墙”。乙醇是一种高辛烷值、高雷氏蒸汽压的调和组分，因此对重整辛烷值的要求更少。

那么炼油厂应该如何处置多余的石脑油？到目前为止，大多数石油脑已经混合到用于出口的汽油中。拉丁美洲炼油厂的扩建速率落后于发展规划和燃料需求增长，燃料需求正如他们的GDP正在快速增长，幸运的是，大多数拉美国家不像美国一样对雷氏蒸汽压要求严格，所以更容易接受轻质混合组分，例如可以将石脑油添至用于出口的汽油，而不会加入用于国内的汽油中。

石脑油的性质在美国炼油厂已经改变，致密油产量的增长导致烷烃石脑油的生产增加，虽然这不是巨大的变化，但它的确是非常好的蒸汽裂解原料。这是一个将石脑油出口到拉丁美洲和亚洲进行蒸汽裂解的机会。

重油稀释剂是石脑油另一个出口方式，加拿大将轻质油混合至重质沥青中使其可在管道中输送。同样，委内瑞拉购买石脑油和天然汽油也是同样的目的。

4 炼化生产企业的机遇

面对价格持续廉价的天然气供应预期，美国炼化企业应该如何应对？下面的案例研究将有助于解释什么是潜在机遇以及如何利用机遇的方法。

4.1 节能项目

2008年以来，和新设备安装成本相比，天然气价格已经明显下降，意味着现在越来越难证明可以简单地节省燃料气项目的合理性。例如，在2008年，把空气预热器加装到一个已有的过热器上，仅需要不到4年的时间就可以收回投资成本（仅仅靠燃料节省就可以实现）。而以目前的价格计算，同样的项目投资需要超过10年的时间才能收回成本。图12显示了2003—2012年天然气及电力成本与新厂房设备成本之间的关系。

虽然节能项目越来越难以验证，能源成本仍然是营运开支的一个重要部分。此外，还有

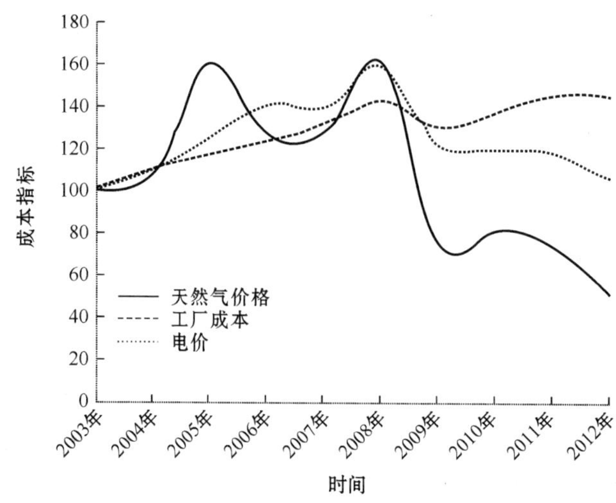

图12 天然气和供电成本相对应工厂设备成本

其他的驱动力能提高企业能源利用效率。例如，一个工厂可能希望增加装置的生产能力，但因为硬件的约束（如液压系统或加热器燃烧限制）或环保要求（如过程加热器的硫氧化物和氮氧化物限制）而不能实施。KBC公司已经重新设计了许多换热网络来增加恒定燃烧负荷下的生产能力，提高能源利用效率还可以提高可靠性。例如，减少蒸汽使用量增加了可用的蒸汽胶垫。同样，工厂减少用电量就相当于增加了设施的备用发电能力。如果一家运营公司对企业承诺要提高其能源利用效率，那么这个投资项目可能并不纯粹基于经济原因。

4.1.1 发展能源文化，识别改进机会

如果天然气价格仍然很低，企业可能最终决定下调其能源效率的目标，在此之前，公司必须反思是否真的为改善和维持能源性能尽了一切努力。虽然降低能耗的大型投资项目已经更加难以验证，但仍然有可能通过经济项目的实施来提高能源性能，因此，侧重点也已经从识别更大的资本项目转移到实现低成本项目并识别提高运营的机会。例如，在美国墨西哥湾沿岸炼油厂最近识别出节省8%的总能源成本的能效改进方案确定，而其中只有3%的成本节省是来自超过50万美元投资的项目，余下5%的成本节省来自运营改进和花费不到50万美元的投资项目。下面列出了一些方案中已识别的改进机会类型：

（1）减少游离蒸汽率。

（2）减少产品损耗。

（3）优化精馏塔操作（如回流、压力、进料温度）。

（4）热进料装置。

识别提高运营的机会比识别资本项目更具挑战性（如安装新的空气预热器），因为这经常需要在产量和能源之间进行权衡。当务之急是能源效率的项目团队包括能源专家和工艺专家了解这些权衡。

炼化企业应专注于提供一个提高产量效益和能源效率的项目。例如，在负荷有限的原油常压加热炉上安装新的空气预热器，可能会在一个恒定的燃烧速率下允许更多的原油处理，在这种情况下，虽然燃料消耗保持不变，但能效增加了，这是因为原油的单位能耗（10^6Btu/bbl）降低了；同样地，改造后的原油预热流程增加了原油常压炉盘管的入口温度，可具有同样的效果。

除了识别节能机会，工厂必须有一个有效的能源管理系统（EMS）以确保机会的实现和维持，当持续专注于提高节能性能越来越难的时候，EMS在目前低燃料价格环境中的作用就显得尤为重要了。“节能文化”需要从规划、开发到生产、维护有组织地发展。节能设

施需要面向所有主要的能源用户和生产商制定能耗目标，仪表板是帮助操作员、工程师和管理层对能源使用情况进行连续监控和目标制定的有效工具。

4.1.2 机会识别的新领域

虽然近年来通过经济激励来节省燃料气的做法有所下降，但自页岩气大量生产以来，其他领域的潜在机会已经开始浮现，其中的一些机会将在下文进行讨论。

4.1.2.1 优化能源输入

自 2008 年以来，天然气的价格下跌了约 65%，而与此同时电力价格却只缓慢下降了 30%，这是因为天然气发电只占美国发电总量的一小部分。表 1 比较了 2008—2012 年进口电力成本和内部发电的成本，计算是基于天然气 2008 年 2.8 美元/10^6Btu 的价格和 2012 年 8.9 美元/10^6Btu 的价格。

表 1 2008 年和 2012 年进口电力成本与内部发电成本

单位：美分/（kW·h）

时间	2008 年	2012 年
进口电力	8.1	5.4
背压式汽轮机（过程中的废气）	3.6	1.1
带有热回收发生器的燃气轮机	3.8	1.2
冷凝式汽轮机	13.7	4.3
背压式汽轮机（废气排放到大气中）	30.2	9.4

循环效率被认为适用于不同类型的发电设备，其定义为可利用的热能和动力除以输入的燃料。图 13 解释了冷凝式涡轮机循环效率是如何计算的。在这个例子中，一台冷凝式涡轮机产生 1.00MW 的电力，高压锅炉给水泵需要 0.02MW 的电能，净发电量为 0.98MW，高压锅炉消耗 4.46MW 的燃料来产生蒸汽，所以这个冷凝式涡轮机的循环效率是 22%（0.98MW /4.46MW）。

在 2008 年时，美国墨西哥湾沿岸设施使用进口电力［8.1 美分/（kW·h）］比使用内部发电机的电力［13.7 美分/（kW·h）］通常更经济（假设冷凝式涡轮机的循环效率是 22%），然而在 2012 年，美国墨西哥湾沿岸设施使用内部发电用涡轮机的电力［4.3 美分/（kW·h）］比进口电力［5.4 美分/（kW·h）］更经济。这是因为现在进口电力和冷凝式涡轮机发电的成本差距很小，所以对于那些可以调整冷凝器负荷的涡轮机应密切跟踪燃料和电力的价格，以实现电力进口的最优化。很多工厂选择安装可自动优化流量和用电平衡的优化器作为 EMS 的一部分，不过这取决于当前的设施价格和负载。同时，工厂也应当仔细监控冷凝涡轮机的性能，特别是确保表面冷凝器有良好的真空环境。

4.1.2.2 热电联产

目前还没有受到天然气低廉价格影响的项目是热电联产（带有余热锅炉的燃气轮机），事实上，降低气电价格比可以增加建设热电联产的经济可行性。热电联产不仅可以提高能源利用效率，也可以显著提高设施系统的可靠性，在美国电力断供是计划外停机最常见的原因

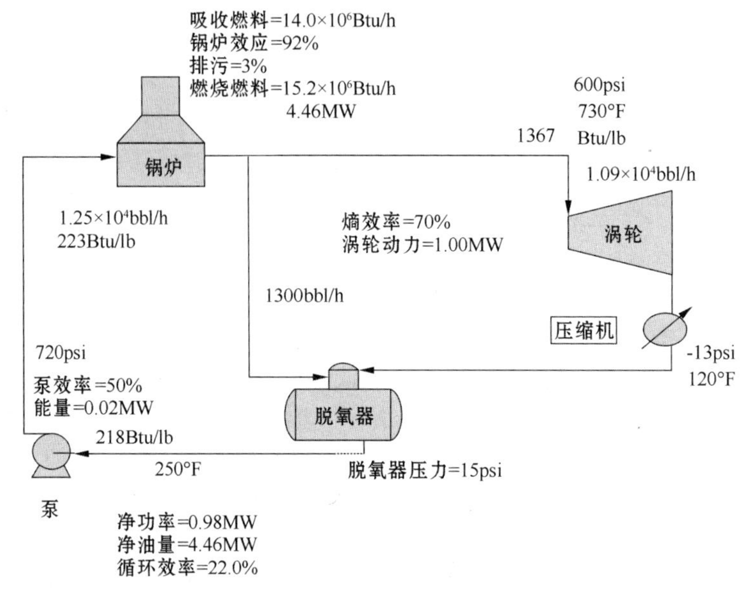

图13 压缩涡轮循环效率的计算

之一。图14展示了在不同天然气和电能价格情况下热电联产建设项目的投资回收期，投资回收期曲线是基于以下假设得出的：

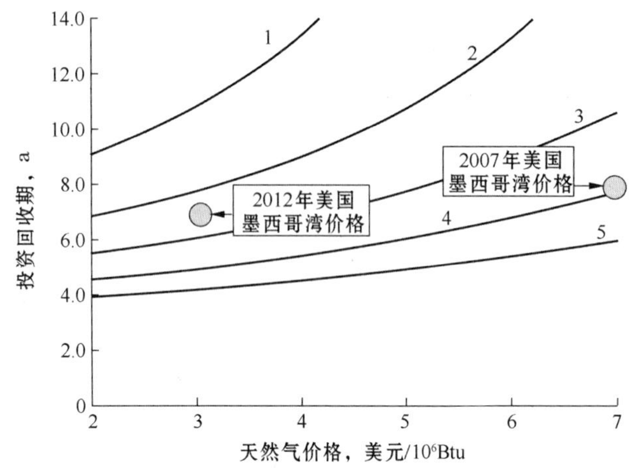

图14 热电联产的投资回收期

1—进口电力价格4美分/（kW·h）；
2—进口电力价格5美分/（kW·h）；
3—进口电力价格6美分/（kW·h）；
4—进口电力价格7美分/（kW·h）；
5—进口电力价格8美分/（kW·h）

（1）安装成本220万美元/（MW·h）。

（2）年工作时间8000h。

（3）燃气涡轮效率35%。

（4）热电联产循环效率80%。

（5）余热产生的蒸汽效率是电站锅炉的90%。

较低的燃料价格可提高热电联产的经济效益。

要评估建设热电联产的经济效益，对工厂中现有和将来的设施效用平衡需有深刻的理解。在最近美国炼油厂的热电联产评估中，使用ProSteam™软件对燃料、蒸汽、电能和水的平衡进行了严格的模拟。该软件对不同的燃气轮机和余热锅炉配置进行了模拟，以帮助回答下列问题：

（1）最佳燃气轮机动力生产是什么？

（2）确保可靠的电力和蒸汽供应的燃气轮机/余热锅炉要求的最佳数量是多少？

（3）余热锅炉是否应该点燃？

（4）最佳的余热锅炉蒸汽压力是什么？

（5）余热锅炉是否需要既能产生高压又能产生低压蒸汽？

（6）热电联产对燃料、蒸汽、电能和水平衡在目前和新装置启动后的影响是什么？

4.1.2.3 提高液化石油气回收率

石油和天然气价格差造成的一个有趣结果是增加了液化石油气和其燃烧值之间的价格差距（图 15）。液化石油气是由 C_3 分子（丙烷）和 C_4 的分子（丁烷）组成的。由于各种原因，只要油价高于天然气价格，那么石油气对燃料价值的溢价就会继续下去。混合在汽油中丁烷的价值和原油以及液体燃料联系在了一起。此外，液化石油气的出口需求增长迅速，特别能够满足拉丁美洲家庭的取暖需求。

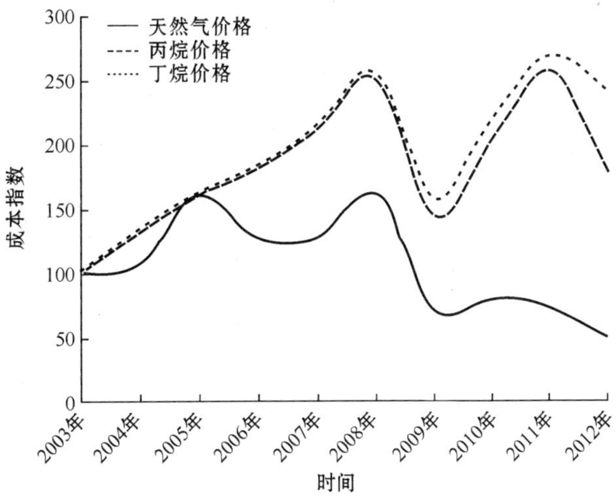

图 15　天然气、丙烷和丁烷相对成本

液化石油气和天然气的价格差距增加从经济性上刺激了工厂最大限度地提高液化石油气回收的动力。气体工厂应尽可能多地将液化石油气从燃料气中分离出来。下面列出了一些典型的做法：

（1）吸收塔压力最大化。

（2）提供额外的冷却（租用橇装式制冷系统可能会更经济）。

①尽量降低贫油温度；

②塔顶冷凝器冷却最大化；

③吸收器中间冷却器泵的散热最大化。

（3）贫油率最大化。

（4）外部补给合理化。

（5）加强燃气电厂运行的监测。

气体工厂液化石油气回收实现最大化之后，下一步可能要考虑安装低温设备。现在以安装低温冷冻机组从以下炼油厂燃气流回收液化石油气为例说明：

（1）流速：$1500\times10^4 ft^3/d$。

（2）成分：30.0%（摩尔分数）氢气，0.4%（摩尔分数）硫化氢，0.6%（摩尔分数）氮气，35.0%（摩尔分数）甲烷，20.0%（摩尔分数）甲烷，10.0%（摩尔分数）丙烷，4.0%（摩尔分数）丁烷。

低温装置大致可以回收约 6900lb/h 的丙烷（假设 95%的回收率）和 3830lb/h 的丁烷（假定 100%的回收率），代替这些材料需要一套额外的 2.31×10^8 Btu/h（HHV）天然气的燃料气体系统。表 2 显示了 2006—2012 年安装低温设备的预计投资回报。

表 2　评估 2006—2012 年安装的低温装置的粗略投资回报

时间	2006 年	2007 年	2008 年	2009 年	2010 年	2011 年	2012 年
丙烷价格，美元/t	543	631	750	430	607	767	527
丁烷价格，美元/t	542	642	764	474	660	805	719
天然气价格，美元/（10^3kW·h）	7.0	7.0	8.9	4.0	4.4	4.0	2.8
C_3 和 C_4 产品的年价值，百万美元	23.2	27.1	32.2	19.0	26.7	33.3	25.4
年燃料收入，百万美元	14.1	14.2	17.9	8.0	8.9	8.1	5.6
年运营成本，百万美元	3.0	3.0	3.0	3.0	3.0	3.0	3.0
年净利润，百万美元	6.0	10.0	11.3	8.0	14.9	22.2	16.9
预计年安装成本，百万美元	25.1	25.9	26.7	27.5	28.3	29.1	30.0
简单经济投资回收，a	4.2	2.6	2.4	3.4	1.9	1.3	1.8

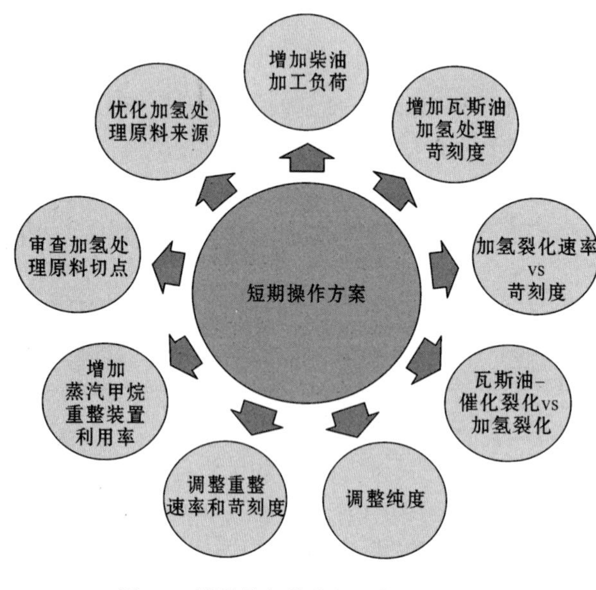

图 16　低燃料气价格的短期操作选择

由此可以看出，最近几年安装低温装置的经济性不断提高，投资回收期变短。如果待处理气体中包含轻质烯烃如乙烯、丙烯和丁烯，则将获得额外的收益。除了可以销售更多的液化石油气产品外，额外安装低温冷冻机组还具有以下潜在好处：

（1）从燃料气体中分离出石油气有助于使炼油厂摆脱燃料气体的污染限制，这可能会允许转换装置有更大的生产能力。

（2）液化石油气比甲烷具有更高的碳氢比，因此，从燃料气体中分离出液化石油气将有效降低设备在稳定燃烧情况下温室气体的排放。

4.2　氢气的添加和回收

如上所述，炼油厂充分利用低价天然气的主要方式之一是把氢气提升为液体燃料产品，为方便讨论，可以分为短期操作选择和长期投资选择。

4.2.1　短期操作选择

大多数炼油厂想要尽快投资低成本氢气，图 16 显示了一些可供选择的方案。

为了让这些选择更有操作性，有两个关键条件必须满足：

（1）附加设施中的氢气必须在体积和压缩两方面可以用于消费。

（2）短期催化剂的周期长度必须是可以接受的，包括经济和设施的周转安排。

如果这两个条件都不能满足，该设施必须考虑长期投资。

KBC公司已就如何利用低成本的氢气及做法发表了数篇论文，以下是一些建议和经验教训：

（1）作为“场所变化管理”过程的一部分，工厂中所有需要测试和实施方案都需要进行审查，除非这些操作变化都在装置标准作业限制范围之内。

该建议特别针对加氢装置热平衡，因为高耗氢导致更高的放热，所以必须加以管理。

（2）由于绝大多数机会涉及进一步推动加氢装置，要确保定期完成催化剂活性监测，以确定缩短周期后可以适应更严格的要求。

（3）将氢气加至柴油池中将增加产品的十六烷值并减少柴油后端蒸馏，这可能会导致上游流路或分割点的调整，并进一步优化炼油操作。

（4）检查蒸汽甲烷重整管寿命预期，以确定接受较短的管道寿命来增加严格性是否经济和可靠。

（5）检查蒸汽甲烷重整蒸汽/碳比和重整器线圈出口的目标温度，以及重整器和转移催化剂的活性，确定当受到管理装置的限制时是否存在额外的发电容量。

（6）确认包括关键绩效指标在内的装置监测工具和程序，以获取更高的氢耗和相关可靠性的影响。

（7）使用线性规划（LP）来评估这些选项：

①确保子模型可以正确预测更高的严格性或利用率影响，否则可能需要升级这些模型的移位矢量；

②验证LP可以“看到”的炼油厂炼油量的增加和关键属性的变化；

③审查增量氢的价格，并验证这些价格是否准确地反映了增量的定价机制。

（8）考虑采用动力学模型和设备非线性过程模拟器，如KBC公司的Petro－SIM™，以优化加氢策略。

4.2.2　长期投资选择

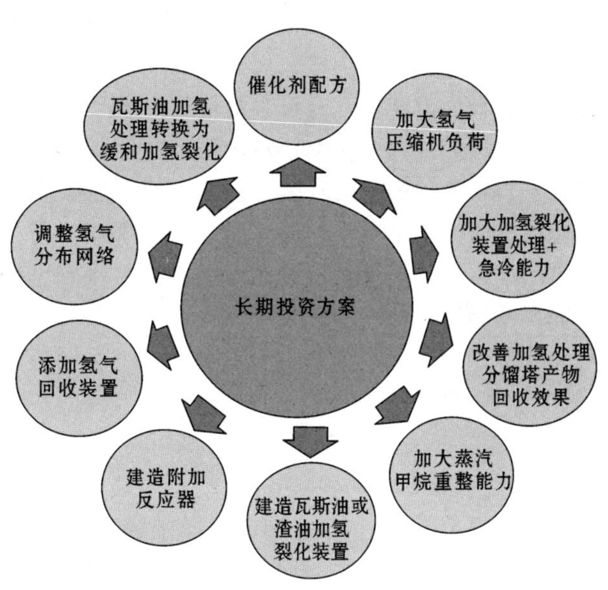

图17　低燃料气价格的长期操作选项

图17总结了一些长期的投资选择，这就需要资本投资以获得更多的氢气。

上面的选择包括范围广泛的资本要求，因此，每家炼化厂都必须自我评估可追求的机会有多少。KBC公司公布的论文能提供一些额外的评估方法，以及研究这些选择的细节和方法，建议如下：

（1）氢匮乏分析，有助于对选择的快速识别和排序，以提高氢气的利用率和效率，包括一些可能很简单的操作变化。

（2）寻找其他来源的氢气时，优先考虑生产每单位体积氢气的投资成本。

（3）要考虑催化剂体系的变化，关注反应堆淬火系统、分离能力和分馏链的关联变动，人们可能乐于仅仅增加一种新型催化剂，但要考虑到该装置可能有其他方面的限制会妨碍催化能力。

（4）对于催化剂的调整，要完成必要的催化剂性能调查，包括试验厂测试、多个供应商的报价、催化剂使用方法排名及独立第3方的冷眼评估。

（5）如果要把柴油加氢处理转换为温和的加氢裂化，需要决定是否以及如何把催化裂化转化过的柴油进行替换，以及催化裂化热平衡如何控制更高质量的供给（氢含量较高、碳含量较低）。

（6）对于包括一个新流程装置的选项，利用LP或非线性过程模拟器了解如何在设施中整合新的工艺设备，以及原油和经营策略整体上如何变化。

5 结论

总之，美国炼化企业应该期待在一段较长的时间内燃油燃气价格将持续偏低，降低能源成本有助于提高美国企业的全球竞争力。

从操作的角度来看，炼化企业应最大可能地从燃料气中将不同组分分离出来。液化石油气应当继续比甲烷更有价值，而氢气的成本将会更低，因此，炼化企业应该积极寻找可以优化生产量的机会。从氢气升级为液体燃料产品的价值是巨大的，与此同时，优化发电市场环境的时机已经成熟，事实上，热电联产的投资可能是非常合理的。

自页岩气大规模开发以来，企业放松对能源消耗和能源效率重视的风险将开始降低，为了确保这种情况不会发生，炼化企业必须采用有效的EMS，同时在不依赖天然气价格的基础上不断优化能耗。虽然最近几年提高能源利用效率的经济诱因降低了，但依然存在大量的提高能源性能的机会，各炼化企业应侧重于识别无成本和低成本的机遇，以及可以同时提高产量和能源性能的资本项目。

AM－13－53

页岩气商品化——如何开始行动

David Myers，Greg Funk，Bipin Vora
（UOP LLC，A Honeywell Company，USA）
崔建昕　李振宇　译校

摘　要　北美的页岩气在复兴石油化工行业的同时，降低了能源价格并使得北美石油化工企业整体利润得到提升。页岩气，特别是其中成本低廉的甲烷和天然气凝析液（NGL），为炼油厂提供了使用多样化原料和生产多样化产品的可能，以及由此带来的经营灵活性，使其在市场周期中具有更好的财务效益。页岩气商品化还通过为区域各炼油厂自主或合作开发的特有技术组合融资，从而为炼油厂和石化公司的联合投资项目带来了新的潜在的商业模式。本文侧重于甲烷、丙烷、丁烷的商品化技术方案，讨论了页岩气商品化对于北美炼油厂的几个可供选择的技术路线。

1　页岩气乙烷——使北美乙烯行业的扩张成为可能

技术创新和原材料成本不断降低在石油化工行业发展过程中发挥了主要作用，例如，与大部分现代石油化工产品发展历程一致，北美、西欧和日本主导了从 20 世纪 60 年代到 20 世纪 80 年代甲醇的生产。但是，由于在中东、特立尼达和多巴哥、智利、委内瑞拉等地区越来越多的大规模天然气田的发现，以及随之而来的天然气产量的增长，甲醇生产从这些工业消费国家向具有原料价格优势的天然气生产国转移，此后，中东地区快速增长的石油和天然气产量带来了丰富的乙烷供应。因此，在过去的 20 年中，中东地区的大部分乙烯产能扩张都是通过乙烷裂解实现的。与此同时，由于没有大规模的天然气产量增长，同期北美的乙烯产能增长很小。事实上，北美一些规模较小的乙烯裂解产能被关闭了，现在，随着页岩气以及所带来的丰富低成本乙烷的发现和发展，北美成为了我们认为最具乙烯裂解发展潜力的地区。

在非传统天然气储藏的发现速率增长的同时，天然气储量也在随之增长，特别是美国，在过去的 5 年中，通过不断开发页岩气，天然气产量大幅增加。不断增加的产量使天然气在美国的使用更加普遍，天然气作为一种低成本能源对炼油、石油化工和中游产业都产生了很大的影响。如图 1 所示，2004—2008 年天然气价格平均为 7 美元/10^6 Btu，在 2005 年夏天和 2008 年夏天达到峰值 12 美元/10^6 Btu，2008 年末，由于页岩气产量的大幅增长，天然气价格降低至 4 美元/10^6 Btu，2012 年末天然气价格更降低到 2～3 美元/10^6 Btu。

3 美元/10^6 Btu 的天然气约相当于 150 美元/t，100 美元/bbl 的原油约相当于800 美元/t，换言之，按照其热量衡量的天然气价值相比于原油被严重低估了（图 2）。在美国，不仅天然气产量增加了，NGL，即乙烷、丙烷和丁烷的产量也随之增加了。

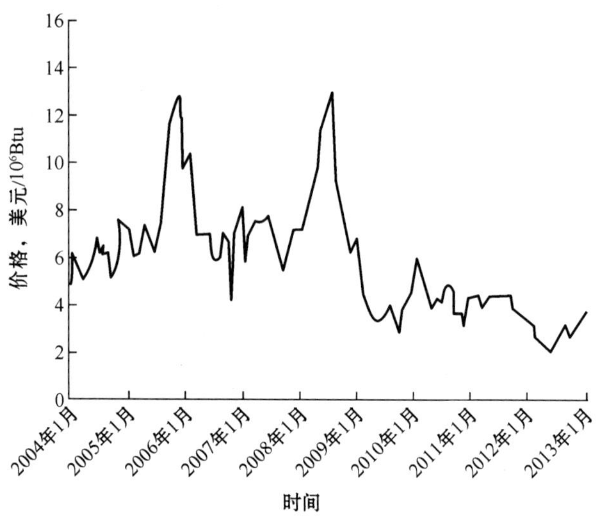

图1　北美天然气价格

（来源：IHS Chemical）

经过20多年的沉寂后，北美NGL中大量可利用的低成本乙烷和丙烷使得烯烃产业得到复兴，一系列新的乙烷裂解项目（表1）和丙烷脱氢项目正在逐步发展。这些变化对于北美的石油化工公司来说意味着什么？他们将如何利用这次天然气和NGL所带来的繁荣呢？

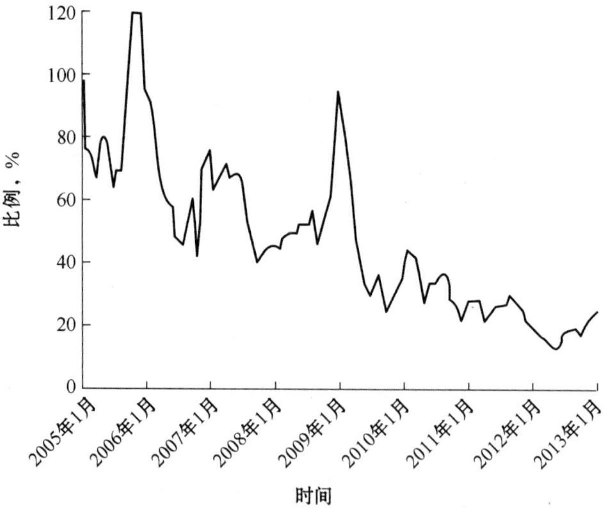

图2　北美天然气与原油（WTI）价格的对比

（来源：IHS Chemical）

表1　公布的北美乙烯增加的产能

公司名称	潜在区域	产能，10^4t/a	启动时间	状态
Williams	扩张	30	2013年	建设中
Westlake	多区域扩张	30	2013/2014年	建设中
Lyondell Basell	多区域	50	2014/2015年	建设中

续表

公司名称	潜在区域	产能，10^4t/a	启动时间	状态
ExxonMobil	Baytown，TX	150	2016 年	许可中
Formosa	Point Comfort，TX	80	2016 年	已计划
Mexichem/OxyChem	Ingleside，TX	50	2016 年	评估
CP Chem	Cedar Bayou - Baytown，TX	150	2017 年	已使用
Dow	Freeport，TX	150	2017 年	许可中
Sasol	Lake Charles，LA	150	2017 年	已使用

来源：ICIS，2012 年 6 月。

2 页岩气商品化带来的机遇——甲烷

甲醇通过裂解反应可以转化为烯烃，即乙烯和丙烯，因此丰富的甲烷储量和与之相应的低廉天然气价格是创造北美天然气制烯烃（GTO）产业良好环境的两个关键因素。尽管天然气通过甲醇制烯烃（MTO）这一产业过程对于北美市场来说刚刚起步，但在中国从 2010 年起就已成为现实。由于高昂的原油价格和对石脑油裂解生产烯烃的高度依赖，中国在数年前就已经开始了煤化工和煤制油的大胆计划，在中国，4 家以煤制甲醇为基础生产乙烯和丙烯的煤制烯烃（CTO）工厂已经投产，并有超过 20 套装置正处于规划设计和建设的不同阶段。

从产量来说，中国对石油化工的需求远远小于对交通和动力能源的需求，因此，煤可以通过煤制油（CTL）转化过程应用于运输燃料以实现煤的更多利用。有趣的是，相对于 CTL，中国更加关注 CTO。但是，在北美却完全不同，数个以甲醇作为中间产物的 CTL 项目，还有生物质制油（BTL）项目和以页岩气为原料的气制油（GTL）项目准备建设，但目前还没有 MTO 或 GTO 项目准备建设的消息（表 2）。

表 2 公布的北美 CTL、BTL 和 GTL 项目

公司	位置	工艺	进料	产能，bbl/d	状态
DKRW	Wyoming，US	ExxonMobil MTG	甲醇（煤）	10500	融资中
NuCoal	Sasktachewan，Canada	ChiaHuaneng - XOM	甲醇（煤）	15000	可行
TransGas Development Systems	West Virginia，US	ExxonMobil MTG	甲醇（煤）	18000	可行
Core BioFuel，Inc.	Texas，US	CoreMKS	BTL	1280	可行
Sasol	Louisiana，US	GTL Primus	页岩气	94000	可行
Primus Green Energy	Pennsylvania，US		BTL	230	发展中

对于表 2 所示的项目，以运输燃料为终产物的过程，相比以轻烯烃为终产物的过程，其产品销售和后处理更为便捷，但是我们仍然相信，从页岩气到烯烃（或煤到烯烃）的转化过程，其获利显著高于其他过程。在过去的 2 年中，北美乙烯和丙烯的平均价格分别比一般的无铅汽油高 200 美元/t 和 400 美元/t。CTL、GTL、MTG 或 MTO 过程的第 1 步是煤或天然气转化为合成气；对于 CTL 和 GTL 第 2 步是合成气通过费托合成（F - T）转化为液体

产品；对于MTG或MTO，第2步是合成气转化为甲醇，MTG过程的后续反应是甲醇生成汽油，而MTO过程的后续反应则是甲醇裂解为轻烯烃。表2中列出的MTG项目规模相对较小，相比于这些项目产出（1～2.5）$\times 10^4$bbl/d的汽油，相同合成气产能的烯烃项目能够生产出（40～100）$\times 10^4$t/a轻烯烃，以混合轻烯烃计算，产品价值比汽油高出约300～330美元/t，优于MTG过程。对于大规模天然气转化项目，例如Sasol公司的10×10^4bbl/d GTL项目，可以考虑建设联合GTL-GTO装置，在生产（1～2.5）$\times 10^4$bbl/d GTL产品的同时，相同比例的合成气转化为甲醇，然后通过MTO得到（40～100）$\times 10^4$t/a高价值的乙烯和丙烯。

2012年，乙烯和丙烯的北美均价为1200～1300美元/t。在世界范围内，大约50%的乙烯和丙烯产量来自石脑油裂解，2012年石脑油价格大约为900～1000美元/t，很明显，100～300美元/t（2～6美元/10^6Btu）的天然气生产聚合物和树脂将会获得巨大利润。

2.1 MTO工艺

MTO工艺是一种利用天然气资源本身而不是原油或NGL作为原料生产乙烯和丙烯的方式。在资源储量丰富的地区，天然气或煤广泛用于生产甲醇，利用这些具有成本优势原料生产的甲醇，MTO项目能够在高油价的全球市场下以低成本生产乙烯和丙烯。MTO工艺可生产高乙烯丙烯比的烯烃来弥补丙烯需求与来自蒸汽裂解装置和炼油装置的丙烯供给之间的差距。

人们对甲醇制烯烃和其他烃类产品反应过程进行了广泛研究。20世纪70年代和80年代初的最初研究聚焦于甲醇向汽油产品的转化，催化剂采用ZSM-5型分子筛，甲醇在ZSM-5分子筛上反应向乙烯和丙烯的转化率普遍较低，更易于转化为多支链的烃类和芳香烃。美孚石油公司利用这个催化原理进行了MTG流程商业开发。20世纪80年代来自联合碳化物公司（这个组织后来成为UOP LLC环球石油公司的一部分）的科学家发现了一类新的材料，硅铝磷酸盐（SAPO）分子筛[1,2]，在这类分子筛材料中，由于SAPO-34的发现实现了技术的突破。SAPO-34的独特孔径、几何结构和这种材料的酸度为甲醇向乙烯和丙烯的转化提供了选择性更高、重质副产品更少的途径。

如图3所示，相比于ZSM-5的孔径（约0.55nm），SAPO-34具有更小的孔径（约0.4nm），SAPO-34的较小孔径限制了重质和多支链烃类的扩散，因此有利于选择希望得到的轻烯烃。最理想的SAPO-34的酸性相比ZSM-5减少了氢化物转移反应的数量，从而降低了烷烃副产物的产量。SAPO-34的另一个优势在于产出的C_4—C_6馏分多数是烯烃，如本文后面讨论到的，这些烯烃化合物重质副产品容易通过烯烃裂解工艺进一步分解为轻烯烃。

2.2 UOP公司先进MTO工艺的发展历史

在20世纪90代初期，UOP公司和挪威海德鲁公司（Nosrk Hydro A. S.）组建MTO工艺开发联盟，此次与海德鲁公司的合作促进了UOP/HYDRO MTO工艺发展。在这项工艺的研发过程中，UOP公司充分利用了其催化裂化流化反应器和再生器的经验及蒸汽裂解装置技术。海德鲁公司与UOP公司MTO技术同盟的份额现归属于INEOS公司。

阿托菲纳公司（ATOFINA）在20世纪90年代致力于开发烯烃裂解技术，当时并没有

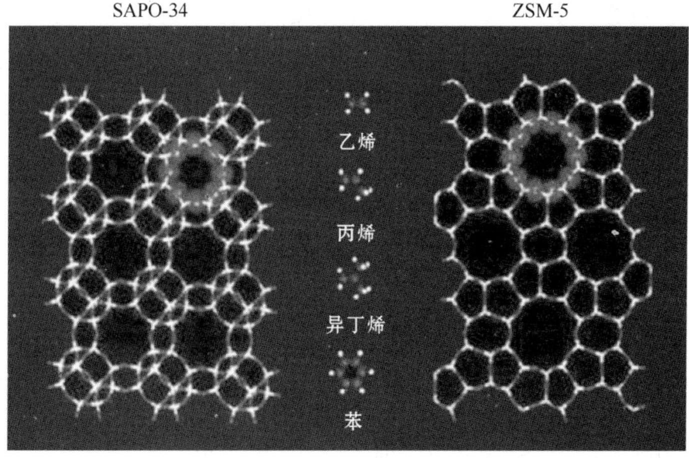

图 3　SAPO－34 与 ZSM－5 的比较

介入 MTO 工艺，不久之后，在 2000 年，它（后来成为 Total Petrochemicals 道达尔石化贸易公司，现 Total Refining and Chemicals 的一部分）和 UOP 公司决定组建技术联盟，进一步研发烯烃裂解工艺。这次合作促进了 Total Petrochemicals/UOP 烯烃裂解工艺的发展。

Total Petrochemicals/UOP 烯烃裂解流程与 UOP/HYDRO MTO 流程整合在一起，这一结合是先进 MTO 工艺的基础。

MTO 工艺商业化的一个主要里程碑是 2009 年在比利时的半商业化、完全整合的 MTO 示范装置（图 4）的启动，它成功地展示了 UOP/Hydro MTO 工艺和 Total Petrochemicals/UOP 烯烃裂解工艺相结合的性能。

图 4　比利时弗昂的 Total Petrochemical MTO/OCP 示范装置

流程描述：

UOP/HYDRO MTO 工艺采用包括一个流化反应器和再生器的系统，通过专有 SAPO－34 分子筛催化剂[3]使甲醇转化为烯烃。

UOP/HYDRO MTO 工艺可以用于处理粗甲醇或未经蒸馏的甲醇和纯（AA 级）甲醇。为实现效益最佳，采用何种原料质量通常需要根据项目的具体情况而定。图 5 展示了 UOP 公司先进 MTO 工艺的简单流程。

甲醇进料经预热后进入反应器。甲醇向烯烃的转化所需要的选择性催化剂操作温度为中温到高温，这一反应是放热反应，热量可以从反应器回收。裂解反应产生的焦炭在催化剂上聚积，需要及时去除以保持催化剂活性。焦炭在催化剂再生器系统中使用空气烧焦氧化去除。这种流化床反应器和再生器系统非常适合 MTO 工艺，因为它可以实现反应热量移除和催化剂再生连续进行。反应器操作温度为气相 650～1000℉，操作压力为 15～45psi。催化剂不断向流化床再生器循环流动以维持较高活性。反应器系统操作建立在稳定流化状态。

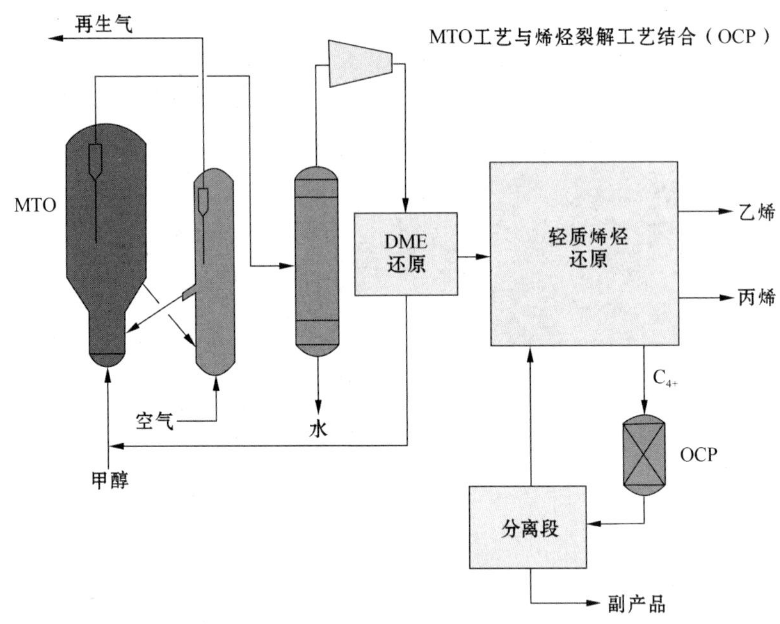

图5　UOP公司的先进MTO工艺流程

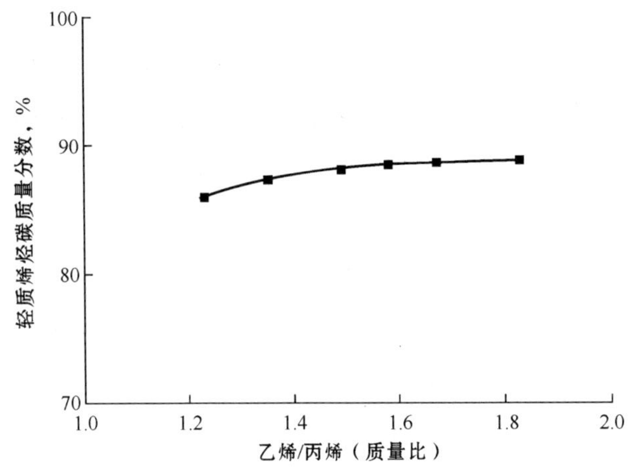

图6　UOP公司先进MTO工艺的丙烯与乙烯产品比率

反应器出料经过冷却和急冷以从产物气流中分离出水，气体产物经过压缩后未转化的含氧化合物返回反应器中。由于反应器转化率很高，因此物料不需要大量回流再循环。物料经含氧化合物回收装置后，在精馏和精制环节进一步去除杂质，并分离出副产品和关键产品（乙烯和丙烯）。所生产的聚合级乙烯和丙烯送往产品储罐，C_4—C_6 副产品送往OCP反应器，经选择性裂解为以丙烯为主的轻质烯烃，一般来说，OCP反应裂解产物中丙烯和乙烯的比率大约为4。OCP裂解产物经脱丙烷后，C_3 及以下组分送往MTO产品分离装置分离出乙烯、丙烯，C_4 及以上组分则作为副产品液化气燃料。

如图6所示，MTO－OCP组合的先进MTO工艺能够生产丙烯与乙烯比率为1.2～1.8的产品[4]，这样可以满足不断增长的丙烯需求，并在需要时通过技术调整实现更大的生产灵活性。

甲烷经MTO工艺实现页岩气商品化，为北美炼油商提供了充分利用其丰富的流化催化裂化运行经验的机会。与石油化工生产企业联合的合资企业运行还需要乙烯裂解行业的烯烃分离经验，以及烯烃产品、聚烯烃或烯烃衍生物的生产经验。甲烷（或甲醇）为炼油企业提供了有别于原油的原料多元化选择，为石油化工企业提供了有别于乙烷的原料多元化选择。

另外，炼油企业将能够在 MTO 装置中进一步提纯其炼油级丙烯，使之达到化学级丙烯或聚合级丙烯，这样可以为炼制企业或炼油与石油化工联合企业分别带来约 220～225 美元/t 的效益提升。

GTO 项目投资有多种情况，可以先建设并运行 MTO 装置，第 1 步购买甲醇进行生产，然后再建设天然气生产甲醇装置形成完整的 GTO 装置。2012 年，天然气和乙烷的平均价格分别为 3 美元/10^6Btu 和 300 美元/t[5]，GTO 装置和基于乙烷的蒸汽裂解装置现金成本大致相同。UOP 公司已经向 4 个以煤为原料的 MTO 项目发放了技术许可，其中 3 个已建设，并且都在中国。

3 页岩气商品化带来的机遇——丙烷

在 1990 年，全世界丙烯主要有两个来源[6]：一是使用丙烷和重质原料的蒸汽裂解生产乙烯过程；二是炼油厂的催化裂化装置，值得注意的是，这两个丙烯主要来源都是生产过程的副产品，而不是专门的丙烯生产。在北美和中东地区乙烯生产是基于大量乙烷原料的情况下，蒸汽裂解的丙烯产量并未与其需求同步增长，在一些炼油企业决定提高催化裂化装置负荷以增加丙烯产量的同时，欧洲和北美汽油需求下降制约了炼油丙烯总产量的增长，这种发展趋势不断扩大丙烯需求和传统来源之间的缺口，如图 7 所示。

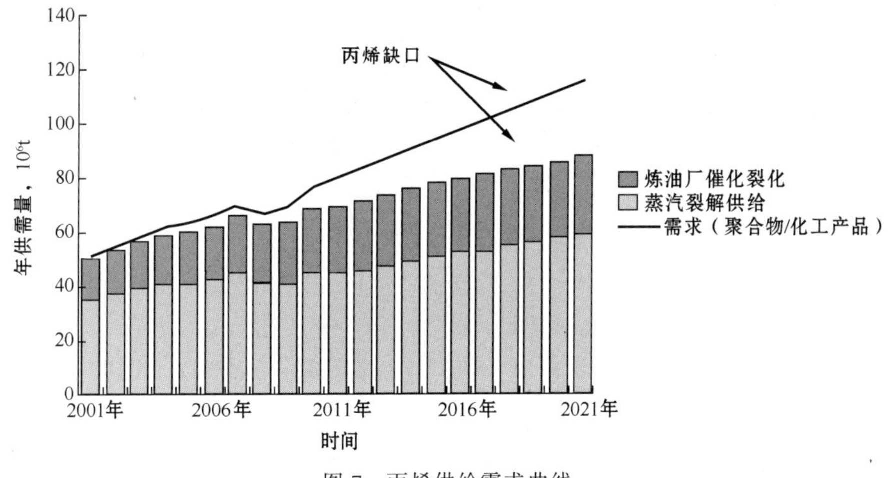

图 7 丙烯供给需求曲线

（来源：IHS Chemical）

这一供需缺口将随着蒸汽裂解原料采用更多的乙烷而进一步扩大，最近在北美我们已经见证了多个基于 NGL 为原料的乙烯蒸汽裂解项目的宣布建设。图 7 展示了在丙烯的需求和相应的产量大量增长的同时，来自于传统的石脑油裂解和炼油丙烯的产量却不能与需求的上升同步增长，因此需要开发专门生产丙烯的技术来填补这一丙烯供需缺口，例如 MTO 工艺和丙烷脱氢（PDH）技术。

在 1990 年，蒸汽裂解副产丙烯占世界丙烯产量的比例超过 70%，从那时起，这一比例已经连续下跌，到 2015 年将仅占世界丙烯产量的 50%，而采用专门丙烯技术生产的丙烯将占总产量的 18%。在 2010—2015 年增长的 2000×10^4t/a 丙烯新产能中，42%将来自于非传统的丙烯专门生产技术，主要采用 PDH 工艺。

图8显示了采用不同原料、不同工艺（蒸汽裂解、催化裂化、High Severity催化裂化、PDH和MTO）的丙烯产量情况。如图8所示，PDH的丙烯产率最高，这一结果以及较低的投资（美元/t轻质烯烃）两个因素使得在数年间PDH项目引起了广泛的关注。自2011年以来，全球范围内共有18个PDH项目批准建设，合计800×10^4t/a（30×10^4bbl/d）丙烯产能，在这些PDH项目中，有15个项目选择了UOP公司的Oleflex TM工艺，这些Oleflex PDH项目包括Dow化学公司在北美建设的世界最大单系列PDH装置，其丙烯产能将达到75×10^4t/a（2.8×10^4bbl/d）。

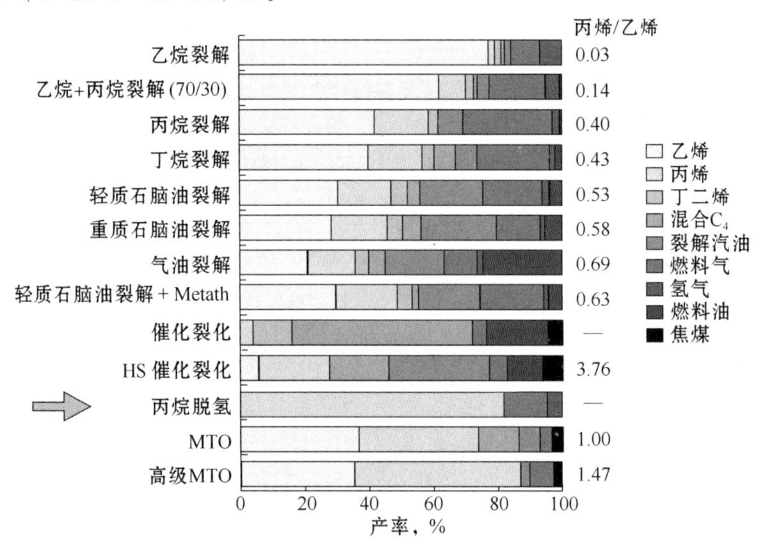

图8 不同丙烯生产工艺的丙烯产率（以质量分数计）

3.1 UOP Oleflex工艺概况

用于PDH生产丙烯的UOP Oleflex工艺在1990年实现首次商业化运行[6]，这个位于泰国的工厂是世界首套PDH装置。UOP公司的Oleflex工艺自20世纪70年代发展起来，由两个UOP公司的商业化工艺组合而成，即UOP的连续催化重整（CCR）PlatformingTM工艺和PacolTM工艺发展而来的。UOP公司的CCR Platforming工艺广泛应用于炼油和石油化工行业，目前有超过235套CCR Platforming装置在运行，用于生产高辛烷值汽油和富含芳香烃的重整油。UOP公司的Pacol工艺采用铂催化剂对煤油馏程（C_{10}—C_{14}）的石蜡脱氢生产直链烷基苯洗涤剂。这种创新性的轻质石蜡脱氢方法对工业产生了积极影响，较低成本和较低能耗的连续反应—再生CCR系统替代了第二次世界大战期间发明的低压移动床脱氢系统。

自1990年以来，世界共建设了14套PDH装置，其中9套采用UOP公司的Oleflex工艺，丙烯产能超过240×10^4t/a（9×10^4bbl/d）。

3.2 Oleflex工艺流程

如图9所示，Oleflex装置可将富含丙烷的液化石油气（C_3 LPG）进料转化为化学级或聚合级丙烯产品。经预处理的C_3 LPG进料进入脱丙烷塔，C_3 LPG中的丁烷或重质组分在脱丙烷塔底部回收。脱丙烷塔顶部物料送至C_3 Oleflex装置，在装置中反应后得到富含丙烯的液体物料和富含氢的气体物料。气体物料通过 PSA 可以得到氢气产品，或者如果 PDH 工厂附近地区没有氢气需求，可以直接作为 PDH 工厂的燃料。

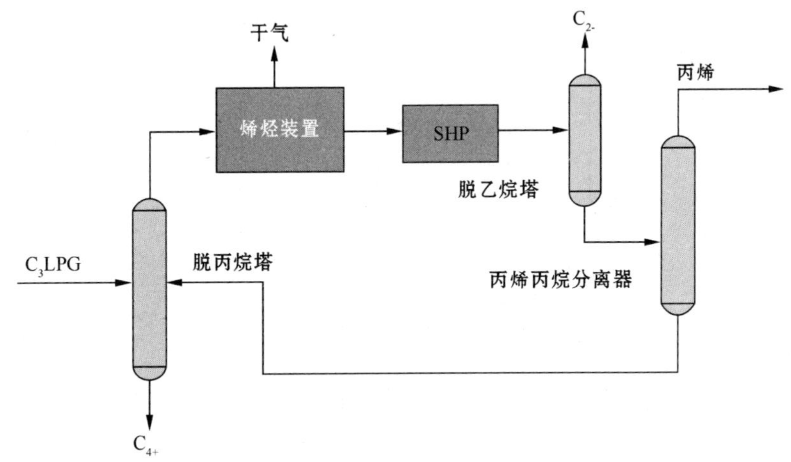

图 9　UOP Oleflex 工艺块状流程

从 Oleflex 装置出来的液体物料送至一个选择性加氢装置（SHP）去除二烯烃和乙炔。SHP 装置由一个单固定床液相反应器组成。SHP 出料送至脱乙烷塔，进一步去除 Oleflex 装置或 C_3 LPG 进料中的轻质馏分。脱乙烷塔底部物料进入丙烷丙烯分离塔，在该分离塔中丙烯产品与未转化的丙烷分离，底部未转化的丙烷循环回到 Oleflex 装置，然后进入脱丙烷塔重复利用。

图 9 所示的 Oleflex 整个装置的核心是反应—再生器装置。大多数北美炼油企业对图 10 所示的 CCR 过程和反应/火焰加热器非常熟悉，烯烃装置与 CCR 装置外形非常相似，但两者的其中一个区别在于反应器是并行的，而不是堆叠，这样可以实现丙烯产量最大化。通过强耦合反应器和火焰加热器，非选择性热裂解反应可控制到最小。

由于页岩气中大量的凝析液，使得丙烷利用在北美已经具备可行性，一些厂商对于专门生产丙烯的 PDH 项目越来越感兴趣。北美第 1 套 PDH 装置在 2010 年后期投入生产，还有一些新项目正由一些中游厂商和石油化工企业建设。

建设 PDH 装置可以很好地实现原料和产品的多样性，从而提高炼油厂的运转灵活性。来自天然气工厂具有成本优势的凝析液中丙烷加上炼油厂副产的丙烷都送至 PDH 装置，PDH 装置中丙烷丙烯分离塔也可用于提纯催化裂化装置较低纯度的炼油级丙烯为化学级或聚合级丙烯，实现 200～250 美元/t[5] 的效益提升（图 11）。另外，PDH 装置产生的氢气可以用于炼油厂的加氢装置或作为产品出售。市场上丙烯丙烷的价格差，特别是北美和中东地区最具有吸引力的价格差，使得 PDH 项目更具投资吸引力。北美较高的丙烯丙烷价格差，还是因为该地区具有成本优势的丙烷和日益坚挺的丙烯价格（图 12）。

UOP 公司在 2011 年有幸参与建设了全球第 1 座融合了 PDH 装置的炼油厂，这座工厂位于中东地区。我们相信 PDH 装置也会与北美炼油厂实现良好融合。

4　页岩气商品化带来的机遇——丁烷

由于页岩气在北美的发展，丁烷也进入了市场，成本低廉的丁烷为炼制企业提供了原料

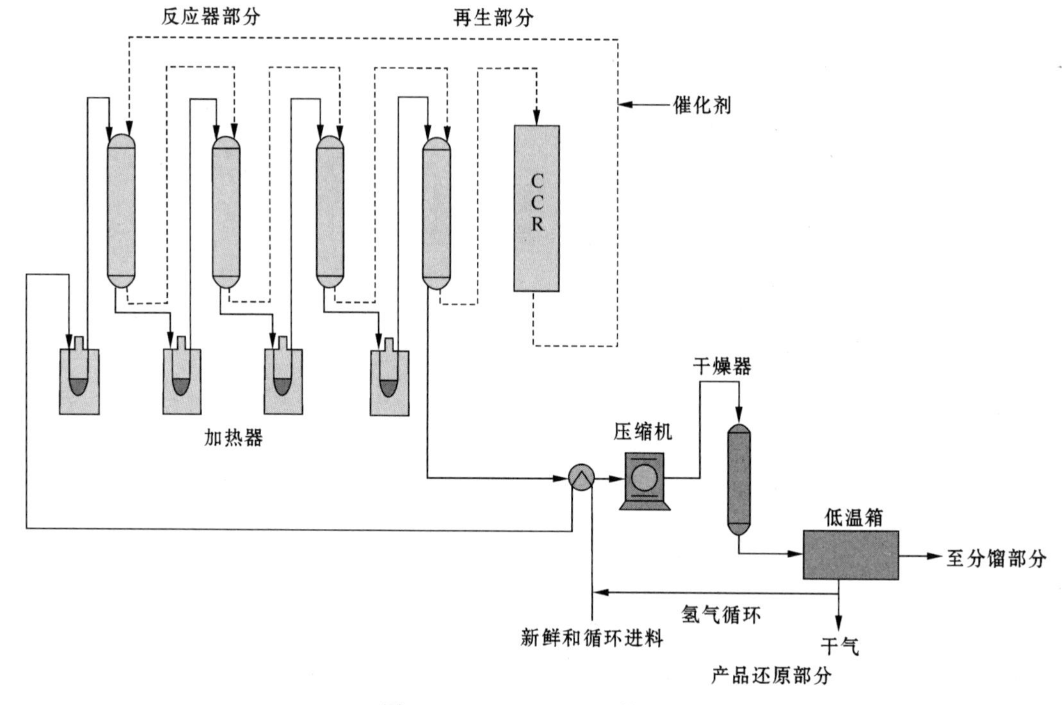

图10　UOP Oleflex工艺流程

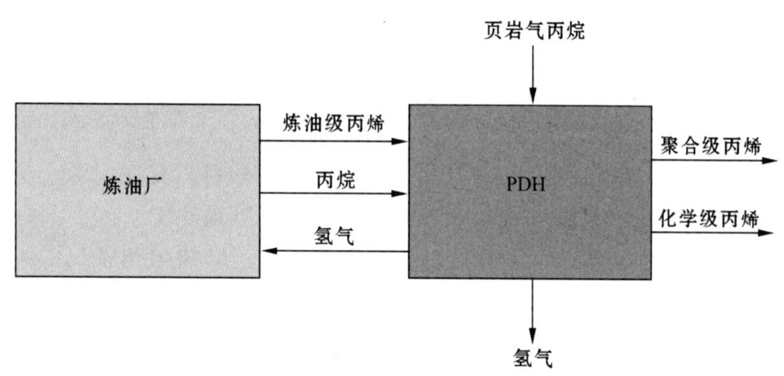

图11　PDH装置与现有炼油厂的整合示例

多样化的选择，可生产与其目前产品相当的产品，即汽油调和组分。自1992年以来，UOP公司的Oleflex工艺在工业上用于异丁烷脱氢生产异丁烯，6套装置的异丁烯进一步生产甲基叔丁基醚（MTBE），其中4套装置位于北美。典型的C_4 Oleflex MTBE联合装置如图13所示。随着20世纪90年代后期MTBE在北美逐步停止使用，北美的C_4 Oleflex MTBE联合装置改建采用间接烷基化技术生产异辛烯。

如图13所示，Oleflex脱氢装置可以顺利地与下游转化过程结合，例如生产高辛烷值烷基化油的烷基化装置，为出口市场生产MTBE或乙基叔丁基醚的醚化装置，或异丁烯二聚加氢生产高辛烷值的异辛烷装置。脱氢过程中产生的氢气可以用于异辛烯加氢生产异辛烷，后者是一种高辛烷值的汽油调和组分。UOP公司的这种工艺称作UOP InAlk™工艺。

在过去的2年中，业界对异丁烷脱氢生产异丁烯重新产生兴趣，主要集中在亚洲地区。

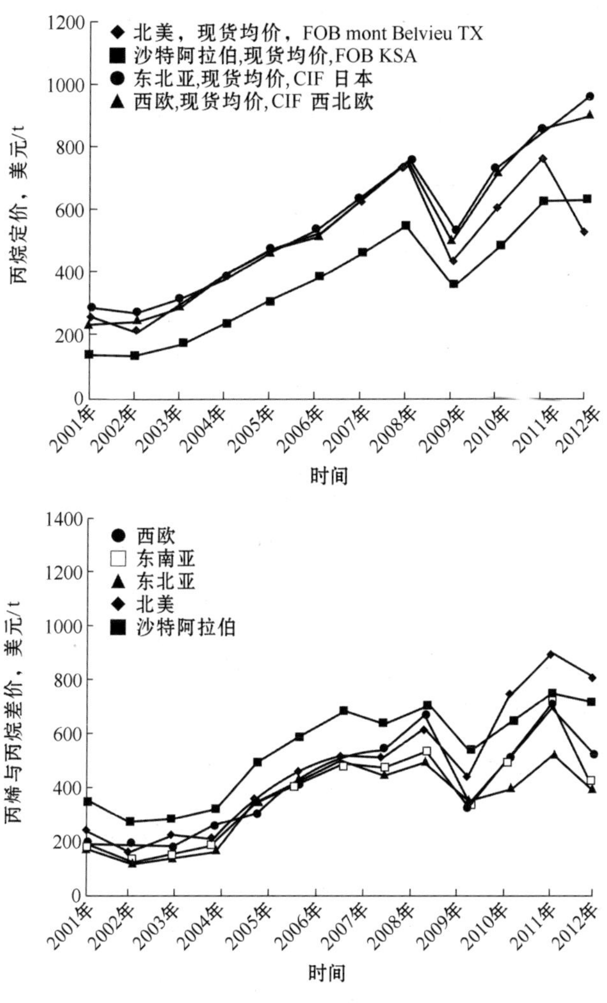

图 12　丙烷价格及其与丙烯价格差（2001—2012 年）

（来源：IHS Chemical）

除作为汽油调和组分外，MTBE 也可以裂解生产高纯度异丁烯作为橡胶单体。在 2012 年，UOP 公司向亚洲转让了 3 套新的 C_4 Oleflex 装置。

丙烷和异丁烷在同一反应器系统中的混合脱氢也引起了广泛的市场兴趣，UOP 公司是唯一可实现丙烷和异丁烷在同一脱氢装置工业运行的技术提供方。该 Oleflex 工艺如图 14 所示，对于区域或小型独立炼油厂，由于其丙烷和丁烷的量较少，该技术显然具有吸引力。UOP 公司的技术已在亚洲一套 C_3/C_4 Oleflex 混合装置运行，并向在 2012 年和 2013 年两套新建 C_3/C_4 Oleflex 混合装置转让了技术。

在 2012 年，UOP 公司开始重新关注北美异丁烷脱氢的可行性，一些难以利用的丁烷通过脱氢以及进一步转化可以生产烷基化油或醚，这样就可以提供给国内市场或出口。有趣的是，C_4 Oleflex 反应器出料中的异丁烯与异丁烷的比值大约为 1∶1，这个化学计量关系与烷基化装置生产汽油调和所需的低硫、低蒸气压烷基化油所需的比例完全一致。

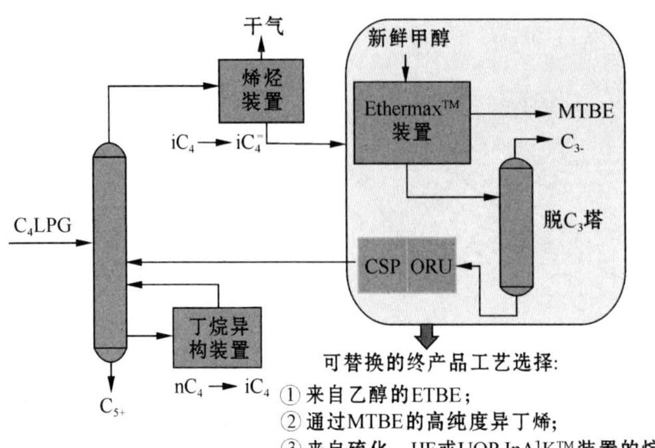

图13　UOP Oleflex MTBE联合装置流程

5　结论

由于丰富的低成本NGL乙烷含量，北美的页岩气正在重振石油化工行业，经过20年的沉寂后，一批基于乙烷原料的乙烯项目正在启动。

同样，一些将页岩气中甲烷通过MTG和GTL转化为汽油和其他运输燃料的项目也在规划中，多个PDH项目已在北美规划建设。

北美炼油行业通过原料和产品多样化以获得更多生产灵活性的时机已经到来。通过将页岩气中甲烷、丙烷和丁烷商业化，并利用UOP公司99年的技术和经验将帮助你更好地扩张炼油资产。

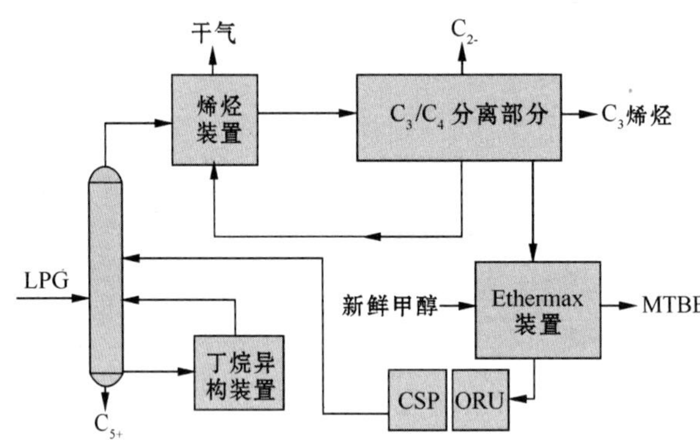

图14　用于C_3/C_4混合进料的UOP Oleflex化工厂

参考文献

[1] S. W. Kaiser, US Patent 4 499 327, 1985.

[2] Lewis et al. , US Patent 4, 873, 390 1989.

[3] B. V. Vora, T. L. Marker, P. T. Barger, H. R. Nilsen, S. Kvisle, T. Fuglerud "Economic Route for Natural Gas Conversion to Ethylene and Propylene" in Stud. Surf. Sci. Catal, Vol 107, p. 87－98 (1997), Elsevier, Amsterdam.

[4] J. H. Gregor, "Maximize Profitability and Olefin Production with UOP's Advanced MTO Technology" IHS World Methanol Conference, Madrid, Spain; November 27－29, 2012.

[5] IHS Chemical.

[6] J. H, Gregor et al; "Increased Opportunities for Propane Dehydrogenation" presented at DeWitt World Petrochemical review, March 23－25, 1999, Houston, Texas, USA.

清洁燃料生产

AM－13－74

实现催化裂化预处理装置最优化操作满足 Tier 3 汽油硫含量目标

George Anderson，Steve Mayo，Peter－Paul Langerak
（Albemarle Corporation，USA）
李文乐　李　阳　吴　培　译校

摘　要　美国环境保护署正在考虑实施更加严格的 Tier 3 超低硫汽油标准的硫含量规格，要求所有汽油的硫含量降低到 10μg/g 以下，虽然这个 Tier 3 汽油标准的硫含量限制看起来相对于目前所执行的 Tier 2 汽油标准的 30μg/g 来说是一个比较小的变动，但对于炼油厂，尤其是没有催化裂化汽油后处理能力的炼油厂来说，影响可能是很大的。炼油厂为了达到更低的催化裂化装置进料的硫含量限值，很有可能导致催化裂化预处理装置的操作周期显著缩短，同时装置的操作费用大大增加。

本文针对实施 Tier 3 超低硫汽油标准对于炼油厂催化裂化预处理装置操作以及对整个炼油厂可能产生的影响进行了调查分析，对不同压力体系下的装置运行进行了模拟，以说明其对不同类型催化裂化预处理装置影响的实例。仅仅为了进行演示说明，这些案例研究都是假设催化裂化的进料全部进行了加氢处理，实际上，Tier 3 汽油标准的影响与特定的装置进料组成、装置能力和边界条件以及催化裂化预处理的操作方案密切相关。

对于持续加氢脱硫模式运行的装置来说，要实现 Tier 3 汽油标准很可能使得催化裂化预处理装置的操作周期缩短 20％～40％，即使采用了非常高活性的钴钼或者镍钴钼的减压瓦斯油加氢脱硫催化剂体系，也不能避免这种情况。对于以最大化芳香烃饱和模式运行的高压催化裂化预处理装置来说，操作周期的缩短程度可能要达到 50％以上。

对这些影响的经济评估因装置而异，炼油厂需要统筹考虑工艺流程以说明催化裂化预处理装置和催化裂化装置的预期性能，因为更好的催化裂化装置进料在产品收率和质量方面会显著影响装置的性能。对于有催化裂化汽油后处理能力的炼油厂，还要考虑汽油后处理过程，因为 Tier 3 汽油标准中硫含量更低，帮助保持辛烷值损失与达到 Tier 2 汽油标准时类似。最后，催化裂化预处理装置有替代模式（如缓和加氢裂化）可灵活操作的炼油厂更倾向于评价各种可能的操作方式，以及对总收率和对中间产品、最终产品质量的影响。

1　概述

美国环保总局正在考虑于 2016—2017 年实施更加严格的 Tier 3 汽油标准的硫含量规格，将要求所有汽油硫含量低于 10μg/g，虽然这个 Tier 3 汽油标准的硫含量限制看起来相对于目前所执行的 Tier 2 汽油标准的 30μg/g 来说是一个比较小的变动，但对于炼油厂，尤其是没有催化裂化汽油后处理能力的炼油厂来说，影响可能是很大的。

为了满足 Tier 2 汽油标准的硫含量，进入汽油池中的催化裂化汽油所允许的硫含量为60～100μg/g。对于没有催化裂化后处理能力的炼油厂，催化裂化装置的典型减压瓦斯油（VGO）进料硫含量为1200～1800μg/g，这就意味着催化裂化预处理装置的脱硫率需达到90%～95%。

与之相比，为了满足 Tier 3 汽油标准的硫含量，允许的催化裂化汽油硫含量为20～35μg/g，催化裂化装置 VGO 原料的最高硫含量为600μg/g，这意味着催化裂化预处理装置的脱硫率需达到97%～98%。

这样，对于需要满足更低催化裂化装置硫含量限制的炼油厂来说，结果就是催化裂化预处理装置的操作周期缩短，操作成本增加。炼油厂还面临着协调催化裂化预处理装置的操作周期与催化裂化装置检修时间的匹配，以及增加的炼油厂超低硫柴油产量的挑战，一些炼油厂还需要研究催化裂化预处理装置的操作以帮助他们实现整体操作和产品分布的最优化。

在本文中，研究了预期的 Tier 3 超低硫汽油标准对炼油厂催化裂化预处理装置操作带来的可能影响以及对炼油厂的影响。并介绍了可以帮助炼油厂优化整体装置性能并满足新标准的操作对策和催化剂战略。

2 催化裂化预处理工艺概览

催化裂化预处理过程为催化裂化装置生产原料，在这一过程中，硫、氮、镍、钒、硅、砷等杂质被脱除，烯烃以及部分芳香烃加氢饱和。较重的催化裂化预处理原料一般是 VGO，相对于从减压蒸馏塔中馏出的“真正的”瓦斯油，VGO 可能包含炼油厂其他装置产生的很重的组分，除了上述提及的杂质，还包含康氏残炭（用来衡量生焦趋势）以及铁屑、焦粉等颗粒。

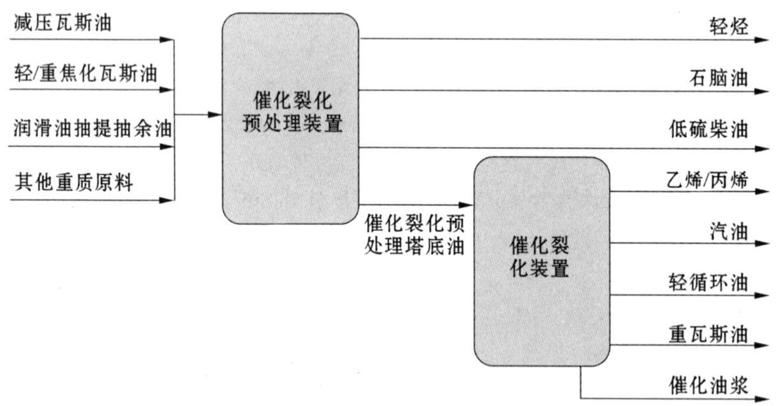

图1 催化裂化预处理装置和催化裂化装置的流程示意图

催化裂化预处理和催化裂化装置集成后简单的概念流程见图1。催化裂化预处理装置的产品瓦斯油直接进入催化裂化装置，在分子筛催化剂的作用下进而转化为更轻的产品（烯烃、汽油、柴油）。预处理过程脱除了原料中的杂质（尤其是氮、残炭和金属），同时芳香烃部分饱和，这样提高了 VGO 原料在催化裂化装置的转化率、轻质产品的收率和选择性，延缓了催化裂化催化剂的失活。催化裂化预处理装置也生产一部分中间轻质产品，如液化气、轻石脑油、喷气燃料和柴油，总体来说，这些中间产品一般在最终产品调和前需要进一步加氢处理，但情况也不全是这样，尤其是对于高压装置。

表 1 列出了催化裂化预处理装置宽泛的操作条件范围，尤其是当需要满足 Tier 3 汽油标准并且要确定可以优化炼油厂操作战略时，操作氢分压通常是最大的限制条件。

表 1　催化裂化预处理装置“典型”的设计条件范围

项目	VGO、润滑油抽提抽余油、渣油、脱沥青油等的混合原料
空速，h^{-1}	0.5～1.2
氢分压，psi	600～2000
氢油比，ft^3/bbl	1500～3000
温度，℉	运行初期 640～700 运行末期 740～800
加氢脱硫目标，%	≥80
加氢脱氮目标，%	≥50

没有一个单独的“典型的”催化裂化预处理装置可以统一代表炼油工业中的催化裂化预处理装置，除了表 1 中列出的宽泛的不同设计条件，不同炼油厂也实施不同的操作战略。催化裂化预处理装置可以在 3 种不同的模式下操作：

（1）持续的加氢脱硫模式，随着时间延长需要逐步提高反应器温度。目前全球范围内大约有 70%的炼油厂按照这种模式操作，这种模式的运行周期最长。

（2）最大化芳香烃饱和模式，反应器的初始温度按照最大化芳香烃饱和发生时的温度设定。在这种操作模式下，产品中的硫含量开始时很低，然后随着催化剂的失活而逐渐增大。当产品中硫含量达到允许的最大值时，首先需要以满足产品硫含量的要求来提高操作温度。依据原料组成和操作条件，这种模式的运行周期大概是第 1 种模式的 60%～80%。在不同时期，大概有 10%～20%的催化裂化预处理装置在这种模式下运行。

（3）缓和加氢裂化模式，反应器的初始温度保证最大化芳香烃饱和并且尽可能多地生产柴油和轻质产品，这种情况下的裂化可能是严格的热裂化（由于反应器底部的操作温度较高），也可以包括由于使用多孔或分子筛裂化催化剂而产生的裂化反应。与第 2 种操作模式一样，在反应初期，加氢脱硫活性非常高，操作温度可以保持恒定，直到转化率和/或产品硫含量指标达到限值；随后温度提高以保持控制产品硫含量和转化率的能力。这种模式的运行周期只有恒定加氢脱硫模式的 50%也很常见。在不同时期，10%～20%的催化裂化预处理装置按照这种模式运转。

催化裂化预处理装置的性能受到反应条件的挑战，用于处理的 VGO 原料通常难以加氢，尤其当氢分压比加氢裂化预处理低很多的时候。受这两种因素的影响，催化剂由于生焦和杂质中毒引起的失活限制了运行周期。此外，由于压力和温度很低难以脱除所有的氮，而氮会显著抑制催化剂脱硫、脱氮及芳香烃饱和的能力，进而导致催化剂的运行温度比没有氮的抑制作用时脱硫和芳香烃饱和的温度高得多，这样又进一步加速了催化剂的失活。

3　Tier 3 超低硫汽油标准对催化裂化预处理装置操作的预期影响

催化裂化汽油的硫含量通常是催化裂化 VGO 原料硫含量的 5%～7%，因此，如果经过预处理的VGO原料硫含量为1500μg/g，那么催化裂化汽油中硫含量通常为75～100μg/g。对于炼油厂满足Tier 2低硫汽油标准要求的硫含量不大于30μg/g的限制，催化裂化汽油可以占汽油池总量的30%～40%。大多数催化裂化预处理装置在恒定的加氢脱硫模式下运转就可以很容易达到VGO中硫含量的限值要求，而且运行周期很多超过两年半，这意味着在催化裂化装置大检修的周期内原料预处理装置需要经过两次检修。

Tier 3汽油标准实施以后，为使汽油池中催化裂化汽油调和比例与上述水平持平，催化裂化汽油硫含量需要控制在25～35μg/g，这样催化裂化预处理装置需要将VGO的硫含量降低到400～600μg/g，这就意味着需要显著提高预处理的苛刻度以达到生产Tier 3标准汽油所需的97%脱硫率，而要达到Tier 2标准，脱硫率控制在92%即可。

达到Tier 3汽油标准，需要使用活性更高的催化体系，而且预处理装置在运转初期就需要采用更高的操作温度。深度加氢脱硫要求更高的反应温度，也同样会提高加氢脱氮率及芳香烃饱和率，预处理装置的运行周期预期会比采用恒定加氢脱硫模式时减少20%～40%，实际的数值由装置特定的原料性质及操作条件决定。

总体来说，为满足Tier 3汽油标准的硫含量，炼油厂在催化裂化预处理装置上产生的成本会高于现在的预算值。装填活性更高的催化剂会使装填成本较现在高30%；装置运行周期减少20%～40%意味着年度平均检修成本会增加；废催化剂的年度平均处理费用也会增加。此外，操作周期早期时更高的氢耗（直到达到最大芳香烃饱和温度）会增加这一时期的操作成本，而且这在很大程度上依赖于已经确定的炼油厂总体氢平衡和供应成本。

4 Tier 3超低硫汽油标准对催化裂化装置操作的直接影响

对催化裂化预处理装置的评估应该包括催化裂化预处理装置和催化裂化装置，正如没有“典型的”通用的催化裂化预处理装置，也同样没有典型的“催化裂化”装置。为满足Tier 3汽油标准改进催化裂化预处理装置的操作对催化裂化装置带来的影响，我们做了一些大概的、定性的描述。催化裂化预处理装置苛刻度提高会降低原料氮含量和金属含量，进而减少催化裂化催化剂中毒，催化裂化催化剂的置换率会有较小的降低。催化裂化原料更低的硫、氮含量也会降低硫氧化物和氮氧化物的排放。

预处理装置运行初期更高的芳香烃饱和率使催化裂化原料更容易裂化，受芳香烃饱和度提高和氮含量降低的影响，在这一时期催化裂化装置生焦更少，转化率和汽油产率更高，轻循环油和油浆的产率与汽油产率变化趋势相反。由于原料中硫含量降低，所有产品中的硫含量会相应降低。

5 催化裂化预处理装置预期影响案例

为了给Tier 3汽油标准对催化裂化预处理装置操作的预期影响提供一些真实的、实际的指导，假设3套类型的装置在3种典型的不同压力范围下运行。首先对目前满足Tier 2汽油标准的催化裂化预处理装置性能作了预估，然后假设装置需要满足未来的Tier 3汽油标准中产品的硫含量，对装置采用相同的原料、进料速率和入口氢分压时的预期性能作了估算。应该注意的是，在这些案例研究中，假设催化裂化原料进行了100%的加氢处理，并且只是用于举例说明目的。

下面3种方案的关键条件：

方案1：低压（总压800psi，入口氢分压650psi），液体空速0.65h^{-1}，氢油比1600ft^3/bbl，原料直馏VGO硫含量为1.8%（质量分数），氮含量为1400μg/g，产品VGO在恒定脱硫模式下的硫含量为1500μg/g，不小于脱硫率91.7%）。

方案2：中压（总压1100psi，入口氢分压900psi），液体空速0.8h^{-1}，氢油比2400ft^3/bbl，原料直馏VGO+重质焦化瓦斯油（HCGO）硫含量为2.4%（质量分数），氮含量为2000μg/g，产品VGO在恒定脱硫模式下的硫含量为1500μg/g（不小于脱硫率93.8%）。

方案3：高压（总压1700psi，入口氢分压1400psi），液体空速1.0h^{-1}，氢油比3000ft^3/bbl，原料直馏VGO+其他重组分硫含量为2.8%（质量分数），氮含量2400μg/g，产品VGO在最大量芳香烃饱和模式下的硫含量不大于1500μg/g（脱硫率不小于94.6%）。

5.1 方案1

对于低压催化裂化预处理方案，生产满足Tier 2汽油标准的原料性质和操作条件见表2。颗粒大小梯度分布的催化剂可以脱除杂质，减少压降，方案中采用的脱硫脱氮催化剂是高活性镍钴钼催化剂KF905，与镍钼催化剂（中高压）相比，该催化剂在保持高脱氮活性的同时具有高脱硫活性。

表2　方案1（Tier 2汽油）的催化裂化预处理过程、原料和产品数据

项目		初期	末期	项目		初期	末期
过程参数	催化剂	KF905-1.3Q		镍+钒含量，μg/g		<2	
	入口氢分压，psi	650		馏程(D2887)℉	IBP	525	
	出口氢分压，psi	600			50%	845	
	液体空速，h^{-1}	0.65			FBP	1095	
	入口氢油比，ft^3/bbl	1600		产品性质	API度，°API	24.8	25.4
	平均床层温度，℉	658	785		密度	0.905	0.902
	氢耗，ft^3/bbl	300	340		硫含量，μg/g	1500	1500
原料特性	API度，°API	21.8			脱硫率，%	92	92
	密度，g/mL	0.923			氮含量，μg/g	1025	400
	硫含量，%（质量分数）	1.80			脱氮率，%	27	71
	氮含量，μg/g	1400		运行周期，月		—	36
	芳香烃含量，%（质量分数）	48.8		—		—	—

Albemarle公司开发的HPC过程模型已经用于产物硫、氮、氢耗、运行周期预测，在运行周期内采用恒定脱硫模式操作，产物硫含量保持在1500μg/g。运行周期始末的产物性质及氢耗见表2。

这个选定装置的设计平均床层温度为658℉，初期氢耗为300ft^3/bbl，运行周期36个月，末期床层平均温度为785℉（受反应器耐温800℉的上限限制）；在运行周期内产品硫含量维持1500μg/g（脱硫率91.7%），氮含量由初期的1025μg/g（脱氮率27%）下降到末期的 400μg/g（脱氮率 71%）；初期氢耗为 300ft³/bbl，当床层温度在较低的 700℉条件下时，最大氢耗为 420ft³/bbl，末期氢耗下降至 340ft³/bbl，氢耗变量是温度的函数，故受热力学限制。

表 3 列出了低压条件下生产 Tier 3 标准汽油的操作条件和原料性质，除了采用更高活性镍钴钼催化剂和床层温度的区别，其他参数与表 2 相同。为了满足 Tier 3 汽油标准，需要更深程度的脱硫和脱氮，相应的产品性质和氢耗在初期就提高了。

表 3　方案 1（Tier 3 汽油）的催化裂化预处理过程、原料及产品数据

项目		初期	末期
过程参数	催化剂	KF905－1.3Q	
	入口氢分压，psi	650	
	出口氢分压，psi	580	
	液体空速，h^{-1}	0.65	
	入口氢油比，ft³/bbl	1600	
	平均床层温度，℉	658	785
	氢耗，ft³/bbl	420	370
原料特性	API 度，°API	21.8	
	密度，g/mL	0.923	
	硫含量，%（质量分数）	1.80	
	氮含量，μg/g	1400	
	芳香烃含量，%（质量分数）	48.8	
	镍＋钒含量，μg/g	＜2	
馏程（D2887），℉	IBP	525	
	50%	845	
	FBP	1095	
产品性质	API 度，°API	25.7	26.0
	密度，g/mL	0.900	0.898
	硫含量，μg/g	500	500
	脱硫率，%	97	97
	氮含量，μg/g	650	300
	脱氮率，%	54	79
运行周期，月		22	

催化裂化预处理装置运行初期的设计床层温度为 685℉，氢耗为 420ft³/bbl，运行周期降低为 22 个月，由于受到最高温度 800℉的限制，末期的平均床层温度为 785℉；产物硫含量运行周期内维持在 500μg/g（脱硫率 97.2%），产物氮含量从初期的 650μg/g（脱氮率 53.6%）下降到末期的 300μg/g（脱氮率 78.6%）；初期设计氢耗 420ft³/bbl，末期下降到 370ft³/bbl。如前所述，氢耗作为温度的函数，受热力学限制，在此情况下，最大氢耗量与

初期条件一致。

5.2 方案2

中压催化裂化预处理方案，生产 Tier 2 汽油的常见操作条件、原料特性和产品性质见表4。颗粒梯度分布的催化剂体系可以减少压降，并且含有加氢脱金属保护剂来保护活性催化剂避免金属中毒，两种活性催化剂（脱硫、脱氮）的比较见表4，一种催化剂体系使用全镍钼催化剂 KF851，另一种催化剂体系是 STAX 结构，STAX 装填 50%（体积分数）高活性镍钴钼催化剂 KF905 和 50%（体积分数）高活性镍钼催化剂 KF851。Albemarle 公司的过程模型也可在恒定脱硫操作生产硫含量 1500μg/g VGO 条件下，用于预测产物硫氮含量、氢耗、运行周期。

表4　方案2（Tier 2 汽油）的催化裂化预处理过程、原料及产品数据

项目		初期	末期	初期	末期
过程参数	催化剂	KF851－1.5Q		KF905/KF851	
	入口氢分压，psi	900		900	
	出口氢分压，psi	830		835	
	液体空速，h^{-1}	0.80		0.80	
	入口氢油比，ft^3/bbl	2400		2400	
	平均床层温度，℉	680	780	668	780
	氢耗，ft^3/bbl	500	450	470	450
原料特性	API 度，°API	19.1		19.1	
	密度，g/mL	0.940		0.940	
	硫含量，%（质量分数）	2.4		2.4	
	氮含量，μg/g	2000		2000	
	芳香烃含量，%（质量分数）	54.0		54.0	
	镍＋钒含量，μg/g	3		3	
馏程（D2887）℉	IBP	535		535	
	50%	860		860	
	FBP	1120		1120	
产品性质	API 度，°API	24.1	23.6	23.8	23.6
	密度，g/mL	0.909	0.912	0.911	0.912
	硫含量，μg/g	1500	1500	1500	1500
	脱硫率，%	94	94	94	94
	氮含量，μg/g	950	425	1050	450
	脱氮率，%	52	79	48	78
运行周期，月		24		30	

这个特定的装置在使用全镍钼催化剂时，初期设计床层平均温度为 680℉，氢耗为 450ft³/bbl，催化剂的运行周期为 24 个月，最高温度限制同方案 1；尽管在全周期内产品硫含量维持在 1500μg/g（93.8%脱硫率），由于使用了镍钼催化剂，氮含量从初期的 950μg/g（52.5%脱氮率）下降至末期的 425μg/g（脱氮率 78.8%）；初期设计氢耗 500ft³/bbl，当床层温度至较低的 730℉时氢耗增至最大值 650ft³/bbl，然后下降至末期的 450ft³/bbl。

STAX 催化剂体系与镍钼催化剂相比，脱硫的体积相对活性提高约 20%，但脱氮活性下降约 10%，因此，STAX 体系的初期床层平均温度降低 12℉，由此催化剂运行周期延长 6 个月。然而，与全镍钼催化剂相比，STAX 体系生产的产品氮含量稍高。

STAX 催化剂体系初期的产物中芳香烃饱和较低，对于镍钼催化剂，床层升温快，并且很快超过芳香烃最大量饱和的温度，然而，对于 STAX 催化剂体系，可以延迟这一过程，因此，运行时间延长后，STAX 催化剂体系芳香烃饱和会与镍钼催化剂一样。具体选择哪个催化剂体系，需要炼油厂综合研究催化裂化预处理/催化裂化装置系统的经济性，达到各项目标的最优化。

表 5 列出了中压催化裂化预处理生产 Tier 3 汽油的操作条件和原料特性，除了采用的催化剂体系和平均床层温度不同外，其他条件与表 4 相同。为了满足 Tier 3 标准，产品的性质和氢耗对应更深度的脱硫脱氮和初始条件。

同样，两种催化剂体系（脱硫、脱氮）对比列于表 5，全镍钼催化剂 KF 860 具有比 KF851 催化剂明显高的脱硫和脱氮活性，全镍钼催化剂的脱硫和脱氮活性也明显高于由 50%最高活性镍钴钼催化剂 KF905N 和 50%KF860 镍钴催化剂组成的 STAX 体系。KF860 催化剂的高活性特征在满足 Tier 3 标准的低氮含量产物及催化裂化原料生产过程中表现较好，催化剂体系包括单独使用以及 STAX 催化剂体系。

表 5　方案 2（Tier 3 汽油）的催化裂化预处理过程、原料及产品数据

项目		初期	末期	初期	末期
过程参数	催化剂	KF860-1.3Q		KF905N/KF860	
	入口氢分压，psi	900		900	
	出口氢分压，psi	780		835	
	液体空速，h^{-1}	0.80		0.80	
	入口氢油比，ft³/bbl	2400		2400	
	平均床层温度，℉	705	767	690	767
	氢耗，ft³/bbl	650	450	600	450
原料特性	API 度，°API	19.1		19.1	
	密度，g/mL	0.940		0.940	
	硫含量，%（质量分数）	2.4		2.4	
	氮含量，μg/g	2000		2000	
	芳香烃含量，%（质量分数）	54.0		54.0	
	镍+钒含量，μg/g	3		3	

续表

项目		初期	末期	初期	末期
馏程（D2887）℉	IBP	535		535	
	50%	860		860	
	FBP	1120		1120	
产品性质	API度,°API	25.6	23.6	25.1	23.6
	密度，g/mL	0.901	0.912	0.904	0.912
	硫含量，μg/g	500	500	500	500
	脱硫率,%	98	98	98	98
	氮含量，μg/g	350	200	400	240
	脱氮率,%	82	90	80	88
运行周期，月		12		18	

与前面方案案例一样，在恒定脱硫操作模式下，Albemarle公司的过程模型用于产物硫氮含量、氢耗和运行时间的预测。在满足Tier 3标准汽油的方案中，催化裂化预处理装置必须生产硫含量500μg/g的产品。

该装置在此原料条件下生产满足Tier 3标准汽油要面临艰难的挑战，尽管高活性催化剂有助于实现可接受的运行周期。当采用全镍钼催化剂时，设计床层温度为705℉，初期氢耗为650ft³/bbl，催化剂的运行周期仅为12个月；反应器的高温限值与其他方案相同；对于镍钼催化剂，产品硫含量在运行周期内维持恒定值500μg/g（脱硫率97.9%），产品氮含量从初期的350μg/g（脱氮率82.5%）下降到末期的125μg/g（脱氮率93.8%）；初期设计氢耗为650ft³/bbl，末期下降到450ft³/bbl。

具有更高活性的STAX催化剂体系比高活性镍钼催化剂的脱硫活性高30%，但是脱氮活性下降了10%，因此STAX催化剂体系的床层温度低15℉，可以延长6个月的运行时间。与全镍钼催化剂相比，尽管STAX催化剂产物的氮含量稍高，但对催化裂化原料而言，氮含量依然较低。事实上，STAX催化剂体系的运行周期延长50%可以使炼油厂获利更大。

5.3 方案3

高压催化裂化预处理生产满足Tier 2和Tier 3标准汽油过程的操作条件、原料性质和产品性质见表6。颗粒梯度分布的催化剂体系可以减少压降，并且含有加氢脱金属保护剂来保护活性催化剂避免金属中毒。表6仅比较了在两种情况下生产Tier 3标准汽油时，采用最高活性镍钼催化剂对操作特性的影响。

Albemarle公司的过程模型用于对产物硫氮含量、氢耗、运行周期的预测，然而，在此模拟过程中，以最大化芳香烃饱和来选定初期床层平均温度。初期的产品硫含量远低于生产Tier 2标准汽油的需要，随着进料时间的延长，产品硫含量也增大，一旦硫含量达到限值，就要提高操作温度以满足硫含量指标。

表6 方案3（Tier 2、Tier 3标准汽油）的催化裂化预处理过程、原料和产品数据

项目		初期	末期	初期	末期
过程参数	催化剂	KF860-1.3Q		KF860-1.3Q	
	入口氢分压，psi	1400		1400	
	出口氢分压，psi	1250		1220	
	液体空速，h^{-1}	1.00		1.00	
	入口氢油比，ft^3/bbl	3000		3000	
	平均床层温度，°F	705	767	732	767
	氢耗，ft^3/bbl	700	470	640	470
原料特性	API度，°API	17.5		17.5	
	密度，g/mL	0.950		0.950	
	硫含量，%（质量分数）	2.8		2.8	
	氮含量，μg/g	2400		2400	
	芳香烃含量，%（质量分数）	56.5		56.5	
	镍+钒含量，μg/g	4		4	
馏程（D2887）°F	IBP	550		550	
	50%	880		880	
	FBP	1160		1160	
产品性质	API度，°API	24.5	22.2	24.2	22.2
	密度，g/mL	0.907	0.921	0.909	0.921
	硫含量，μg/g	560	1500	500	500
	脱硫率，%	97	95	98	98
	氮含量，μg/g	370	225	260	220
	脱氮率，%	85	91	89	91
运行周期，月		15		6	

在此方案中，炼油厂如果生产满足Tier 2标准汽油，模型预测运行周期大于1年，为了维持产品硫含量小于1500μg/g，运行的前半周期可以保持床层平均温度不变，随后要升高温度以保证硫含量。然而对于炼油厂要生产硫含量小于500μg/g产品的情况，模型预测装置的起始床层温度要升高30°F，并且床层温度必须持续升高才能维持产品硫含量为500μg/g，因此生产满足Tier 3标准超低硫汽油过程的运行周期比生产满足Tier 2标准汽油运行周期的50%还短。

6 结论

美国环保总局考虑在2016—2017年执行更严格的Tier 3标准，这将对没有催化裂化汽油后处理能力的炼油厂产生明显影响，由此推断，为满足更低催化裂化原料硫含量标准，炼油厂催化裂化预处理装置运行周期明显缩短、装置操作费用增加。

原料组成、催化裂化预处理装置的能力和制约因素、操作策略将对炼油厂装置产生特定影响，以恒定脱硫率方式操作装置的运行周期会缩短 20%～40%，初期氢耗的增加值也在这个范围。对于以最大化芳香烃饱和模式在中高压条件下操作的装置，新标准的影响总体上比较难量化，然而如上述方案 3 所示，催化裂化预处理运行周期要缩短 50%以上。

全部炼油厂既要应对尽力匹配催化裂化预处理和催化裂化装置运行周期的挑战，又要增产超低硫柴油，一些炼油厂将研究调整催化裂化预处理的操作策略来优化全厂操作和产品结构，缓和加氢裂化是有吸引力的一个选择，特别是对有增加柴油产量需要的炼油厂。

总之，炼油厂需要整体规划收率、产品质量和经济评价才能说明各种参数对重油加工线的影响，至少需要评估催化裂化装置和催化裂化预处理装置。对于有催化裂化汽油后处理能力的炼油厂，还要考虑汽油后处理过程，由于催化裂化汽油的硫含量更低，Tier 3 标准汽油的辛烷值损失希望能保持与 Tier 2 标准水平相近。

AM－13－76

面对未来天然气凝析液热潮炼油企业的选择

Eric Ye（DuPont Sustainable Solutions，USA），
Daniel Lippe（Petral Consulting，USA）
胡亚琼　袁晓亮　译校

摘　要　近年来水力压裂页岩和致密岩层取得的成功及其快速增长不仅促使北美天然气和轻质油产品激增，还造成天然气凝析液（NGL）产量的快速增长。虽然这种液化石油气中的轻组分如乙烷和丙烷可能有轻烯烃产品市场或者出口，但是重链石蜡包括丁烷的市场是有限的。虽然丁烷存在化学品和非运输燃料市场，但现实是，处理这些化合物依赖于炼油厂将这些原料调和进汽油池或出口市场的能力。然而，在北美，汽油消费量下降或者非常有限，加上汽油规格（如 Tier 3）越来越严格以及可再生燃料的需求，这些都限制了炼油厂将这些化合物混合进汽油池的可能性。

丁烷日益盈余影响着其价格，使得丁烷加工的重产品价格也大打折扣。增加出口量可为丁烷及其他液化石油气产品的富余供应提供一个出口，然而就目前而言，过去 10 年丁烷的库存持续增高表明有限的出口量限制了这一方案的成效。

由于丁烷和汽油之间价格折扣存在差异，有一个选择就越来越具有吸引力——许多炼油企业需要考虑的是最大限度地利用烷基化，将这些混合丁烷转化为烷基化物。

本文将针对北美近期及预期的丁烷供应/需求平衡趋势，讨论了炼油厂潜在的各种选择，包括烷基化。

1　概述

美国页岩和致密岩石水力压裂法的成功引发了一场碳氢化合物的真正狂潮，它重塑了天然气和石油工业，就算仅在几年前这种方式也是无法想象。

在过去的几年里，北美地区的天然气供应量快速增加。水力压裂法的成功使得一度面临天然气相当短缺、寻求天然气凝析液（NGL）进口的地区，现在只能通过 NGL 出口缓解大量盈余。

北美等地区以往因天然气以及高达天然气价格数倍的原油价格（热潮时）一直在推动生产商专注于高热量或“湿”气市场，目前却受到了冲击。美国 NGL 生产激增，在 2011 年天然气发电厂增加 40%以上，预计在未来 5 年内从 2011 年的 220×10^4 bbl/d 上升至 2016 年的 310×10^4 bbl/d[1]。

尽管国内需求（主要是使用乙烷作为乙烯原料）不断增长，却赶不上 NGL 生产激增的步伐。北美石化行业争相适应新的市场模式，相对重油而言，NGL 的价格折扣非常之大。这些日益降价的 NGL 驱使石化生产商，特别是那些生产轻烯烃如乙烯和丙烯的，投入巨资

新增或改造设备来利用 NGL 如乙烷和丙烷取得价格竞争力。较重的 NGL 如天然汽油，也有越来越多的市场，比如沥青稀释剂或燃料乙醇变性剂（E85）。

天然气生产正丁烷产品供应增长面临着特别挑战。天然气和炼油装置生产的丁烷最终用于发动机汽油生产，当然，丁烷存在化学和其他工业用途，如制冷剂和推进剂，但这些应用是有限的或者稳定的。在北美，随着汽油消费量下降、车辆燃油效率标准的提高和人口结构的变化，预计能够直接进入汽油池的混合丁烷也将减少。更严格的 EPA 蒸气压力、硫和辛烷值的要求可能会进一步降低能够直接混合到汽油池中的丁烷量。由于轻烯烃行业专注于使用轻质 LNG 如乙烷和丙烷作为越来越具有成本优势的原料，丁烷作为乙烯裂解原料的市场将转向最低水平，这将进一步降低国内市场对丁烷的需求。

在这个迅速变化的环境中，毫不惊奇地看到，北美市场已经从丁烷净进口变成净出口，这一趋势在未来不大可能逆转。

虽然出口市场可以解决所有的储量问题，但是市场定价必定大打折扣，还要考虑出口市场对于季节性库存约束做出反应，以及运输和处理与出口加压和冷藏产品的相关费用。从过去 2 年北美市场定价中可以看出，丁烷的市场定价使得汽油折扣不断加大。

虽然炼油企业有可能会继续采用足够的措施储存丁烷，使其对整体业务仅产生温和的影响，但是丁烷对于汽油的巨大折扣将会给别的炼油企业如他们的竞争对手们带来机会，通过利用这些大减价的丁烷烷基化来提高炼油厂的整体盈利能力。

虽然丁烷烷基化的经济刺激将取决于炼油厂的特定配置和市场，但很显然，炼油企业可以考虑未来这些低廉的丁烷可作为一个额外的成本优势。以丁烷为原料进行烷基化是否为获利的最优方式，可很容易地通过本文附录公式的准确基本计算确定。

2 NGL 基础和市场概述

NGL 是从气相的烃类流体中脱除（浓缩）的烃类所形成的液体，比如油井中的原油天然气或原油精制装置的轻质产品。在一般的化学术语中，NGL 是小相对分子质量烷烃的混合物：乙烷、丙烷、丁烷以及天然“汽油”（戊烷/己烷以及微量重质烷烃）。

虽然术语 NGL 有时与液化石油气（LPG）互换，这在学术上是不正确的，因为 LPG 更准确的定义为丙烷和丁烷的混合物，它是一个 NGL 的子类别。

一直以来，NGL 都是天然气生产的副产品，然而，在北美，气价和油价的不断扩大已经改变了石化行业对于这些“副产品”的看法。现在 NGL 作为天然气生产商不断增长的效益来源受到越来越多的重视。目前，在美国生产的 NGL 占液体烃类（原油和 NGL）总量的 1/3[2]。

在 2012 年的美国市场，2/3 的 NGL 是天然气的副产品或原油产品。随着水力压裂法在页岩、致密岩层取得的成功，富含 NGL 的油井受到关注，NGL 的比例继续增长。

图 1 总结了目前美国 NGL 的市场现状[3]。如图 1 所示，最轻的 NGL 乙烷，成为 NGL 最主要的产品。乙烷主要有两种基本用途：合成天然气或者为乙烯原料。将乙烷混入天然气的工艺称为乙烷抑制，正是这个工艺成为决定价格的关键，进一步说，在某种意义上它决定了 NGL 产生的价值。实际上，由于乙烷是天然气的替代品，天然气的价格决定了乙烷的市场价。

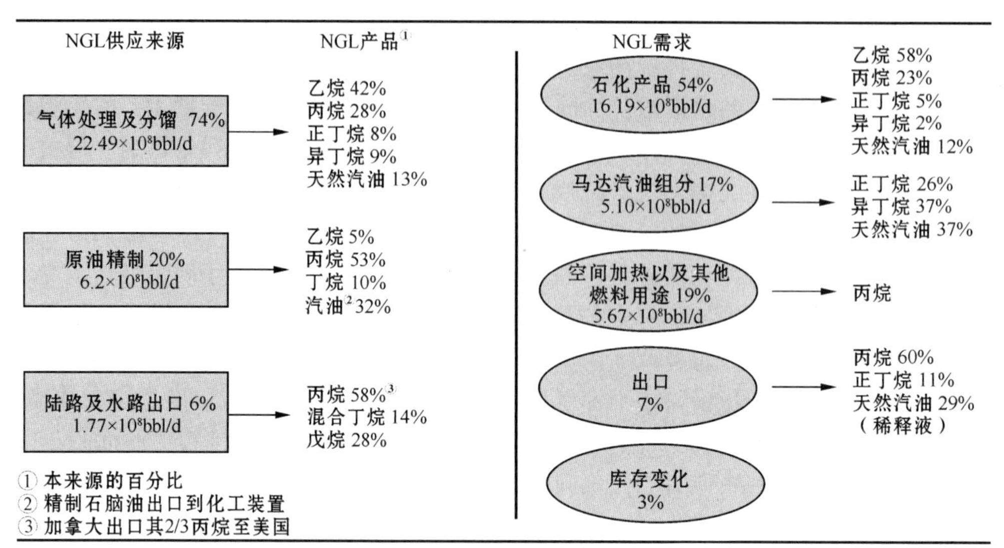

图1　美国NGL的市场现状

（2011年3月至2012年2月平均值。数据来源：EIA，水运LPG报告，Hodso报告，中游能源组分析）

由于北美天然气目前正在以相对原油巨大的折扣热销，乙烷的价格对于作为加热燃料或乙烯原料的较重石油衍生物呈现巨大折扣。这个折扣，稍后将讨论，正是转变北美乙烯生产原料的关键。

可以看出，NGL作为石化原料成为美国市场的主体，虽然可以生产数量众多的化学衍生物，但目前液态天然气的主要石化产品市场是用于乙烯生产。随着工业转向较轻的原料（乙烷），较重的NGL市场预计将减少。

丙烷主要用于住宅或商业加热供暖，但和乙烷一样也用于石化行业作为乙烯生产原料，这主要基于价格和可行性。由于消费者逐渐投资于能效更高的项目，并维持恒温设备低水平运转，预计丙烷在住宅和商业市场的需求将下降。没有零售的增长需求，丙烷和乙烷一样，日渐成为比重烃类折扣大的产品。

丁烷和较重的天然汽油用于生产一些化学物质（主要是乙烯生产），但大多是最终用作发动机汽油调和组分。和丙烷一样，丁烷和较重的天然汽油在生产乙烯方面的用途越来越小。

如前所述，水力压裂页岩和致密岩层的成功提供了充足的天然气供应。这样的供应状况、最近的经济衰退以及最近在美国冬季变暖等使得国内需求大幅下降，以至于天然气目前存在盈余。天然气与原油市场不同的是，没有足够的设施使得其较容易地运送至出口市场，这就导致天然气和石油价格差异非常明显。

由于较重NGL的价格往往与原油价格（乙烷例外）产生相同的趋势，北美制造商越来越注重富含液体的油井（一些页岩气产生NGL富气），原油开采者也调整水平钻井和水力压裂，在现有油田和相关天然气（NGL富气的主要来源）中获取更多的原油。有点弄巧成拙，生产者关注富含液体或“湿”井，相应的天然气产品只增加了现存盈余的天然气，反过来又继续压低天然气价格。然而目前的天然气价格低廉不是一成不变的，预计将上升，

Petral 咨询公司认为，价格将拉平 3.50～4 美元/10^6Btu（换算成原油是 20～25 美元/bbl），这与鼓励发电消费者减少使用煤炭来支持高速运行燃气装置的临界价格相一致。

毫无意外，NGL 的产量，即使是最保守的预测，也将继续以不可预测的速率增加。

丁烷和天然汽油在 NGL 预计的总体产量增量中占一部分，其产量遵循协同效应，这将对丁烷和天然气的供求平衡产生深远影响。这一深远影响可以简单归因于 NGL 产量的剧增而产品市场相对有限。

图 2 展示出北美 NGL 供应的快速增长趋势，NGL 的部分增长由乙烷和丙烷组成。图 3 展示了重质 NGL 丁烷以及天然汽油的增长。由图 2 可以看出，未来 3 年丁烷产量预计增加 50000bbl/d，天然汽油产量预计增加 23000bbl/d[4]。

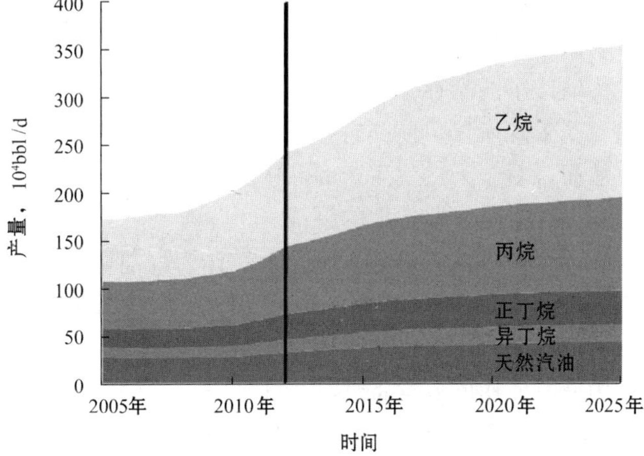

图 2　美国气体工厂 NGL 生产展望

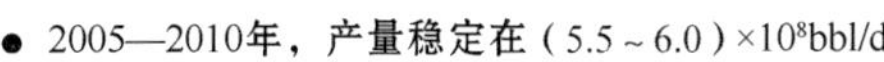

	2011年	2012年
丁烷	18000	25000
天然汽油	23000	16000

● 2013—2015年激增的产量，bbl/d

丁烷	5000
天然汽油	32000

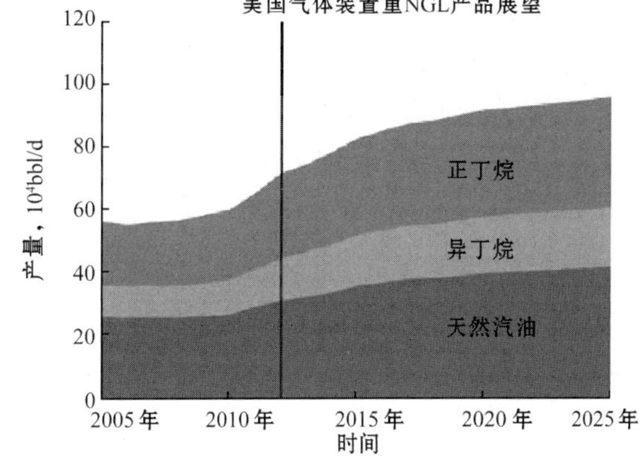

图 3　美国气体装置产物

（数据来源：Petral Consulting Company）

3　丁烷，难题还是机遇?

随着加拿大油砂中沥青产量的增长，美国市场对可以将这种重质沥青产品转移的稀释液有越来越强烈的需求。值此机会，来自天然气井的天然汽油产品的增加完美地满足这个需求。

然而，丁烷市场遇到特殊的挑战。目前丁烷用作稀释剂，然而由于它具有较高的蒸气压，所以限制了它的广泛应用。

丁烷的主要市场是用作汽油调和组分，或直接调和或作为重质调和组分的原料。尽管丁烷和丁烯具有高辛烷值，但是它们相对较高的混合雷德蒸气压（RVP）限制了其可以调进汽油的含量，这一限制在夏季尤其严格。在夏季开车时（最高汽油需求时），为避免挥发性有机化合物排放，进一步避免形成光化学污染，可调和进汽油的丁烷总量严格受限。在这一段时期中，炼油厂能够调和丁烷或丁烯进入汽油的能力几乎没有，除非这些化合物转化为重质的、低 RVP 产品或石化产品，否则炼油厂必须做好储存，直到这些物质直接混合的产品可以利用或者被第 3 方买走。

炼油厂丁烷库存是一直以来存在的问题。美国炼油厂目前拥有并很可能继续拥有足够的措施承受丁烷库存，使其对整体业务的影响降到最低。

然而，对于天然气生产商和中游 NGL 供应商来说，为增产的丁烷找到市场并提供合适的丁烷库存量是个非常大的挑战。

预计国内汽油需求将下降，丁烷作为汽油调和组分的市场也将下降。虽然丁烷可用在多种石化产品或非燃料应用中，这些用途中最主要的是作为乙烯生产原料。丁烷作为乙烯生产原料所占比例很小，主要是丁烷相对其他轻质组分，例如乙烷和丙烷价格比较昂贵，所以丁烷作为原料使用的数量将进一步降低[5]。丁烷的任何市场需求增长都非常小，而且/或者对炼油厂的条件要求较高，除非它们集成为大的化工厂。

由于丙烷脱氢制烯烃或者二烯投资需求较高，所以在北美，目前至少建成两套使用丁烷脱氢制汽油调和组分或化工产品[6,7]的装置。考虑到丙烷原料严重打折的现状，丙烷脱氢充其量只是解决问题的下下策，尽管它总被认为是越来越多廉价丁烷的出口方向。

了解这一事实后，制造者和中流企业期盼出口市场可以解决这一增产问题[8]。世界各地对于 LPG 的需求在增长，然而出口目前这些大量丁烷以及预计未来巨量丁烷所需要的基础设施不足。即使人们正在努力增加 LPG 的出口能力，处理并运输这些巨大增量的 LPG 所需成本将使 LPG 对于较重产品如汽油来说大打折扣。

这种现状在美国持续或长或短，丁烷将继续以史上最低价折现出售。对于美国炼油厂，这一廉价的丁烷供给对于烷基化装置来说意味着盈利机会。

4 诱人的解决办法——烷基化

烷基化是少数几种可以将烷烃变成高相对分子质量产品而不需要先将烷烃转化成活性较高的烯烃或醇类的 LPG 处理技术之一。烷基化反应将轻烯烃如丙烯、丁烯、戊烯等和异丁烷连接在一起，反应需要在强酸催化下进行烷基化反应，产物为混合链烷烃——具有高辛烷值、低蒸气压的混合汽油组分。尽管目前许多使用固体酸催化剂或离子液体催化剂的技术正在蓬勃发展，目前具有工业价值的烷基化装置采用的都是低温硫酸或氢氟酸催化反应。

4.1 烷基化的化学机理和性质

图 4 为异戊烷和 2－丁烯实现烷基化的示意图。

从这个例子可以看出，从炼油厂角度出发，烷基化反应对于丁烷的营销具有许多战略优势，两种具有高蒸气压的分子变成低蒸气压高辛烷值的分子。烷基化产物，考虑到其具有低蒸气压，可以接受额外丁烷（或者别的高蒸气压/低辛烷值产品）直接混合进入汽油池。

然而实际上烷基化更为复杂，最终的烷基化反应程度由许多因素决定：原料中烯烃种类、操作条件等。烷基化油是理想的汽油调和组分，工业上称为“液体黄金”。

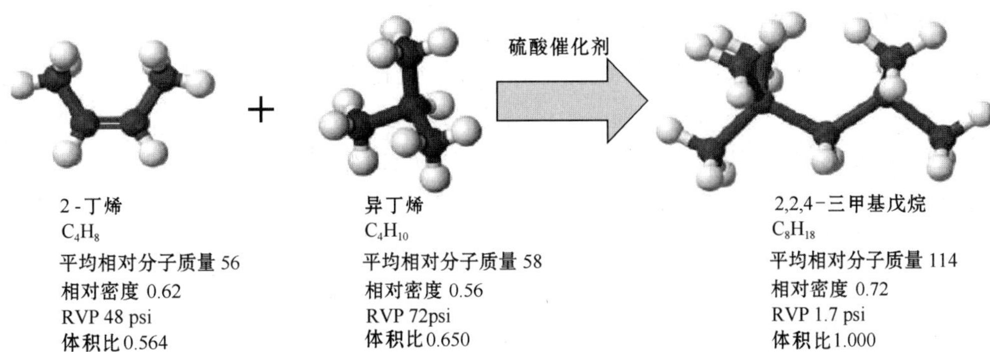

图 4 异戊烷和 2-丁烯的烷基化示意图

除了高辛烷值和低蒸气压，烷基化油还具有其他的优势：可以允许炼油厂将不理想汽油调和组分升级为合格汽油（表 1）。烷基化油基本包含所有烷烃化合物，它几乎不含清洁燃料中严格限制的硫、芳香烃、烯烃等毒物。烷基化还具有别的优点，比如低敏感度、理想的 T_{50} 和 T_{90} 沸程。

尽管目前美国汽油池的烷基化油比例为 12%，但是也有报道称合格汽油中混合高达 25%烷基化油组分，比如 CARB 汽油[9]。炼油厂汽油池中烷基化油的调和比例主要由经济决定，而非技术挑战。

表 1 汽油调和组分性质

项目	辛烷值 (RON+MON) /2	硫，μg/g	RVP psi	A/B/O①	T_{50},℉	T_{90},℉
正丁烷	92	5	52.0	0/0/0	28	28
异丁烷	100	5	72.0	0/0/0	11	11
C_3 烯烃	89~91	5	4.0	0/0/0	200	300
C_4 烯烃	93~97	5	4.0	0/0/0	210	258
C_5 烯烃	89~91	5	4.0	0/0/0	255	307
LSR（C_5~210℉）-加氢处理	68~73	1	10.0	2.0/1.0/0	130	180
C_5/C_5 异构	78~82	1	12.0	0/0/0	125	150
重整油	95~100	1	4.0	54.0/0.9/0.5	250	318
甲苯	114	1	1.0	100.0/0/0	231	231
加氢裂化（C_6~180℉）	74~79	1	3.9	2.0/0/0	125	160
加氢裂化（180~290℉）	60~65	1	1.7	2.0/0/0	240	270
C_5~340℉催化裂化汽油（加氢处理）	81~83	8	7.6	23.0/0.9/10.0	200	270
340~430℉催化裂化汽油（加氢处理）	82~84	50	0.5	48.0/0/0	300	360

数据来源：Pryor，Pam，Sarna，Michael E，Refining Options for MTBE - Free Gasoline，AM - 00 - 53，March 2000 Petroleum Refining Technology &Economics，3rd Edition，Gary，James H.，Handwerk，Glen E. Reference Data for Hydrocarbons and Petro - Sulfur Compounds，AlChE Fuels and Petrochemicals Division.

①A 为芳香烃，B 为苯，O 为烯烃。

4.2 烷基化评估

感兴趣的读者可以在本文附录 A 找到计算烷基化毛利的详细计算方法。

自 2004 年以来，成品油价格机构 Platts 一直用烷基化油现货价格为美国的墨西哥海湾区航运驳船发货定价[10]。对于这个市场，Platts 的烷基化油现货价格为获取烷基化油优点的附加值提供了合理近似值。然而，现价或许无法反映出这一市场之外的烷基化油或者和 Platts 基本产品分布不同的炼油厂真实价值，在这些情况下，附录 B 提供了另一种快速估算烷基化价值的方法。

以 Platts 烷基化定价，使用附录 A 的方法可计算出 Mont Belvieu USGC 炼油厂处理异丁烷和混合丁烯的利润。

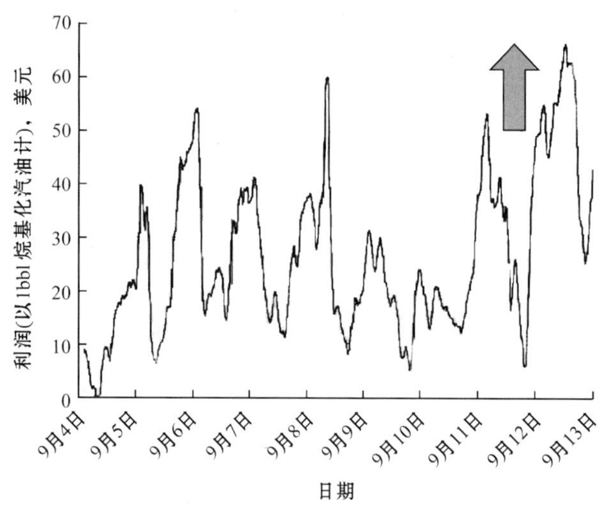

图 5 美国墨西哥湾烷基化利润

(30 日运转平均值，2004 年至今。数据来源：Platts Spot Pricing USGC Alkyate BargePrice，Isobutane Mont Belvieu，Normal Butane Mont Belvieu)

图 5 显示出采用本法计算烷基化 30 天的平均利润。如图 5 所示，烷基化毛利表现出与季节一致的变化，在夏季汽油季利润最高，在冬季汽油季呈现最低，因为此时汽油 RVP 参数限制丁烷直接调和汽油中。

实际上更有意义的是，过去 2 年中，USGC 的烷基化利润实现了阶梯式增长趋势，这种变化是丁烷过剩导致汽油价格折扣渐增的结果。

图 6 更清楚地体现了汽油的递增折扣，这一折扣主要受 RVP 参数影响。虽然丁烷价格的季节性变动仍然存在，但由于丁烷引起汽油的折扣已清晰地呈现出减小的趋势。

需要注意的是，由于异丁烷辛烷值较高而且可作为潜在的烷基化原料，通常比正丁烷售价高一些，这一价格结构意味着丁烷异构化装置的炼油厂可将正丁烷升级为异丁烷，一种烷基化原料，这样可实现额外的利润增长。

5 北美丁烷和汽油供需：前景展望

对于炼油厂而言，在考虑额外的大宗投资来抓住机会升级潜在的具有价格优势的原料时，经常思考的问题是“目前的市场是长期稳定的大势所趋还是暂时表象?”

未来的市场将继续存在并将这一折扣维持现有水平吗?

历史一再证明，高额市场利润不会永久存在。现实问题是天然气由于油品价格巨大折扣不太可能一直维持。随着经济复苏、需求增长，以及 LNG 出口等新市场的增加及其对价格的影响，天然气的价格总会增长。然而，随着水力压裂技术的进步以及新领域的发展，天然气再次和油品等价的那一天似乎不可能出现。因此，即使天然气需求及价格上升，生产商们将继续关注“湿”井。即使是最极端的悲观主义者也会预计北美的 NGL 产量将呈持续上升趋势，国内需求进一步下降以及市场需求有限，丁烷的供应很明显将过剩于国内需求，因此会以相对较重石油产品比如汽油等来说巨大折扣销售。

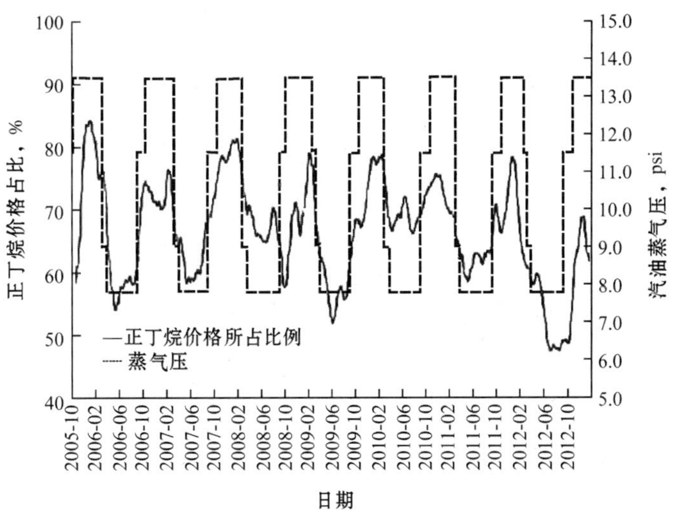

图 6　美国墨西哥湾正丁烷与常规无铅汽油对比

（30 日运转平均值，2005 年 10 月至今。数据来源：Platts Reported Pricing for NC4 - Mont Belvieu Non - TET，US Conventional Regular Unleader Gasoline Waterborne）

尽管有额外的设施将 LPG 出口至国外市场，LPG 的价格尤其丁烷的价格不太可能回归到美国作为丁烷纯进口国的水平。作为一个完全出口国，美国市场无法为 LPG 定价，这是由 LPG 的出口市场——沙特阿拉伯决定未来的 LPG 如丁烷的定价。

在北美供需平衡转变之前（2005—2007 年），美国 Mont Belvieu 的 LPG 价格是 5～15 欧元/gal，低于沙乌地交易价格。随着美国供需平衡由纯进口市场转变为纯出口市场（2008—2011 年），价格下降到 3～8 欧元/gal，在 2012 年上半年折扣扩大到 30～35 欧元/gal。随着需要出口的丁烷增加，油品处理及航运费用（20～30 欧元）将对沙乌地交易价格继续打折。

考虑到休斯敦海峡船舶码头费目前为 12 欧元/gal 以及所考虑到的运输成本，相对于这些产品的国内出路，丁烷出口市场越来越没有吸引力（表 2）。

表 2　LPG 对出口市场的净回值　　单位：欧元/gal

有效定价（2012 年 3 月，美国 cpg）		美国墨西哥湾对日本	美国墨西哥湾对 NWE
丁烷市场价		236	211
减少	Mont Belvieu 定价	185	185
	油轮装载	6	6
	航运	26	15
	部分总计	217	206
剩余		19	5

数据来源：Waterborne LPG Report，Petral Consulting，2012 年 3 月。

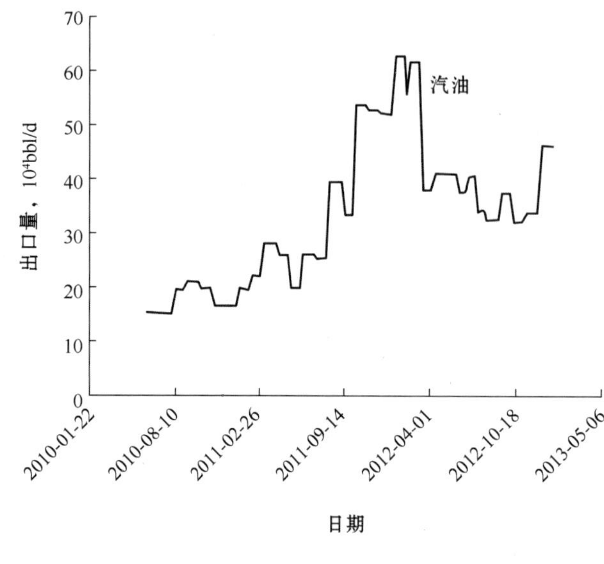

图 7 美国汽油出口

（数据来源：US Energy Information Administration）

随着 LPG 出口设施的建成或与 Mont Belvieu 的 LPG 设施捆绑，从 Mont Belvieu 中心搬走的 NGL 加工装置将面临更高昂的处理与物流费用，这很可能进一步加重了这些地区炼油厂的丁烷价格折扣。

由于新 CAFE 标准和越来越多生物燃料的使用，北美汽油消费预计保持平缓，甚至最终而导致下降。西半球的汽油需求预计将激增，事实上拉丁美洲需求已经快速增长，增长幅度高于北美市场降低幅度。如图 7 所示，汽油出口呈现明显增长趋势，这一趋势预计近期不会逆转。此外，这些出口市场的燃料标准逐渐向清洁燃料发展，如欧 V+，美国 Tier 2 或者预计中的美国 Tier 3 等标准。历史证明，由于烷基化油具有优良的调和性质，因而继续作为主要的理想组分调和加入清洁燃料——这种组分很可能会取代不太理想或不太经济的汽油调和组分。

6 杜邦可持续解决方案——可从 NGL 热潮中收益的合作伙伴

由于具有 80 年的经验，杜邦可持续解决方案（DSS）的 STRATCO 被授权了世界领先的烷基化过程工艺——STRATCO 烷基化工艺。作为 DSS 清洁工艺组合的一部分，我们提供非常广泛的产品和服务，这些都具有无法被超越的优势。不论你是否考虑基础烷基化装置、烷基化装置改进或者提高装置的可靠性或优化装置操作，我们 STRATCO 烷基化技术授权我们小组或者我们的全球工程解决方案（GES）小组提供不间断的技术服务和设备设计来增强炼厂的操作、稳定性和维修。

杜邦清洁技术不仅提供最出色的 STRATCO 烷基化工艺，还可以为炼厂提供其他产生利润的集成领先相关工艺，如：

（1）BELCO® 空气清洁工艺——作为 40 多年来控制排放的领先技术，可解决颗粒物的排放、二氧化硫、二氧化氮等空气清洁要求。

（2）MECS® 硫酸和环保工艺——硫酸及其处理工艺、催化剂、设备的主要供货商，为化肥、冶金、炼厂、化工以及其他许多工业提供定向解决方案，为综合顾客提供更好的操作、维修及工艺性能的改进。

（3）IsoTherming® 加氢工艺——一个独特的裂化工艺，提供了柴油、煤油、轻质循环油以及真空瓦斯油的加氢处理及缓和加氢裂化工艺，使得炼厂生产清洁燃料更低廉高效。

（4）咨询服务——这些用户化的解决方案使得车间安全、操作效率、环保要求等最大化，有些操作工艺可以在降低风险提升操作的同时降低资本预算高达 10%～15%。

杜邦公司已有 200 多年的历史。杜邦公司的工业业绩追溯到硫酸的第 1 次工业生产，其硫酸生产和销售有 100 多年的历史。硫酸烷基化和酸再生是杜邦公司的核心业务。杜邦公司也具有其他一系列工艺，它们都可以授权并销售，能给炼油厂和股东带来最大的利润。

7 结论

富液油井和致密岩层受到越来越多的关注，这将导致北美市场丁烷价格折扣增大，国内市场有限并下降，丁烷作为原料需要低价出口，由此带来的折扣增大扩大了汽油和丁烷的折扣，这对利用这些大打折扣的 NGL 进行烷基化盈利的炼油厂来说是个非常诱人的机会。

然而，炼油厂可以获得的利润取决于每个炼油厂的结构配置和市场，整体趋势表明这一利润很可能会增加，如果还没有的话，炼油厂应该对利用打折的丁烷通过烷基化获取整个炼油厂效益的潜在机会进行评估。本文给出了完成这种评估的计算方法。

作为以硫酸为基础的烷基化及酸再生工艺的市场领导者，杜邦公司可以提供完整的、全面的、量身定制的解决方案，使得炼油厂可以从来势汹涌的 NGL 和丁烷供应中获利。

附录：

A 烷基化利润计算

最准确计算烷基化过程的方法是采用炼油厂线性规划（LP）模型，通过物料平衡和可得的现货价格合理快速地完成计算。

2004 年以来，Platts 油品定价中心以烷基化油的现货价格为美国墨西哥湾的水运驳船发货油品定价。按照 Platts 算法，这种烷基化油的参数为 RVP 最高 5.5psi，辛烷值（R+M）/2 为 92～93。

Mont Belvieu 定价普遍被 USGC 认作 LPG 定价基准，扣除运费后是正丁烷和异丁烷在该地区的代理价格。Mont Belvieu 对轻质烯烃的定价容易获得，丁烷的定价一般是高纯度同分异构体混合物——乙烯生产副产物（残液 1 和残液 2）的定价，无法反映炼油厂售出的混合丁烷/丁烯的价值，相反，正构丁烷的定价可为这些混合丁烷的价格提供参考。

按照这一思路，以异丁烷和二丁烯的反应为例，可根据物料平衡、价格结构来估算烷基化利润。

可以看出，异丁烷和二丁烯的烷基化反应在产生高密度烷基化产品时导致混合丁烷体积减小，低密度的丁烷/丁烯平均密度为 0.55g/mL，烷基化油密度为 0.72g/mL，因此，在此条件下，每桶丁烷/丁烯反应物产生 0.78bbl 烷基化油。

计算中假设该反应的烷基化产物符合 Platts 烷基化油规格。对于典型的丁烷/丁烯原料和正构烷基化装置操作，Platts 规格非常保守，低于或优于这一标准的烷基化油定价会有偏差。这些加价或折扣取决于参与反应的特定部分。

对于 USGC 以外或者不同于 Platts 规格的烷基化油，一个修正版的经典汽油调和值可以用来预算每座炼油厂特定的烷基化利益。

采用 2012 年 7 月 10 号 Platts 的定价，下面的例子说明了如何计算采用典型丁烷/丁烯进行烷基化的利润。

利润=（烷基化油体积×烷基化油单价）－［（异丁烷体积×异丁烷单价）+（丁二烯体积×正丁烷单价）］=烷基化油单价－［（0.65×异丁烷单价）+（0.564×正丁烷单价）］

Platts 市场定价：

（1）USGC 通常无铅水运的烷基化油定价：0.440 美元/gal。

（2）USGC 通常无铅水运：2.692 美元/gal。

（3）Mont Belvieu 异丁烷：1.362 美元/gal。

（4）Mont Belvieu 正丁烷：1.284 美元/gal。

利润=［（0.440+2.692）］－［（0.650×1.362）+（0.564×1.284）］

=1.621 美元/gal=68.09 美元/bbl 烷基化油

B 烷基化计价方法

Platts 的烷基化油定价可给 USGC 的烷基化油定价提供个参考，然而对不在该区域的炼油厂或者生产的烷基化油和 Platts 规格具有明显差异的炼油厂来说，一个修正版的经典汽油调和值计算可以作为计算他们特定的烷基化产品的参考。

典型的“调和值”计算采用辛烷的市场价和蒸气压组成（将丁烷混入汽油中）来确定汽油混合物的价格。一直以来，调和值用来估算非成品比如汽油调和组分的价值，体现了未定价的调和组分和已定价的汽油产品的本质区别。

辛烷价格可以通过优质汽油减去常规无铅汽油定价再除以辛烷量估算得到，所得结果是每加仑或每桶的估计价格。

为得到特定的汽油产品而在其中加入或者移除一些丁烷，但不超出 RVP 限值。采用简单体积线性代数可计算出 RVP 盈利（折扣）。但大家意识到，许多化合物并不是线性混合的，更准确的方法应该是采用每种调和组分的平均相对分子质量或经验公式比如蒸气压调和指数（VPBI）[12]的体积法，然而越“粗略”越快捷，烷基化油的预算通常与考虑更多因素的方法合理结合。

在引进欧洲汽油等级标准这一以辛烷值和蒸气压作为主要参数的标准之前，炼油厂一般用经典调和值来提供汽油调和组分的合理近似值。然而，当今的汽油拥有许多别的同等重要的参数，比如毒物（苯、芳香烃、烯烃）、硫、蒸馏特性，但典型的汽油调和值计算方法中却没有涵盖这些性质。

这种情况下，计算烷基化油的单价时最好采用修正的典型汽油调和值计算方法，修订版的烷基化油汽油调和值满足 Platts 基本规格，以 USGC 定价为基础进行计算，计算所得调和值减去 USGC 烷基化油定价得到“清洁燃料”烷基化油的利润。这部分利润加上特定烷基化油调和值为特定炼油厂估算烷基化产物提供合理的参考。

同样的，更准确地计算应该采用炼油厂 LP 模型，以典型的调和值估算烷基化油定价为特定烷基化产品提供了小运算量下的合理预算。

采用附录 A 的例子计算清洁燃料烷基化油利润的实例见附表 1。

（1）经典烷基化油调和值：

①辛烷值每桶=（常规优质汽油价格－常规汽油价格）/（常规优质汽油辛烷值－常规汽油辛烷值）

= (3.072 − 2.692) /6

=0.063 美元/(加仑·辛烷值)

附表1 清洁燃料烷基化油的利润计算

有效定价[1] (2013-01-14)	辛烷值,(RON+MON) /2	RVP[2], psi	价格, 美元/gal
烷基化油 (Platts Specification) −USGC 水运	92.5	5.5	3.132
正丁烷 , non−TET Mont Belvieu	91.5	59.0	1.284
常规优质汽油−USGC 水运	93.0	7.8	3.072
常规汽油−USGC 水运	87.0	7.8	2.692

①价格来自 Platts Oilgram Report。

②丁烷的 RVP 是混合 RVP。

②丁烷平衡决定压力装置所需物料组分满足汽油 RVP 规格:

烷基化油+丁烷=汽油

$1.0\times5.5^{\#}+x\times59.0^{\#}=(1+x)\times7.8^{\#}$

$x=2.3/51.2=0.045$gal 丁烷

③决定调和烷基化油/丁烷的辛烷值

烷基化油+丁烷=汽油

$1.0\times92.5+0.045\times91.5=1.045x$

$x=92.4$ (R+M) /2

④决定汽油调和值 (GBV)

汽油产品 1.045gal×2.692 美元=2.813 美元

减去丁烷费用 0.045gal×1.284 美元= (0.058 美元)

辛烷值升级值 1.045gal× (92.4−87) ×0.063 美元/gal=0.356 美元=3.111 美元/gal 烷基化油

(2) 烷基化清洁燃料利润:

烷基化油定价−3.132 美元/gal

烷基化油调和值−3.111 美元/gal

烷基化油盈利/(折扣)对于调和值=定价−调和值=3.132−3.111=0.021 美元/gal

参考文献

[1] The Great NGL Surge! Bentek Energy Market Report, November 2011.

[2] Keller, Anne B., NGL 101 − The Basics, EIA Virtual Workshop on Natural Gas Liquids, June 6, 2012.

[3] Ibid.

[4] Lippe, Daniel, NGL Heavy End Markets "Change is Knocking at the Door", Platts Natural Gas Forum, September 2013.

[5] Ibid.

[6] Keyera to Acquire World−Class Iso−octane Facility in Edmonton, Keyera announcement, December 8, 2011. Link.

[7] Octane Enhancement, Enterprise website. Link

[8] Stauft, Tim, Accessing Value for NGLs in Western Canada, DUG Conference, Calgary Alberta, June 20, 2012.

[9] Pryor, Pam, Sarna, Michael E., Refining Options for MTBE - Free Gasoline, NPRA Annual Meeting AM - 00 - 53, March 2000.

[10] Platts, Methodology and Specifications Guide, Petroleum Products & Gas Liquids: US, Caribbean and Latin America, August 2012, page 8. Link.

[11] Gary, James H., Handwerk, Glenn E., Petroleum Refining Technology and Economics, 3rd Edition, 1994, pgs 260 - 264.

催化裂化与延迟焦化

AM－13－05

实现催化裂化装置利润最大化的催化剂评价方案

A. C. Pouwels（Albemarle Catalysts Company B. V.，USA），
K. Bruno（Albemarle Corporation，USA）
刘志红　钱锦华　译校

摘　要　开展催化剂评价是炼油厂催化裂化装置实现利润最大化的重要途径。本文介绍了炼油厂催化裂化装置进行催化剂评价的设备方法和评价情况，通过实例对比了催化剂实验室评价和实际工业应用的差别，并介绍了诸多商业催化裂化装置实例，表明分子筛/基质比（Z/M）值低的催化剂在油浆裂化中有更好的性能；同时分析对比了Z/M值低的催化剂与Z/M值高的催化剂的实验室失活及其对后续评价结果的影响，提出了相关建议。

1　概述

炼油厂一直在追求催化裂化装置利润最大化的最优条件，这其中主要涉及进料和操作条件的选择，依靠计划部门研究原油供应、生产调度和配送，因此为获得最优的结果，炼油厂的供应和运行计划需要与市场需求和容量相一致。这些计划可以是短期的并且能使工作机会最大化，由于原油和产品价格的变化使得操作要有高度的灵活性。另外，也应有长远发展计划，包括季节变化等。

在催化裂化运行操作中有许多变化因素。一些炼油厂采用恒定的操作模式，因此反应温度在数月间保持恒定，进料变化很小；其他催化裂化装置则按季节变化采用几种运行模式；当然，也有催化裂化装置的进料和操作条件频繁变化的。但是，所有模式的共同点是采用的催化剂在相对较长的时间内不会变化，催化剂性能的变化可以通过管理催化剂来调控，即平衡剂的活性可通过加入新鲜催化剂达到最优化控制。有时候可以加入专属助剂来提高特定产品的产率，但是一旦加入这些助剂将长期影响产物产率，因为这些活性组分通常失活较慢。

尽管通常很少改变催化剂，但是炼油厂会周期性地评价运行状态以确保装置和操作运行中使用最好的催化裂化催化剂。炼油厂必须考虑绩效、进料变化、产品性能要求变化和硬件修改。催化剂评价的其他驱动力就是合同的终止，作为公司政策变化一部分的投标路线，或者成本驱动因素。

典型的催化剂评价变化通常为2～3年，当然，有些公司每年都对催化剂选择进行评价，而有的则每5年进行1次，这通常取决于催化剂评价的强度。

当进行广泛的测试研究时，大量的炼油厂将这些工作交由他们的研发中心或者委托给第3方测评机构来进行。另外，催化剂供应商要对评价方法的某一特定指标有详细的了解以设计出在不同评价及失活中性能最优的催化剂，其中的几个重要设计选项包括某些类型的金属

缺陷、专业化的实验室制备组成、使用较高含量的分子筛或者较高的分子筛/基质（Z/M）比的催化剂。本论文侧重于使用具有实验室装置评价更高性能的Z/M值高的催化剂。此外，用户可能忽略的是评价的最优催化剂不一定是工业装置的最优催化剂，一旦炼油厂使用该催化剂，供应商可能需要对催化剂配方重新调整，这有时会导致催化裂化装置的严重失误，而有时炼油厂则不会投资使用这种最优的催化剂技术。

2 评价设备

过去几十年，炼油公司快速成长，但是其研发活跃度下降。早期，当欧洲和美国的催化裂化能力不断增长时，为了对催化裂化有更好的了解和开发自己的催化剂技术，炼油公司会投资研发设备和评价设施。催化剂评价是决定哪种催化剂能够更好地适用于催化裂化操作和目标的重要手段。但是，当炼油利润下降后，许多炼油公司自身不再开发催化剂，而是转向已有的催化裂化催化剂制造商。

新的设计技术和激进的产率目标推动了催化裂化过程操作遇到新的限制，这催生了更为复杂的催化剂评价技术。最初通过简单的固定床（流动床）蒸汽处理评价催化剂的失活性能，通过固定床微型反应装置评价催化剂活性，现在催化剂失活评价更为复杂如使用金属，因为现在可以模拟催化裂化装置中的氧化还原步骤；同时，紧随最新的催化裂化过程技术进步出现了许多新的评价方法。传统上，评价催化裂化催化剂的装置有固定床反应器［例如微反测试（MAT）[1]、微型模拟测试（MST）[2]］和固定流化床反应器［如Albemarle的流化床模拟测试（FST）[3]和Kayser Technology的先进裂化评价（ACE）］转变为循环试验装置。更短的停留时间和更重的原料进料需要对测试做许多改进。催化裂化评价方面真实的最新创新之处是短接触时间渣油评价（SCTRT）[4]。尽管研发机构有意投资新的设备和方法，但关键还是难度太大而且成本难以承受。然而，典型的催化裂化平衡剂平均使用周期为60日，而研发实验室只需1～2天就可完成催化剂的失活评价。

20世纪90年代早期，由于公司和资源进一步合理化安排，许多炼油企业此类工作减少，不再在实验室评价不同供应商的催化剂性能，而是转向其他方法，如供应商的预测、连续的尝试或者是借鉴其他炼油厂的商业经验。但是随着亚洲和中东地区新建催化裂化装置的持续增加，催化剂评价又出现了新的契机，新建催化裂化装置的石油公司倾向于或开始从事研发活动，对催化剂进行实验室评价。

通过评价为催化裂化确定最好的催化剂技术看起来是合乎逻辑的，但该假设是否正确呢？一个非常有趣的问题是：催化剂评价是否真的产生差别，采用的评价是否对最优催化剂技术的选择有影响？

通过对催化裂化市场调查发现，大约52%的催化剂使用时给予催化剂评价，剩下的48%则是依靠其他方法（图1）。考察市场上原料类型分布时，即区分减压瓦斯油［VGO，定义为低金属和康氏残炭量小于1%（质量分数）的瓦斯油］和渣油的应用，可以看到相似的数据。大约有50%的渣油和VGO成分是依赖评价来选择催化剂的，因此催化剂评价与所处理的原料类型是独立的。

很明显，约有50%的催化裂化操作员相信催化裂化催化剂应采用实验室评价。在详细研究之前，首先需回顾催化裂化催化剂设计的基础。催化裂化催化剂的最终性能由其组成和

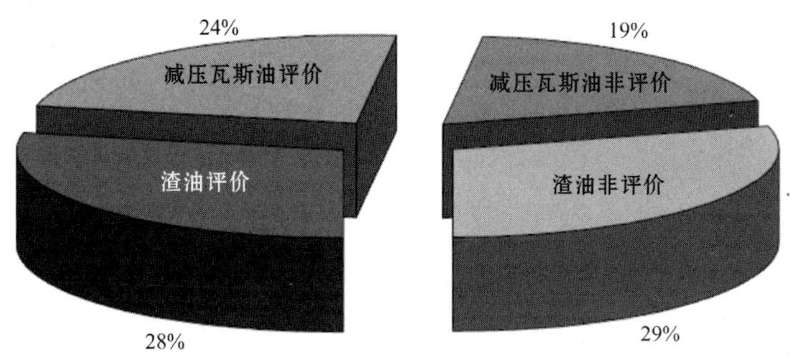

图 1　基于催化剂评价的 50%催化裂化市场

成型技术决定，催化剂生产商在设计催化剂时采用多种组分，包括分子筛、基质、黏结剂、填充剂以及助剂。分子筛通常认为是最重要的成分，具有高的水热稳定性和强酸位，其是催化裂化催化剂裂化活性的主要贡献者。不同于自由基机理导致的热裂化反应，分子筛的酸性位通过碳正离子机理进行裂化，具有更高的选择性，干气和焦炭产率更低。

当今催化裂化催化剂也包含 1 种或多种基质，基质的功能在于其应用范围。基质的典型功能是（预）裂化大分子和/或为分子筛提供保护功能，即捕捉或降低有毒金属污染[6~8]。基质也有酸性位，尽管这些酸性位强度不及分子筛，但是基质也可以形成碳正离子进行裂化。更重要的是，其对镍、钒和钠的抗污染能力使得催化裂化催化剂更加稳定。基质的大孔特性同样对碳氢化合物有很好的扩散性能。此外，Albemarle 公司采用相似的技术可以最大化地使反应物分子与催化剂接触[9,10]。

较大碳氢化合物分子在基质上预裂化，随后主要裂化产物向分子筛超笼系统中的扩散提高了分子筛的选择性裂化，这种分段裂化使重油组分更有效地转化为汽油、轻循环油和其他有价值的产物，而不是更多地生成干气和焦炭。据此在应用中，必须通过改变 Z/M 值以获得最优的裂化选择性。所有的催化剂供应商都能够在一定程度上改变催化剂的 Z/M 值。Albemarle 公司有优势生产高、低 Z/M 值的催化剂，以此生产具有最高活性基质组分的催化裂化催化剂。然而，高 Z/M 值的催化剂通常视为降低焦炭产率的最优催化剂，而低 Z/M 值的催化剂视为最有利于重油转化的催化剂。

现在如果返回到催化剂评价而调查哪种催化剂技术胜出，可得到一个显著的结果。按照全球市场信息（因此也包括所有供货商的催化剂），得到了是否评价的炼油厂对催化剂的使用情况。经评价的炼油厂广泛使用高 Z/M 值催化剂（图 2），相反，未经评价的炼油厂主要使用低 Z/M 值催化剂。

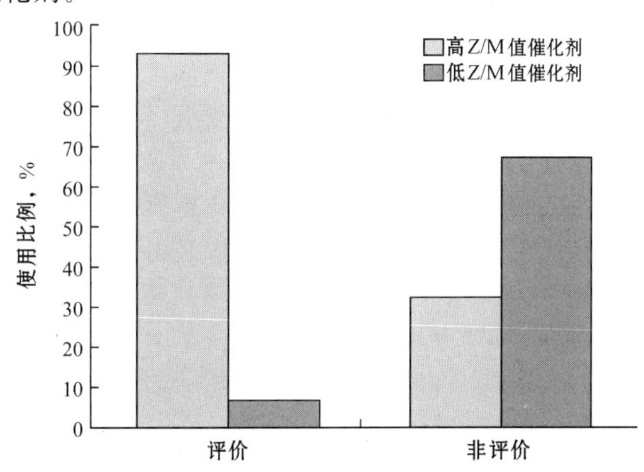

图 2　是否评价的炼油厂使用不同 Z/M 值催化剂的情况

在渣油应用中，一些性能指标如活性组分的可接触性[11]、抗金属性[6,8]和稳定性[7]更为重要。在这些

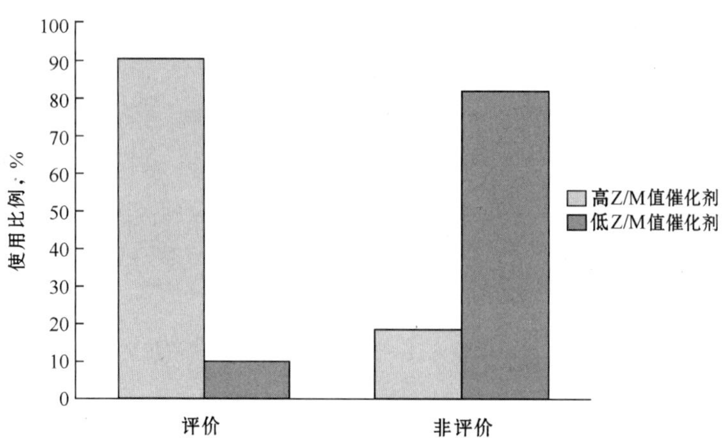

图3　是否评价的炼油厂在渣油应用领域相反的催化剂选择

案例中，是否进行测试评价的差别更为巨大，因为在未评价炼油厂，高Z/M值催化剂的使用比例更少（图3），在评价炼油厂，钒的捕集重要性更为突出，这在非评价部分没有观察到。

有人建议炼油厂对生焦低的催化剂进行评价，非评价者采用较少的油浆，但是情况并非如此，低生焦和低油浆应用都被评价者和非评价者使用。总而言之，简单的测试评价似乎可以影响催化剂技术的选择。

当采用评价时，供应商提供高Z/M值的催化剂，因为其测试性能显然高于低Z/M值的催化剂，但是这并不现实，因为其导致产生过高的焦炭量。事实上是不需要实验室评价时，在催化裂化装置中低Z/M值的催化剂使用更为成功。如果实验室评价反映了真实的焦炭选择性，则需要通过评价获得应用低Z/M值的催化剂，在催化裂化装置上同样也是成功的。总之，在评价和现实应用中有明显的差异，这影响了约50%催化裂化催化剂的使用。

3　评价与实际应用

如上阐述，实验室评价时，低Z/M值的催化剂产生了非真实的生焦和油浆产率，这就是选择高Z/M值催化剂的主要原因。当在催化裂化装置模拟研究中应用低Z/M值的催化剂时，会遇到再生器温度的限制，使得低Z/M值的催化剂似乎无效。相反，高Z/M值的催化剂在实验室评价中比实际应用中产生更少的焦炭，因此可以模拟高的催化剂循环速率，提高转化率，同时降低油浆产率。

因为油浆通常是催化裂化装置中价值最低的产品，炼油厂一般都希望降低其产率，这同样适用于低价值的焦炭。另一个原因是生焦限制装置运行，空气鼓风机通常满负荷操作以使得焦炭充分燃烧。此外，由于再生器温度的限制，催化裂化装置也受限于Δ焦的生成，因此，主要的推动力是降低生焦和油浆产率，特别是在渣油加工中。

通过对比实验室评价和装置运行的催化剂差别可以理解评价与实际应用的差别，这种对比将在以下部分进行讨论。

实例A

工业渣油催化裂化装置处理100%的常压渣油（表1），进料相对较重，密度为

0.955g/mL，兰氏残炭值超过5%（质量分数），采用平衡剂分析解释其在运行操作中的重质性和劣质性，因为其含有大约6500μg/g的镍和7000μg/g的钒。装置在全燃烧模式下运行，配备1台催化剂冷却器，装置受限于空气鼓风量。催化剂使用最新的降低生焦量的专属渣油催化剂，该催化剂具有高分子筛含量和较低基质活性以及捕钒功能，可用于前面所述的高金属操作环境。

表1 低Z/M值催化剂逐步替代高Z/M值催化剂的催化裂化装置对比数据

<table>
<tr><th colspan="2">项目</th><th>高Z/M值催化剂</th><th>UPGRADER低Z/M值催化剂</th><th colspan="2">项目</th><th>高Z/M值催化剂</th><th>UPGRADER低Z/M值催化剂</th></tr>
<tr><td rowspan="2">进料性质</td><td>API度，°API</td><td>16.7</td><td>17.1</td><td rowspan="9">产率，%（质量分数）</td><td>氢气</td><td>0.14</td><td>0.10</td></tr>
<tr><td>兰氏残炭，%（质量分数）</td><td>5.7</td><td>5.0</td><td>干气</td><td>2.8</td><td>2.0</td></tr>
<tr><td rowspan="6">操作条件</td><td>进料速率，m^3/d</td><td>基准</td><td>基准</td><td>丙烯</td><td>4.6</td><td>5.4</td></tr>
<tr><td>RxT，℃</td><td>990</td><td>986</td><td>液化石油气</td><td>15.3</td><td>17.3</td></tr>
<tr><td>CFT，℃</td><td>520</td><td>520</td><td>汽油</td><td>40.3</td><td>42.1</td></tr>
<tr><td>再生器温度，℃</td><td>1256</td><td>1256</td><td>轻循环油</td><td>16.2</td><td>16.4</td></tr>
<tr><td>Δ焦</td><td>1.11</td><td>1.05</td><td>油浆</td><td>14.8</td><td>11.8</td></tr>
<tr><td>CAR，t/d</td><td>3.7</td><td>3.8</td><td>焦炭</td><td>10.5</td><td>10.4</td></tr>
<tr><td rowspan="2">平衡剂性质</td><td>镍含量，μg/g</td><td>5800</td><td>6700</td><td>动力学结焦</td><td>4.7</td><td>4.1</td></tr>
<tr><td>钒含量，μg/g</td><td>7300</td><td>6900</td><td colspan="2">转化率，%</td><td>68.9</td><td>71.8</td></tr>
</table>

炼油厂对供选择的催化剂进行评价测试，这种催化剂在他们的研发中心采用现代化的方法将新鲜剂进行失活处理使其接近平衡剂的物理性质和金属活性。评价在一套具有加工重质渣油的大规模试验装置上进行，该装置被认为是最能代表现在短接触时间的催化裂化装置的真实模拟装置之一。

对比催化剂实验室评价结果的常用方法是研究恒定转化率条件下的产率。通常通过测定不同剂油比条件下的转化率和产率，这种情况下，恒定反应器中的催化剂量而改变进料速率，得到一系列数据对比两种催化剂。内插法得到特定相同条件下的结果，例如，相同剂油比、相同转化率和相同焦炭产率。其他实验室也有对其他指标的恒定产率进行对比。

本实例中首先在恒定转化率和恒定生焦量下进行对比，因装置受限于空气鼓风量，因此以恒定生焦量来“模拟”相似限制条件下催化剂的性能。但是实验室评价时两种催化剂的生焦量被过分夸大了，导致相同生焦量及相同转化率下的对比产率差别不切实际，因此，在催化裂化装置的经济评价中直接使用这些数据无意义。对比结果见表2。

这些中试提升管数据显示Albemarle公司的UPGRADER低Z/M值催化剂对重油馏分具有更好的转化率，在相同转化率下生成更多的轻循环油和更少的油浆，但是，在相同转化率下生成了更多的焦炭和氢气。在恒定生焦量条件下对比催化剂时，这种不切实际的高生焦量在UPGRADER低Z/M值催化剂时更明显，因为其转化率大幅度下降而油浆产率明显上升。

表2　高Z/M值催化剂与低Z/M值催化剂在相同转化率下和相同结焦率下的实验室评价结果

项目		高Z/M值催化剂	UPGRADER低Z/M值催化剂	项目		高Z/M值催化剂	UPGRADER低Z/M值催化剂
相同转化率下的产率，%（质量分数）	氢气	0.34	0.59	相同生焦量下的产率，%（质量分数）	氢气	0.32	0.60
	干气	3.8	3.8		干气	3.9	3.7
	液化石油气	10.6	9.1		液化石油气	11.3	8.7
	汽油	45.3	42.9		汽油	47.1	41.7
	轻循环油	17.6	18.4		轻循环油	15.7	19.1
	油浆	14.4	13.6		油浆	11.7	16.2
	结焦	8.0	11.6		结焦	10.0	10.0
转化率，%		68.0	68.0	转化率，%		72.6	64.7

尽管这些结果并不好，炼油厂仍决定在工业渣油催化裂化装置上尝试这种UPGRADER催化剂（表1）。与本文给出的例子相似，在回顾了高、低Z/M值的催化剂在许多评价和催化裂化结果不一致的例子后，炼油厂决定放弃这些评价结果。确定尝试方案后，测试了催化剂性能。在对比的操作条件下，炼油厂得出结论，在渣油催化裂化装置上，UPGRADER低Z/M值催化剂比高Z/M值催化剂具有更好的性能。

（1）重油产率低3%（质量分数）。

（2）汽油产率高2%（质量分数）。

（3）液化石油气高2%（质量分数）。

（4）更低的氢气和干气产率。

（5）相似的Δ焦产率。

在渣油催化裂化装置上的催化剂试验解释了一个有趣的案例：低Z/M值催化剂的性能不同于其在实验室评价中的性能，这是Albemarle公司在过去多年[5]中众多例子中的一个，可以解释前文中评价者和非评价者描述市场部分的差异。

4　装置尺寸的影响和失活类型

在装置上试验后，炼油厂研发中心又进行了后续审核，对比了中试装置和实验室规模流化床的数据。这种实验室规模的流化床装置在工业上经常使用，该装置（如SCT-RT型ACE）简单易操作，成本廉价，比中试装置给出更高的输出值。不同于两种催化剂实验室失活的重复研究，而是使用两种催化剂的代表平衡剂样品，炼油厂因此可以排除失活造成的影响而关注装置的差别。

在相同生焦率（低Z/M值催化剂为10.4%，高Z/M值催化剂为10.5%）下的渣油催化裂化装置两种催化剂的对比结果见表3。

在渣油催化裂化装置上低Z/M值催化剂显示了更高转化率，但两种试验装置上转化率都下降了。尽管低Z/M值催化剂在渣油催化裂化中可以大幅度降低油浆产率，中试也有所降低，但是在实验室规模装置上其产率却上升了。从表中可知，与渣油催化裂化装置相比，其他收率也有了不同的变化。炼油厂因而得出这些先后顺序与实际催化裂化装置得到的结果不一致。

表 3　平衡剂在催化裂化中试装置和实验室小试规模时的对比结果

项目	渣油催化裂化		中试规模装置		实验室规模装置	
催化剂	高 Z/M 值	低 Z/M 值	高 Z/M 值	低 Z/M 值	高 Z/M 值	低 Z/M 值
焦炭，%	10.5	10.4	10.5	10.4	10.5	10.4
转化率，%	68.9	71.8	70.0	69.5	71.3	69.6
燃料气，%	2.8	2.0	5.0	4.6	4.3	5.1
氢气，%	0.14	0.10	0.91	0.89	0.60	0.57
液化石油气，%	15.3	17.3	13.5	11.8	14.9	13.9
汽油，%	40.3	42.1	40.5	40.7	41.8	40.0
轻循环油，%	16.2	16.4	17.4	18.6	16.3	17.4
油浆，%	14.8	11.8	12.6	12.0	12.0	12.9
动力学结焦，%	4.7	4.1	4.5	4.6	4.2	4.5

注：表中数据皆为质量分数。

表 4 总结了表 2 和表 3 的结果，解释了不同评价的影响和计算两种催化剂 Δ 焦而得到的失活类型。表中同时包含了动力学结焦（Kcoke），这可以使活性或转化率的差别标准化，它被定义为生焦量与 2 级转化率的比值：

$$\text{Kcoke} = \text{生焦量} / [\text{转化率} / (100 - \text{转化率})] \quad (1)$$

表 4　不同装置和失活类型的 Δ 焦产率（高 Z/M 值和低 Z/M 值的催化剂）

装置致失活	渣油催化裂化平衡	中试装置平衡	中试装置实验室	小试规模平衡
生焦，%	-0.1	-0.1	+0	-0.1
转化率，%	2.9	-0.5	-7.9	-1.7
Δ 焦，%	-0.65	0.06	1.68	0.32
油浆，%	-3.0	-0.6	4.5	0.9

注：表中数据皆为质量分数。

因此，失活类型和评价方法都对最后的结果和收率的先后顺序有很大的影响。平衡剂在中试装置和实验室失活的变化显示出低 Z/M 值催化剂更差，特别是在油浆产率方面。此外，即使采用的是平衡剂，低 Z/M 值催化剂在某些方面（油浆、转化率）也很差。

5　测试问题

在过去的几十年中，催化裂化催化剂的失活和评价受到了大量关注，为了更好地跟踪催化裂化设计和过程的市场趋势，也取得了许多进步。新的方法可更好地模拟催化裂化装置的真实失活情况，新的评价设备可以在更为接近实际情况下加工更重的原料，但是，这些方法还不能完全地模拟真实的（渣油）催化裂化装置环境。

如上可知，催化剂评估相关的误差主要是失活和评价方法[5]，对于失活而言，主要是因为：

（1）基质不完全失活。因为催化剂不同，组分失活速率不同（分子筛快于基质），找到平衡点对于确保失活催化剂可以代表平衡剂的分子筛和基质的实际活性很关键。目前实验室方法将工业60天的处理期压缩到了1～2天。

（2）极高的金属活性。因为实验方法很快，权衡金属的失活也很重要，这可以从大多数实验室评价时非正常的高氢气产率找到证据。在某些情况下，氢气产率达到1%（质量分数），然而在商业渣油装置中，典型的数据为0.1%～0.2%。评价中高氢气量是由于过高的脱氢反应，这些反过来与过高活性的镍和钒物种有关，在短处理时间过程中，催化剂表面没有足够的时间去反应和包埋金属。

（3）可接触性的非真实模拟。因为可接触性[11]在催化裂化装置碳氢化合物的扩散中扮演着关键角色，对失活催化剂形貌的真实模拟是必要的。但是，几乎所有的工业失活方法都没有考虑到这一点，因此不能够解释高可接触性催化剂的实际好处。事实上，大多数的实验室失活方法不能正确地提高催化剂的可接触性。

之所以评价与实际的偏差，最重要的原因是：

（1）过长的接触时间。催化裂化装置的典型停留时间是2s，而实验室评价的停留时间要长得多，结合前面所提到的失活弊端，这导致了过高的生焦量（特别是对高基质含量的催化剂）。

（2）过长的汽提时间。催化裂化装置提升管中催化剂的停留时间是1～2min，而在评价设备中汽提时间超过这个值，因此非常错误地代表了接触性差的催化剂（通常是高Z/M值催化剂）的可汽提性。

（3）生焦状况。在催化裂化装置的提升管中，催化剂表面生焦通常发生在2s内，二次反应产物（非新鲜原料）仅在提升管末端与覆盖焦的催化剂接触，而在ACE相似的实验室规模装置中，进料时间相对较长，结果只有最初几秒的进料在催化剂表面的反应与提升管类似，大多数进料与严重结焦的催化剂表面接触。

（4）分压。大多数评价装置不能正确模拟催化裂化装置中碳氢化合物和蒸气的分压，这可以从评价和实际装置中的氢转移反应差别中得到证实。

6 催化裂化装置中低Z/M值催化剂：商业现实

在实例A中，我们分析了催化剂评价的典型误差，显示评价可能使炼油厂错误地选择装置催化剂。评价明显支持高Z/M值催化剂，而炼油厂不用评价而使用低Z/M值催化剂。我们是否看到在催化裂化装置中使用低Z/M值催化剂对产物收率不利？

过去多年我们见证了催化裂化装置中许多催化剂的变迁，这包括相同催化剂家族中的催化剂最优化，从一种催化剂技术到另一种催化剂技术的谨慎过渡，由一个催化剂供货商到另一个催化剂供货商的转变。炼油厂通常很保守，他们对所使用的催化剂变动都很小，但是每过一个时期，中等或较大的Z/M值变化的案例一个接一个地发生了。为了更好地对比这些催化剂，催化裂化装置需要满足一些条件，包括稳定的操作条件、高质量的装置数据、藏量催化剂充分地转变为所研究的催化剂。很明显，原料和操作条件也会发生变化。在一些案例中，变化相对较小，可以直接对比，而在其他案例中，为了对比催化剂需要采用模型将数据规格转化为恒定进料和操作条件。

我们确定并研究了十多个案例，其中高 Z/M 值催化剂可以和低 Z/M 值催化剂直接对比。每个逐步改变 Z/M 值的案例中使用了不同的催化裂化装置，涵盖了大量的渣油和（重）减压瓦斯油操作。高（低）Z/M 值催化剂案例不仅包括 Albemarle 催化剂，还包括与其他供货商催化剂的对比。图 4 对比总结了逐步变化 Z/M 值的结果，Z/M 值代表应用在催化裂化装置中平衡剂的分子筛表面积（ZSA）和基质表面积（MSA）的比值。

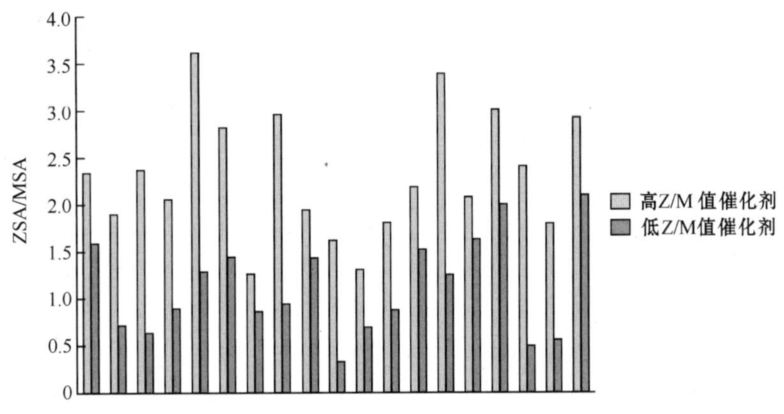

图 4　不同催化裂化装置中 Z/M 值催化剂的对比

如前所述，评价催化剂性能中的关键因素是焦炭和油浆选择性。在这些 Z/M 值渐变的对比中可以看出以下 3 个因素反映了焦炭产率：

（1）动力学结焦：焦炭/第 2 次转化率。

（2）Δ 焦：焦炭/剂油比。

（3）再生器温度。

值得注意的是，仅看焦炭产率是不够的，因为它受多种因素影响。此外，在空气鼓风机满负荷条件下焦炭产率是固定的。催化裂化的热平衡基本要素可以参考文献[12～14]。

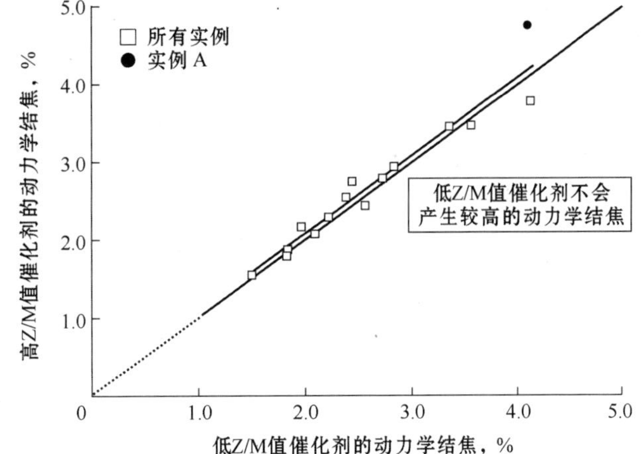

图 5　高 Z/M 值催化剂和低 Z/M 值催化剂的商业逐步替代对比结果

除了以上 3 种与焦炭相关的因素外，我们也关注了油浆产率。

在每个 Z/M 值渐变过程中，对比研究了高 Z/M 值催化剂和低 Z/M 值催化剂的 4 种不同因素（动力学结焦、Δ 焦、再生器温度和油浆产率）。图 5 总结了动力学结焦的结果。上述的实例 A 分解为这些图表以进行分析。表 1 中数据显示在图 5 中，这些数据显示了一些变化，一般，高 Z/M 值催化剂的动力学结焦略高，平均线略高于合成线。

我们研究的 Δ 焦是二级参数，炼油厂希望减少其生成量以使运行操作更容易，减轻再

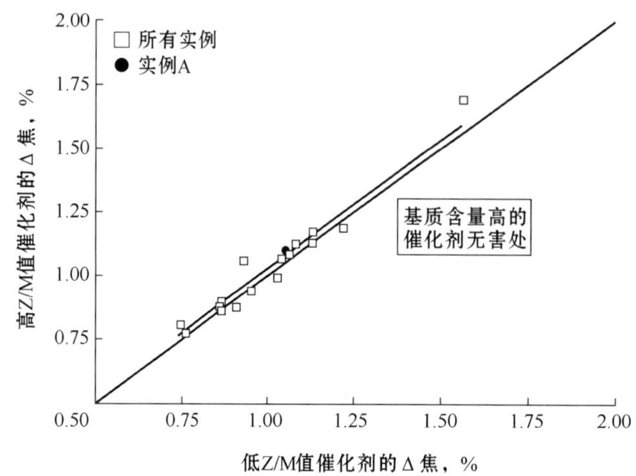

图6　高Z/M值催化剂和低Z/M值催化剂的Δ焦对比

生器的温度限制，或者处理更大量的渣油。图6对比了几组高Z/M值催化剂和低Z/M值催化剂的Δ焦，数据显示其与合成线很近且略高，这表明一般高Z/M值催化剂具有较高的Δ焦产率。在一些案例中，低Z/M值催化剂的Δ焦产率略高，但是在大多数例子中相反。总之，高含量的基质（低Z/M值催化剂）对焦炭选择性无害处（测定动力学结焦和Δ焦）。

因为再生器温度本身是一个需要考虑的关键限制因素，使用同样的案例，数据明确了高含量的基质或低Z/M值催化剂不会对再生器温度造成强烈的限制。大多数实例（图7）相反，表明高Z/M值催化剂的实例中，再生器温度略高。从表2可知，实例A显示出低Z/M值催化剂有相似略低的再生器温度。

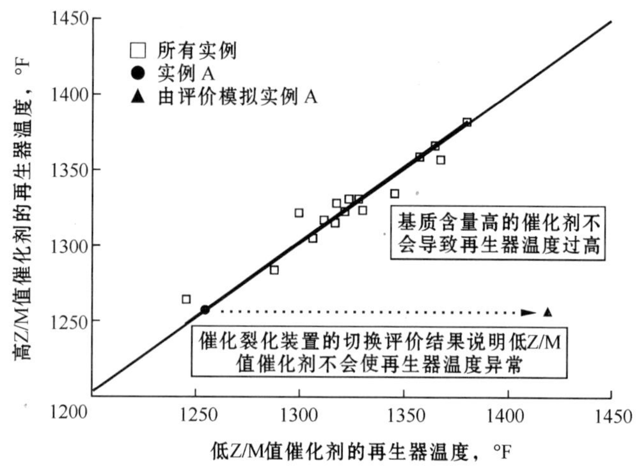

图7　高Z/M值催化剂和低Z/M值催化剂的再生器温度对比

接下来检测以实例A中得出的实验室焦炭产率对再生器温度的预测性（图7中的黑色圆圈）。尽管有不同的方法应用实验室数据去模拟催化剂，但模拟结焦影响的通用方法是计算每种催化剂的结焦选择性，然后取这两种催化剂的比值。使用表2中的数据，UPGRADER低Z/M值催化剂的焦炭选择性是5.45，而高Z/M值催化剂的焦炭选择性是3.76，二者的比值是1.45，表明UPGRADER低Z/M值催化剂比高Z/M值催化剂的生焦倾向高出45%。当模拟由对比的高Z/M值催化剂转变为UPGRADER低Z/M值催化剂后，再生器的温度预测值可由1260°F升高到1420°F，这种影响清晰地表明了使用实验室结焦产率的弊端。

最后，检测了低Z/M值催化剂降低油浆产率的性能。高基质含量及其可接触性是对重质油馏分裂化的独特技术。图8表明，使用高基质含量或低Z/M值催化剂可降低油浆产率，因此高Z/M值催化剂由于其油浆产率高而不受青睐。

这4种对比（动力学结焦、Δ焦、再生器温度、油浆产率）明确表明，与高Z/M值催化剂相比，低Z/M值催化剂有以下性能：

（1）大幅度降低油浆产率，并给炼油厂带来可观的利润。

(2) 并不一定导致结焦选择性变差，分析催化裂化Δ焦、动力学结焦和再生器温度，低Z/M值催化剂与高Z/M值催化剂性能相当或(一般) 好于后者。

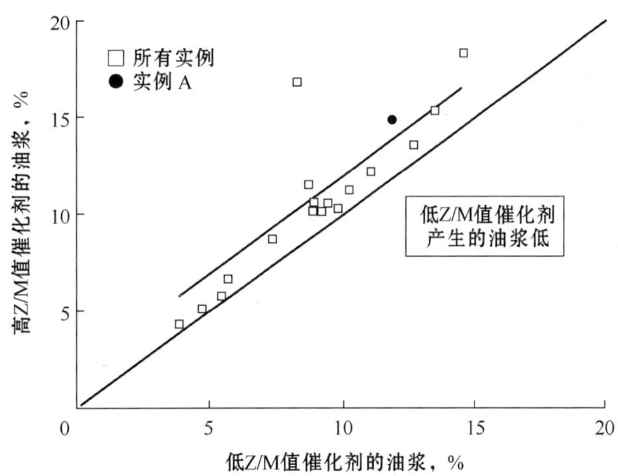

图8 低Z/M值（基质含量高）催化剂产生低油浆量的影响

7 通过平衡剂评价验证

前一部分介绍了大量的商业催化裂化装置实例，表明低Z/M值催化剂在油浆裂化中有更好的性能，同时发现低Z/M值催化剂的生焦倾向并不比高Z/M值催化剂差。这些商业对比具有重要的意义，我们进一步考察（不限于实例A）使用这些评价数据的影响。为此，我们检测了每个Z/M值渐变案例而不是仅限于讨论实例A。

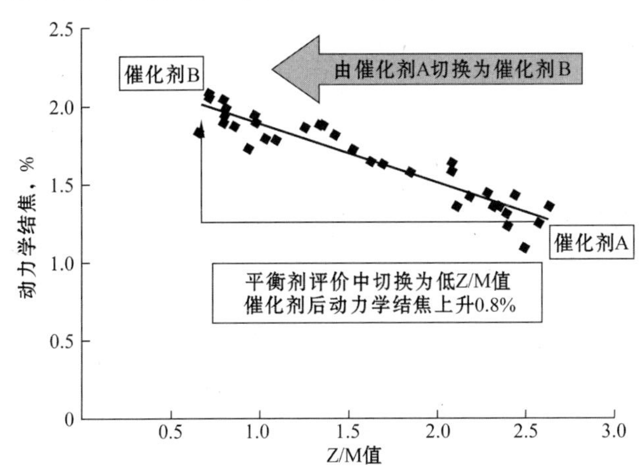

图9 催化裂化装置中评价平衡剂时切换为低Z/M值催化剂后对动力学结焦升高的影响

上述图示包含的商业渣油应用实例中，炼油厂将催化剂A（高Z/M值）切换为催化剂B（低Z/M值），后者具有较高的基质活性可以裂化较重的渣油分子，降低油浆收率。作为技术服务路线，Albemarle公司经常分析用户的平衡剂。在这些分析中，有物理化学性能的测定、使用流化床模拟评价（FST）[3]的活性和产率，这使得炼油厂和Albemarle公司都能在有必要最优化装置的催化剂活性时，将催化剂A逐步替换为催化剂B。物理分析包括总比表面积，又可分为ZSA和MSA，二者的比例即为平衡剂的Z/M值。使用FST可反映出平衡剂的活性，详细的产率数据（包括焦炭）。图9解释了由催化剂A到催化剂B的过渡，Z/M值大为降低，同时评价显示动力学结焦大幅增加，这种趋势在评价和对比低Z/M值和高Z/M值平衡剂时很常见。

图9表明低Z/M值催化剂的焦炭选择性较差（即生焦更多），如前所述，这解释了为什么炼油厂在催化剂选择时的实验室评价阶段选择更突出高Z/M值催化剂。例如，如果炼油厂以图9中的催化剂A和催化剂B的动力学结焦数值进行模拟，再生器的温度将上升190℉，但实际上温度不会升高。

同时，这给非评价者在监测他们的平衡剂时用高Z/M值催化剂切换为低Z/M值催化剂提了个醒，动力学结焦（有些报道为生焦因数）不能代表装置中的实际情况。

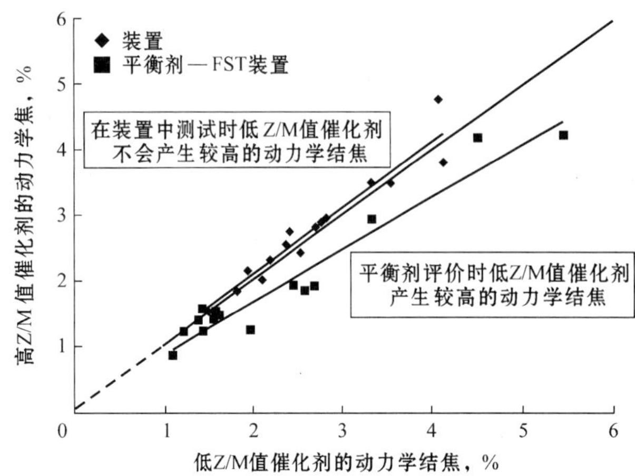

图10　平衡剂评价中低Z/M值（基质含量高）催化剂对焦炭升高（动力学结焦）的影响

正如此例子，通过考察不同平衡剂的搭配和使用FST数据对比研究生焦选择性和油浆产率。图10显示了平衡剂在FST装置（实验室评价）的评价数据和之前的装置评价数据。尽管装置评价数据显示低Z/M值催化剂无生焦的不利影响，对应的FST则显示此催化剂有较高的生焦倾向。此数据验证了实例A的结果。

我们也研究了平衡剂在FST装置评价的油浆产率，一般数据点在合成曲线之上，意味着高Z/M值催化剂产生更多的油浆（图11）。尽管催化裂化装置数据和实验室数据（FST）一致，低Z/M值催化剂的油浆量要高于其在催化裂化装置的值。不幸的是，当评价者看到实验室评价时使用低Z/M值催化剂对油浆收率降低较少，与此同时，焦炭大幅上升时，这种“误导性的”生焦则会使评价者做出错误的催化剂选择。

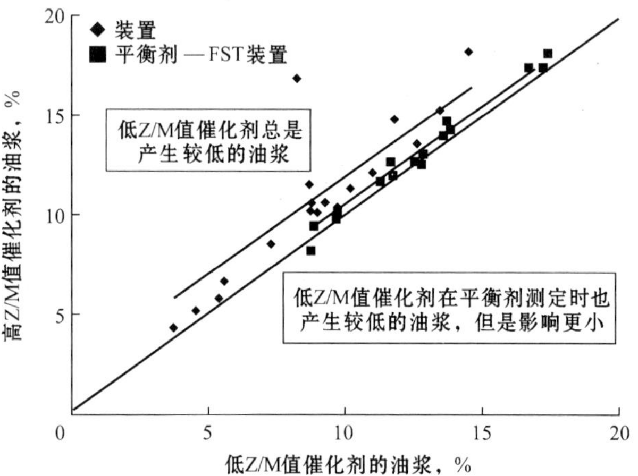

图11　催化裂化装置和实验室评价中低Z/M值催化剂和高Z/M值催化剂对油浆率的影响

8　实验室评价的影响

催化剂评价是基于实验室评价失活的新鲜剂，在实例A中，已经证明实验室评价失活效果远远差于平衡剂。接下来我们将通过对比低Z/M值催化剂和高Z/M值催化剂实验室失活及其后续评价的一些结果来补充实例A。

当评价两种催化剂时，一般对比相同转化率下的收率，然后将所有的动力学结焦转化为焦炭产率，这可以让我们在相同油浆产率时对比焦炭。图12中的结果是在相同转化率下的数据，*X*轴定义如下：

（1）低Z/M值催化剂的油浆量－高Z/M值催化剂的油浆量，这通常是负值，将其定义为低Z/M值催化剂的“有利油浆”。

（2）低Z/M值催化剂的生焦量－高Z/M值催化剂的生焦量，对于实验室数据，一般为正值，将此定义为低Z/M值催化剂的“有害焦炭”。

由图12可见，在催化裂化装置中，低Z/M值催化剂一般不存在有害焦炭，但是存在大量的有利油浆。当在实验室评价中与平衡剂对比时，仍然存在有利油浆，但是其程度小于其在装置中的值。更为重要的是，当在实验室评价的平衡剂中引入低 Z/M 值催化剂后，也存在有害焦炭。

在实验室评价失活后，有害焦炭含量上升了。在这些实例中有害焦炭要高于有利油浆产率。

图 13 对我们的工作进行了总结，表明由于不切实际的有害焦炭和较少的有利油浆产率，使得低 Z/M 值催化剂的评价导致错误的结论，甚至评价平衡剂时，焦炭的假象仍存在，假定有利油浆量很少，结果是不符合工业实际的。

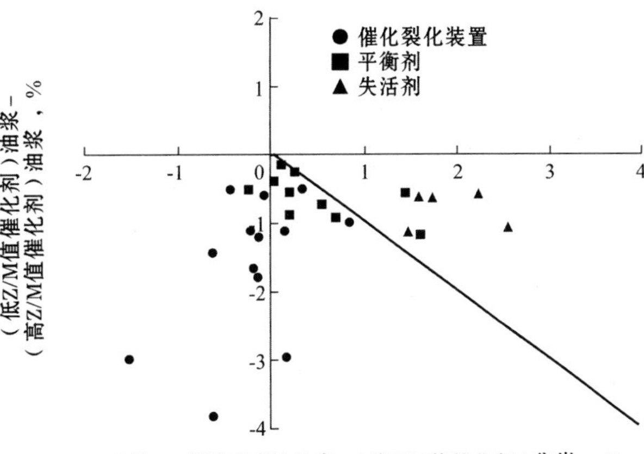

图 12　在恒定转化率下低 Z/M 值催化剂的有利油浆和有害焦炭

9　结论和建议

炼油厂催化剂的评价法支持高 Z/M 值催化剂的使用，这是由于在催化裂化装置中催化剂失活和催化裂化条件下的不完全模拟引起的，结果使许多炼油厂不能很好地利用基于高基质活性和相对低分子筛基质比的催化剂体系。

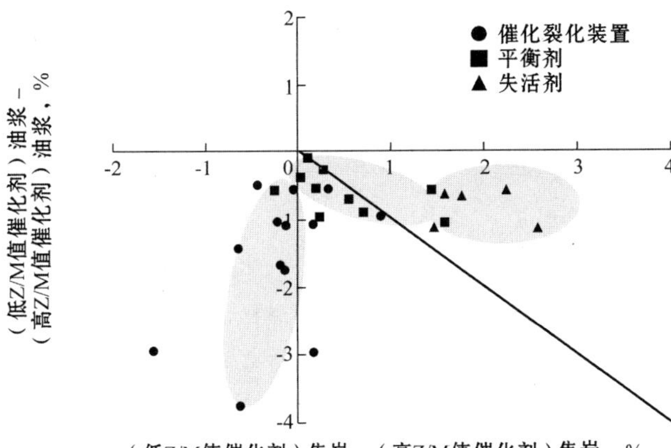

图 13　实验室评价时低 Z/M 值催化剂的生焦量

由于评价中的假象，催化剂供应商一般能设计在评价中较好的高 Z/M 值催化剂体系，而低 Z/M 值催化剂通常更适合反应装置，但是却不能通过炼油厂的评价程序。

因此建议单独依赖这些评价方法的炼油厂在为催化裂化装置选择更好的催化剂时考虑其他评价方法。在此所述的实例中，一些炼油企业已经在逐步改变催化剂中获得了成功，而另一些炼油厂通过借鉴他人经验也已获利。最后，建议炼油厂尽量减小或消除高 Z/M 值催化剂和低 Z/M 值催化剂的实验室评价结焦的差别，一些炼油厂已经开始对比逐步改变催化裂化装置催化剂和实验室评价的差别。因此，这些炼油厂证实了我们的发现并开始摒弃对实验室结焦分析中的偏见，极大地提高了对催化剂商业性能的预测性。

参考文献

[1] ASTM 3907－92.

[2] O′Connor，P.；Hartkamp，M. B. American Chemical Society Symposium Series 411，Division of

Petroleum Chemistry, Los Angeles, CA, September 25－30, 1988; 135－147.

[3] Quin Õnes, A. R. ; Keyworth, D. A. ; Imhof, P. I. Fluid－bed Simulation Test (FST), Research Institute of The King Fahd University of Petroleum and Minerals Symposium: Catalyst in Petroleum Refining and Petrochemicals, Dahran, Saudi Arabia, 1997.

[4] Imhof, P. ; Baas, M. ; Gonzalez, J. A. , Fluid Catalytic Cracking Catalyst Evaluation: The Short Contact Time Resid Test, Catalysis Reviews, Vol. 46, No. 2, pp. 151－161, 2004.

[5] Yanik, S. J. ; Using laboratory lessons to maximize profitability, PTQ Summer, 15－21, 2001.

[6] Rautiainen, E. P. H. ; Fosket, S. J. ; Control Iron Contamination in Resid FCC, Hydrocarbon Processing, 71－77, November 2001.

[7] Hodgson, M. C. J. ; Looi, C. K. ; Yanik, S. J. ; Avoid Excessive RFCCU Catalyst Deactivation: Improve Catalyst Accessibility, Catalysts Courier, 35, 2－5, 1999.

[8] Vreugdenhil, W. ; Mao, M. ; Calcium Contamination in FCC Catalysts, Catalysts Courier, 37, 1999.

[9] Yung, K. Y. ; O'Connor, P. ; Yanik, S. J. ; Bruno, K. ; Catalytic solutions to new challenges in Residue Fluid Catalytic Cracking, AIChE, 2003.

[10] Pouwels, A. C. ; A new frontier in FCC catalyst technology, PetroTech, New Delhi, January 2009.

[11] Bruno, K. ; Hakuli, A. ; Imhof, P. ; Fletcher, R. P. ; FCC Catalyst Selection in Diffusion Limited Operating Regimes, NPRA AM－03－58, 2003.

[12] Edwards, M. ; Considering heat balance, Hydrocarbon Engineering, 43－46, June 2006.

[13] MAULEON, J. L. ; COURCELLE, J. C. ; FCC heat balance critical for heavy fuels, Oil & Gas J. , 21 October 1985, 64 － 70.

[14] Van Keulen, B. ; Model shows reducing delta coke benefits FCC operation, Oil & Gas J. , 26 September 1983.

AM－13－01

催化裂化过程中充分发挥 ZSM－5 价值的最佳实践

Ray Fletcher（Intercat$_{JM}$，USA），Jeffrey Sexton，Michael Skurka
（Marathon Petroleum Company LP，USA）
黄校亮　刘从华　译校

摘　要　主要介绍了 Marathon 石油公司与 Intercat 公司所开发的 ZSM－5 应用于催化裂化领域的最佳实践方案，为从事催化裂化工艺研究的科研人员提供有效的指导。首先介绍了 ZSM－5 与 Y 型分子筛的差别以及 ZSM－5 的反应机理、选择性和失活过程，然后又对最大化增产丙烯助剂、最大化增产丁烯助剂的使用情况进行了阐述，随后又重点分析了 ZSM 助剂的实验室（中试）评价流程，最后，还给出助剂的应用指南以及加料方式，建议炼油厂通过单独加入 ZSM－5 助剂的方式来自由控制 ZSM－5 助剂在循环体系内的浓度。

1　概述

1984 年，Mobil 石油公司推出了一种革命性的催化剂新产品“ZSM－5”。ZSM－5 是一种小孔沸石，可以将汽油馏分中的大相对分子质量烯烃裂化为丙烯和丁烯（图 1、图 2）。由于其标准加入量不到基础催化剂加入量的 10%，因此，在催化裂化领域，将 ZSM－5 定义为一种“助催化剂”。

ZSM－5 的出现引发了催化裂化技术的一次重要变革。时间不长，很多公司就开始了最大化增产丙烯的生产模式。从某种意义上讲，催化裂化已经从生产汽车燃料工艺转变为生产石化原料的平台。

20 世纪 90 年代，Marathon 石油公司（MPC）开始使用 ZSM－5 助剂来改善发展其催化裂化业务。由于当时催化裂化技术已经发展得很成熟，MPC 利用自身在催化裂化领域的研发经验，结合其实验室测试技术及操作专长，开发了一套最佳的实践方案。

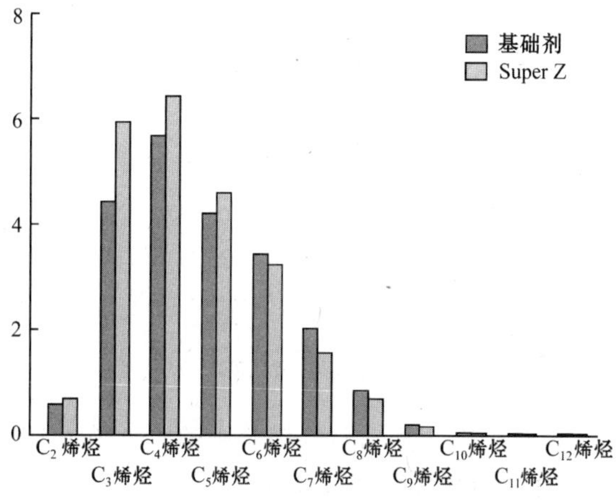

图 1　ZSM－5 烯烃产物分布（实验室数据）

本文将结合 MPC 与 Intercat 公司所

开发的最佳实践方案，为所有催化裂化工艺工程师提供有效的指导。

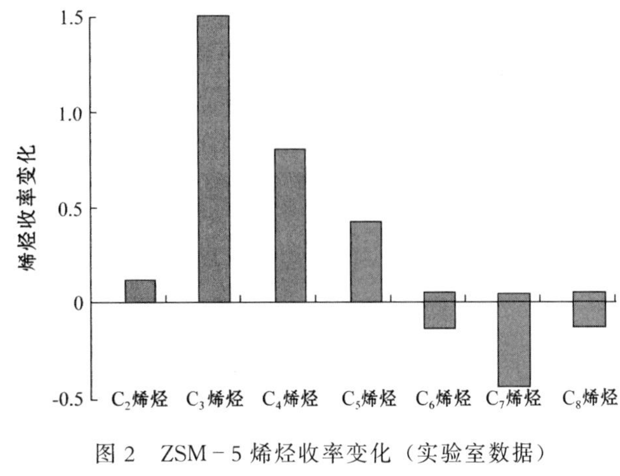

图2 ZSM-5烯烃收率变化（实验室数据）

2 介绍

作为一种助催化剂产品，ZSM-5（ZSM-5指的是完整的助催化剂产品，包括ZSM-5分子筛晶体及基质组分，而“晶体”则用来表示ZSM-5助催化剂中所采用的特定分子筛）与传统的FCC催化剂有着本质的区别。表1列出了两种分子筛之间的不同点，ZSM-5晶体与催化裂化催化剂中所使用的Y型分子筛之间最大的区别就是孔径大小不同，ZSM-5晶体的标准孔径要比Y型分子筛小31%（0.55nm vs0.80nm），催化裂化催化剂中Y型分子筛的大孔可以将柴油分子进行裂化，而ZSM-5晶体却很难将柴油分子裂化，如表1所示。

表1 ZSM-5与Y型分子筛对比

项目	Y型分子筛	ZSM-5分子筛
孔径，nm	0.80	0.55
晶体结构	三维	二维
硅铝比	低	极高
氢转移率	高	低
稳定技术	稀土	磷酸盐
钒敏感度	高	极低

相比于Y型分子筛，ZSM-5晶体的另一个显著特点便是其具有较高的硅铝比。此外，Y型分子筛采用稀土稳定技术来提高其氢转移活性，而ZSM-5晶体采用的是磷酸盐稳定技术，几乎没有任何氢转移活性。这些特性使得ZSM-5晶体能够更加高效地将汽油馏分中的大分子转化为丙烯和丁烯小分子。

此外，Y型分子筛很容易被重金属钒污染失活，而ZSM-5晶体对钒污染并不敏感，这一重要特性将在下文进行介绍。

3 ZSM-5的反应机理

ZSM-5可以对汽油馏分中的大分子烯烃进行裂化，ZSM-5晶体特有的小孔只允许汽油馏分中的链烷烃及烯烃进入，而具有较大位阻效应的环状烃和支链烃则很难扩散进入。在催化裂化反应温度下，烯烃很容易在ZSM-5晶体内裂化。如果反应温度达到或超过1040℉（560℃），链烷烃也可以裂化，常规的烯烃很容易发生异构化反应，生成具有高辛烷值的异构烯烃。催化裂化催化剂中高稀土含量的Y型分子筛具有降低汽油馏分中烯烃含量的作用，这对 ZSM－5 反应将产生一定的不利影响。

4 ZSM－5 选择性

ZSM－5 主要将汽油馏分中的烯烃裂解为丙烯和丁烯[1]，丙烯与丁烯的比例大约为 60∶40。由于发生汽油裂解反应，丙烯和丁烯收率增加，而汽油收率则有所降低。ZSM－5 的使用可以大幅提高汽油辛烷值。研究表明[2]，研究法辛烷值大约比马达法辛烷值高出两个单位。影响辛烷值测定的因素有很多，例如提升管出口温度、平衡剂稀土含量及 ZSM－5 加入速率等。常规的 ZSM－5 助剂不会对柴油产生裂化。

实验室测试时，乙烯选择性有时会出现不同的结果[3]。通过 ZSM－5 裂解生成丙烯和丁烯的反应是一种包括生成碳正离子在内的自由基异裂反应机理。工业装置中通过添加 ZSM－5 助剂所生成的乙烯产率要低于实验室测试的结果。

通常认为，ZSM－5 助剂中生成乙烯的特定位置并不明确。为了在 ZSM－5 中生成乙烯，必须产生 1 个具有两个碳原子并且非常稳定的碳正离子，较高的反应温度将有利于这一反应的发生（注：在常规的催化裂化反应条件下，生成丙烯和丁烯的二级碳正离子是非常稳定的）。此外，与工业催化裂化装置相比，实验室测试中汽油分子与 ZSM－5 的接触时间要长得多，因此，即使很低的乙烯产率也得到了提高。

在较高温度下，乙烯也可以通过热裂化生成。很多增产丙烯催化裂化工艺中[4~6]，高温运行等苛刻条件使得乙烯产率大幅提高。

直到 20 世纪 90 年代末，ZSM－5 的产物选择性并没有发生改变，当时，Intercat 公司推出了 ZMX 系列助剂。这些助剂产品采用特定的分子筛组分，能够最大限度地增产丁烯，ZMX 助剂得到的丙烯与丁烯产率通常为 50∶50。这一特性在很多炼油厂得到广泛应用，以确保其在最大化增产丙烯的同时，也可以为烷基化装置提供足够多的丁烯。ZMX 将在下文中详述。

5 ZSM－5 失活

Y 型分子筛失活的主要机理是由于晶胞尺寸收缩，最终导致分子筛骨架崩塌，而晶胞尺寸收缩则是由于高温蒸汽及钒污染对晶体结构的破坏。ZSM－5 失活的主要机理是由于非骨架崩塌的脱铝作用，铝原子从晶体结构中完整地脱除，从而导致其裂解活性降低。由此产生的高硅晶体仍然具有很高的异构化反应活性。

工业装置中再生器内的水热条件（时间、温度以及蒸汽压等）是影响 ZSM－5 活性保留率的一个重要参数。Intercat 公司在多个装置上进行了 ZSM－5 半寿命的测试工作，该工作将每套装置中水热条件所引起的影响作为主要考察因素。半寿命测定的平均周期为 18 天，最少 2 天，最多 36 天。MPC 在进行 ZSM－5 半寿命的测定工作中有 1 次超过了 36 天，这套装置配备了 1 个两段再生器，可以大大地降低催化剂的失活速率。

由于 ZSM－5 助剂失活将导致液化气中烯烃产率减少，所以，工业装置中可以观察到丙烯产率的降低要明显快于丁烯产率的降低。此外，异构化反应过程要比丙烯和丁烯反应过程稳定。因此，当 ZSM－5 助剂停止加入后，工业装置中将会看到丙烯产率下降速率要快于丁烯。而且，丙烯产率降低以后，由于异构化反应而产生的辛烷值增加效应还将持续很长时间。

ZSM－5对于重金属污染没有Y型分子筛敏感，重质原料被催化裂化催化剂颗粒裂解的概率要高于被ZSM－5裂解，而钒污染对基础催化剂的负面影响要明显比ZSM－5助剂大，因此，在钒污染比较严重的情况下，ZSM－5的活性保留率要比Y型分子筛高。

值得一提的是，工业装置加工高钒原料通常会使转化率降低，进而导致液化气产率下降。表面上看，液化气损失是由于ZSM－5失活所引起的，然而，这些装置中的丙烯选择性基本保持不变，这就表明ZSM－5助剂并没有被钒污染所影响。

6 最大化增产丙烯

催化裂化中有很多独立的因素会对丙烯收率产生影响，例如反应器温度、原料性质、转换率以及基础剂中的稀土含量等。然而，影响丙烯收率最主要的因素则是ZSM－5助剂。

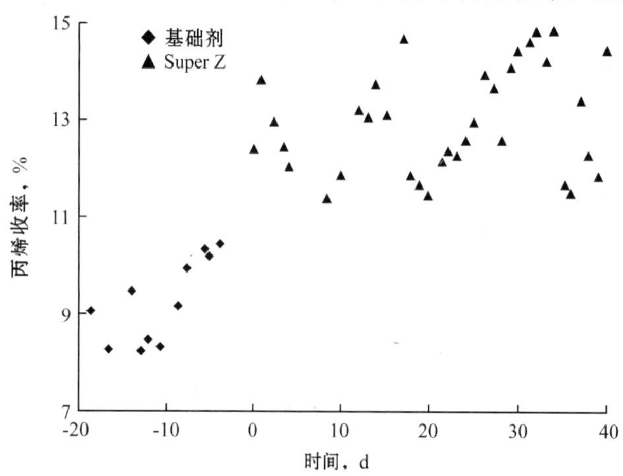

图3 ZSM－5含量为1.6%时装置的典型数据

（1）ZSM－5助剂。丙烯对于ZSM－5助剂的响应是非常迅速且高选择性的。实际上，ZSM－5助剂与装置的特性有着极为紧密的联系，然而，大部分装置中每加入1%的ZSM－5，其丙烯收率大约提高1.3%～1.5%，如图3所示。

（2）提升管出口温度。提升管出口温度对丙烯收率有较大的影响。提高提升管出口温度可以增加丙烯收率，同时也会带来负面影响，即增加了干气产率。相比提高提升管出口温度，利用ZSM－5助剂来增产丙烯可以得到更好的干气选择性，这对受限于湿气压缩机的工业装置具有重要意义，如图4和图5所示。

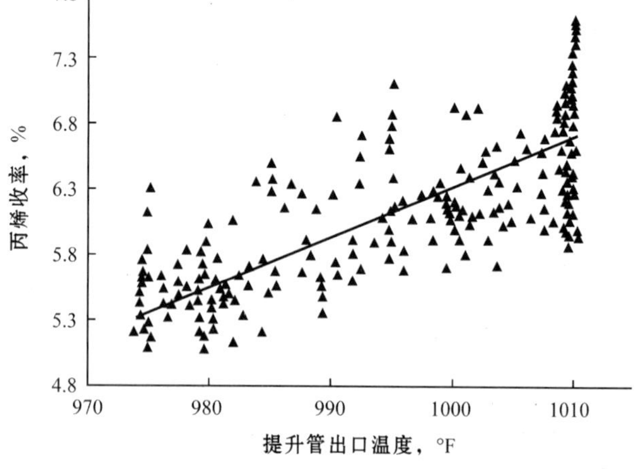

图4 丙烯收率与提升管出口温度的关系（工业数据）

（3）原料性质。丙烯收率与原料油中的烷烃含量有着直接联系，随着原料中烷烃含量的增加，丙烯收率将有所降低。这一趋势可以通过加入ZSM－5助剂及提高提升管出口温度加以改善，如图6所示。

（4）分子筛稀土含量。丙烯收率与Y型分子筛稀土含量成反比关系[7]。催化裂化反应中，稀土元素可以起到提高氢转移反应的效果。随着氢转移反应的增加，汽油馏分中的烯烃浓度将有所降低，而汽油馏分中的烯烃则是 ZSM－5 晶体的反应物。因此，丙烯收率对 FCC 催化剂中稀土浓度的变化非常敏感，如图 7 和图 8 所示。

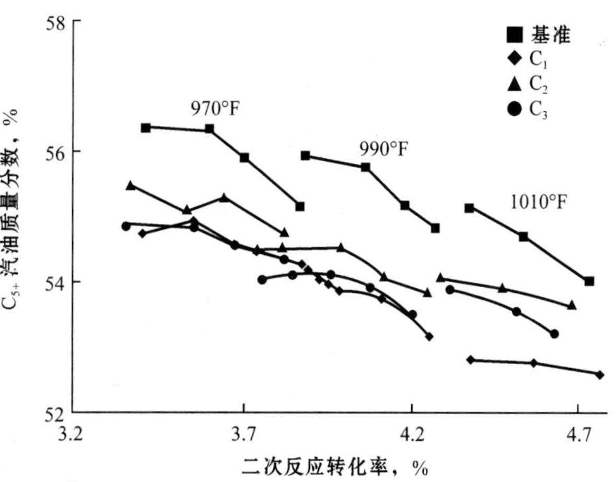

图 5　反应器温度与汽油收率的关系（实验室测试）

7　最大化增产丁烯

如上文所述，ZSM－5 助剂产物中丙烯与丁烯的比例基本上是固定的。为了满足该领域内更多灵活性方面的需求，Intercat 公司于 20 世纪 90 年代开发了 ZMX 系列助剂。与常规 ZSM－5 相比，Intercat 公司 ZMX 助剂是专门用来提高丁烯收率的产品。常规 ZSM－5 助剂的丙烯与丁烯产率比例大约为 60：40，而 ZMX 助剂的丙烯与丁烯产率比例则大约为 50：50。该技术可以为某些炼油厂提供更加便利的解决方案，以确保其为烷基化装置提供足够多丁烯的同时，最大化增产丙烯。ZMX 还具有一个非常独特的性能，即可以使某些柴油分子裂化。

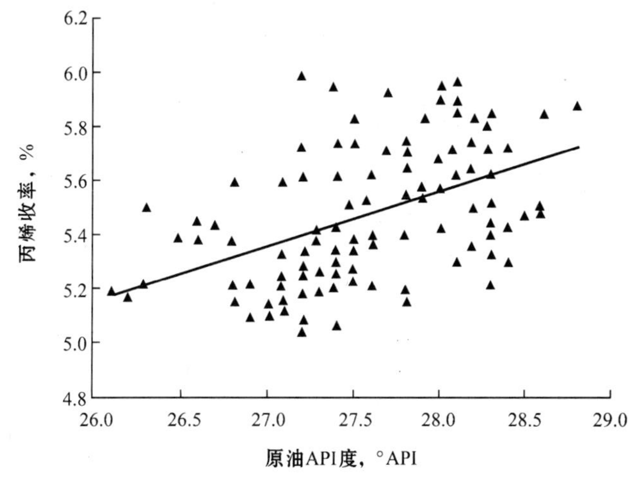

图 6　丙烯产率与 API 度的关系（工业数据）

ZMX 裂解柴油的深度与装置的苛刻度成反比关系。当装置运行的转化率较低时，柴油的转化率则较高；相反的，当装置运行的活性及转化率较高时，柴油的转化率则较低。该技术可以为某些希望提高柴油收率的炼油厂提供更加便利的解决方案。

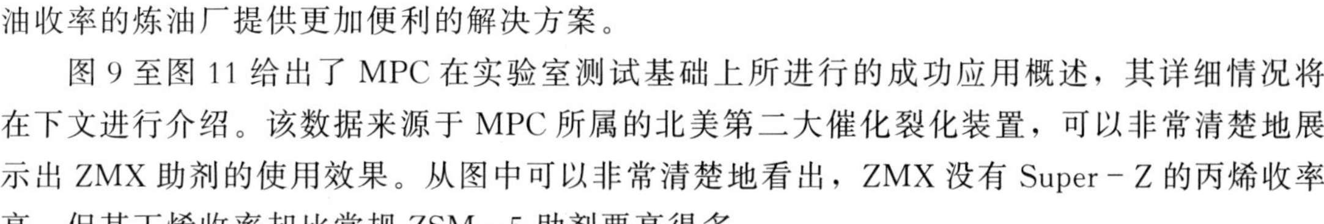

图 9 至图 11 给出了 MPC 在实验室测试基础上所进行的成功应用概述，其详细情况将在下文进行介绍。该数据来源于 MPC 所属的北美第二大催化裂化装置，可以非常清楚地展示出 ZMX 助剂的使用效果。从图中可以非常清楚地看出，ZMX 没有 Super－Z 的丙烯收率高，但其丁烯收率却比常规 ZSM－5 助剂要高得多。

8　ZSM－5 助剂的实验室评价

8.1　简介

通常，炼油厂会利用实验室评价来筛选最佳的 ZSM－5 技术方案。很多炼油厂都拥有其特定的评价方案，该方案只针对其自身的运行目标及操作理念。本节将对 MPC 成功开发的评价流程进行简要概述。

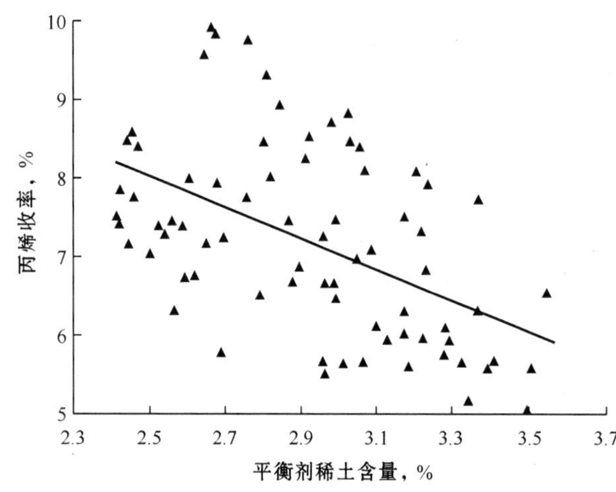

图7　丙烯产率与平衡剂稀土含量的关系（工业数据）

MPC使用戴维森循环流化提升管（DCR）作为FCC中试反应装置，并配备1套具有丰富分析测试经验的高级裂化反应评价装置（ACE）。MPC中试测试方案的最终目标就是要从工业催化剂中获得标准的收率数据，将每一次具体的工业应用中不确定因素减少到最低。这一目标的完成可以参见图12。

该流程从工业装置性能测试开始，同时为中试装置采集评价样品，利用这些样品，将中试FCC反应产物与工业FCC生产进行对标。首先采用装置平衡剂，然后采用老化新鲜剂（拟平衡剂），一旦基准建立起来，新的催化剂和助剂就可以在中试FCC装置上进行评价，其得到的结果则可以应用到经济性模拟运行中。当中试FCC装置发生变化前后，该循环将终止，这时便可以通过测试FCC装置平衡剂得到工业参数的变化。这种延迟测试的方法是为了去除由于工艺参数波动而引起的催化剂产物变化，并以此来验证中试FCC装置反应结果与工业FCC产物数据之间的对应关系。

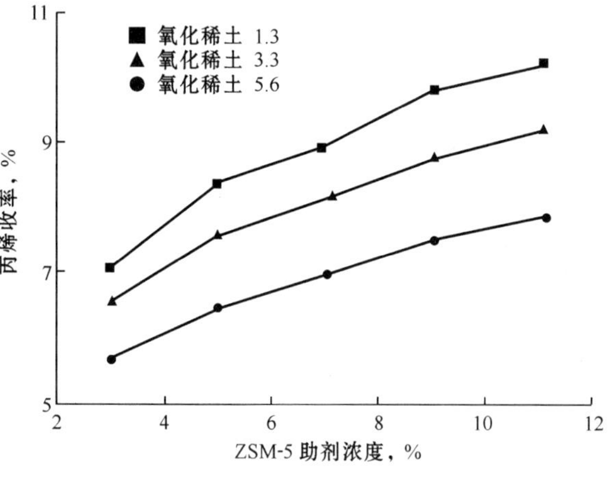

图8　实验室稀土响应曲线

最近，MPC利用上述流程对多家催化剂供应商的ZSM－5助剂进行了评价，并分别为其各自的催化裂化装置筛选出最适合的助剂产品。下面将对该流程的详细步骤及所得结果进行详细阐述。

8.2　MPC中试评价

MPC结合FCC催化剂氢转移指数变化及操作条件变化，采用3个阶段对ZSM－5的经济性和实用性进行评估。根据催化裂化装置原料加氢处理程度不同对3个阶段进行划分。

（1）阶段一采用催化裂化装置原料重度加氢处理的方案。采用ZSM－5技术开发商提供的丙烯、丁烯选择性助剂作为分析原料，助剂是在采用不同稀土含量及提升管出口温度的情况下进行评价。

（2）阶段二采用催化裂化装置原料中度加氢处理的方案。

（3）阶段三采用催化裂化装置原料未加氢处理的方案。

本研究的主要目的是：

（1）为 MPC 炼油厂 ZSM－5 助剂的选用、装置的运行及性能的优化提供专业数据支持。

（2）为 KBC Profimatics 模型的建立以及 LP 向量的生成提供必要的数据支撑。

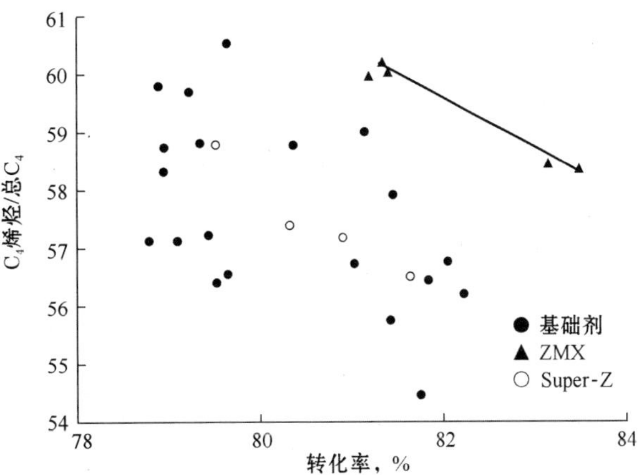

图 9　丁烷含烯度与 ZMX 的关系

8.3　中试实验方案

工业应用之前，需要使用微反活性测试装置（MAT）、ACE 以及上一代流化床评价装置进行大量的分析测试。目前，仍然沿用之前所采用的方法，即在同一个标准条件下进行工业催化剂样品的测试、筛选。近年来，MPC 对这一理论进行了修订，将工业装置实际操作条件以及原料性质纳入考察指标中。

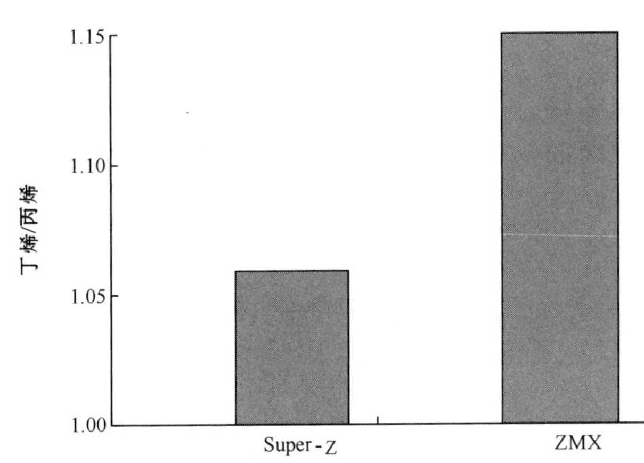

图 10　丁烯/丙烯与 ZMX 的关系

采用特定的操作条件使上述评价装置运行，可大幅改进数据的解析工作，然而，在实际应用之前，这些数据还是需要进行充分地解析，这是由于在工业催化裂化装置中会遇到很多机械方面的以及操作方面的问题。MPC 将很多本质问题与这些特殊的评价装置结合起来，设法改变 FCC 催化剂评价理念，进而模拟 DCR 装置运行条件，这使得催化剂评价可以在"工业条件"下进行。这种全新的评价理念填补了中试设备与工业装置之间的差别。

MPC 采用的是一套全电脑控制、连续运行的 DCR 中试设备，该设备与工业装置的比例约为1∶650000。该 DCR 装置于 1986 年投入使用，目前被认为是 FCC 中试装置的工业标准。

首先，采用工业原料及平衡剂对 DCR 进行标定，使其达到特定的装置运行条件；然后，采用 MPC 公司特有的老化技术将新鲜剂进行老化处理，尽可能地模拟平衡剂的反应性能；最后，根据之前建立的标定方法，采用相同的操作条件在 DCR 上进行评价。在后续的研究中，这些 DCR 操作条件将始终保持不变。

8.4　ZSM－5 竞争性评估

分别采用 4 家 ZSM－5 技术开发商提供的丙烯、丁烯选择性助剂用于评价，每家公司提供的助剂均包括结晶度 25％及结晶度 40％两类。两家公司提供增加丁烯选择性的 ZSM－5 技术。

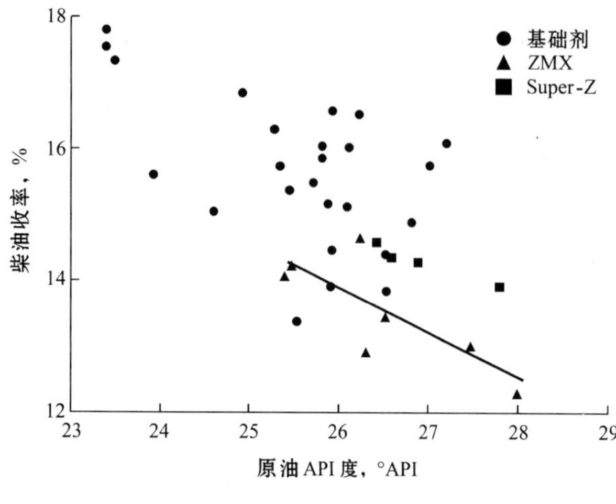

图 11　柴油收率与 ZMX 的关系

选取一种助剂作为基础剂用来建立助剂预处理（老化）方法，该助剂采用不同条件进行老化处理，并在 DCR 装置上进行评价，以此得到最接近工业装置产品收率的老化条件。之后，其他参评的助剂均采用该老化方法。每种助剂在 DCR 评价时所采用的加入量分别为 2%和 5%。

8.5　中试评价结果

MPC 研究发现，当焦炭产率及助剂结晶度保持不变时，同类助剂性能的差异可以得到最好的体现。焦炭产率恒定可以得到拟热平衡条件下的产品对比。

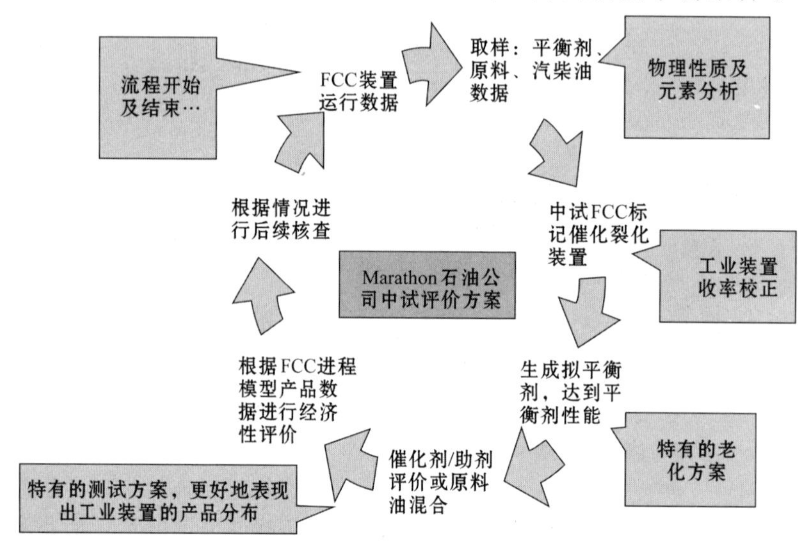

图 12　MPC 中试评价流程

首先，DCR 的产品收率将依据转化率进行模拟，然后，根据统计数据，保持焦炭产率恒定。利用转化率恒定推算来建立 KBC 模型响应因子。如上文所述，与基础剂相比，所有的丙烯、丁烯选择性助剂均采用 2%和 5%两种加入量作对比。

丙烯选择性助剂采用 25%和 40%两种结晶度作对比，而丁烯选择性助剂则采用结晶度为 25%作对比。需要强调的是，重点考察以下几个参数：

（1）$d_{C_3^=}/(d_{C_3^=}+d_{C_4^=})$。

（2）$d_{C_4^=}/(d_{C_3^=}+d_{C_4^=})$。

（3）$d_{C_3^=}/d_{汽油}$。

（4）辛烷值响应因子。

结果分析依据以下两个方面：烯烃产率最大与结晶度对比；烯烃产率最大与汽油损失最

小对比。此外，辛烷值响应因子也需要进行详细的分析，在这个阶段，最好的助剂将是在一定的辛烷值范围内，能够在汽油损失最小的情况下得到最多的烯烃产物。图 13 至图 16 列出了部分评价结果，其中，图 15 给出了丁烯选择性助剂 A1 与 B1 在产品选择性方面的差异。

8.6 经济性评估及最终选择

助剂的最终选择将根据 KBC Profimatics 过程模型，采用装置的性能表现以及炼油厂的经济性指标作为依据。Profimatics 模型的催化剂响应因子来自于 DCR 评价装置，该模型通过增加装置苛刻度来筛选出最适合特殊催化裂化装置运行条件的产品，以此进行催化剂的经济性排名。ZSM－5 助剂排名则根据装置的苛刻度、助剂的选择性以及开发商的技术支持。

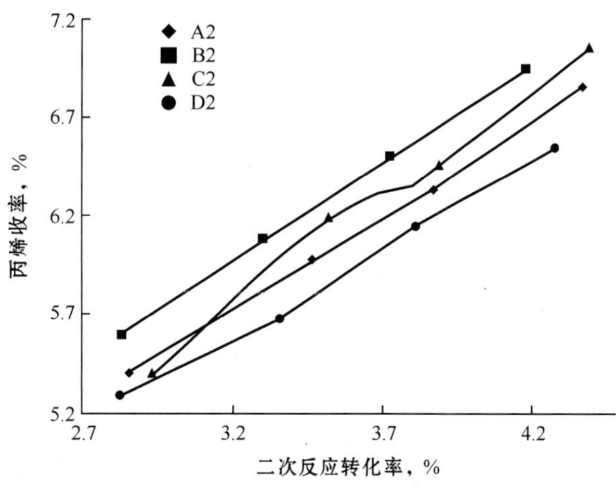

图 13　丙烯收率与活性关系（实验室测试）

8.7 工业测试及应用

根据上述评价结果，MPC 选择了 Intercat 公司的 Super－Z（丙烯选择性助剂）和 ZMX－BHP（丁烯选择性助剂）用于其多套催化裂化装置，其中包括美国最大催化裂化装置——Garyville FCC。其中很多装置都利用该技术的灵活性，采用丙烯选择性助剂与丁烯选择性助剂交替使用的方法来考察经济性指标。根据市场需求变化，MPC 经常采用丙烯与丁烯选择性助剂交替使用的方法。从图 9 至图 11 可以看出，这些运行方法非常清楚地展示了炼油厂从中获得的效益。

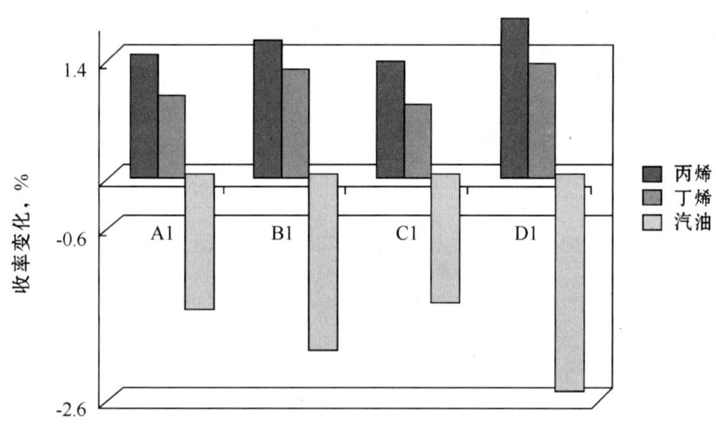

图 14　焦炭恒定时（1%ZSM－5 含量）的收率变化（实验室测试）

9 操作指南

下面将介绍关于助剂的筛选、使用监测以及助剂的关键性能指标等实际应用指南。

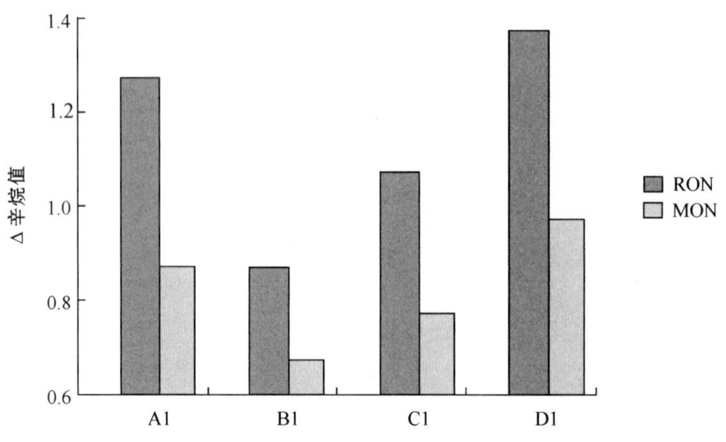

图15　焦炭恒定时（1%ZSM－5含量）的辛烷值变化（实验室测试）

9.1　ZSM－5活性筛选指南

如今，炼油厂可以从很大的活性范围内选择ZSM－5助剂，从较低活性直到极高活性的产品均可选择，选择低活性、中等活性或是高活性的产品主要取决于其预期的加剂速率。一般来说，建议各炼油厂在新鲜催化剂加入量的基础上，将最小助剂加入量设定为2%，设定的这个最小加入量可以保证整个循环体系都具有较好的ZSM－5分布。

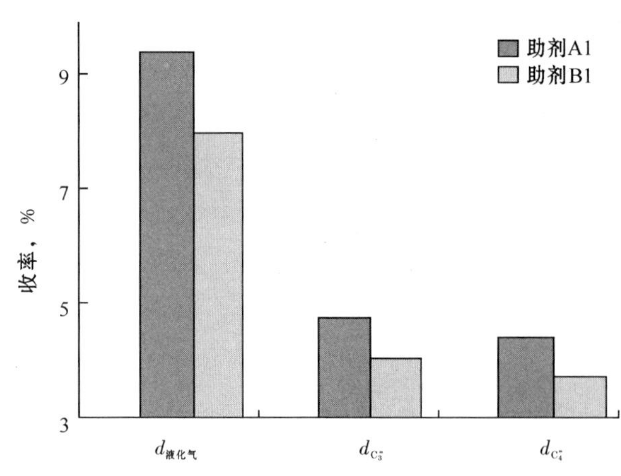

图16　丁烯选择性助剂（5%助剂，实验室测试）

炼油厂如果想在较低的助剂浓度（<2%）下运行，就应该考虑在采用低活性助剂的同时提高加剂速率。助剂采用低ZSM－5晶体含量可以使炼油厂在较高的助剂浓度下运行，从而在整个循环体系内保持ZSM－5晶体含量恒定，这就可以在保持运行成本不变的前提下，定向地改善ZSM－5在循环体系内的混合度。

炼油厂如果想在中等助剂浓度（5%～10%）下运行，推荐采用中到高活性的ZSM－5助剂。最后，炼油厂如果想在较高的ZSM－5助剂浓度下运行，以便实现最大化增产丙烯的目的，则推荐采用具有极高活性的产品，从而避免可能出现的稀释效应。

9.2　ZSM－5助剂使用监测

MPC通常会在基础剂填装前后以及使用过程中对FCC装置进行测试，而在基础剂填装前后的测试则最为严格。建议对基础剂的填装时间予以高度重视。在ZSM－5基础剂填装过程中以及随后一段时间内，如果没有重大的原料或运行条件变化，试验分析则可以大幅简化。

在加入 ZSM－5 之前，应首先取得有代表性的原料油以及平衡剂样品，在基础剂填装阶段每天都要进行这一工作。如果在试验过程中出现意外情况，将会增加运行数据分析的复杂性，而这些样品则可以用来辅助进行试验数据校正。当循环体系内的 ZSM－5 助剂浓度增加时，实验室裂化研究采用标准原料，这可以为工艺工程师评价助剂性能提供很大的帮助。

9.3 关键性能测定

用于性能分析的数据库应至少含有以下数据：原料油性质、运行变量（非独立的和独立的）、产品选择性、平衡数据加上针对特殊目标的数据以及当前装置的约束性。产品选择性数据应包括丙烯随时间变化的数据图以及影响丙烯产率的主要变量，这些变量至少应包括以下几个：原料油密度、原料油氮含量、加料速率、提升管出口温度、剂油比、新鲜剂加入速率、ZSM－5 加入速率、平衡剂活性及稀土含量。

此外，工艺工程师还需要监控以下几个关键性能指标：丙烷、丁烷以及液化气含烯度；丙烯转化率以及丁烯转化率；丙烯/丁烯（流量比，余同）；丙烯/液化气以及丁烯/液化气；Δ丙烯/Δ液化气以及Δ丁烯/Δ液化气；丙烯/汽油以及丁烯/汽油。

基础剂填装结束后，会迅速观察到产品选择性发生变化，应尽快绘制出这些指标的对比图。还要重点推荐将这些比值与关键独立变量之间进行对比，图 17 至图 19 给出了一些工业应用实例。

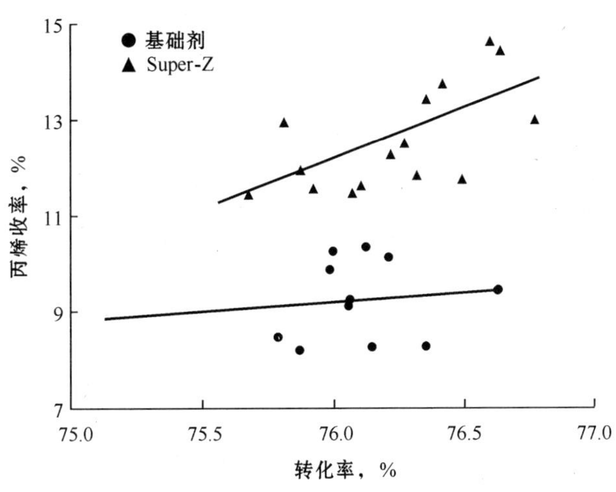

图 17　丙烯收率与转化率的关系（工业实例）

9.4 ZSM－5 与汽油脱硫助剂

某些炼油厂发现，同时加入 ZSM－5 和汽油脱硫助剂将会导致轻汽油中硫醇硫浓度增加，这可能是由于汽油脱硫助剂所产生的硫化氢与 ZSM－5 助剂所生成的低碳烯烃发生了二次反应，以及大相对分子质量的汽油烯烃被裂化的同时将含硫分子留在了汽油组分中，从而产生浓缩效应的缘故。对于可能出现的硫醇硫增加的情况，推荐采取增加处理苛刻度的办法予以应对。

10 助剂加入

将 ZSM－5 加入一套催化裂化装置的方法主要有 3 种：（1）与新鲜剂进行预混合；（2）利用助剂装填器按需加入；（3）预混合与按需加入相结合。尽管上述 3 种方法都是可行操作的，但保持 ZSM－5 助剂与新鲜剂分离却有着巨大的优势。预混合唯一的优势就在于避免了由装置操作员处理助剂，而这完全可以由现在先进的加料系统技术所取代，而缺点却有很多，包括：

（1）提高催化剂加入速率将导致湿气压缩机过早地达到负荷，从而限制了装置的操作灵

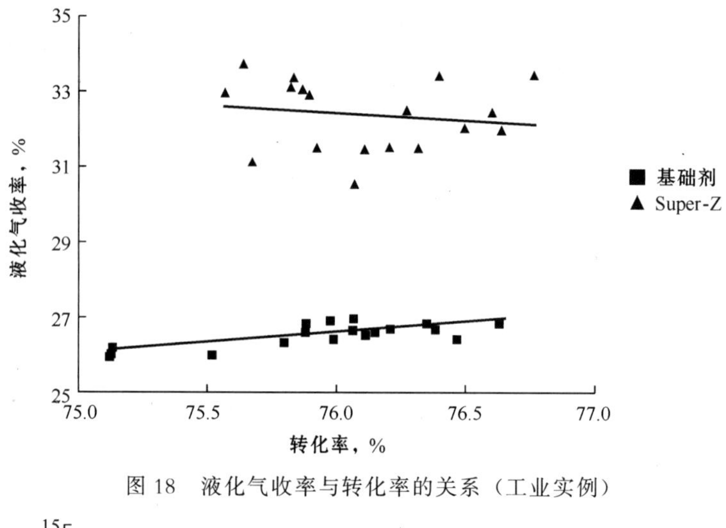

图18　液化气收率与转化率的关系（工业实例）

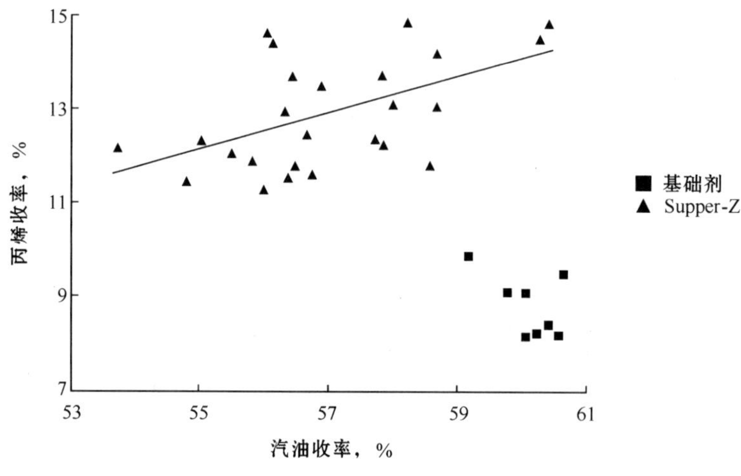

图19　丙烯收率与汽油收率的关系（工业实例）

活性以及经济性；

（2）在丙烯市场不景气时期，不能随时停止ZSM－5的加入。拥有预混合原料的炼油厂将在订购不含ZSM－5的催化剂与实际将这一原料加入装置之间产生数月的滞后期。

（3）大多数供应商只有在装填新鲜剂的时候才会加入一定量的ZSM－5助剂。很多炼油厂都曾经历过由于湿气压缩机或分馏限制而导致的助剂临时性限制加入，即使在那些“符合规格”的供货单中也曾出现过类似情况。

（4）预填装使炼油厂没有机会进行“现场”质量控制检查。很多炼油厂更愿意保持对所有购买的催化剂进行特有的ZSM－5质量控制检查的权利。

高钒含量操作为ZSM－5预混合提出了一个特殊的问题。Y型分子筛与ZSM－5均具有水热失活的倾向，然而，Y型分子筛很容易受到钒的影响，而ZSM－5则没有。在钒含量从中等到偏高水平（>1500μg/g）的装置中，与ZSM－5晶体相比，FCC催化剂中的Y型分子筛将经历加速失活的过程，在很多装置中，这将产生一个意想不到的ZSM－5与Y型分子筛的活性比。

提高 Y 型分子筛失活速率将导致转化率降低，进而使汽油收率下降。汽油收率的下降将导致 ZSM－5 晶体反应物减少，因此，转化率降低将导致丙烯收率减少。比较典型的操作方法是增加新鲜剂的加入量，而对于那些选择 ZSM－5 预混合的炼油厂来说，增加新鲜剂的加入量将导致助剂加入量也随之增加，最终结果是运行成本的增加以及丙烯收率的巨大变化。通过单独的填装系统来实现助剂加入的炼油厂则可以根据需求来增加 ZSM－5，以达到目标丙烯收率。最终的结果是成本的降低以及操控性的提高。

11 结论

如今，炼油厂可以从一系列的 ZSM－5 助剂中选择适合自己的产品，如前文所述，这些助剂具有从低到高的活性范围，并且还有特殊的丁烯选择性助剂。此外，对于如何更好地使用这一助剂，从工业应用中获得的经验以及本文所述的内容将起到至关重要的作用。最后，建议炼油厂通过单独加入 ZSM－5 助剂的方式来自由控制 ZSM－5 助剂在循环体系内的浓度。

参考文献

[1] J. S. Buchanan，"Reactions of Model Compounds over Steamed ZSM－5 at Simulated FCC Reaction Conditions"，Mobil Research and Development Corporation，Princeton，New Jersey，Elsevier Science Publishers，B. V.

[2] F. G. Dwyer，P. H. Schipper，F. Gorra，"Octane Enhancement in FCC via ZSM－5"，1987 NPRA Annual Meeting，San Antonio，Texas.

[3] X. Zhao，T. G. Roberie，"ZSM－5 Additive in Fluid Catalytic Cracking. Effect of Additive Level and Temperature on Light Olefins and Gasoline Olefins"，Industrial Engineering Chemistry Res. 1999，pp. 4－5.

[4] J. Knight，R. Mehlberg，"Maximize Propylene from Your FCC"，Hydrocarbon Processing，September 2011，Pages 91－95.

[5] Z. Li，W. Shi，X. Wang，F. Jiang，"Deep Catalytic Cracking Process for Light－Olefins Production"，Fluid Catalytic Cracking III，ACS Symposium Series，Chapter 4，Pages 33－42.

[6] M. J. Tallman，C. N. Eng，"Catalytic Routes to Olefins"，AIChE Paper 219c，2008.

[7] D. Wallenstein，R. H. Harding，"The Dependence of ZSM－5 Additive Performance on the Hydrogen Transfer Activity of the REUSY Base Catalyst in Fluid Catalytic Cracking"，Applied Catalysis，2000.

AM－13－03

Rive 分子快速通道催化剂在美国 Alon 炼油厂的应用

Gautham Krishnaiah, Barry Speronello, Allen Hansen, et al (Rive Technology, Inc., USA)

柳召永　赵红娟　译校

摘　要　炼油厂通过优化操作持续努力扩大利润。灵活的催化裂化催化剂技术可以提供更好的焦炭选择性和重油转化能力，并可以帮助炼油厂克服操作限制，得到更有价值的产品，从而优化利润。过去的 10 年间，为了达到这些目标，催化剂的革新主要集中在改进基质、黏结剂和助剂，而没有改进催化剂的分子筛。

Rive 能源公司一直关注于研究催化裂化催化剂的分子筛，并开发了分子快速通道™中孔分子筛技术，改善了分子筛晶体间及晶体内的质量传递。分子筛制得催化裂化催化剂时，提高分子筛的孔隙度可使催化裂化原料分子更快速地进入分子筛内部进行所需的反应，然后快速离开，从而改善选择性。换句话说，意味着催化剂具有较高的焦炭选择性、较低的重油收率和较高的产品收率，如汽油、柴油和小分子烯烃，这主要取决于炼油厂的目的。

Rive 能源公司 2011 年在 CountryMark 炼油厂催化裂化装置上，以石蜡基油为原料成功试用了第 1 代分子快速通道™技术，2012 年则在美国 Alon 能源旗下公司得克萨斯州 Big Spring 市 Alon 炼油厂催化裂化装置上以渣油为原料成功验证了其第 2 代技术。

本文将论述分子快速通道技术和得克萨斯州 Big Spring 市 Alon 炼油厂的试验结果，W. R. Grace & Co. 公司生产的含有 Rive 分子筛的催化剂成功应用可以使催化裂化装置增加 2.50 美元/bbl 以上的效益。

1　简介

2011 年 Rive 能源公司在美国印第安纳州 Vernon 山 CountryMark 炼油厂催化裂化装置上成功试用了第 1 代中孔分子筛，称作分子快速通道™技术。

催化剂证明具有良好的水热稳定性、活性保留度、抗磨损性能和流化性能、焦炭选择性和塔底油裂化性能，运输燃料油总量增加。

在 2012 年 AFPM 年会上，Rive 能源公司报道了第 2 代（GenⅡ）Rive 分子筛的发展和生产放大情况。此后，Grace 公司授权生产 GenⅡ Rive 分子筛，并生产 125t 用于第 2 次炼油厂的工业试用。

运用这种工业生产 Rive 分子筛和 Grace 基质技术，Rive/Grace 公司开发了催化剂配方，并使用 Alon 原料在高级裂化反应评价（ACE）装置上进行评价测试。在实验室中，ACE 装置是工业认可的评价催化裂化催化剂的设备，并能预测催化剂的工业性能。结果为 Big Spring 市 Alon 炼油厂构造经济模型，预计现有的催化剂可以增加催化裂化原料 2.00 美元/

bbl 的效益，这一数据足以轻易判断工业试用情况。

2 配方改进

基于从 Rive 能源公司首次在 CountryMark 炼油厂的成功经验，125t 第 2 代中孔分子筛（GenⅡ）已在 Grace Valleyfield 加拿大催化剂厂生产，并将这种工业分子筛用于所有催化剂配方的研究工作。评价条件模拟 Big Spring 市 Alon 炼油厂的催化裂化装置操作条件。所有催化剂浸渍镍和钒，然后使用循环丙烯蒸汽老化，而后在 ACE 装置上评价。

表 1 为在 Alon 炼油厂现有催化剂（结合最先进的基质金属捕捉技术和基质重油转化技术）和原料油为 Alon 的催化裂化装置原料（API 度为 22°API，康氏残炭为 1.6%，硫含量为 2%）时，Rive 能源公司推荐配方（命名为 Rive MH－1 催化剂）在 ACE 装置上的评价对比结果。结果表明，使用 Rive 催化剂大大改善了焦炭选择性，并大幅提高了汽油收率；在相同转化率下，预期的重油裂化增加值并不显著，但是在相同的焦炭产率下其性能表现非常明显（在实际装置操作中这点较为显著）。

ACE 装置评价结果用于模拟 Rive MH－1 催化剂在 Alon 炼油厂催化裂化装置上的操作效果。预计催化剂配方 100%更换为 Rive 催化剂后，根据炼油厂操作上限条件和产品价格，收率将提升 2.0 美元/bbl（以原料计）的价值，见表 2。这也说明 Rive MH－1 催化剂不仅可以改善焦炭选择性，还可通过优化操作条件降低反应温度和再生温度。

Grace 公司为 Alon 炼油厂生产了 328tMH－1 催化剂，其平均分子筛比表面积可达 $227m^2/g$，基质比表面积（中孔比表面积）为 $100m^2/g$，并且 Grace Davison 磨损指数为 6。原有的催化剂含有相近的新鲜分子筛比表面积和略低的基质比表面积。催化剂足够试用 109 天（3t/d），预计可以置换 80%。

表 1 Rive MH－1 催化剂在 ACE 装置评价中的焦炭产率和汽油收率

催化剂①		原有催化剂	Rive MH－1 催化剂
剂油比		6.2	6.4
转化率，%		75.0	75.0
收率，%（质量分数）	干气	3.37	3.19
	液化石油气	15.64	15.94
	丙烷	0.83	0.83
	丙烯	4.67	4.77
	丁烷	3.85	3.95
	丁烯	6.29	6.39
	汽油	50.39	51.33
	柴油	19.09	19.14
	重油	5.91	5.86
	焦炭	5.60	4.54

①排除 Grace 助剂 D－PRISM™ 对降低汽油硫含量的影响。

表2 Alon炼油厂（Big Spring市，得克萨斯州）产品和操作条件的预测[①]

催化剂[②]		原有配方（MT-4）	Rive配方（MH-1）
主要操作条件	提升管温度,°F	1002	980
	原料温度,°F	625	606
	剂油比（质量比）	6.31	7.11
	再生床层温度,°F	1308	1250
	再生催化剂上碳含量,%（质量分数）	0.17	0.19
工业收率,%（质量分数）	干气	5.5	4.7
	总 C_3+C_4	14.6	14.6
	C_3+C_4 非烯烃	4.3	4.4
	C_3+C_4 烯烃	10.3	10.2
	催化裂化汽油	47.9	49.6
	柴油	18.1	17.9
	重油	8.4	7.9
	焦炭	5.4	5.2
工业收率,%（体积分数）	总 C_3+C_4	24.9	24.9
	C_3+C_4 非烯烃	7.4	7.5
	C_3+C_4 烯烃	17.5	17.4
	催化裂化汽油	58.4	60.6

催化剂[②]			原有配方（MT-4）	Rive配方（MH-1）
		柴油	17.1	17.0
		重油	7.1	6.7
		总液体收率	107.5	109.1
		转化率	75.7	76.4
		柴油转化率	92.9	93.3
Rive增加效益（以原料计）美元/bbl				2.00
产品性质	催化裂化汽油	密度，g/cm^3	0.749	0.748
		RON	92.4	91.2
		MON	81.3	80.7
		（RON+MON）/2	86.9	85.9
		硫含量,%（质量分数）	0.41	0.40
	柴油	密度，g/cm^3	0.966	0.967
		硫含量,%（质量分数）	2.32	2.36
	重油	密度，g/cm^3	1.08	1.082
		硫含量,%（质量分数）	3.30	3.36

①基于催化剂100%置换。

②排除Grace助剂D-PRISM™对汽油硫含量降低的影响。

3 装置描述

美国得克萨斯州Big Spring市Alon炼油厂催化裂化装置为UOP层叠设计结构，包括外部垂直的提升管及最先进的原料进料喷嘴。提升管末端连接在两个初级旋风分离器上，将待生催化催化剂通过料腿输送至汽提器中，待生催化剂经汽提脱掉吸附的油气后，经待生催化剂立管进入再生器，提升管产生的油气经轻循环油雾滴急冷后由初级旋风分离器气升管分离，急冷后油气和汽提蒸汽从反应器分离，经一对二级旋风分离器进一步分离夹带的催化剂。

催化剂上的焦炭在再生器中燃烧，再生器操作为半再生模式。燃烧主风通过3个主风机并行工作供给。烟气通过4组旋风分离器将夹带的催化剂回收，并将回收后的催化剂输送至再生器床层中。富含一氧化碳的烟气经蒸汽发电机冷却器换热后在一氧化碳余热锅炉中完全燃烧成二氧化碳，冷却后的烟气从余热锅炉排出，经电除尘后放空。

反应油气经主分馏塔和气分装置分离成各种产品。为了改善分馏塔操作和精馏度，主分馏塔包括3个侧线（重催石脑油、轻循环油和重石脑油）和1个底部侧线（澄清油）。轻循环油产品（重催石脑油+轻循环油）进入柴油加氢装置。澄清油中夹带的催化剂经Gulftronic®分离器回收，并将其输送至提升管反应器。分馏塔顶部油气进入湿式气体压缩机和气分装置，进一步分离成汽油、液化气和油气。汽油产品进入加氢脱硫装置，生产超低硫含量汽油。液化石油气分离成 C_3、C_4 和 C_4 烯烃。

4 试用描述

催化裂化装置原料为减压蜡油和缓和加氢后丙烷脱沥青油的混合原料。

在 Rive 能源公司试用之前，装置操作一般控制提升管温度为 1000℉或略高，以达到最小转化率条件下最大化生产轻循环油，反应器油气经轻循环油急冷以实现干气收率的最小化。另外，再生器床层温度控制在可以维持再生催化剂炭含量低于 0.3%的水平。

催化裂化装置的主要限制条件为主风机、湿式气体压缩机、催化剂循环量和主分馏塔（以此为先后顺序），相应原料温度为可以维持焦炭最小收率，在夏季（5—9 月）FCC 装置进料速率维持在 1000～1500bbl/d，由于主风机限制，与环境温度相反。

Rive MH－1 催化剂于 6 月 28 日到达炼油厂，6 月 30 日开始试验，催化剂置换速率为 3t/d，与原有催化剂相同，每周收集 1 个原料油样品和 3 个平衡剂样品，收集的所有样品运送到 Grace 公司分析。

尽管环境温度升高，但随着 Rive 催化剂在装置内置换，焦炭选择性得以改善，进入装置的原料速率平稳增大。由于改善了重油转化，油浆收率减少，密度增加，焦炭选择性的改善和塔底油转化能力的提高使得炼油厂逐步增大进料速率，并降低了提升管和再生器温度，在几周内降低了 20℃，同时维持再生催化剂碳含量低于 0.3%。在试验即将结束时，尽管环境外界温度下降对进料速率的增加起到了一定作用，但此时新鲜原料进入装置的速率已经增大到 2000bbl/d。然而数据分析表明，在相近的环境温度下，Rive 催化剂焦炭选择性的改善可以允许炼油厂在原有操作基础上进料速率增大 700bbl/d。

总之，在试验期间催化裂化装置操作平稳。

5 原料油性质

催化裂化原料油的 API 度和康氏残炭性质分别见图 1 和图 2。在试用期间，加工的原料油 API 度在装置的正常范围内波动，然而康氏残炭值比通常情况下高。

6 平衡催化剂分析

Grace 公司对平衡催化剂样品进行了分析，主要监测催化剂活性、分子筛和基质比表面积、焦炭、气体因子和理化性质。

催化剂置换率的计算是基于催化剂化学组成，如图 3 所示。置换率通常随着时间的延长而增大，在试验结束装置停工后，加入试验前期的平衡催化剂的置换率出现了下降；随着装置开工并消耗正常的催化剂添加量，催化剂的置换曲线又开始恢复，尽管期间产生了折点。将“干扰点”之前（虚线）的数据进行回归拟合表明，在未添加平衡催化剂时催化剂置换率可达 78%。

试验过程中平衡催化剂上金属（镍和钒）含量的变化如图 4 所示。平衡催化剂上镍含量由 1200μg/g 平稳增至 1600μg/g，同时钒含量从约 1900μg/g 增至 2500μg/g。

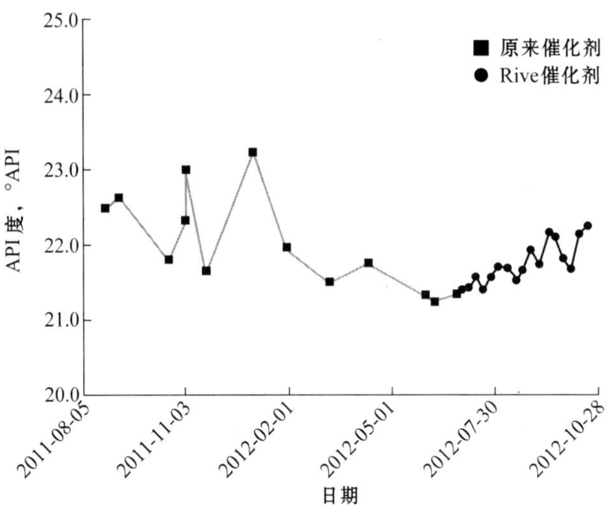

图1 催化裂化装置原料的API度

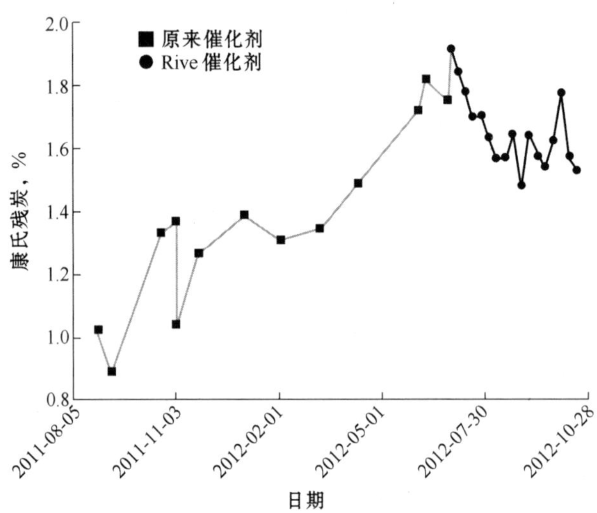

图2 催化裂化装置原料的康氏残炭

图5为试验期间再生器温度的变化情况，表明当使用Rive MH－1催化剂进行操作时，再生器的温度呈下降趋势。

在试验期间，Rive催化剂的添加速率与之前催化剂维持在相同水平，尽管平衡剂上污染金属（镍和钒）增加了30%，并且保持了高操作温度，但证明Rive催化剂具有良好的水热稳定性和活性保留率（图6）。现有催化剂的分子筛表面积和基质比表面积与Rive催化剂没有明显区别，单位面积没有明显变化。Rive催化剂中分子筛和中孔（基质）比表面积稳定性如图7和图8所示。

Rive催化剂也证明可以降低生焦因子（单位装置动力学转化率的焦炭产率）和干气因子（干气中氢气与甲烷的比值），如图9和图10所示。

在试验期间，当Rive催化剂置换原有催化剂时，烟气浊度（催化剂跑损指标）比较平

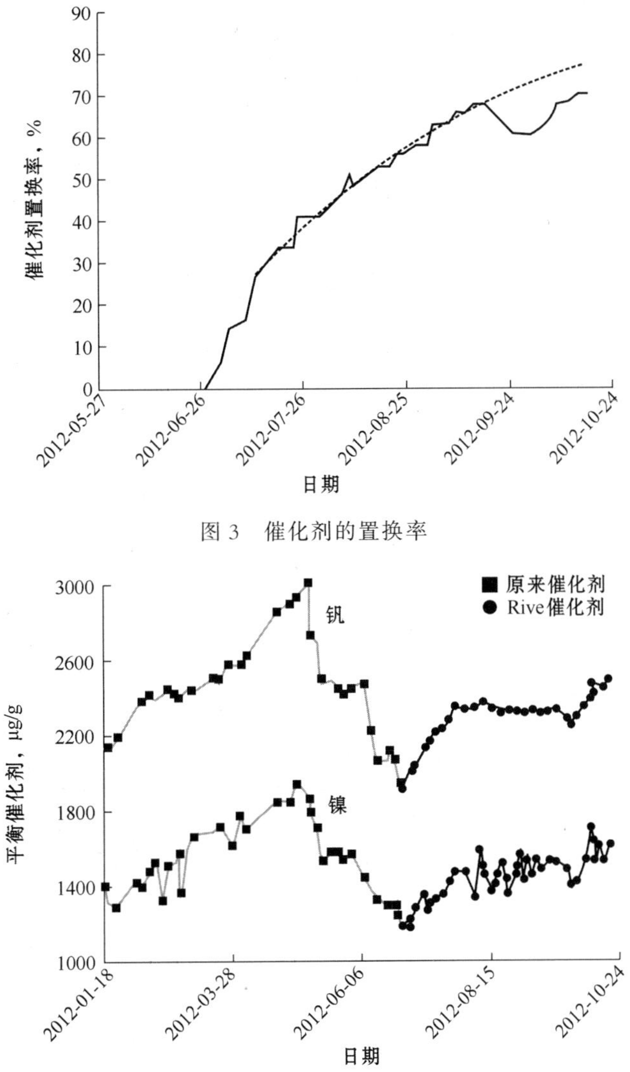

图 3　催化剂的置换率

图 4　平衡催化剂的金属（镍和钒）含量

稳（图 11）。在试验前，为了防止前期浊度测量误差，将浊度表重新归 0（校正），试验期间，待生催化剂正常卸出和清除，表明 Rive 催化剂的单位保留度和抗磨损性能与原催化剂相当。

试验期间，从原有催化剂转换到 Rive 催化剂时，通过测量最小鼓泡速率/最小流化速率（U_{mb}/U_{mf}）而确定的单位催化剂流化性质指标保持恒定（图 12）。装置没有产生任何循环问题，由再生烟气分析计算的循环速率也是恒定值，但事实上，在试验期间由于焦炭选择性的改善，它是增加的（表明转化率恒定时，进料速率增加且反应温度降低）。

7　收率

Rive 中孔分子快速通道分子筛技术比含常规分子筛的催化裂化催化剂技术有更好的焦

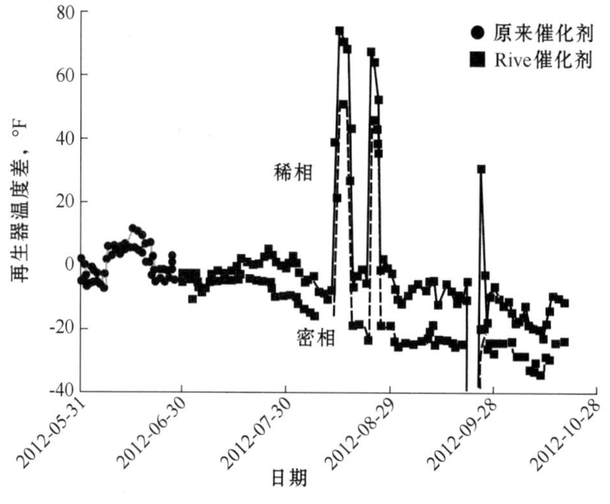

图5　再生器的温度

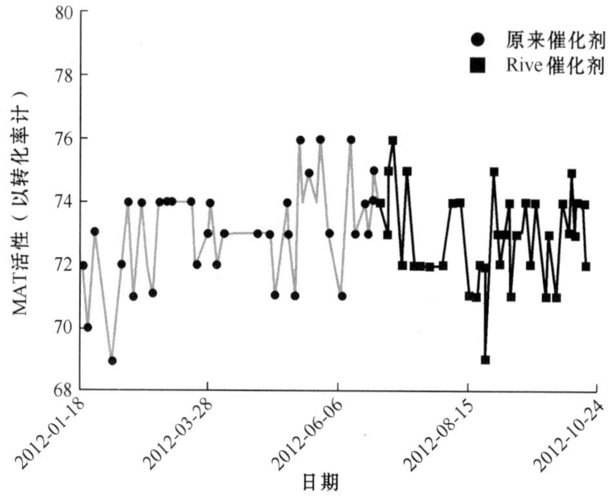

图6　平衡催化剂的活性

炭选择性。受风机速率限制的催化裂化装置（非正式调查表明，大约60％的催化裂化装置受到主风机速率限制），炼油厂可采用以下方式（单独或联合）改善焦炭选择性：

（1）增大催化裂化装置进料速率。

（2）增加转化率苛刻度。

（3）降低再生器和反应器温度。

（4）加工更重原料。

Big Spring市Alon炼油厂的催化裂化装置受限于主风机工作能力，特别是在夏季，这种限制特别严重，由于空气密度影响主风机速率，每天催化裂化原料进料速率必须同步于环境温度周期性循环改变，因此炼油厂设置了储罐以存储夏季没有加工的催化裂化原料。

尽管在高温的夏季，Alon炼油厂操作可以稳定连续增大进料速率，图13所示为Rive催化剂在给定的外界温度下使装置可加工更大的原料速率。当使用Rive催化剂时，催化裂

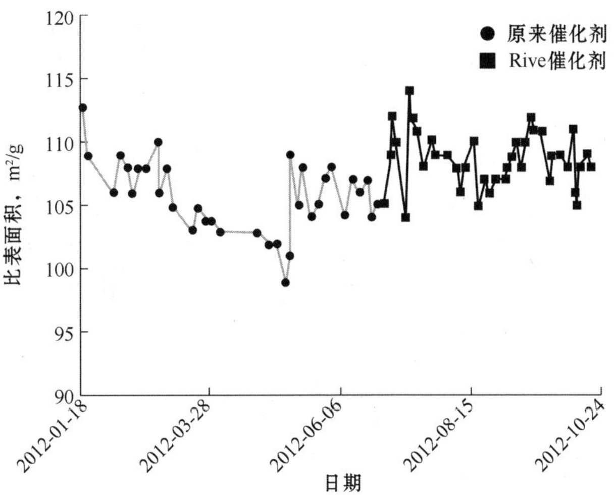

图 7　平衡催化剂分子筛的比表面积

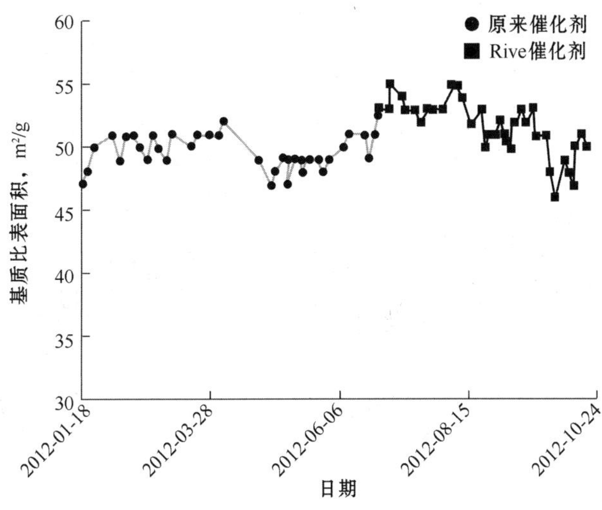

图 8　平衡催化剂基质（中孔）比表面积

化装置可以平均加工 700bbl/d 以上的额外原料。

在试验初期，使用原来的催化剂及较高的提升管温度时，澄清油（塔底油）收率和密度下降到密度极限。Alon 炼油厂的操作可以充分利用 Rive 催化剂的塔底油裂化性能和较低的提升管温度，使其不超过试验前的塔底油收率。与此同时，在不影响再生催化剂含碳量的情况下，再生器的温度下降。尽管有这么多变化，在重油选择性较低时，汽油和液化气切割点仍向多产高附加值汽油的方向变化，澄清油密度保持在极限范围内。

最终，提升管出口温度可以降低 20℉，在再生催化剂碳含量低于 0.3%、部分燃烧的模式下，再生器床层温度降低 30℉，如图 14 和图 15 所示。一般来说，提升管温度降低 1℉，再生器床层温度可降低 0.8～1.0℉。试验期间再生器床层温度明显降低超过一般值，说明这归因于 Rive 催化剂焦炭选择性的改善。

随着试验的进行，在良好焦炭选择性带来的进料速率增加和塔底油裂化性能改善的双重

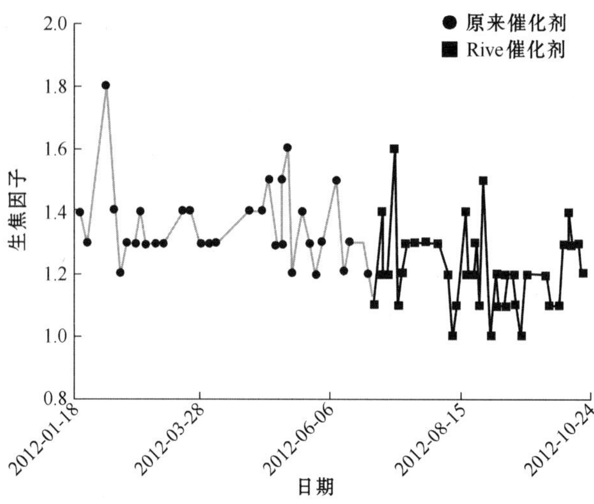

图9　平衡催化剂的生焦因子

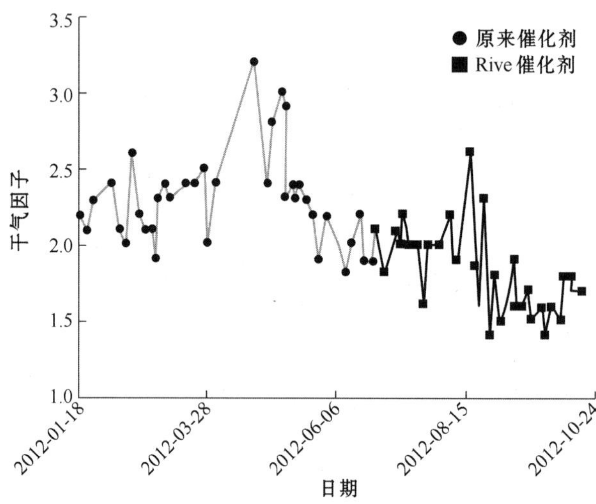

图10　平衡催化剂的干气因子

作用下，尽管提升管温度较低，炼油厂汽油收率仍可以明显增加约1000bbl/d以上，柴油收率增加约400bbl/d以上（图16），液化气/汽油切割向多产汽油的方向变化，汽油增加400bbl/d，澄清油产率保持平稳（约增加50bbl/d）。

8　汽油辛烷值

使用Rive催化剂时，为了获得优化后操作数据，降低了提升管和再生器温度，并获得了试验期间装置相应的变化。降低提升管温度的主要明显变化就是汽油辛烷值降低。在Rive催化剂试验期间，提升管温度降低了20℃，对于Big Spring市Alon炼油厂催化裂化装置，在正常操作时提升管温度降低对汽油辛烷值的影响如图17所示。

辛烷值与提升管温度呈线性增加的关系，然而其变化幅度要明显小于常规情况。一般认

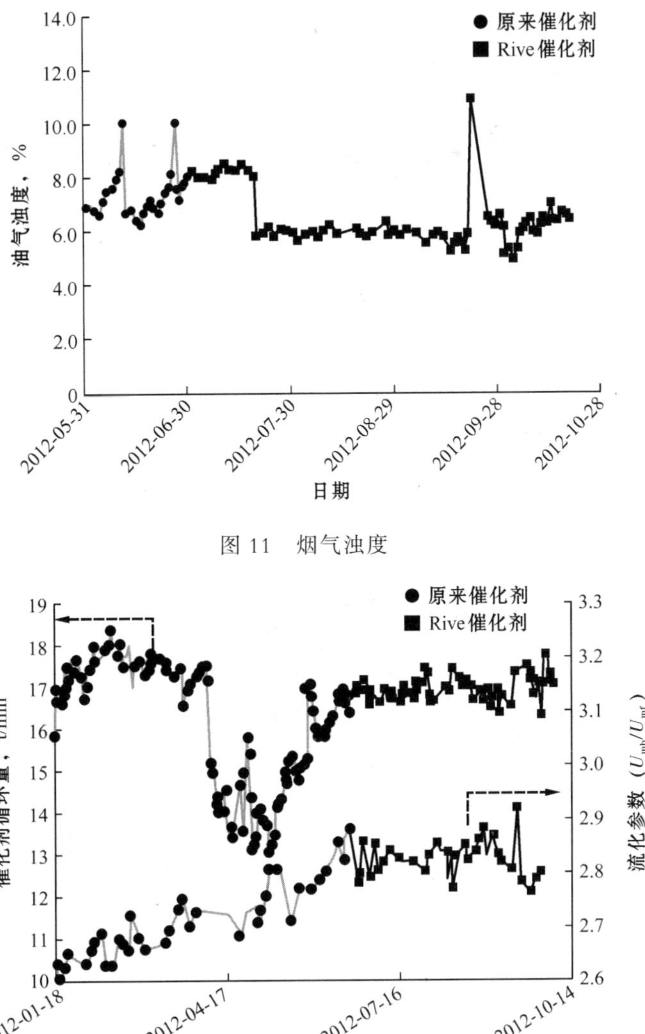

图 11　烟气浊度

图 12　催化剂流化参数与循环量

为提升管温度变化 10℃，辛烷值变化 0.4，但对 Rive MH－1 催化剂而言，辛烷值只变化了 0.15，比原来变化值的 1/2 还要小。这可能是因为 Rive 催化剂生成了更多烯烃含量的汽油，部分弥补了提升管温度降低的影响。在 ACE 评价中，Rive 分子筛也产生了更多烯烃含量的汽油，但是 Alon 炼油厂的催化裂化汽油并没有测试到这种变化。

图 18 显示了超低硫含量汽油装置的汽油原料硫含量对低硫含量汽油产品的影响，结果表明，催化剂类型对低硫含量汽油产品辛烷值没有明显的影响。

9　丁烯收率

液化石油气收率和组成也对提升管温度变化产生明显的反应，即提高提升管温度可以增加液化石油气收率和液化石油气中烯烃含量。目前北美过量的天然气产量（基于页岩气产

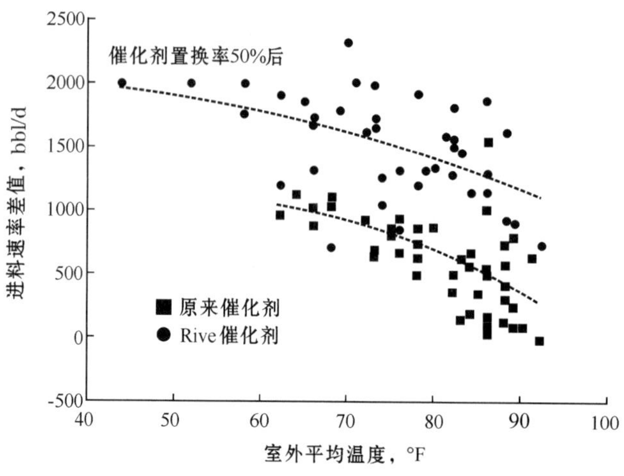

图 13　催化裂化装置进料速率的变化

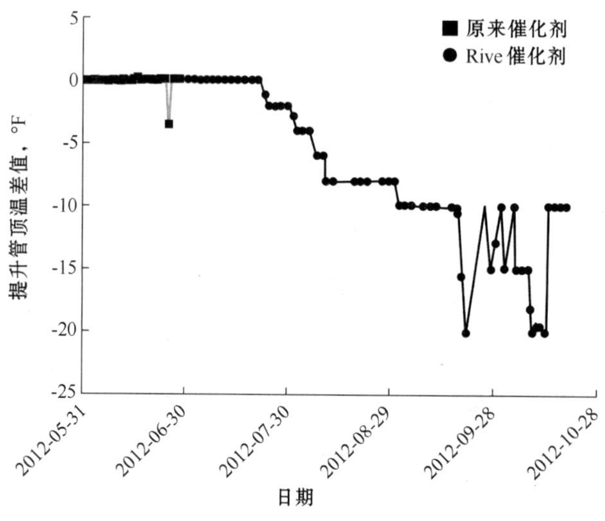

图 14　提升管顶温差值

量）导致美国丙烷/丙烯市场价值的萎缩，但需要作为烷基化原料的丁烯还是有需求的，因为烷基化油是高辛烷值汽油调和的主要组分，因此通过催化裂化装置供给烷基化装置丁烯原料是非常重要的。

尽管试验期间在低提升管温度下操作，丁烯产品收率与试验前收率相当，图 19 显示了使用 Rive 催化剂和原有的催化剂时提升管温度对丁烯收率的影响，结果表明，在给定的提升管温度下，Rive 催化剂与原有催化剂相比可以提高丁烯收率。

10　效益的增加

装置操作数据和产品收率通过 Profimatics 软件的热平衡和质量平衡进行了衡算，从上述对收率和选择性的讨论可知，产品收率变化是原料速率增加和选择性改善的综合性结果。

使用 Rive 催化剂后，催化裂化装置每日净增效益如图 20 所示，效益增加的计算以从 4

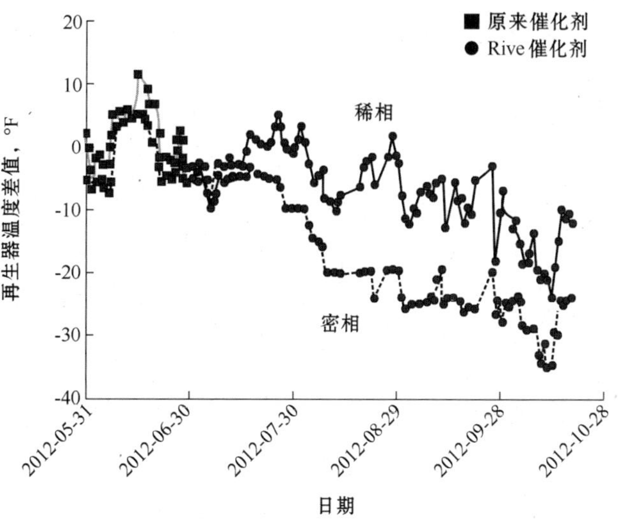

图 15　再生器温度的差值

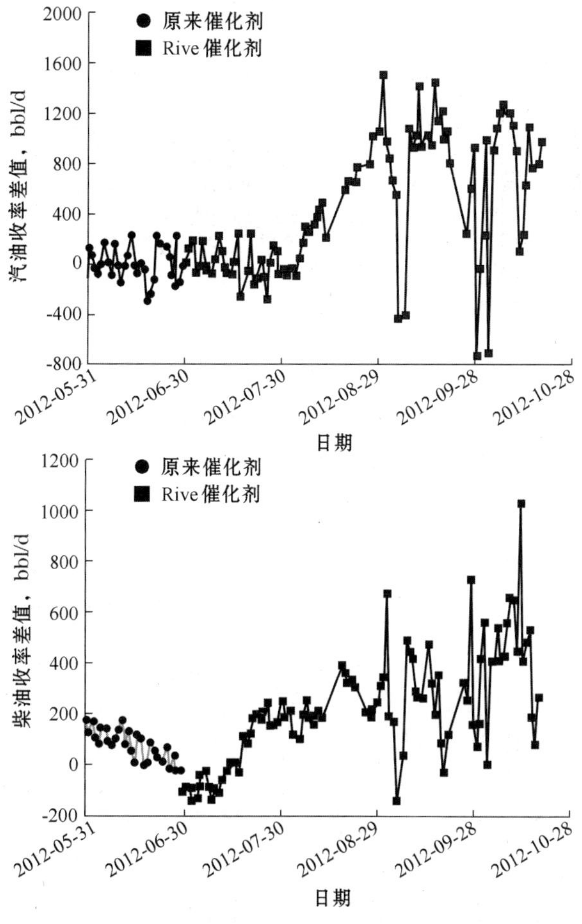

图 16　使用 Rive MH－1 催化剂后汽油收率和柴油收率的增值

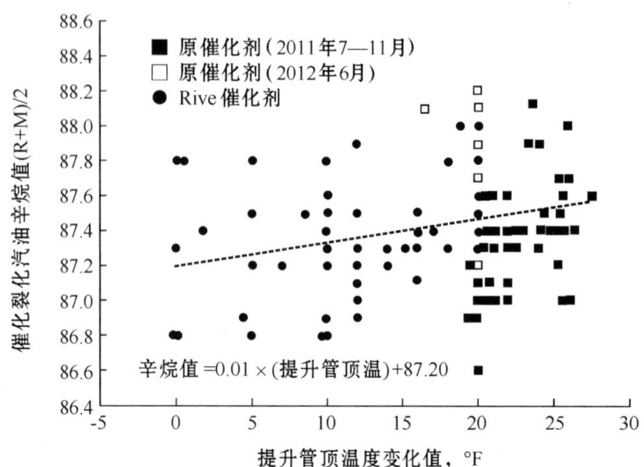

图 17 辛烷值与提升管温度的关系

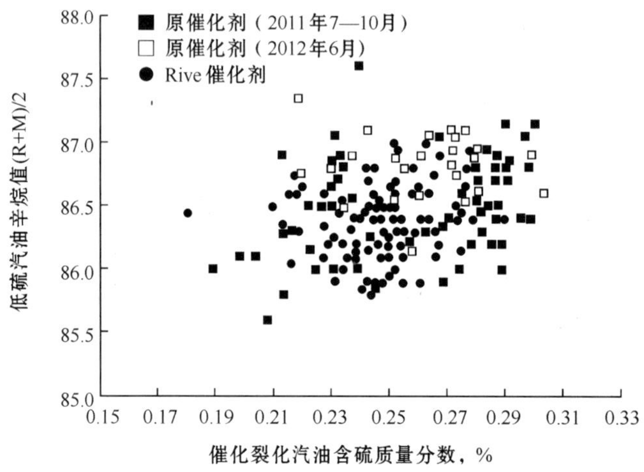

图 18 汽油硫含量和低硫汽油辛烷值的关系

月 12 日产品的价格及通过 Profimatics 模型的质量衡算后的收率为基础，减去试验前 1 个月使用原有催化剂时装置的效益。依据效益增加的趋势，在试验结束时，据估算使用 Rive 催化剂可为装置带来 2.50 美元/bbl 以上（以催化裂化原料油计）的收益。

11 结论

（1）在缓和的掺渣操作中，使用含 Rive 中孔分子快速通道分子筛和 Grace 基质技术的催化裂化催化剂可以产生 2.50 美元/bbl（以催化裂化原料计）的额外效益。

（2）Rive 独特的分子筛技术可从本质上改善焦炭选择性，提高塔底油转化能力，并增加可裂化产物的烯烃度。

（3）实现该目标，不需任何资金投入，且操作条件的改变也在正常的范围内。

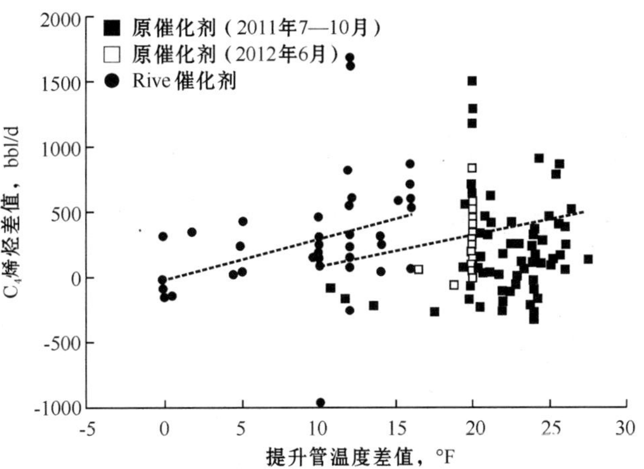

图 19　提升管温度与丁烯收率的关系

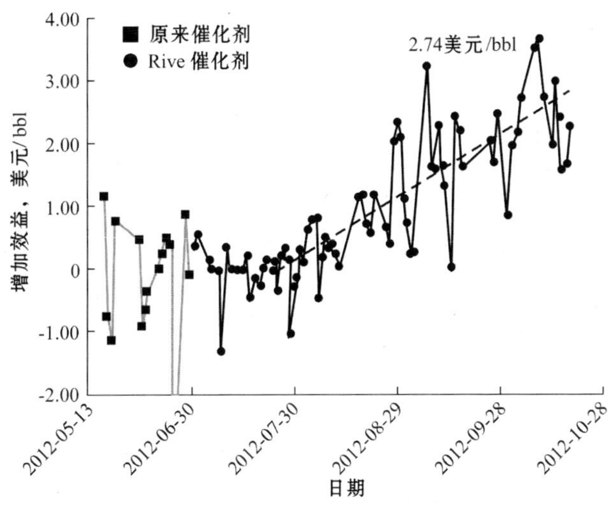

图 20　Rive 催化剂增加的效益

【致谢】作者非常感谢 Alon（Big Spring 市，得克萨斯州）炼油厂员工对本试验的成功所做的工作和支持。特别是 Gordon Leaman、Ted Tarbet、Clarence Palmer、Jeff Brorman、Eric Selden、Manoj Katak 和催化裂化操作人员，他们对试验作出了贡献。

作者也希望衷心感谢 W. RGrace 整个团队的合作及专家对本文述及的研究开发工作的支持，同时向 Allen Hansen、Steve McGovern、Ken Peccatiello 和其他专家对 Rive 技术的支持表示衷心的感谢。

AM—13—18

流化催化裂化装置湿式洗涤系统改造以降低空气污染物排放

Edwin H. Weaver，Nichulas Confuorto（Belco Technologies Corporation，USA）

赵红娟　王　林　译校

摘　要　面对日益严重的环保压力，需要对催化裂化装置中的湿式洗涤系统进行改造，以进一步降低空气污染物的排放量。本文分别针对硫氧化物、颗粒物及近年来要求减排的氮氧化物提出了如何通过湿式洗涤器的改造来完成这些污染物的减排，并就降低每种污染物排放的具体改造措施从效果、成本、优势和潜在的问题进行了对比。讨论结果表明，对现有湿式洗涤系统的改造可以达到更好地减排颗粒物、二氧化硫或氮氧化物的效果。

1　简介

很多流化催化裂化装置（FCCU）都安装了湿式洗涤系统，以降低空气污染物排放量，这些系统大多数设计的目的都仅仅针对颗粒物和硫氧化物排放，其中也有一些设计的目标是达到旧排放标准，而这些旧排放标准要比现在监管机构颁布的标准高很多，因此需要对这些湿式洗涤系统进行改造以降低颗粒物、硫氧化物同时还有氮氧化物的排放。本文的目标就是在如何实现减排的同时，在改造计划内优化装置经济效益，使其和改造中断时间相适应。

本文首先讨论了降低硫氧化物的排放，总结回顾了现有湿式洗涤系统降低硫氧化物排放的各种方法，同时讨论了可实现的排放降低量。其次，讨论了颗粒物排放，总结回顾了降低颗粒物排放对现有湿式洗涤系统需要进行的改造，同时讨论了改造的细节。最后，讨论了现有湿式洗涤系统附加的控制氮氧化物排放，提供了几个途径，同时讨论了每条途径的优点和潜在问题。

2　基本的湿式洗涤系统

多年以来，当法规要求同时控制颗粒物和二氧化硫排放时，世界上很多炼油厂都选择了使用BELCO® EDV® 湿式洗涤系统，通过该系统颗粒物和硫化物可同时高效脱除。这一技术在面临 FCCU 的扩容和环保法规压力的增大而降低排放效率时都能应付自如，并具有良好的灵活性，同时，这一技术为炼油厂提供了未间断操作和比其 FCCU 本身更好的操作。尽管每家炼油厂选择湿式洗涤系统的原因都不尽相同，但是都与环保承诺、可供选择的排放控制手段以及该系统的相对成本、可靠性和灵活性密切相关。

BELCO® EDV® 湿式洗涤系统是控制炼油厂 FCCU、锅炉以及加热装置颗粒物和二氧化硫排放的一个具有显著成效的途径。图1为该系统的布置图。

该系统通过一个集成装置对含有颗粒物（比如FCCU催化剂粉尘）和二氧化硫的热烟气进行处理后向空气排放净化后的气体。在洗涤器的入口，FCCU烟气通过喷雾塔水平方向骤冷区的多重水雾进行骤冷和饱和，一般情况下烟气都是通过热回收设备（锅炉管或烟气冷却管等）后再进入湿式洗涤器的。然而，该系统在设计时，对所有烟气的温度都可接受，甚至是热量没有任何降低的从烟气源直接而来的高温烟气。举例来说，在FCCU中必须绕开一氧化碳锅炉时，从FCCU出来的烟气可直接导入EDV®湿式洗涤系统，同时装置操作不需任何调整。这不仅使操作更简便可靠（从装置操作角度考虑），而且可使装置在调整和混乱的情况下达到减排的目的。

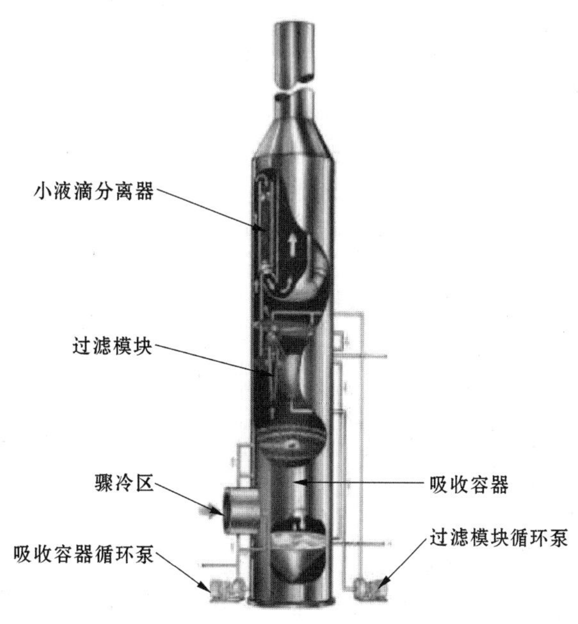

图1　BELCO® EDV® 湿式洗涤系统

在BELCO® EDV®湿式洗涤系统中，利用自主开发的喷嘴产生气体必经的高密度水帘，每个喷嘴喷溅的小水滴都在与烟气呈横流的方向运动，其覆盖了整个烟气流并将容器的表面均匀地冲洗干净。喷嘴不堵塞时也可处理高浓浆液。

二氧化硫吸收和颗粒物脱除是在骤冷区开始的，而在烟气上升到主喷雾塔时，这一过程将持续进行，此时气流再次与由附加喷嘴产生的高密度水帘接触。喷雾塔本身是含有多个BELCO®喷嘴的开放式塔，由于它是开放体系，在工艺出现问题时，根本不存在堵塞的问题。事实上，这一设计已经毫无疑问地解决了大量的工艺问题和故障。

洗涤液体的pH值通过加入试剂控制中性条件以促进二氧化硫的吸收，烧碱（NaOH）经常用作碱性试剂，然而，其他的碱，比如纯碱和氢氧化镁由于其良好的性能和可靠性也可用作碱性试剂，在非炼油厂和一些极个别炼油厂的应用中，也可使用石灰。然而，对FCCU和炼油厂其他的应用而言，要求3～7年的长周期连续性操作情况下，最好不要使用石灰。

在BELCO® EDV®湿式洗涤系统中，多级喷嘴系统提供了气/液相的高效多级接触，降低了颗粒物和二氧化硫的排放量。图2为喷雾塔和喷嘴的示意图。

系统中需要补充水来弥补在骤冷区蒸发和系统跑水造成的水损失。降低颗粒物和硫氧化物排放后捕集的污染物，包括催化剂粉尘悬浮物和溶解后的亚硫酸盐、硫酸盐类（$NaHSO_3$、Na_2SO_3、Na_2SO_4，在使用含Na的试剂时）从喷雾塔循环圈内排放以保持适当的平衡。排放物料的处理将在本文后面叙述。

为了脱除极细的颗粒物，从喷雾塔离开的烟气进入一系列平行式过滤组件中。在每个过滤组件中，烟气首先经加速（压缩）过程，其次经减速（膨胀）过程，这一过程使烟气中存

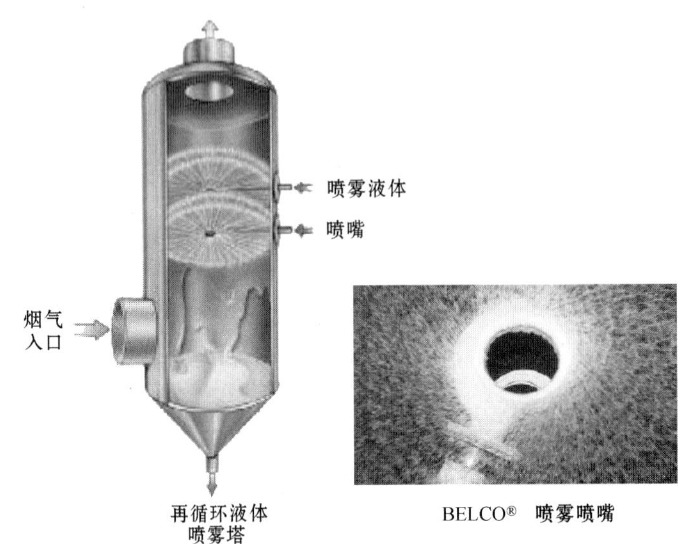

图2 喷雾塔和BELCO® 喷雾喷嘴

在的水以湿气的形式凝聚在细颗粒上，同时酸雾（主要是饱和烟气中的三氧化硫凝聚形成的硫酸）增大了颗粒尺寸和质量，使其成为相对较大的小液滴，这些小液滴通过安装在过滤组件出口的自主研发的F® 喷嘴进行脱除。在过滤组件的器壁上还会出现额外的凝聚，可使其持续保持干净的状态；在过滤组件中还会出现部分团聚，可进一步提高颗粒物的脱除效率。

如上所述，自主研发的F® 喷嘴位于过滤组件的出口，该喷嘴与烟气流呈逆流状态为细颗粒物和通过冷凝和团聚增大的液滴得以收集提供了理论基础。这一独特之处在于可在压降极低和非内部组件引起和造成的临时停车时，仍可正常进行细颗粒物和酸雾的脱除，对气流的波动也表现出相对的非敏感性。图3为该设备的示意图。

烟气在通过烟囱排放至大气之前进入了系统的雾滴分离器中，它会将夹杂的水滴分离收集，使烟气从烟囱排出时不含有任何的水滴。对于锅炉和加热装置，Chevron型雾滴分离器可以作为另一选择，因为相对较低的颗粒物负载量以及这些装置中会很少遇见像FCCU中碰到的操作故障。

对于FCCU，EDV® 系统一般采用带有固定自旋式叶片的大型管束作为液滴分离器（称作Cyclolab® ），气体进入每个分离器后会通过固定自旋式叶片，在离心加速度的作用下使不含水的液滴密集地撞击在分离器器壁上，收集到的水滴则均匀地将器壁冲洗干净，引流到底部。收集后的水循环至过滤部分或喷雾塔中用于烟气洗涤。图3对这一设备进行了示意描述。

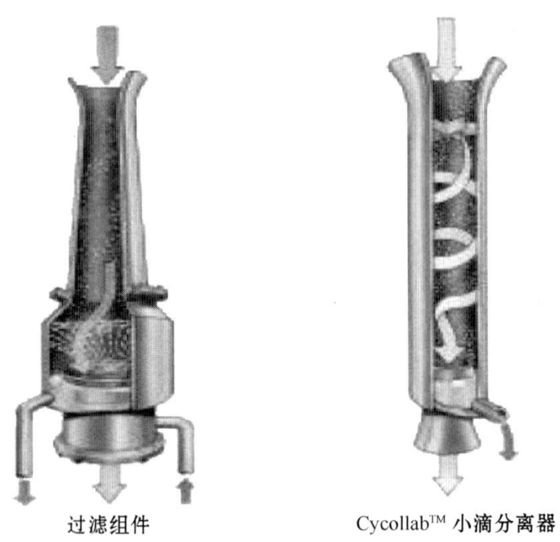

图3 用于控制细颗粒的过滤组件和小液滴分离器

3 二氧化硫排放的优化

FCCU中硫的排放形式主要是二氧化硫和三氧化硫（也称硫氧化物），其排放与原料油硫含量和FCCU装置本身的设计密切相关。在FCCU反应器中，原料油中70%～95%的硫转化为酸性气体以及副产品硫化氢，其余5%～30%的硫存于焦炭中，被氧化后形成硫氧化物存于再生器烟气进行排放。硫分布取决于原料油中硫物种的形态，尤其是噻吩硫，二氧化硫含量一般为150～3000mg/L（以干基体积为基准），而三氧化硫含量一般为二氧化硫含量的2%～10%。当然，对于锅炉和加热装置而言，原料油的硫将会100%地转化为烟气中的硫氧化物。

尽管目前大多数的湿式洗涤器的设计目标是将二氧化硫含量降低到25mg/L或25mg/L以下，但是还有一些旧装置的设计排放水平要高，而且由于监管机构正在对排放标准的限制趋于严格化，因此提升现有湿式洗涤器减排二氧化硫的空间是必需的。一般情况下，可以考虑以下几个方案。

3.1 调节pH值

大多数碱性湿式洗涤器都是在弱酸性条件下操作的，一般pH值为6.8左右。提高pH值会降低二氧化硫的排放量，这也是一个简单的调整，然而，pH值的上限约为7.4，否则会导致碳酸盐形成水垢，堵塞液体输送管道，因此在选择该方法时必须要注意这一点。

3.2 增加额外的液/气接触

如前面讨论，洗涤器设计中液气接触都是以多级形式进行的，比如使用多级喷嘴以实现二氧化硫的理想吸收，因此增加额外的多级喷雾可以改善液气接触，实现降低二氧化硫的出口排放。尽管增加喷雾喷嘴的方法相对简单可行，但是增加喷嘴需要增大湿式洗涤器里的循环液体量，因此必须对泵负荷量和其配置进行充分评估，同时也要考虑输送管道的配置。

3.3 降低洗涤器操作温度

降低湿式洗涤器中二氧化硫含量主要取决于几个因素，其中之一就是洗涤器操作温度。一般，湿式洗涤器的操作温度为烟气的饱和温度，而饱和温度则主要由湿式洗涤器的入口温度决定，那么降低湿式洗涤器烟气入口温度就会降低饱和温度，改善二氧化硫的脱除状况。这一方法带来的另外一个好处就是湿式洗涤器中附加的逆流热回收有利于整个FCCU中的能量回收系统。

另外一个能降低洗涤器操作温度的方法就是对烟气进行局部冷却，这可以通过在湿式洗涤器的液体循环圈上增添一个冷却设备来实现，它可降低洗涤器循环液体的温度，从而降低湿式洗涤器的操作温度，改善洗涤效果。这个方法的另外一个效果就是局部冷却器回收了一些用来骤冷烟气的液体，降低了整个系统的水耗。然而，冷却设备要在诸如催化剂细粉在湿式洗涤液体中循环这样苛刻的环境下工作，因此为了装置的平稳操作，在设计该设备时必须要考虑周全。可降低二氧化硫排放的措施见表1。

表1　可降低二氧化硫排放的措施

项目	增加pH值	增加液气比	降低洗涤器入口温度	局部冷却系统
相对成本	最小（仅需补充碱）	中等	不确定	高
二氧化硫减排	不确定	显著	一般	显著
优势	没有资金投资	相对简单	能量可循环	降低水耗
需重视的问题	pH值太高	泵及管道改造	如果温度过低，上游腐蚀	冷却器设计

4 颗粒物排放的优化

对于 FCCU 而言，颗粒物（催化剂）的排放与装置中内置旋风分离器及外置旋风分离器的数量有很大的关联。尽管旋风分离器可以非常有效地收集 FCCU 再生器中绝大多数的循环催化剂，但由于受催化剂磨损强度的影响，一定量极细的催化剂颗粒粉尘还是很容易从旋风分离器系统逃逸。一般颗粒物的排放浓度为 200～600mg/m^3，其他燃烧源，如使用重油和渣油作为燃料的锅炉和加热装置也有颗粒物排放，但是排放量较小，这些颗粒物是燃烧产物，往往含有重金属且很小。

旧湿式洗涤系统在设计时考虑到颗粒物排放量较高，每燃烧 1000lb 焦炭排放颗粒物 1.0lb，但现在法规要求每燃烧 1000lb 焦炭排放颗粒物 0.5lb，甚至更少，因此，降低颗粒物排放量是非常必需的。这可以通过以下几种可行的措施来实现。

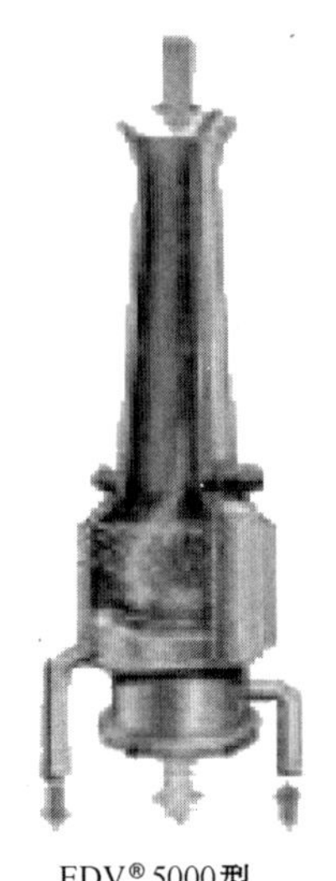

EDV® 5000型

EDV® 6000型

图 4 不同过滤组件的设计

4.1 在湿式洗涤系统中添加过滤组件

一些现有的装置没有安装过滤组件（EDV® 1000 和其他洗涤器），而通过在洗涤系统中安装过滤组件可脱除大量小于 3μm 的细颗粒物，这些细颗粒物的数量是绝不容忽视的。这一改造过程包括在吸附部分的下流方向安装过滤组件和合适的泵，以及过滤组件需要的输送管。

4.2 过滤组件由 EDV® 5000 更新为 EDV® 6000 时的变化

过滤组件（该设备用来脱除细颗粒物）的性能可以通过在过滤组件入口处添加液体喷雾器得以改善，这一改造也使过滤组件由 EDV® 5000 型设计更新为 EDV® 6000 型设计。由于过滤组件中喷嘴数量的翻番，除了添加喷嘴外，也要求对泵和输送管道进行改造。图 4 为 EDV® 5000 型过滤组件和 EDV® 6000 型过滤组件的设计示意图。

4.3 提高过滤组件的喷雾压力

另一可降低颗粒物排放的方法就是提高流量和过滤组件中喷雾的压力，这是相当简单的办法，但是其效果也是可采用方法中最小的。每种方法在单独应用时都应该仔细地进行评估，见表 2。

5 用湿式洗涤系统控制氮氧化物排放

目前氮氧化物的排放越来越受到重视，这种排放物对环境产生了一系列严重的问题，包括臭氧形成（光化学烟雾）、酸雨和细颗粒物浓度增大。在美国，有很多联邦、州及当地监管推动者都在针对很多固定排放源强调氮氧化物的排放，同样，有关控制氮氧化物减排系统的市场近年来也一直在持续升温。

表 2 降低颗粒物排放的可实施措施总结

措施	增加过滤组件	由 EDV® 5000 型升级至 EDV® 6000 型	提高液体喷雾压力
相对成本	高	中等	低
颗粒物减排	显著	一般	一般
优势	减排颗粒物最显著	相对简单	非常简单
需重视的问题	大多数洗涤器已具备过滤组件	泵及管道改造	颗粒物减排数量

由于 FCCU 每年以吨为单位排放，因此其作为排放最大单独来源之一成为了氮氧化物减排的焦点。从 FCCU 再生器排放的未受控的氮氧化物数量变化很大，有很多影响因素，比如 FCCU 原料油、再生器设计（部分燃烧和完全燃烧），如果使用二次燃烧设备，与其设计（一氧化碳燃烧炉）都有关联。未进行控制的氮氧化物排放量一般为 50～400μg/g，但是大多数装置未进行控制的氮氧化物排放量为75～150μg/g。

6 LoTOx™氮氧化物脱除工艺

BELCO® LoTOx™是一个选择性低温氧化技术，在湿式洗涤器内用臭氧将氮氧化物氧化为水溶性的五氧化二氮，然后形成硝酸通过洗涤器喷嘴进行洗涤，并由洗涤器的碱性试剂中和。

LoTOx™工艺最好在低于 300℉条件下进行，因此不需补充额外的热量来维持操作效率（烟气不需重新加热），同时可实现热烟气热量最大化回收。臭氧产生量与燃烧生成烟气中的氮氧化物含量及最终要求的氮氧化物排放量相关。低操作温度很易实现稳定持续的操作，而不受流量、负荷及氮氧化物含量的波动影响。酸性气体或颗粒物都不对 LoTOx™技术产生任何的副作用。臭氧一旦与烟气混合，就会与不可溶的一氧化氮或二氧化氮分子很快发生反应生成更高级别的五氧化二氮，这些高氧化态氮化合物的溶解度高，迅速与烟气中的水汽反应生成可溶性的含氧酸比如硝酸。在洗涤器内发生的由高氧化态氮化合物进入液相的过程是非常快速的且是不可逆的，这可实现氮氧化物的完全脱除。

臭氧与氮氧化物的反应速率之快使氮氧化物在其他化合物如一氧化碳和硫氧化物的存在下表现出高选择性，在装置设计的保留时间内可使臭氧不会与一氧化碳或硫氧化物发生反应，从而使臭氧实现高效利用，脱除氮氧化物。在洗涤器内二氧化硫被液态介质吸收后形成亚硫酸盐或亚硫酸，同时已氧化烟气中存在的未反应或过剩的臭氧也会被洗涤器内液相介质吸收。亚硫酸盐或亚硫酸会消耗臭氧，但是对离开洗涤器处理后烟气中臭氧浓度的影响微乎其微。图 5 为 LoTOx™工艺中湿式洗涤器的基本示意图。

7 LoTOx™工艺中的化学原理

BELCO® LoTOx ™工艺原理是利用臭氧将一氧化氮或二氧化氮氧化生成为易溶性的五

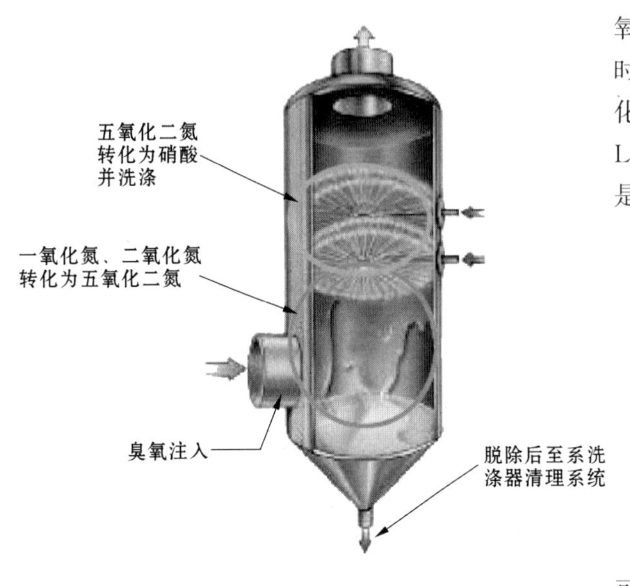

图 5 简化后的 LoTOx™工艺示意图

氧化二氮。与湿式洗涤器内的液体接触时，五氧化二氮很快且很容易被吸收转化为硝酸，然后中和生成硝酸钠。在 LoTOx ™工艺中发生了很多反应，但都是简单的反应，其反应过程总结如下：

$$2NO + O_2 \longrightarrow 2NO_2 \quad (1)$$

$$2NO_2 + O_3 \longrightarrow N_2O_5 + O_2 \quad (2)$$

$$N_2O_5 + H_2O \longrightarrow 2HNO_3 \quad (3)$$

$$HNO_3 + NaOH \longrightarrow NaNO_3 + H_2O \quad (4)$$

五氧化二氮是一种极易溶的气体，可与水迅速发生反应，因此，它甚至可在脱除二氧化硫前轻而易举地从系统中脱除。据估测，五氧化二氮的溶解性至少是二氧化硫的 100 倍。

8 LoTOx ™工艺在现有湿式洗涤器的应用

LoTOx ™工艺应用到现有湿式洗涤系统时面临的最大挑战就是找到最佳的布置以获得臭氧与氮氧化物反应形成水溶性的五氧化二氮所需的停留时间。在现有湿式洗涤系统中已经成功地获得了几种方法，这些方法具体描述如下：

(1) 改造现有容器延长停留时间。在这个方法中，在位于骤冷区和喷雾喷嘴区之间的容器中增大空闲空间，为 LoTOx ™工艺中反应的发生提供了恰当的温度，同时这一区域不含有抑制氮氧化物反应的过剩水滴，其利用现有的喷雾液滴吸收五氧化二氮并转化为硝酸。尽管看起来这是个最简便的方法，但是这一方法往往会受限，这是由于洗涤器的高度一般要增加 20～50ft，这就必须要实施大范围的地基改造和/或增加洗涤器器壁的厚度。

(2) 在现有湿式洗涤器的上游方向增加氮氧化物反应区。这一方法是在现有湿式洗涤器的上游增加 1 个容器。烟气在进入该容器时骤冷，然后注入臭氧，在烟气进入现有洗涤器的容器中接触喷雾液滴之前，先将氮氧化物转化为水溶性的五氧化二氮，然后在现有洗涤器内脱除。

(3) 在现有湿式洗涤器的下游方向增加氮氧化物反应区。在这一配置中，氮氧化物的脱除是在置于湿式洗涤系统后的一个新容器中完成的。这一方法最主要的优势在于现有湿式洗涤器上游的烟气性质保持不变。对于有些洗涤器的设计，维持现有湿式洗涤器的入口状态是非常重要的，以免对二氧化硫和颗粒物的脱除造成影响。这个方法就实现了这一需求，在烟气离开之前，现有湿式洗涤器中的洗涤液体为氮氧化物反应容器提供了亚硫酸盐脱除所需烟气中的过剩臭氧。这个方法的另外一个优点是在新型氮氧化物反应容器中会脱除更多额外的二氧化硫。表 3 为可实现氮氧化物减排方法的总结。

表 3　实现氮氧化物减排方法的总结

方法	改造现有容器	上游增加容器	下游增加容器
相对成本	最少	多	多
NO_x 减排	显著	显著	显著
优势	成本低，不需额外的装置空间	用现有喷雾液体吸收氮氧化物（五氧化二氮）	对现有湿式洗涤器操作没有任何影响
需重视的问题	地基及容器设计可能不足	在 FCCU 与现有湿式洗涤器之间需要空间	在新型容器中需要合适的亚硫酸盐

9　洗涤器清除物的处理

捕获后的污染物，包括悬浮的催化剂细粉以及脱除硫氧化物和氮氧化物后生成的溶解于水的亚硫酸盐、亚硫酸清除到喷雾塔循环管路。从洗涤器清除的液体一般在清除物处理系统中进行处理，在此，澄清池脱除悬浮固体并产生脱除水后的浓缩浆液，将其储藏于设定的垃圾箱中，此时不含有任何悬浮固体的水从澄清池溢流而出，在一系列容器中在氧气和搅拌的条件下被氧化，可使清除系统中的亚硫酸盐转化为硫酸盐，在排放前降低化学需氧量。在一些系统中，使用二级过滤系统可进一步降低悬浮固体量，也可使用冷却器控制清理系统的排放温度。图 6 为典型清除物处理系统的工艺流程。

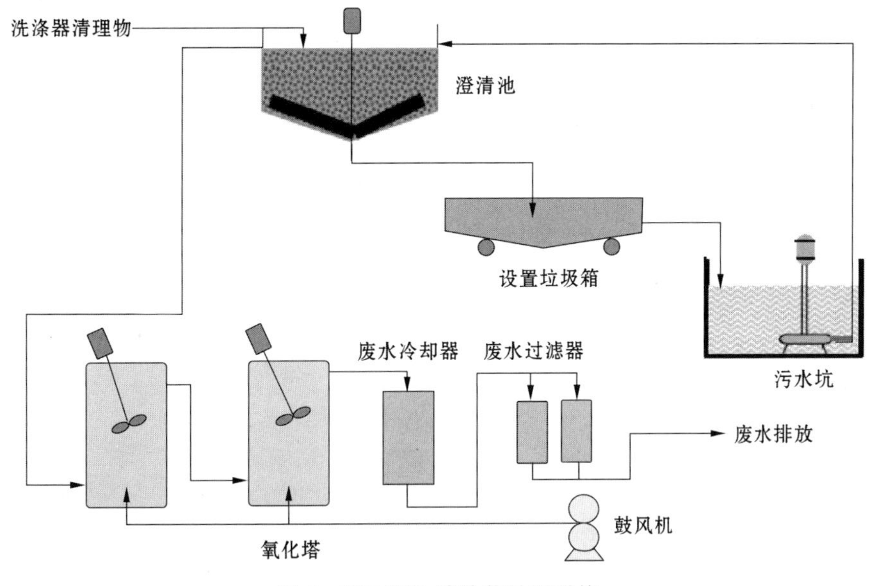

图 6　BELCO® 清除物处理系统

为了降低颗粒物排放，在对湿式洗涤系统进行改造时，若应用澄清池和废水过滤器，必须对其进行验证，决定是否对清除物处置系统进行改造。如果对二氧化硫进行减排，清除物处理系统中的氧化单元需要进行核实，决定其是否能够将化学需氧量控制在理想水平。

10 结论

对现有湿式洗涤系统的改造可以达到更好的颗粒物、二氧化硫或氮氧化物减排效果。一旦对颗粒物、二氧化硫或氮氧化物排放要求明确界定后，通过对现有系统的详细评估可以实现改造。为了实现理想的排放标准，这一方法也是最顺理成章、成本最合算的。

AM－13－67

利用新型 OptiFuel 焦化添加剂改善延迟焦化性能并增加操作弹性

Raul Arriaga，Ryan Nickell，Phil Lane， et al（Albemarle Corporation，USA）
张东明　赵广辉　译校

摘　要　Albemarle 公司和 OptiFuel 技术集团开发并且优化了一项技术，名为 OptiFuel™ 技术（Albemarle 公司拥有专利），在延迟焦化装置中使用焦化添加剂以减少焦炭产量并增加液体产品收率。同时采用 OptiFuel 专利技术与 Albermarle 公司专有焦化添加剂不仅可改善焦化装置的性能，提高收益，也能消除生产瓶颈，增加加工量，生产更多高附加值产品。本文介绍了 OptiFuel 专利技术的背景、示范装置、经济效益以及所采用的添加剂情况。

1　技术背景

在过去的许多年中，延迟焦化装置由于可以有效处理减压渣油，生产高附加值产品，在炼油厂中扮演着重要角色。延迟焦化是一种热反应，产品收率主要是原料油性质和操作条件的函数。主要操作条件包括加热炉出口温度和焦炭塔压力，该工艺生产的焦炭约占原料的 20％～40％。

Albemarle 公司和 OptiFuel 技术集团（OFTG）开发并且优化了一项名为 OptiFuel™ 的技术（Albemarle 公司拥有专利），在延迟焦化装置中使用焦化添加剂可减少焦炭产量并增加液体产品收率（参见 OptiFuel 专利技术）。同时采用 OptiFuel 专利技术与 Albermarle 公司专有焦化添加剂不仅可改善焦化装置的性能，提高收益，也能消除生产瓶颈，增加加工量，生产更多高附加值产品。图 1 显示了包括主要工艺元素的 OptiFuel 技术流程。

OptiFuel 技术工艺，由 OFTG 的 Roger Etter 发明，包括在焦化反应器顶端的蒸汽区域注入添加剂。混合添加剂包含了液体部分（载体）和 Albermarle 公司供应的专有固体添加剂。图 2 描述的是焦化添加剂技术影响的反应机理，该技术增加了催化反应，提高了高附加值产品的选择性。

这项技术改进产品分布是由于液相反应和直接被添加剂影响的气相反应共同作用的结果。添加剂的活性组分被设计成能增加催化裂化反应，降低传统延迟焦化操作下热反应的选择性。合理使用这种添加剂，能改变延迟焦化的产品收率向多产高价值轻油和少产干气、焦炭的方向转变。

以上是对技术原理的描述，图 3 描绘了 OptiFuel 技术的主要目的，即降低焦化低价值产品产量，如焦炭与干气，相应地增加更有价值的液体产品产量，如液化石油气、汽油、轻

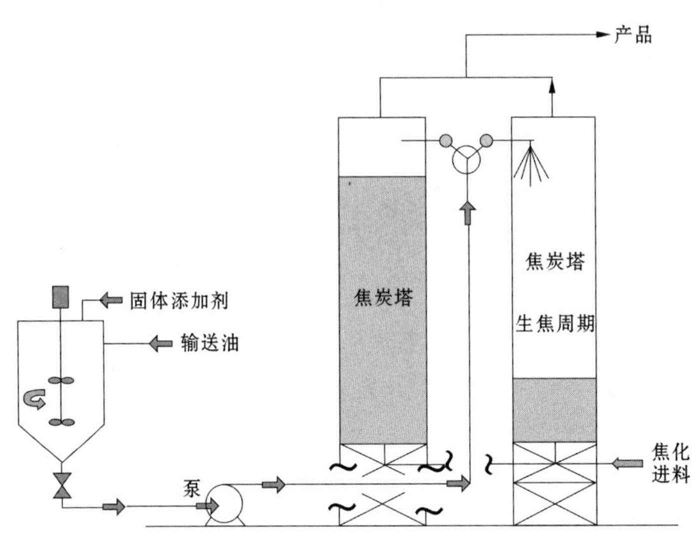

图1 OptiFuel技术概述

焦化瓦斯油和重焦化瓦斯油。

这些产品的相对价值取决于炼油厂位置、操作效率、供给与需求动态变化和炼油厂配置及其他参数，但是不考虑这些因素，Albemarle公司和OFTG已经推断，这些技术对世界各地延迟焦化装置都适用。

应用这项技术也能够达到消除工厂生产瓶颈的目的。例如，一套焦化装置的湿气压缩机以最大生产能力运行时，减少干气产量可以增加液化石油气产量或产率；同样，如果一台加热炉按最高生产能力运行，那么选择正确的添加剂配方，可以减少较轻产品的产量，生产一些更高级的产品。如果一套焦化装置焦炭塔空间较小，应用此技术可以减少瓶颈、增加装置新鲜原料的处理量。

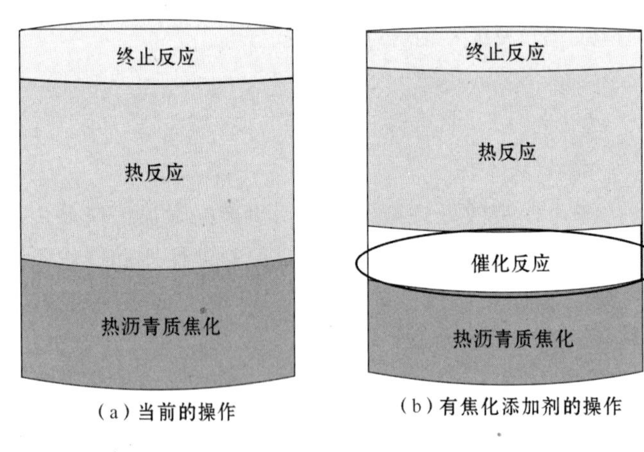

图2 OptiFuel技术影响的反应机理

在许多炼油厂，延迟焦化装置能力决定了炼油厂总的原油加工能力，因此，如果消除了延迟焦化的

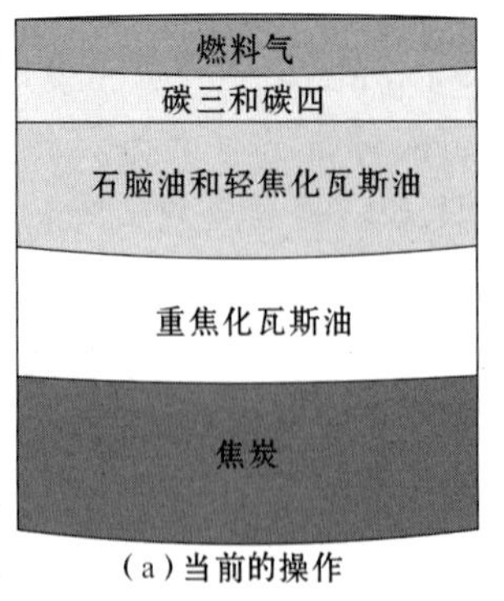

燃料气
碳三和碳四
石脑油和轻焦化瓦斯油
重焦化瓦斯油
焦炭
(b)有焦化添加剂的操作

图3 OptiFuel工艺对高附加值产品选择性的改进（固定进料）

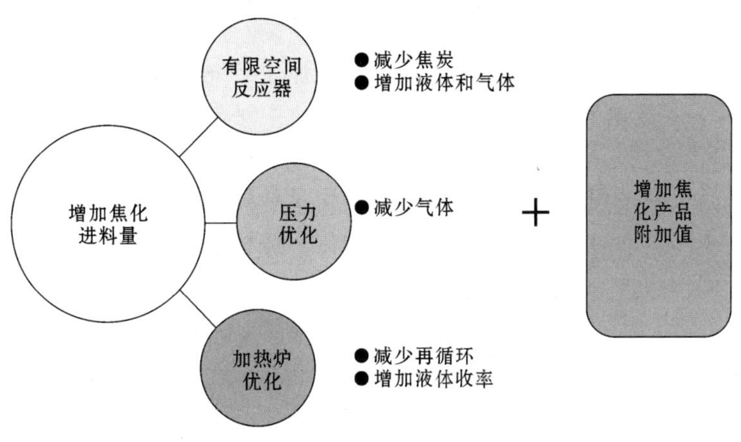

图 4　增加价值的 OptiFuel 技术

瓶颈，就可以消除整个炼油厂的生产瓶颈。图 4 说明，在焦化装置使用不同的 Optifuel 工艺可消除生产瓶颈、增加目的产品的产量。图 5 显示了一套装置在固定进料量的情况下高处理量和产品的液收变化。

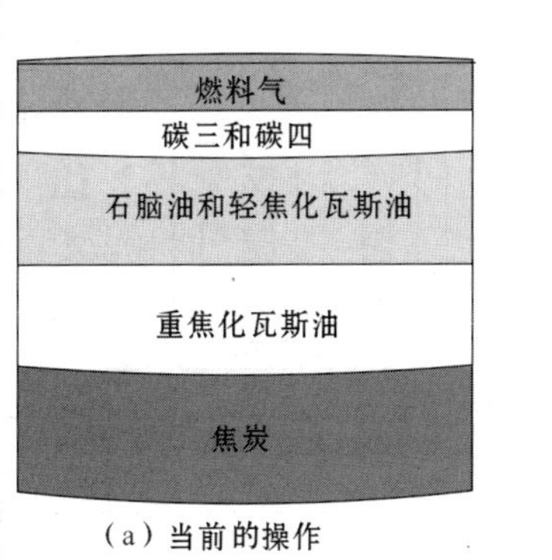

（a）当前的操作

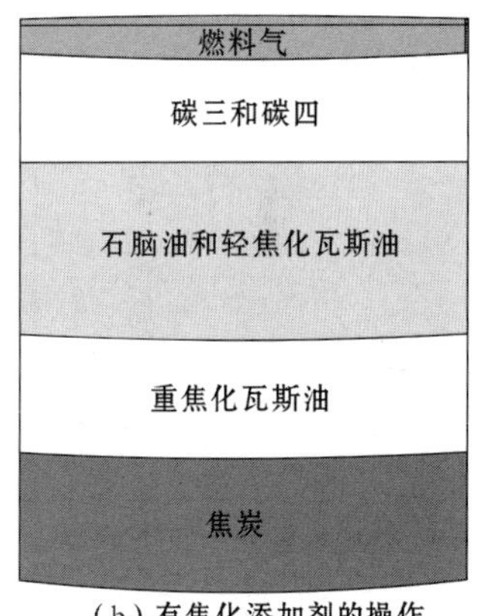

（b）有焦化添加剂的操作

图 5　固定焦炭收率情况下 OptiFuel 工艺对操作的影响（固定进料）

2　中试装置的运转结果

大量的中型装置试验工作已经完成，证明了使用 Albermarle 公司添加剂的 OptiFuel 技术的优势。最初的小试研究是在宾夕法尼亚州立大学完成的，采用两种不同的焦化原料（A 和 B）和 8 种不同的添加剂（表 1）。宾夕法尼亚州立大学（PSU）试验使用的是直径为 3in、高为 40in 的焦化反应器。这个焦炭塔安装了多区箱式加热炉，能够精确地模拟相对应工业装置的温度剖面。

表 1　在试验工厂中使用的原料性质

项目	进料 A	进料 B
API 度，°API	4.8	7.1
相对密度（60/60℉）	1.0378	1.0209
总硫，%（质量分数）	5.8	1.3
总氮，μg/g	7632	14240
残炭，%（质量分数）	28.3	15.7

在塔底加热区安装盘管用来模拟工业加热炉。反应压力经由一个背压调整器可调整到符合工业装置的操作条件。液体产品收集到两段冷凝系统中，气体产品定期收集到气袋中并用

气相色谱分析。

在焦化反应器中设计了一个定做的焦化添加剂加注系统，包括一个安装在塔顶部的双流喷嘴，采用氮气作为雾化器。焦化添加剂在输送油中被液化，用搅拌或其他方法形成乳浊液。

试验方案包括下列过程：焦化反应器进行压力试验，用氮气吹扫，并加热到操作温度；焦化进料和反应添加剂同时加入；改变原料、操作条件和添加剂以便建立工艺运行数据，揭示改进液体收率的机理。

图6显示了OptiFuel技术的运行结果，与无添加剂的基础数据进行了比较，并显示了工业装置液体收率的明显变化。

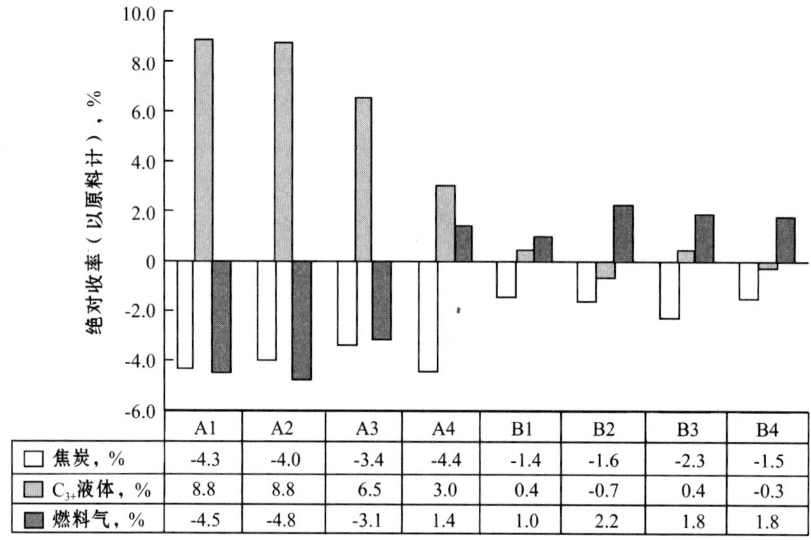

	A1	A2	A3	A4	B1	B2	B3	B4
□ 焦炭，%	-4.3	-4.0	-3.4	-4.4	-1.4	-1.6	-2.3	-1.5
■ C_{3+}液体，%	8.8	8.8	6.5	3.0	0.4	-0.7	0.4	-0.3
■ 燃料气，%	-4.5	-4.8	-3.1	1.4	1.0	2.2	1.8	1.8

图6 应用OptiFuel技术（PSU）的试验装置产品收率变化

在图6中，A1至A4是用原料A得到的，B1至B4是用原料B得到的。运行结果显示焦炭产量明显减少，C_{3+}液体产品收率提高。条件1至条件3证明了优化添加剂、原料和操作条件组合，可明显减少燃料气收率。

在PSU试验数据基础上已经完成了大量的统计分析，证实了收率的改变。在这个分析中，应用OptiFuel技术的试验和基础试验的差值进行了计算（表2）。假设差额是0（试验1）。

表2 OptiFuel技术统计分析

假设试验：1附于其后，对比分析	
初始假设：OptiFuel焦炭产量与基本样品相等 替代假设：OptiFuel焦炭产量与基本样品相比更少	
	PSU
	焦炭
数据个数	8
平均差	-2.9

续表

假设试验：1 附于其后，对比分析	
初始假设：OptiFuel 焦炭产量与基本样品相等 替代假设：OptiFuel 焦炭产量与基本样品相比更少	
与标准的偏差	1.3
95%下限	-4.0
95%上限	-1.8
t 值*	-6.2
p 值	0.00023
结果	OptiFuel 技术焦炭产量是不同的

统计测试结果说明原假设不正确，换句话说，统计数据表明，采用 OptiFuel 技术可减少焦炭产量。

Tulsa 大学延迟焦化项目组也做了大量的试验，初步结果也证实了宾夕法尼亚州立大学证明的液体收率变化。

3 用 Albemarle 焦化添加剂的 OptiFuel 工艺的经济效益

中试结果已经用于模型开发，这个模型能够运用 OptiFuel 技术来提高液体收率，获得经济效益。表 3 显示了一套 2×10^4bbl/d 的延迟焦化装置，加工残炭 22%的原料的液体产品变化，预计焦炭产率将减少 3.7%，同时干气减少，C_{3+} 液收增加。

表 3 预计采用 OptiFuel 工艺的工业应用产品产量

项目	基础	预测
焦炭,%	32.3	28.5
干气,%	5.6	4.4
C_{3+} 液体产品,%	62.2	67.1

延迟焦化的液体产品在出厂前需要下游装置进行再加工，因此，在炼油厂内部评估了应用 OptiFuel 工艺改善产品产量分布的经济价值。例如，一套 2×10^4bbl/d 的装置，预计经济效益为 4 美元/bbl，换算为每年增加 2700 万美元的潜在经济价值。如果这套焦化装置由于焦炭产能使得原料处理量受限，那么现在可以在增加新鲜进料加工量的情况下，实现与原来一样的焦炭产量，装置利润每年可增加 5300 万美元。图 7 显示了潜在增加的经济效益。

一套采用 OptiFuel 焦化添加剂工艺的工业化装置预计 2013 年开始运行，而且许多炼油厂也准备开始应用。

4 添加剂混合和加注系统

Albemarle 公司已经设计一套加注系统以实现工业装置中固体和液体混合进料。添加剂供应包含液体载体和带有活性组分的固体，它们装入袋中或罐车中，然后运送到炼油厂进行

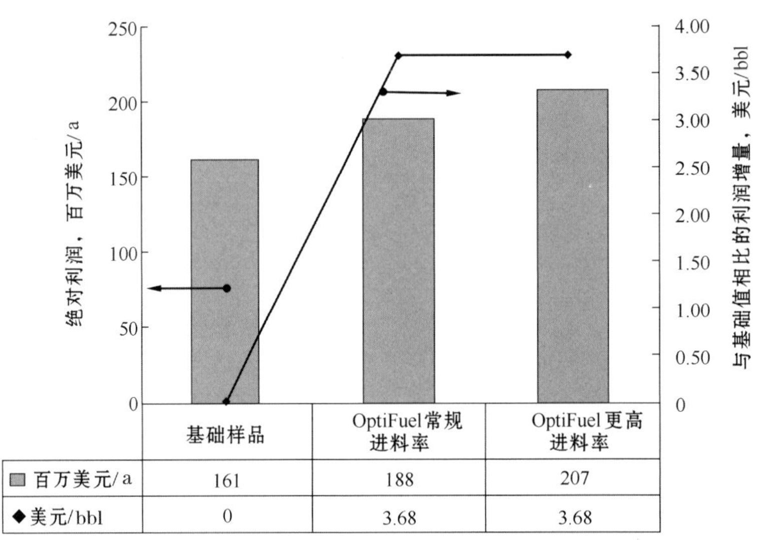

	基础样品	OptiFuel常规进料率	OptiFuel更高进料率
■ 百万美元/a	161	188	207
◆ 美元/bbl	0	3.68	3.68

图 7　典型的运用 OptiFuel 工艺的 2×10^4 bbl/d 焦化装置的利润变化

现场混合。这个设计大幅减少了用于添加剂混合和储存的容器尺寸。

加注系统设计为确保在每个焦化反应器的顶部最佳注入添加剂液浆，采用适当的液体输送设备、操作浆液和仪器、检测和运输连续稳定的流体。添加剂注入喷嘴的数量和类型，以及它们的力学配置和构造材料取决于每家炼油厂应用的焦化反应器的情况，更进一步的安装详细说明，例如 P&IDs、PFDs 和设备说明是与客户讨论确定的。

5　带有添加剂加注的工业焦化反应器的流体动力学（CFD）建模

通过与一个在 CFD 建模方面有专业知识的第 3 方顾问合作，Albemarle 公司评估了在一套工业延迟焦化装置中注入焦化添加剂的潜在影响，进行了添加剂分配、添加剂夹带和热反应影响的模拟。

图 8　模拟了应用 OptiFuel 技术的工业焦化反应器的温度剖面

上述研究显示，采用合适的注入配置，添加剂能够在预期的状态下分散注入，并且固体携带量不会超过注入反应器的添加剂量的 1%。图 8 显示了热影响的模型，可以看出，对液体层的温度影响可以忽略，但是会发生气体急冷，由于减少了大量的产品气体裂化（例如气体裂化）和相应的过量燃料气，会产生更大的收益。如果有必要，适当减少在塔顶急冷的气体管线产品能够维持装置热平衡。其他正在进行中的研究，包括进一步地改进喷嘴设计和配置。

在图 9 中有 3 个示意图，最初两个示意图用左边轴读（垂直或 Y 速度）。第 1 个示意图以垂直的速度表现焦化反应器的水平切面轮廓。例如，Y 轴上方区域垂直的速度接近 0.2m/s（大部分烃蒸气），当 Y 轴下方的区域表现负面垂直的速度矢量时，说明添加剂正在向下流动。第 2 个示意图说明速度剖面的一个垂直横断面。

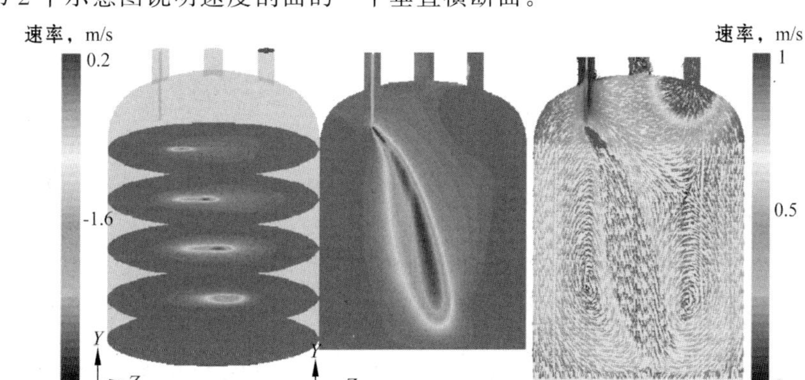

图 9　采用 OptiFuel 技术的工业焦化反应器速度分布（纵轴和总数）模拟

第 3 个图用右边刻度解释，显示了反应器的每个特定区间中组件整个结合的量级。如图 9 所示，对于反应器（其中添加剂正在向下流动）的中心速度相对较高，并且到喷油嘴出口的速度也较高，然而反应器的其他位置速度相对较低。

Albemarle 公司愿意与每家特定的炼油厂合作交流，根据客户需要设定特定的焦化反应器 CFD 配置、添加剂类型和操作条件。

6　商业示范装置的注意事项

在一套延迟焦化装置上试用 OptiFuel 技术有许多因素要注意。Albemarle 公司已经准备了一套能被炼油厂成功应用并系统使用 OptiFuel 工艺的指南，这些指南可根据客户的需要修改以满足任何炼油厂的特定需要。

工业装置使用 OptiFuel 工艺技术的风险很小，如果管理到位，在工业焦化装置上应用挑战不大，能获得很好的物料平衡和明显的经济效益。

7　结论

采用 Albemarle 公司焦化反应添加剂的 OptiFuel 工艺在中试装置上证明了可以降低焦炭产量，增加液体产品产量。单程转化产品产量的变化带来的潜在经济效益约为 3.7 美元/bbl，可能的情况下，通过消除企业生产瓶颈、提高装置加工能力是可行的。随着工艺的持续改进，预计会有更好的经济效益。

Albemarle 公司期待与企业伙伴合作，验证这项新的技术，全力推进 OptiFuel 工艺的工业化应用。

参 考 文 献

[1] U.S. Patent No. 6，168，709.

[2] U.S. Patent No. 8，206，574.

[3] U.S. Patent No. 8，361，310.

[4] U.S. Patent No. 8，372，264.

[5] U. S. Patent No. 8，372，265.

[6] U. S. Patent No. 8，394，257.

[7] International Application No. PCT/US09/34335.

[8] Elliot，John D. ，"Delayed Coker Design and Operation：Recent Trends and Innovations，" Foster Wheeler USA Corporation，1996.

[9] Adams，Harry A. ，"Basic Principles of Delayed Coking" Adams Consulting Enterprises，Inc. ，January 14，1994，pp. 1－32.

[10] Tutorial：Delayed Coking Fundamentals，Paul J. Ellis，Christopher A. Paul，Great Lakes Carbon Corporation，Port Arthur，TX，AIChE 1998 Spring National Meeting，New Orleans，LA，March 8－12，1998，Topical Conference on Refinery Processing，Tutorial Session：Delayed Coking，Paper 29a，Copyright 1998 Great Lakes Carbon Corporation，UNPUBLISHED，March 9，1998.

[11] Delayed coking：Industrial and laboratory aspects，F. Rodríguez－Reinoso，P. Santana，E. Romero Palazon，M. －A. Diez，H. Marsh，Carbon，Volume 36，Issues 1－2，1998，pages 105－116.

[12] DeBiase，R. ；Elliott，J. D. ，1982 May 01，Hydrocarbon Process.（United States）；Journal Volume：61：5，Pages：99－104.

[13] X. －L. Zhoua，S. －Z. Chena & C. －L. Lia，pages 1539－1548. A Predictive Kinetic Model for Delayed Coking，Petroleum Science and Technology，Volume 25，Issue 12，2007.

[14] Gary，J. H. and Handwerk，G. E.（1984）. Petroleum Refining Technology and Economics，2nd Edition. Marcel Dekker，Inc. ISBN 0－8247－7150－8.

[15] Norman P. Lieberman（1991）. Troubleshooting Process Operations，Third Edition. Pennwell Books. ISBN 0－8714－348－3.

[16] David S. J. Jones and Peter P. Pujado（Editors）（2006）. Handbook of Petroleum Processing，First Edition. Springer. ISBN 1－4020－2819－9.

Ryan Nickell 在得克萨斯州休斯敦市的Albemarle催化剂研究与开发中心工作，是从事设备测试方面工作的科学家。Ryan Nickell从奥本大学获得学士和化学工程博士学位，在催化剂设计、优化和测试方面有9年的工业经验。

Raul Arriaga 从西蒙·波利瓦大学获得了化学工程专业理学学士学位，从得克萨斯大学取得企业管理硕士学位，在Albemarle公司内是一位应用技术专家，负责产品开发、推销和延迟焦化新技术服务工作。同时研究催化裂化催化剂、减压瓦斯油分割。

Phil Lane 负责Albemarle公司焦化反应添加剂工艺在全球的商务推广，在密西根大学获得了理学学士学位，有30年以上的催化裂化过程和炼油催化剂研究经验，在加入Albemarle公司前在德士古石油公司和Katalistiks公司从事研究与开发工作。

Roger Etter 是OptiFuel技术的发明人，并且是OptiFuel技术集团组的副总裁，在芝加哥大学和辛辛纳提大学获得理学学士学位和企业管理硕士学位，有在炼油加工厂工作背景，有35年以上的炼油新技术（技术/经济）评价、研究、推广和实施经验，并且从事过商业推广工作。

加氢处理

AM－13－13

流体分布与混合对加氢处理反应器中催化剂利用率及径向温度分布的影响

Sumanth Addagarla，Kris Parimi，Dan Torchia

（Chevron，USA），Gavin McLeod（Singapore）

谢方明　秦丽红　译校

摘　要　本文介绍了ISOMIX® 系列反应器内构件的设计特点。该系列内构件设计了独特的ISOMIX® 混合箱和流量喷嘴，ISOMIX® 混合箱为催化剂床层之间的流体提供了良好的混合和急冷，限制温度分布不均和催化剂床层过热点的产生，延长催化剂使用寿命，并可以提高产品收率；ISOMIX® 流量喷嘴以喷雾的方式形成均一流体，使催化剂完全润湿所需床层厚度最小化。工业应用表明，在采用该反应器内构件改造的装置中，对比其他内构件，活性优势可以达到8℃。

1　概述

目前，炼油厂应对行业发展形势的压力持续增长：处理的原料油重质化、劣质化程度不断加剧，环保法规日趋严格，且需要采取提高产出比，或提高操作苛刻度，或者在现有反应器基础上延长催化剂使用寿命等措施才可以满足经济性需求。

在这些严格的条件之下，开发新型加氢处理催化剂无疑是耗费最低的方法之一，然而，如果搭配旧的或者性能不佳的反应器内构件，即使是最好的催化剂也无法发挥其应有的性能。我们不仅要开发新型催化剂，而且要在现有的反应器硬件条件下，尽可能提高催化剂利用率，从而更好地控制反应器温度分布，也就是说，需要进行反应器内构件升级。

并且，随着反应器结构（长度和直径）的扩大及重质、高芳香烃含量原油中加工成本的增加，世界范围内炼油厂均需要利用新装置确保流量和温度分布一致，实现催化剂利用率提高和安全操作方面等目标。因此，反应器内构件技术升级便应需而生。

对于现有反应器，内构件主要用于流体分布及催化剂床层间流体混合，其限制新型催化剂的使用及性能发挥，进而限制了炼油厂对重质及劣质原料加氢处理的能力。其根本原因在于，催化剂活性越高，对温度变化的敏感性越强，而这种较强的温度敏感性往往更容易促进热点形成。最近有研究报道，采用阿拉伯重油700℉以上馏分原料，控制转化率为60%，对比评价高活性与传统催化剂其径向温差为60℉的条件下，对比评价了高活性催化剂和传统催化剂对收率的影响。而采用现有内构件一般可产生6℉径向温差，而研究结果清楚地说明，最先进的反应器内构件产生的径向温差非常小，可使高活性催化剂的应用成为可能，并且可以在不损失收率或者形成过热点的条件下最大限度延长催化剂寿命。

在这种背景下，雪佛龙鲁姆斯公司（CLGs）的新型反应器内构件技术开发显然非常及时。

2 CLG新型反应器内构件技术

为了帮助炼油行业应对日益艰难的运行环境，CLG公司针对加氢处理反应器开发了新型ISOMIX®系列反应器内构件，该系列反应器内构件的最新型号是ISOMIX-e。该技术是CLG公司在该领域积极工作几十年的巅峰之作，现在我们只将该技术用于雪佛龙公司内部的所有加氢处理器，同时也对催化剂使用者和专利授权者提供加氢处理技术。

在保证催化剂装填质量的前提下，该项专利技术可使新建或改建反应器在采用高活性催化剂时，降低温度分布不均和高活性催化剂固有的过热反应点等因素造成的风险。

ISOMIX®系列反应器内构件的一个关键组成部分是一个设计独特的混合箱，其能使催化剂床层之间物料混合、急冷和平衡等更完全，进而防止床层之间发生温度传递或者浓度分布不均。该技术可以在较小的压力降下实现该目标，而且可以减小反应器体积。

ISOMIX®系列反应器内构件的另一个关键组成部分是流量喷嘴，这些高效率的喷雾嘴可在催化剂表面形成更均一的气液分布，进而提高流体接触效率。此外，在气液喷雾状态良好的条件下，达到均匀、完全浸湿所需的催化剂床层厚度也大大减小。总体来说，使用该喷嘴可提高催化剂利用率。该喷嘴还增强了分配盘的耐用性，避免其在运行过程中偶尔出现的非正常状况。

ISOMIX®设计还有一些特别之处：采用易于安装和拆卸的楔形销而不是采用螺栓；分配盘使用桁架体系和反应器壁附件来支撑，而不采用内部挡板和横梁（这样也是为了增加催化剂体积）。这些特点使得反应器内构件的安装、拆卸和维修更加容易，并且当有惰性进料需要时，只需要1个工人就可以移走分配盘，因此，安全性得到提高，风险降低。由于这个新型反应器内构件需占用的反应器空间最小，故特别适用于改建工程。

世界范围内有很多装置都是采用不同版本的ISOMIX®系列反应器内件，有些装置正在运行，也有一些装置处于正在建设或者安装过程中。CLG公司加氢装置及其授权装置均较好地实现了催化剂床层温度均一性以及催化剂利用率提高的目的，有报道称，在一些改建装置中，催化剂活性提高达15℉。

我们拥有可根据用户要求进行具体基层设计以及装置改造施工的自主设计工具，也在一些已建装置上采用我们的设计完成了改建工作。在一项改建工程中，在安装ISOMIX®反应器内构件后，催化剂活性提高达15℉，这种优势可以转化为产能增加，或者催化剂寿命延长（据估计可以延长1年）。

3 背景

CLG公司有着很长的加氢处理反应器内构件开发史，可以追溯至20世纪60年代。我们兼有大型和小型冷模装置，用来开发新型反应器内构件，也可以使用计算仿真工具来设计和评估反应器内构件性能。

众多反应器内构件中，最杰出的就是应用于下流式固定床反应器中的ISOMIX®系列反应器内构件的发明。通过大量冷流试验以及模拟工具的运用，CLG公司可向内部炼油厂和其他催化剂使用者提供内构件技术。这种新型 ISOMIX® 内构件已在其工业应用过程中展现了良好的性能。

4 反应器内构件的设计需求

一项成功的反应器内构件设计需要满足以下两点要求：

（1）最大限度利用催化剂。

（2）易于控温，操作安全高效。

另外，还需要具有易于维护、操作弹性好的特点，且能够适用于装置各种改建工程。均一的流体分布以及催化剂接触效率提高，都可提高催化剂利用率。流体分布效果差有时会导致催化剂床层温度分布差。我们某装置的数据和模拟结果显示，催化剂利用率提高所产生的优势是显而易见的——催化剂活性提高达 15℉，相当于产能增加，或者催化剂寿命延长 1 年。

值得一提的是，良好的反应器内构件设计可以降低实现流体分布均一和催化剂完全润湿所需要的催化剂床层厚度，其结果是增大了催化剂在反应器里的有效装填量，催化剂装填量的提高也就意味着处理能力增大。

催化剂床层温度分布均一具有以下优点：

（1）正常操作及非常态条件下的操作安全性好。

（2）目的产品收率高。

（3）无过热点，避免了运行周期过早结束。

（4）催化剂效率提高，使用寿命延长。

（5）易于操作控制。

（6）反应器可按理想温度曲线运行。

（7）提高了劣质原料处理能力，如裂化油或杂原子及金属含量更高的原料油等。

5 主要功能

反应器内构件主要有两方面重要功能：流体分布、催化剂床层间急冷及混合。

5.1 流体分布

针对流速分布设计的反应器内构件需要满足一些特殊的要求：

（1）在一定的气液相流量范围内为催化剂床层提供均匀的进料分布。

（2）分布器可以承受一定的超标流体。

（3）提供良好的气液接触和热交换效率。

（4）均匀及完全润湿所需催化剂床层深度最小化，使催化剂利用率达到最高。

（5）反应器长度最小化，节约反应器空间。

（6）易于维护，不易积垢。

雪佛龙公司及其授权装置曾先后使用过如下 3 种不同的流体分布器：

（1）Chimeys 分布器。

（2）泡罩分布器。

(3) ISOMIX® 流量喷嘴——我们当前设计首选。

ISOMIX® 流量喷嘴设计独特，采用了和Chimneys分布器以及泡罩分布器完全不同的操作方式，其设计理念与其他设计显著的不同之处在于，它有内腔和外腔。气体通过升气管体顶部附近的小孔进入内腔，然后流经内腔的一个收缩处加速并在喷嘴内部形成一个低压区。喷嘴内腔和外腔之间的压力差成为流体通过外腔开口处进入喷嘴的主要驱动力，两股流体混合后通过底部端口流出，形成流畅、稳定、均一的喷雾。

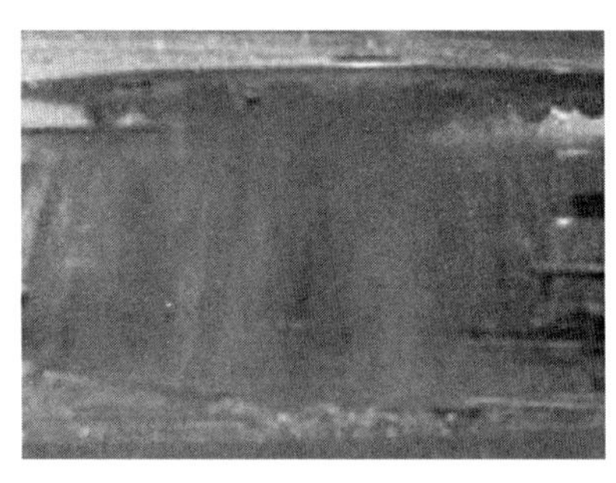

图1 Chimney分布器和流量喷嘴两种类型内构件对应的流体状态

ISOMIX® 系列喷嘴的主要优点：

(1) 对于分配盘操作波动的适应性强，即在分配盘操作条件发生波动的情况下，仍然能够达到均匀分布。

(2) 流体的喷流模式：可使达到均匀及完全润湿催化床所需的催化剂床层厚度最小化，催化剂利用率提高。

(3) 易操作性：对于一定流速范围内的气液流体都能达到均匀分配。

上述优点在许多冷模试验和工业化试验中已得到证实。

图1显示了Chimney分布器和流量喷嘴两种类型内构件对应的流体状态。

5.2 急冷和混合

床层之间的急冷和混合对于防止温度和浓度分布不均是非常重要的，如果温度分布不均无法得到抑制，催化剂床层可能出现过热点，进而导致催化剂性能（转化率和选择性等）的损失。更重要的是，如果过热点不能够得到有效控制，还可能产生损害反应器的危险操作。

良好的混合系统的设计要求如下：

(1) 为流经催化剂床层之间的气液相流体提供良好的混合条件。

(2) 为热的两相混合物和冷却介质之间提供有效接触。

(3) 易于建设、安装及维护。

(4) 节省催化剂体积。

(5) 压力降低。

(6) 性能稳定，操作弹性大，可在一定操作条件和流量范围内达到稳定的性能表现。

自20世纪60年代中期以来，CLG公司成功应用了多种反应内构件设计，然而，随着20世纪90年代高活性沸石分子筛催化剂的出现，由于其较高的热效应，这些设计均不再适用。

针对新型高活性催化剂的需求，20世纪90年代CLG公司开发了一种新的设计，命名为“Nautilus”，1994年起，Nautilus反应器内构件开始应用于加氢裂化反应器。至2003年，世界范围内有超过100个反应器应用了该技术，有一些直到现在仍保持着出色的操作结果。

与此同时，设计开发一种混合效率更高、压力降更小以及结构更紧凑的反应器内构件势在必行。

新型 ISOMIX® 内构件技术成功地满足了这些需求，该技术在混合效率及结构紧凑等方面均得到了加强，与包括“Nautilus”在内的其余技术显著的不同之处在于，其可在较低压力降下实现良好的气气、液液及气液混合。该技术是 CLG 公司所有加氢裂化装置的首选，特别适用于对空间和压力降要求严格的反应器改造。

该技术的一个重要组成部分是位于收集器中央的由一个从切线方向有进料孔的圆形挡板环绕的大泡罩。从上方床层流出的热气液相混合物首先进入催化剂床层之间的区域，当进入圆形挡板的切线入口时，引入冷却气体进行降温。该设计有助于加强冷热气液流体的涡流程度及混合效果，充分混合的气液相通过升气管进入泡罩，升气管的内外部也有增强混合效果的挡板。

6 新型 ISOMIX® 内构件的性能

包括 ISOMIX® 和 ISOMIX® －e 在内的 CLG 反应器内构件技术在保持流体和径向温度均一分布方面展现出了卓越的性能。新型 ISOMIX® 技术是在前几代 CLG 内构件技术基础上，针对气液两相流体在多床层反应器中的流动、混合及分布等，进行了大量详细的 CFD 和冷模研究而开发的。与同类技术相比，ISOMIX® 可以在较低压力降下，实现卓越的气气、液液及气液混合效果，且结构极为紧凑，使其在装置改造中应用广泛。

在三床层以上的反应器中，通过采用床层间流体充分混合和再分布相结合的方式，ISOMIX® 内构件可使床层径向平均温差小于 10℉，有些情况甚至可以接近 0℉。该内构件良好的混合效果归因于安装在接收盘上的混合箱。混合箱由泡罩、精心设计的升气管和折流板构成，可以使不同相态、不同温度的流体完全混合，完全混合后的流体混合物即被送至安装 ISOMIX® 喷嘴的塔盘上。ISOMIX® 喷嘴则通过采用优化的喷淋方式所形成的细小液滴为催化剂床层提供最大限度的润湿，这是进入催化剂床层的具有良好混合及分布效果的流体形成过程中的最后一步。

出色的气液相混合效果和再分布是防止在催化剂床层之间发生温度分布不均传递的关键。如果温度分布不均无法得到缓解，催化剂床层的过热点可能导致转化率和选择性方面的损失。更重要的是，如果过热点无法得到有效控制，反应器安全操作将受到威胁。

当新装置建造速率不受限制时，旧装置改造过程中 ISOMIX® －e 内构件的安装效率则显而易见。ISOMIX® －e 内构件是 ISOMIX® 系列的最新型号，其采用完善的塔盘和混合箱模块设计以及最先进的紧固技术，可以实现快速安装和维修。ISOMIX® 系列反应器内构件对于塔盘操作波动有一定的耐受性。

ISOMIX® 系列内构件是 CLG 公司的加氢处理反应器标准设计。在渣油加氢装置中，也引进了一些 ISOMIX® 技术特点。

CLG 公司有内部专业设计工具，可根据基础设计和装置改建等不同要求进行专门设计。从 2003 年起，已为约 20 项装置改造项目及超过 180 套基础设计项目提供了 ISOMIX® 内构件设计技术，包括设计、建造、安装和开工等不同阶段。

在一项改造项目中安装了 ISOMIX® 内构件之后，该炼油厂催化剂活性提高 15℉，相当于处理量增加，或者催化剂寿命延长（预计可延长 1 年）。

图 2 至图 6 显示了装置在安装新型 ISOMIX® 内构件之后的温度曲线改善情况。

例 1 为相同反应器在安装 ISOMIX® 前后的反应器径向温度分布（图 2）。

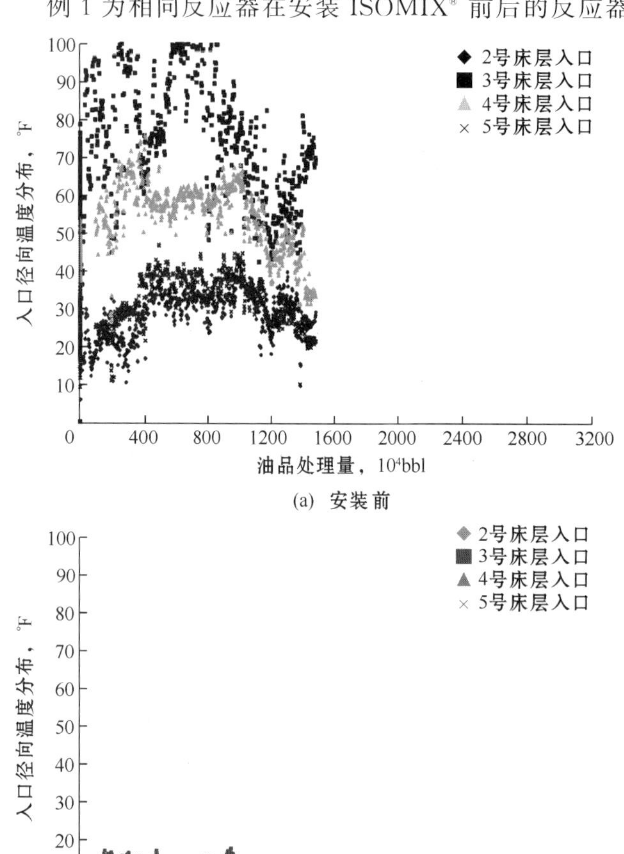

图 2　安装 ISOMIX® 前后的反应器径向温度分布

例 2 为安装 ISOMIX® 后的四床层反应器径向温度分布（图 3）。

例 3 为采用 ISOMIX® 的反应放热和径向温度分布（图 4）。

例 4 为安装 ISOMIX® 前后的反应器径向温度分布（图 5）。

例 5 为（基础安装）ISOMIX® 性能——反应器温度曲线。注意：在第二段反应器中，由于床层之间的高效混合消除了上一床层底部温度分布不均的现象，因而未传递至下一床层（图 6）。

例 6 为雪佛龙公司某炼油厂装置改造中安装 ISOMIX® 内构件。

该炼油厂的加氢裂化反应器的径向温度分布一向较差，安装 ISOMIX® 内构件之后，收获如下：

（1）床层入口径向温度分布明显改善。

（2）消除了过热点（较高表面温度）。

（3）平均反应温度降低了 15°F（8℃）。

（4）高附加值产品增加 3 个百分点。

（5）废气排放量降低。

7　结论

综上所述，我们针对下流式固定床反应器开发了 ISOMIX® 内构件技术，包含提供流体分布的 ISOMIX® 喷嘴、床层间混合和冷却的 ISOMIX® 混合箱。该系列反应器内构件技术的最新型号 ISOMIX® -e 采用了完善的塔盘和混合箱模块及最先进的紧固技术，可以实现快速安装和维修。因此，新建及旧装置改造过程中，ISOMIX® -e 内构件安装效率显而易见。

CLG 公司有内部专业设计工具，可根据基础设计和装置改建等不同要求进行专门设计。从 2003 年起，已为约 20 项装置改造项目及超过 180 套基础设计项目提供了 ISOMIX® 内构件设计技术，包括设计、建造、安装和开工等不同阶段。有些设计已在操作中体现了极佳的性能。

ISOMIX® 混合箱设计独特，可为催化剂床层之间提供良好及有效的混合及冷却效果，以阻断床层间的温度分布不均，最大限度地限制了温度分布不均和催化剂床层过热点的产生。

通过良好的温度控制，我们能够满足正常的设计指标，即：控制催化剂床层的径向温差在轴向温升15%以内；床层顶部温差控制在1～3℃。由于过热点得到控制，可进一步延长催化剂寿命，提高目的产品收率，工业装置运行数据已证明了这些特点。

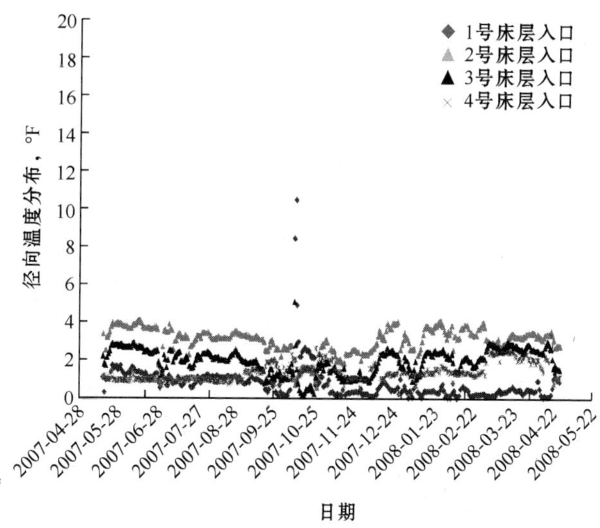

图3　安装 ISOMIX® 后的四床层反应器径向温度分布

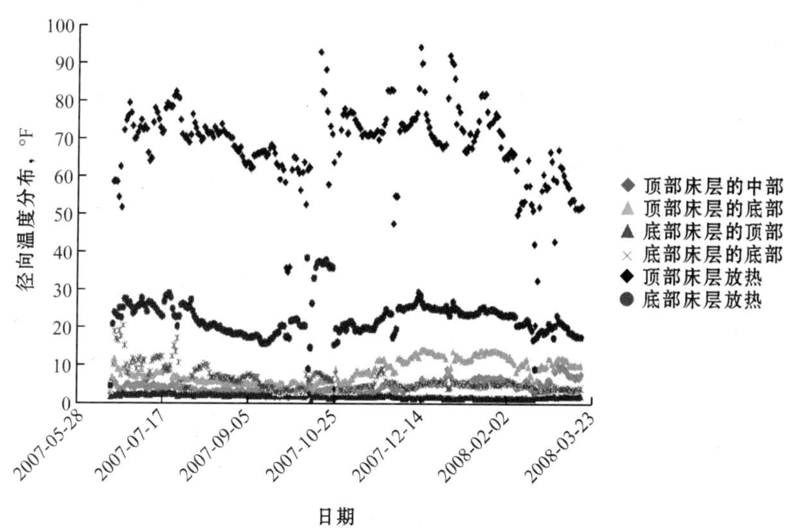

图4　采用 ISOMIX® 的反应放热和径向温度分布

ISOMIX® 流体喷嘴设计同样独特，其优点在于：操作灵活；易于维修；对于操作波动耐受性较强；以喷雾的方式形成均一流体，达到催化剂完全润湿所需的床层厚度最小化，这些都可以提高催化剂利用率和反应器有效容积。

通过采用新型 ISOMIX® 反应器内件，CLG 公司及其授权装置在保持催化剂床层温度均一性和提高催化剂利用率等方面均展现出极好的性能，据报道，在某些改造装置中催化剂活性提高达8℃。

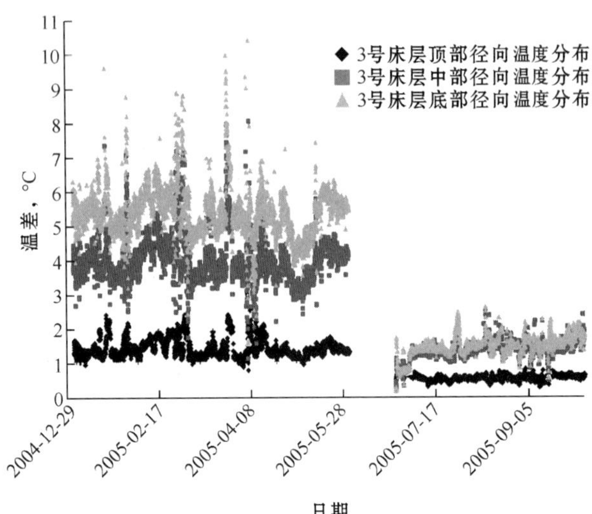

图5　安装 ISOMIX® 前后的反应器径向温度分布

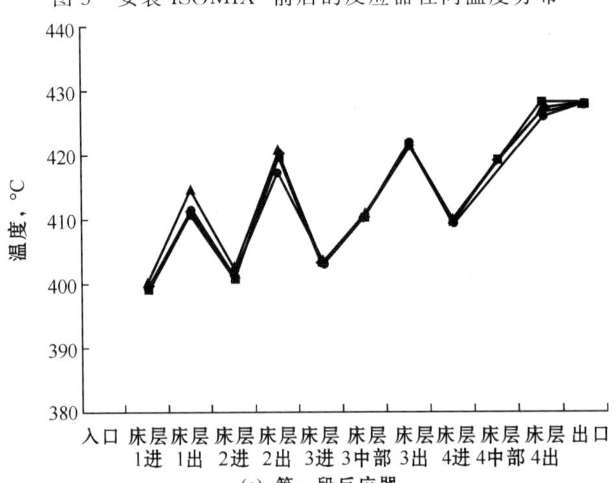

(a) 第一段反应器

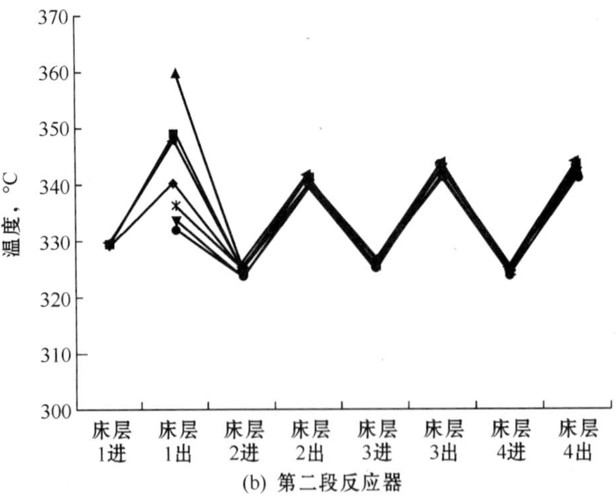

(b) 第二段反应器

图6　反应器温度曲线

生物燃料

AM－13－29

如何实现2014年可再生燃料规定使用量目标

Thomas Hogan，John Mayes（Turner，Mason & Co.，USA）
钱锦华　黄格省　译校

摘　要　按照可再生燃料标准（RFS），美国环境保护署（EPA）对未来十几年内纤维素乙醇、生物柴油等可再生燃料的应用提出了规定使用目标，燃料生产商、调配商、进出口商等责任商必须履行义务，用可再生燃料识别码信用额度（RIN Credit），来完成可再生燃料规定使用量（RVO）。RIN是EPA用来衡量可再生燃料利用及监测RFS目标是否完成的主要依据。2014年美国RIN储备量将用完，可能导致RFS目标无法实现。针对这一问题，本文在简要介绍可再生燃料发展规划的基础上，分析了美国汽油需求和乙醇使用现状及发展趋势，探讨了实现可再生燃料使用目标面临的问题，认为RIN储备可以使全行业实现2012—2013年可再生燃料使用目标，但到2014年中期RIN储备使用完时，由于RVO持续增加，RIN储备量就会短缺，这使得各责任商面临很大压力。一方面，从E15、E85的应用来看，虽然EPA已经同意推广E15乙醇汽油，但目前实施进展拖延，而E85的应用受到灵活燃料汽车发展的限制；另一方面，未来美国汽油需求量降低，乙醇调和总量减少，这些都对RVO的完成造成了很大的障碍。为此，作者提出两种解决方案：一是直接由EPA调低RVO，以反映纤维素乙醇产量的减少；二是增加生物柴油产量及其在交通运输系统的消费量。作者同时认为，鉴于2014年过渡期之后美国RIN的潜在短缺，应大幅提高乙醇的RIN价值；出口石油、汽油和柴油无助于责任商完成ROV目标。

1　概述

2007年，美国政府颁布的《能源独立与安全法案》中提出了可再生燃料标准（RFS），根据该标准，在汽油中要逐步提高乙醇调和量，调和比例可达到10％（E10乙醇汽油）。当这一目标实现后（换言之，乙醇调和的“瓶颈”被突破），如果再推广使用其他级别的乙醇汽油（E15、E20、E85等），将会不断提高乙醇消费量。目前这个计划似乎还没有实现，然而，如果可能的话，2014年和2015年将成为实现这一目标的转折之年，尽管目前还存在很大的难度。

目前，美国可再生燃料规定使用量（RVO）逐年增加，但汽油需求量逐渐萎缩，E15和E85等高乙醇含量汽油的销售量很低，基于这种现状，各责任商似乎没有足够多的可再生燃料识别代码（RIN）用于市场交易，以便在2014年满足可再生燃料生产指令要求。如果乙醇用量更大的E15或E85乙醇汽油新型市场得不到快速发展，仅仅使用现有E10乙醇汽油，将无法满足可再生燃料指令要求的乙醇使用量。更加令人担忧的是，由于使用E15汽油的汽车保险被取消，这将是可再生燃料市场增长的一大障碍。同样，使用E85的车辆少也阻碍了有望解决问题的E85汽油市场的增长。因此，我们第1次看到2012年的RIN数量低于本年度RVO，如果不改变目前对乙醇调和比例的限制，这种情况将会得以持续，直到未来交通运输领域具有足够多的可替代燃料车辆，才能显著提高E85的消费量。2011年储备的大量RIN将减缓2012年可再生燃料的不足，同时也似乎有足够的RIN储备能够用来满足2013年可再生燃料使用量。然而到2014年，RIN储备量将被用完，相关可再生燃料的责任商将无法完成自己应承担的RVO。

2 可再生燃料计划

本文不对可再生燃料计划进行完整描述，因为这是相当复杂的，而只对一些相关问题进行讨论。美国环境保护署（EPA）每年审查可再生物燃料规定使用量的完成情况，并根据需要对规定使用量进行调整。由于纤维素乙醇产量已经低于规定使用量，但EPA却从未对先进生物燃料和RVO进行调整，以反映纤维素乙醇产量的下降。这是很重要的一点。2012年以后增加的大部分规定使用量都来源于纤维素乙醇，如果今后EPA出于纤维素乙醇产量的不足而减少RVO，那么完成合约使用目标将比较容易实现。目前美国规定的可再生燃料目标用量见表1。

表1 目前美国规定的可再生燃料目标用量 单位：10^8gal

时间	纤维素燃料	生物柴油	先进生物燃料	可再生燃料
2012年	5.0	10.0	20.0	152.0
2013年	10.0	12.8①	27.5	165.5
2014年	17.5	a	37.5	181.5
2015年	30.0	a	55.0	205.0
2020年	105.0	a	150.0	300.0

注：a表示达到EPA确定的10×10^8gal/a的最低使用量。

先进生物燃料包括纤维素类生物燃料和生物柴油；可再生燃料包括先进生物燃料。

①美国环境保护署设定的。

为便于理解本文的逻辑和结论，关于可再生燃料规划的一个事实和假设是：

（1）1gal的生物柴油产生1.5份RIN，因此要满足2012年10×10^8gal生物柴油规定使用量，需要获得15亿份的RIN，相当于规定使用20×10^8gal的先进生物燃料。

（2）大多数先进生物燃料的规定使用量无法通过纤维素乙醇和生物柴油来满足，而只能由甘蔗乙醇来满足。

各责任商承担着满足RFS中RVO的义务，这些责任商是指汽油和柴油生产商、进口商。每个责任商都必须完成EPA每年分配的RVO，通过退回RIN来完成RVO。当可再生燃料从生产地运出、调和使用或被另一责任商购买时，均会获得1个RIN。1gal乙醇能获得1个RIN，而1gal生物柴油能获得1.5个RIN。EPA允许将责任商未用完的RIN留在下一年度继续使用，但上一年度获得的RIN只能用来满足本年度最多20%的RVO。各责任商通过购买附有RIN的可再生燃料获得RIN，也可以从其他拥有RIN的公司购买RIN。

3 汽油需求和乙醇使用

在Turner，Mason & Company出版的一份《2012年中期原油和炼油产品展望》报告中，提出了包括未来汽油产量与需求量的假设，该报告对美国汽油需求的预测见表 2。

表 2　美国汽油需求预测

美国汽油需求①			规定的可再生燃料使用量，10^8gal	乙醇调和比例②，%
时间	10^3bbl/d	10^8gal/d		
2012 年	8682	1331	152.0	10.2
2013 年	8658	1327	165.5	11.0
2014 年	8600	1318	181.5	11.5
2015 年	8520	1306	205.0	13.4
2020 年	8078	1238	300.0	21.8

①Turner，Mason & Company2012 年中期对原油及炼油产品的预测。

②假设 2012 年、2013 年、2014 年、2015 年和 2020 年非乙醇生物燃料使用量分别为 16×10^8gal、20×10^8gal、30×10^8gal、30×10^8gal 和 30×10^8gal。

近年来，美国汽油中的乙醇调和量增长很快，直到 2011 年增速放缓，之后 2 年（2011—2012 年）乙醇调和比例维持在 9.6%～9.7%，这几乎达到乙醇的“调和瓶颈”，因为乙醇规定的调和比例为 10%。2010 年的调和比例突破了瓶颈值，这比预期的时间要早。美国燃料乙醇在汽油中的调和情况见图 1。

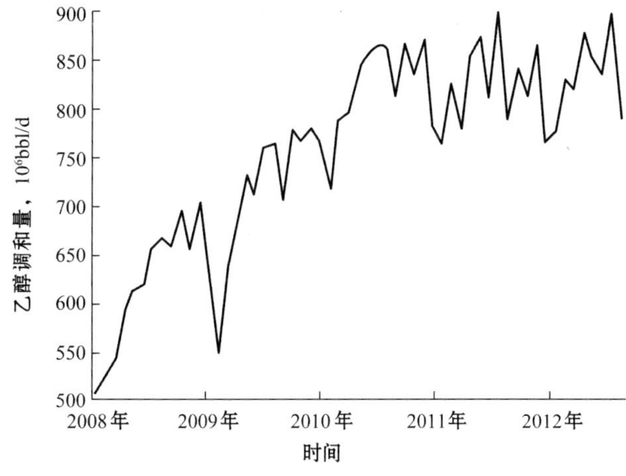

时间	年均调和量 10^6bbl/d	乙醇调和比例，%
2008年	630	7.0
2009年	720	8.0
2010年	838	9.3
2011年	841	9.6
2012年	843	9.7

图 1　美国燃料乙醇在汽油中的调和情况

（来源：EIA，December 2012 Monthly Energy Review）

全球经济衰退使得美国汽油需求显著减少，这对提高乙醇使用量和调和比例造成了影响。历年来美国汽油需求及乙醇使用量变化见图 2。

乙醇调和量增加比预期要快得多。由于 2008 年油价高位震荡，使得乙醇调和汽油利润增加，乙醇调和量快速增加，乙醇在汽油中开始以更高比例调和（甚至超出规定的调和比例）。随着乙醇产量的增加，其使用量增长，到 2010 年下半年达到最大使用量。2011 年，乙醇可以任意在汽油中调和，但乙醇规定使用量不断上升，从而削弱了乙醇产量的过剩，并且规定使用量在 2012 年超过了实际生产量。近几年美国乙醇调和使用情况见表 3。

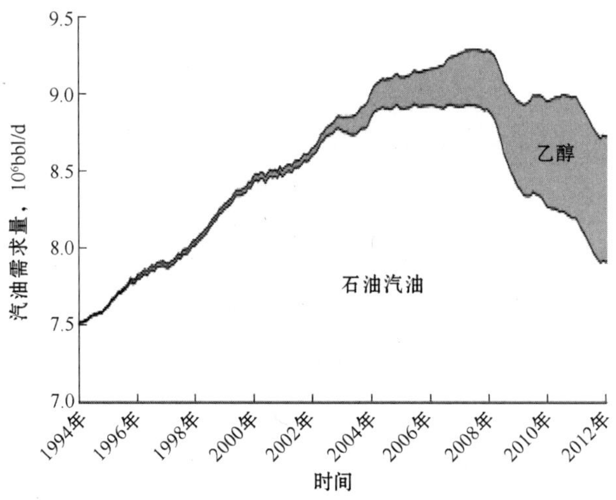

图 2　历年来美国汽油需求

（来源：EIA）

表 3　近几年美国乙醇调和使用情况

时间	乙醇规定使用量		实际使用量	规定使用量过剩
	10^8gal/a	10^6bbl/d	10^6bbl/d	10^6bbl/d
2008 年	90	585	630	45
2009 年	105	685	720	35
2010 年	120	783	838	55
2011 年	126	822	841	19
2012 年	132	859	843	(16)

来源：EIA。

4　面临的挑战

由于 2008—2011 年允许乙醇在汽油中任意调和，致使 RIN 过剩，因此可用来满足 RVO。虽然乙醇调和能力增加到最高值后又随汽油总需求量逐渐降低，但规定的使用量持续增加。2010 年规定使用的 128×10^8gal 乙醇（83800×10^4bbl/d）来源于玉米乙醇，2011 年上升到 129×10^8gal（84100×10^4bbl/d），这使得规定的乙醇调和过剩量从 5500×10^4bbl/d 降低到 1900×10^4bbl/d。2012 年规定使用的 132×10^8gal（85900×10^4bbl/d）可再生燃料量由玉米乙醇来满足，因此不可能有充足的玉米乙醇用于汽油调和来满足 RVO 总需求。这是假设干旱时期玉米也不减产，不足的 RIN 需要用上一年剩余的 RIN 来弥补。

发展高乙醇含量乙醇汽油为增加乙醇在汽油中的调和量创造了机遇，EPA 已经批准 E15 的使用，但实施进展缓慢。汽车生产商对 E15 的安全性持怀疑态度，并忠告消费者因为 E15 引起的发动机损坏将不会有车辆保险赔付。E85 已经在许多州使用，但销售量增长缓慢。可再生燃料协会估计全美国 16 万座加油站中约有 2900 多座销售 E85，2010 年美国 E85 销售不超过 590×10^4bbl/d 当量汽油燃料。目前美国约 1100 万辆灵活燃料汽车可以使用 E85，通用公司、福特公司和克莱斯勒公司等汽车生产商从 2012 年中期开始生产的 50%

以上车辆属于灵活燃料汽车。近年来美国 E85 汽油销售量见图 3。

尽管未来情况充满变数，但 Turner，Mason & Company（TM&C）仍对可再生燃料的 RIN 平衡使用量进行了预测，见表 4。EPA 预计目前已有 35×10^8gal 可再生燃料的 RIN 储备，但只有 20%可用于满足下一年度 RVO。从 2012 年开始有 27×10^8gal（136×10^8gal 的 20%）RIN 可以使用。按照 EPA 规定，2012 年必须使用 152×10^8gal 可再生燃料，其中 20×10^8gal 必须是先进生物燃料。TM&C 估计将有 11×10^8gal 的生物柴油产量，由此获得的 RIN 相当于 16×10^8gal 可再生燃料，而 4×10^8gal 可再生燃料的 RIN 必须通过生产乙醇先进生物燃料（纤维素乙醇或巴西甘蔗乙醇）来完成，照此计算，乙醇需求量为 136×10^8gal。由于汽油需求下降和乙醇调和比例保持不变，2012 年获得的 RIN 仅相当于 130×10^8gal 的可再生燃料，6×10^8gal 可再生燃料的 RIN 将使用 2011 年储备的 RIN，到 2012 年底 RIN 储备将降低至 2.1×10^8gal。同样的情况将会在 2013 年发生，本年度 RIN 数量同样不足，可再生燃料产量将会有 16×10^8gal 的短缺量，到 2013 年底 RIN 储备将降低到仅有的 5×10^8gal。在 RVO 需求未减及 E15 和 E85 销售量难以增加的前提下，行业在 2014 年会将 RIN 储备全部用完。到 2015 年，年度 RIN 赤字将达到 48×10^8gal 可再生燃料，相当于要在汽油中多调和 31300×10^4bbl/d 的乙醇。

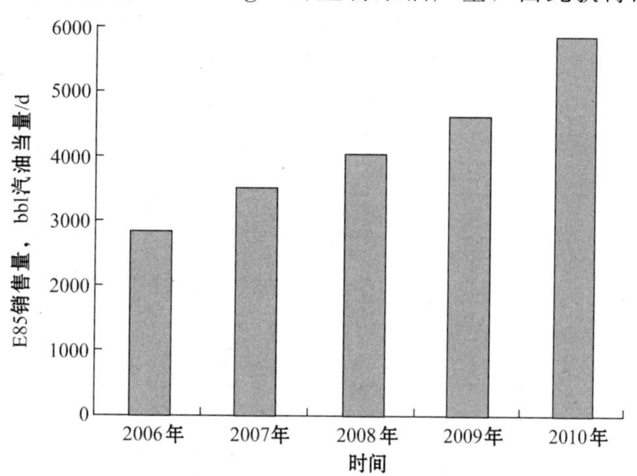

图 3　近年来美国 E85 汽油销售量

（来源：EIA）

面对行业自身面临的困境，目前尚无清晰的解决方案，使用 E15 似乎是最为合理的解决问题的方式，但是消费者也不可能会接纳一个由此导致取消了车辆保险的新燃料。如果不改变目前的规定调和量，使用 E15 将成为临时解决方案，乙醇调和比例最终将超过 15%，因此对投资 E15 将存在不少问题。

提高 E85 的销售量是可行的，但 E85 的使用会受到灵活燃料汽车数量的限制。EIA 计划将灵活燃料汽车的生产量从 2012 年的 1100 万辆提高到 2015 年的 1550 万辆，但这只占全美小汽车和轻型卡车保有量的 6.8%。如果要在 2015 年多使用法规要求的 48×10^8gal 乙醇，最终需要全美所有灵活燃料汽车拥有者都使用 E85 乙醇汽油。此外，投资问题非常关键，要弥补 2015 年 48×10^8gal 可再生燃料的短缺量，必须将 E85 加油站数量从目前的 2900 座增加到大约 33000 座，每座加油站平均销售量应达到原来的 5 倍（通过价格补贴）。未来十几年美国灵活燃料汽车数量及占比见图 4。

表 4 RIN 平衡使用量的预测

时间		2012 年	2013 年	2014 年	2015 年
RIN 初始存量，10^8gal		27①	21	5	-9
RVO 需求量，10^8gal	可再生燃料	152	166	182	205
	先进生物燃料	20	28	38	55
	玉米乙醇	132	138	144	150
	生物柴油	11	13	20	20
	生物柴油 RIN	16	20	30	30
	先进生物燃料（乙醇）	4	8	8	25
	乙醇总需求	136	146	152	175
获得的 RIN	汽油需求量，10^6bbl/d	8.682	8.658	8.533	8.449
	乙醇调和比例，%	9.7	9.8	9.8	9.8
	获得的 RIN，10^8gal	130	130	128	127
	乙醇调和量，10^6bbl/d	843	848	836	828
RIN 平衡用量，10^8gal		-6	-16	-14	-48
RIN 最终存量，10^8gal		21	5	-9	-57

①按照 2012 年乙醇需求的 20%计算；EPA 报告 RIN 存量为 35×10^8gal。

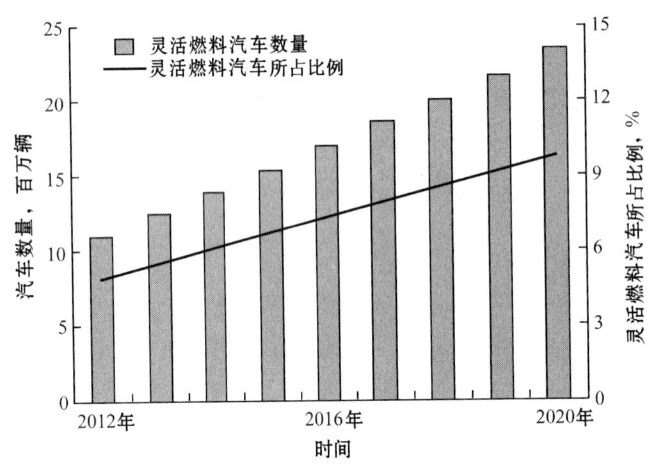

图 4 未来十几年美国灵活燃料汽车数量及占比

（来源：EIA）

5 可行的解决方案

按照现有预测，在 2015 年完成使用可再生燃料的规定义务对于燃料供应行业来说是不可能的，但是，也有一些可供选择的解决方案。

最直接的方案是 EPA 要及时调整 RVO，以反映出纤维素乙醇的减少，因为 EPA 已经意识到增加纤维素乙醇使用量在目前是不现实的。请记住，纤维素可再生燃料包括在可再生燃料之内。在过去 3 年中，EPA 已经调低了纤维素乙醇的规定使用量，但仍然没有调整可再生燃料的规定使用量。纤维素乙醇规定使用量已经低于 50×10^8gal（约为 RVO 的 3%），因此对 RVO 进行调整是不必要的。然而，从 2013 年开始，纤维素乙醇规定使用量将大幅提高，到 2022 年将提高到 RVO 的 40%以上。

随着更多的乙醇调和到 E10 中，汽油的需求量不断增加，问题是到 2015 年乙醇短缺量将达到 30×10^4bbl/d 以上，乙醇调和比例为 10%时，汽油需求增长量将超过 300×10^4bbl/d。由于目前和将来的汽车燃油经济性标准以及美国人驾车习惯的变化，预计汽油需求量不会增加反而会下降。

另一种方案是增加生物柴油产量及其在交通运输系统的消费量。2012 年美国生物柴油产量约为 10×10^8gal，我们假定生物柴油消费量从 2012 年的 10×10^8gal 将增加到 2014 年后的 20×10^8gal 以上，为了解决缺少 48×10^8gal 可再生燃料的问题，必须将生物柴油产量从 20×10^8gal 提高到 51×10^8gal，这是目前示范装置生产水平（10×10^8gal）的 5 倍。生物柴油比乙醇有两方面的优势：

（1）不像乙醇那样在汽油中添加比例限制为 10%，生物柴油可以任意比例添加到石化柴油中。

（2）生物柴油能含量是乙醇的 1.5 倍，调和 1gal 生物柴油获得的 RIN 数量是乙醇的 1.5 倍。

我们还没有对生物柴油的生产系统进行研究，但是在 3 年之内将生物柴油产量提高 5 倍似乎是不太可能的。

一个业内经常谈及的方案是出口炼油厂生产的汽油和柴油以降低 RVO，这不是一个切合实际的方案。如果燃料消费量维持每年初的计划，为满足市场需求，任何交通燃料的出口量将由需要的进口量抵消。汽油出口（即使汽油需求萎缩）无助于责任商完成 RVO 任务，因为出口只是减少了乙醇调和所需的汽油量。

根据上述讨论，本文得出的结论是：

（1）RIN 储备可以使全行业实现 EPA 规定的 2012—2013 年的可再生燃料使用目标，但在 2014 年中期 RIN 储备用完时，由于 RVO 的持续，每年的 RIN 储备量就会变为负值。

（2）EPA 已经同意使用 E15，但是实施进展缓慢。

（3）即使增加 E85 加油站数量，但由于灵活燃料汽车发展缓慢，同样限制了 E85 的应用。

（4）由于可再生燃料的潜在短缺，在 2014 年的过渡期中，应该大幅提高乙醇的 RIN 价值。

（5）如果汽油消费量不增加，乙醇产量将会受到阻碍或者必须出口乙醇。

（6）生物柴油没有调和比例限制，因此增加生物柴油使用量有利于实现可再生燃料使用目标。

AM－13－27

世界生物燃料展望：供应、需求、政策

Tammy Klein（Hart Energy，USA）

李顶杰　雪　晶　译校

摘　要　哈特能源公司2012年发布了《世界生物燃料展望2025》，该报告对北美、欧盟、南美和亚太地区2015年、2020年和2025年生物燃料政策、产能、原料和供需进行了分析，对世界生物燃料产业发展进行了展望。通过对各个国家进行深入研究，判断到2020年和2025年该地区（国家）是否需要新增产能或增加进口量才能满足市场需求。基于对市场消费的预测和相关政策对生物燃料市场产生的影响分析，对2011年发布的报告中燃料乙醇和生物柴油的需求量预测值进行了修正。对未来世界生物燃料的供需进行了能值分析，并详细分析了影响燃料乙醇和生物柴油产业发展的因素，并对未来进行了预测。认为未来世界生物燃料产业将继续发展，但增速放缓，其中美国、巴西将继续领跑世界燃料乙醇产业发展，欧盟将继续是世界上最大的生物柴油消费地区，南美洲将有望代替亚太成为重要的生物柴油输出地，亚太未来对生物燃料的需求量将有所增加。

1　简介

哈特能源公司下属的世界生物燃料研究中心（Global Biofuels Center，GBC）2012年发布了《世界生物燃料展望2025》，该报告分析了美国和世界范围驱动生物燃料发展的因素，并对2015年、2020年和2025年世界主要国家针对生物燃料的公共和财政政策、产能、原料和供需情况进行了分析。世界层面的分析主要针对乙醇和生物柴油产品，也对下一代生物燃料进行了分析，如纤维素乙醇、可再生柴油以及乙基叔丁基醚（ETBE），对以下4个主要地区的生物燃料供需情况进行了详细分析。

（1）北美地区：美国、加拿大。

（2）欧盟：芬兰、法国、德国、意大利、挪威、波兰、西班牙、瑞典和英国。

（3）南美洲：阿根廷、巴西、哥伦比亚和秘鲁。

（4）亚太地区：中国、印度、印度尼西亚、日本、马来西亚、菲律宾、韩国和泰国。

以上4个地区中的这些国家的生物燃料产量、消费量占世界总量的绝大多数，且在研究时间范围内，这些国家实行和颁布了将对世界生物燃料生产和消费有巨大影响的公共和财政政策。本研究中所涉及的一些国家生物燃料产量、消费量都很大，并且拥有很长的发展历史，如美国、巴西和德国；另一些国家自身消费的生物燃料较少，但未来有望为新兴的国际市场提供产品，如泰国、阿根廷等。

哈特能源公司在其发布的《世界生物燃料展望2025》报告中估计，4个地区中的这些国家的生物燃料产量和消费量占世界总量的90%，出于这些原因，本研究主要针对这4个主要地区进行世界生物燃料供需分析和预测。另外，本报告简要描述了拉丁美洲（特别是加勒比海和中美洲地区的一些国家)、欧盟和亚太地区其他部分国家的情况。虽然目前非洲和独联体(CIS)生物燃料产量、消费量都不大,不过哈特能源公司发现该地区的生物燃料产业发展受到了普遍关注,但在本报告中仅对其发展现状作简要概述。

《世界生物燃料展望2025》介绍了下一代生物燃料的发展现状,主要关注技术发展现状、项目建设进展和商业化进程。该报告也对航空生物燃料这一潜在市场和驱动下一代生物燃料发展的因素进行了分析,同时汇编了全球200多个生物燃料项目基本情况。

2 研究方法

本报告采用逐级深入的方式进行,先进行地区研究再进行国家研究,对以下内容进行了分析:

(1)公共政策:政策现状以及这些政策对未来(到2025年)产生的影响分析。

(2)市场分析:目前燃料乙醇和生物柴油市场需求和原料供应分析。

(3)供需预测:对2015年、2020年和2025年生物燃料供需分析和预测。

到2015年、2020年和2025年,本研究报告中将每个国家的乙醇(包括纤维素乙醇和乙基叔丁基醚)和生物柴油(包括可再生柴油)市场供需分析和预测作为单独的一节,基于对目前生物燃料的产能、产量和装置开工率的分析进行2015年的预测,基于该预测值判断到2020年和2025年该地区(国家)是否需要新增产能或需增加进口量才能满足市场需求。本研究使用的相关数据来自于哈特能源公司的GBC生物燃料产能数据库(www.globalbiofuelscenter.com),并以此为基础来估算那些数据不准或无数据的国家的情况,哈特能源公司在分析中也考虑了开工率、历史产量(有数据的情况下)和该国的原料供应情况。

研究了历年(截至2012年)各国汽柴油需求数据(车用和其他应用,该数据由哈特能源公司的世界炼制和燃料服务部门(www.hartwrfs.com)提供,哈特能源公司的汽柴油需求数据包括了生物燃料的使用量),预测了未来燃料乙醇和生物柴油的需求。根据某国公共政策提出的、在研究时间范围内有望实现的生物燃料发展目标,或者基于车辆特征、物流和民众接受程度而判断的市场最可能发展趋势,哈特能源公司直接计算了未来可能的燃料乙醇和生物柴油的需求量。

对生物柴油的需求预测主要针对车用柴油市场,虽然某些国家也将生物柴油用于非车用领域,例如美国也将生物柴油用作燃料油,而欧盟则用于农业机械和其他工业部门。本报告详细研究了有可能成为以生物燃料出口为主的国家及需要进口满足本国需求的国家,还包括了哈特能源公司关于生物燃料强制使用政策是否能够起到预期效果的观点,这些观点根据预测报告而得到。需要说明的是,本报告中同时使用了国际单位L和英制单位gal。

3 燃料乙醇和生物柴油的供需预测

哈特能源公司基于对实际市场消费的预测和强制使用政策颁布对生物燃料市场产生的影响分析,对2011年发布的报告中燃料乙醇和生物柴油的需求量预测值进行了修正,预测生物燃料需求时,市场最高可容纳量、高掺调比例生物燃料市场推广问题、车辆性能以及生产潜力等都是分析考虑的因素。

(1) 乙醇：哈特能源公司修正了2011年发布的《世界生物燃料展望》中2015年和2020年燃料乙醇的需求量，分别下调了10%和13%。美国和巴西作为世界上最大的两个燃料乙醇消费国，其需求增长将受到一些影响，美国燃油效率的提高、E15乙醇汽油的市场推广速率缓慢都将对其产生影响；巴西由于燃料乙醇生产与制糖业有竞争关系，产量增加潜力有限。

(2) 生物柴油：同2011年发布的报告相比，2015年的世界生物柴油需求量预测值基本没有变化，但受强制使用政策推迟实施和掺混比例限制的影响，2020年生物柴油需求量预测值将减小15%。欧盟作为世界上最大的生物柴油市场，由于其成员国发现生物柴油的掺混比例很难从目前的B7增加到B10，到2020年的需求量将比2011年的预测值小32%。

基于对历史数据、市场现状分析和对下一代生物燃料项目进展的评估，哈特能源公司对燃料乙醇和生物柴油的供应量进行了修正。

(1) 乙醇：相比于2011年发布的数据，本报告将2015年和2020年的燃料乙醇产量预测值分别下调了5%和9%，造成数据不同的主要原因是，由于美国国内内需不足而调低的产量增长预期及降低的纤维素乙醇产能增长预期。

(2) 生物柴油：与2011年的发布的数据相比，欧盟以外的世界其他地区生物柴油产量将持平或略有增加，而欧盟生物柴油生产商面临着原料价格和来源方面的问题，加上进口产品的竞争，到2015年和2020年欧盟生物柴油产量与目前相比几乎没有增长。

《世界生物燃料展望2025》也分析了生物燃料供需能值，通过对比世界上4个主要地区的生物燃料需求量和潜在供应量，预计到2020年、2025年世界生物燃料将呈现供应不足的情况。到2025年本研究涉及的4个地区生物燃料需求总量将达到4.4×10^{12}J（1.07×10^{8}t当量），占汽油和车用柴油消费量总能值的5.4%，供需缺口接近52×10^{9}J（120×10^{4}t当量）。当然，生物燃料的这个份额可能偏大，这是由于计算时包括了柴油燃料的所有应用领域而不仅仅是车用。

在2012年发布的报告中，综述了下一代生物燃料产业发展现状，对比了目前与2010年、2011年该产业的情况，对那些已经成功商业化应用的技术进行了细致的分析。结果发现，除植物油加氢技术以外，2012年几乎所有采用其他技术已经商业运行的各类装置新增产能均比2011年少，2012年最主要的进展是大型甲醇示范装置和商业化丁醇生产装置投产，并有一些纤维素乙醇商业化项目开建，预计2013—2014年纤维素乙醇的产量将有所增加。

4 世界生物燃料供需深层次分析

哈特能源公司预计到2025年，全世界4个主要地区的生物燃料需求量将达到4.5×10^{12}J（1.1×10^{8}t当量），占汽油和柴油消费总能值的5.4%，其中燃料乙醇需求量将达到近1330×10^{8}L（超过350×10^{8}gal），生物柴油需求量将超过510×10^{8}L（近140×10^{8}gal），如图1所示。

从总能值上看，2015—2020年世界生物燃料需求量将增加23%，2020—2025年将增加15%，2015—2025年的总增长幅度将达到42%。关键问题是在面对原料供应挑战和有限的资金投入情况下，生物燃料供应是否能够满足市场需求。

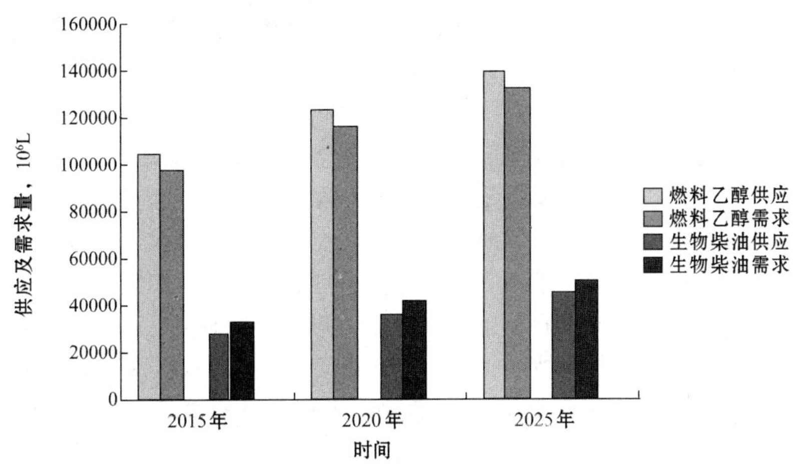

图 1　2015—2025 年燃料乙醇和生物柴油供需对比

（来源：哈特能源公司世界生物燃料中心，2012 年）

往年的报告认为到 2025 年世界燃料乙醇总需求将占生物燃料需求总量的 60%（能值），然而，由于受美国和巴西两个燃料乙醇消费大国近期发展状况的影响，2012 年发布的报告中对 2020 年燃料乙醇需求量的预测值比 2011 年发布报告中的数据低 13%；预计到 2025 年，燃料乙醇需求量将约占汽油调和量的 12%，这与 2011 年的预测值相差不大。由于哈特能源公司发现美国 E15 乙醇汽油市场推广速率不可能像政策制定者期望得那么快，而巴西燃料乙醇生产也没有保持过去的快速增长以满足不断增加的需求，因此 2012 年的报告将预测时间延长了 5 年（到 2025 年）。

未来生物柴油需求增速将高于燃料乙醇，虽然增量比燃料乙醇少得多。哈特能源公司预测到 2025 年，生物柴油需求量仅占生物燃料总需求量的 40%（能值），仅占以上 4 个地区车用柴油池的 4%。在 2012 年发布的报告中，修正了 2020 年欧盟柴油需求量，与 2011 年发布报告中的预测值相比下调了 19%，因此 2020 年生物柴油的需求预测值也相应下降 6%。由于欧盟各成员国在考虑柴油标准和车辆性能的情况下，在 B7 柴油向 B10 柴油升级方面没有太多的动作，即便在 2012 年的报告中将欧盟非车用柴油消费情况列在考虑范围内，生物柴油消费需求预期依然有所下降。

4.1　乙醇

预计到 2025 年，世界燃料乙醇将出现供大于求的局面，将有约 70×10^8L（近 200×10^4gal）的过剩量。而 2011 年发布的报告中对乙醇的供需预测则相对保守，认为 2015 年和 2020 年分别仅有 5×10^8L（1×10^8gal）和 10×10^8L（3×10^8gal）的过剩量。2012 年的主要变化来自美国燃料乙醇消费情况的改变，随着汽车燃料效率的提高和 E15 乙醇汽油推广步伐的缓慢，美国国内燃料乙醇实际消费量降低，预计 2012 年燃料乙醇出口量比 2011 年多。预计 2015—2025 年，拉丁美洲燃料乙醇出口量也比去年的预测值要大。然而哈特能源公司认为，这并不意味着 2015—2025 年燃料乙醇的供给会一直过剩，相反，美国和巴西的生产商在这种情况下首先会直接停止生产乙醇，当然只是较小程度上。

从区域分析角度来看，亚太地区的燃料乙醇需求增速最快，2015—2025 年将增加 90%；

拉丁美洲地区增速位列第2，预计将增加72%；而北美作为这一时期燃料乙醇需求量最大的地区，由于受到美国实际车用汽油需求量限制和E15乙醇汽油推广步伐缓慢的影响，预计2015—2025年消费量将仅仅增加9%；2015—2020年欧盟燃料乙醇的需求量将有所上升，但由于欧盟成员国在推广E10以上的乙醇汽油方面动力不足，因此需求增幅不大。

这一时期欧盟希望通过进口来满足其对燃料乙醇的需求，并在可承担的成本范围内实现最佳的温室气体减排效果。在本研究时间跨度内，在温室气体减排潜力方面，巴西的甘蔗乙醇似乎更吸引欧盟市场，然而，巴西甘蔗乙醇的出口潜力取决于与其他地区生产的燃料乙醇相比谁更符合欧盟制定的生物燃料可持续性标准。对于各国而言，到2025年中国将成为仅次于美国、巴西的第三大燃料乙醇消费国；在乙醇进口需求方面，到2025年日本将是最大的需求国，其次是德国，预计在2025年之前德国仍将严重依赖进口以满足国内市场。各地区的乙醇供需情况见图2。

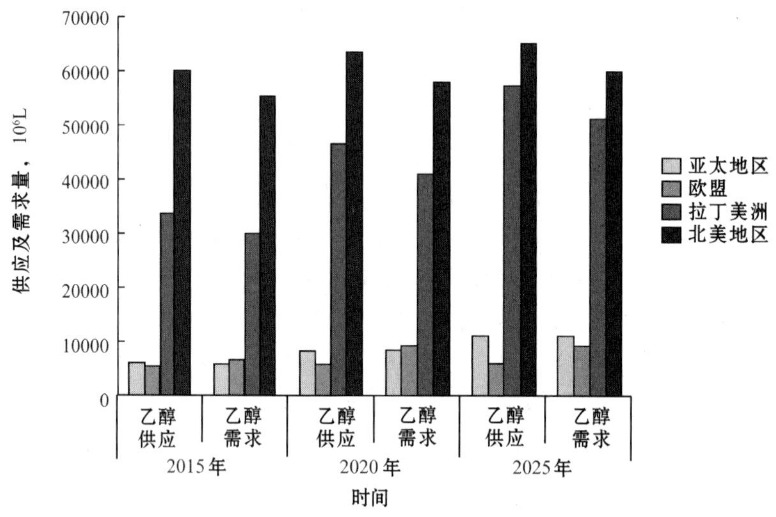

图2　2015—2025年世界各地区燃料乙醇供需情况

毫无疑问，这一时期北美地区仍将是世界最主要的燃料乙醇供应地。哈特能源公司在供需分析中所强调的关于燃料乙醇产能过剩，对纤维素乙醇产业的发展来说不是好兆头，特别是在美国和欧盟地区。这两个地区的汽油消费量呈下降趋势，并且由于高乙醇配比的乙醇汽油，例如E85在当地推广得并不顺利，因此这两个地区的乙醇掺混量都上不去。目前第1代燃料乙醇供应充足且可满足使用，市场对昂贵的纤维素乙醇的需求意愿不大，因此在这种条件下能否实现加州低碳燃料标准和欧盟燃料质量指令的低碳燃料使用要求值得怀疑。

4.2　生物柴油

如图3所示，在预测时间范围内（2015—2025年）世界生物柴油供需量均有所增长，虽然与乙醇相比其增长趋势缓和得多，同期增幅也超过25%，预计2015—2025年生物柴油产量和需求量的增幅都将超过50%。2012年发布的《世界生物燃料展望》预计未来生物柴油将长期处于供不应求的局面，而这之前哈特能源公司连续4年认为未来生物柴油会出现供过于求的局面。

世界生物柴油供小于求的局面由供和需两方面的矛盾造成，一方面欧盟成员国执行可再生能源指令，要求化石柴油中要掺混一定比例的生物柴油；而另一方面正如哈特能源公司所预测的，目前生物柴油产业产能是否能够满足生物柴油高配混比的市场需求，以及车辆是否为高配混的生物柴油做好准备。全球数据表明，2015—2020 年，欧盟以外的地区出口生物柴油的潜力不大甚至较小，仅有拉丁美洲 2025 年呈现较大的出口潜力，因此哈特能源公司怀疑欧盟采取的持续依赖生物柴油或生物柴油原料进口的举措从长远来看是否真的可持续，在这个意义上，这些出口潜力远低于欧盟所期望的进口量。

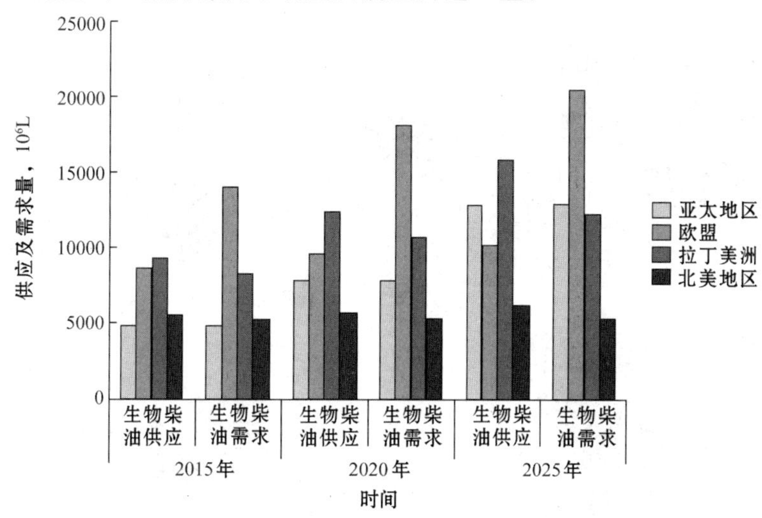

图 3　2015—2025 年世界各地区生物柴油供需情况

不可否认，欧洲将继续引领世界生物柴油市场发展，到 2025 年占世界总需求量的 44%，如图 4 所示。2015—2025 年亚洲和南美洲的生物柴油需求量预计将分别增加 3 倍和 50%。由于难以获取经济可持续的原料，而欧盟的生物柴油消费量又被重复计算，亚洲和南美洲的现有产能也未得到充分利用，预计到 2025 年这两个地区生物燃料产量和需求量将分别占世界总量的 64%和 46%。哈特能源公司继续调低了对北美生物柴油需求的预期。

与燃料乙醇的情况相似，到 2025 年巴西将成为世界第一大生物柴油消费国，美国次之；亚太地区的需求增速最快，如印度尼西亚和印度可能将分别增长 4 倍和 3 倍；而另外一些国家则将主要依赖进口，预计到 2025 年，法国、意大利和英国的进口量将名列前 3 位。

未来只有阿根廷具有真正成为生物柴油出口国的潜质，美国也有可能出口少量产品，但是阿根廷的产品进入欧洲也存在问题，因此长远来看，这种出口的可持续性还值得怀疑。印度尼西亚和马来西亚这些国家并没有被列为潜在的出口国，尽管围绕棕榈油为原料生产生物柴油出口的争议很大，但哈特能源公司仍然认为，到 2025 年，这两个国家拥有生物柴油出口能力。未来全球生物柴油产能将长期保持过剩状态，有的国家生产商抱怨进口过于廉价的产品（例如欧洲），并希望政策能够限制进口（例如美国和欧盟），这些国家希望关注其国内市场，例如，巴西有计划提高生物柴油掺混比例，将目前实施的 B7 升级为 B10，消化其国内的过剩产能，并满足国内对车用燃料需求。其他拉丁美洲国家也将向这个方向发展，而欧盟国家则更难以满足其国内对生物柴油的需求和欧盟可再生能源指令的要求。

5 哈特能源公司对未来生物燃料发展的长远看法

未来生物燃料市场仍将继续增长，但受原料价格上涨和政府财政问题影响，发展速率有所放缓，政府可能会对与生物燃料产业相关的投资进行重新评估，并相应减少融资额，世界各国对生物燃料在政策方面的支持力度依旧很大，尤其是欧洲和美国。图4显示了世界各地的生物燃料政策法规情况。

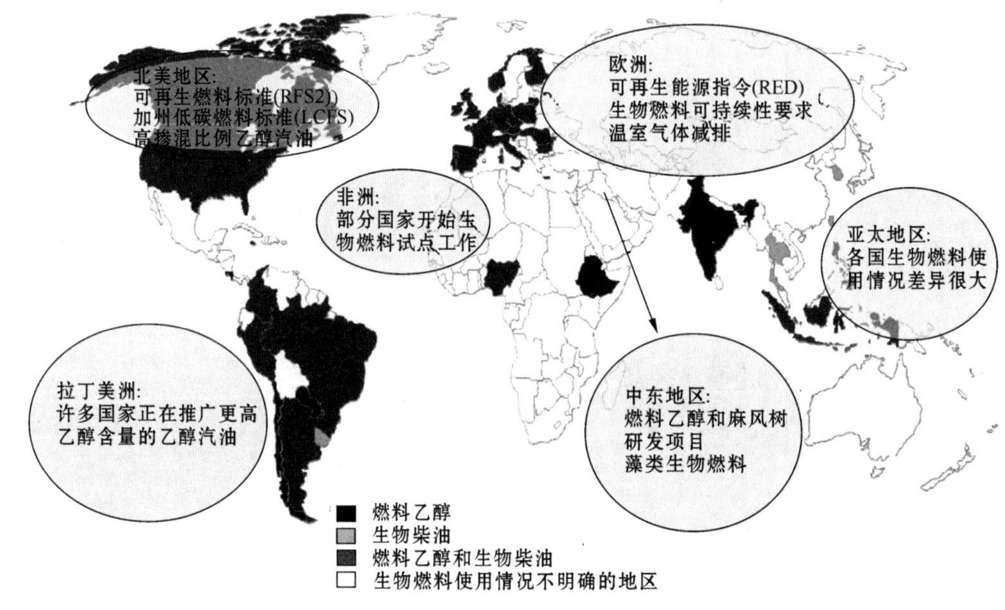

图4 世界各地区生物燃料政策法规情况

然而，长远来看，能源多元化要求也将促使生物燃料产业继续发展。根据我们的分析，预计2010—2030年原油需求量将增长30%，其中中馏分油的需求量将增长50%；预计2011—2020年世界人口将增加10亿，且随着印度和中国等发展中国家的经济快速转型，私人轿车拥有量将进一步增加，加剧了世界能源供应短缺问题。

虽然生物燃料产业面临诸多挑战，世界各国政府仍将生物燃料产业作为能源多元化的重要工具和解决途径。各国生物燃料使用目标可能需要较长时间才能实现，尤其是提高燃料乙醇和生物柴油掺混使用量的目标（将燃料乙醇和生物柴油的调和比例从目前的10%和5%提高）。在世界特定区域内要实现某些政策法规所要求的掺混比例也很困难，例如美国可再生燃料标准（RFS2）中规定的纤维素乙醇消费量和欧盟可再生能源指令（RED）中对2020年生物燃料使用量的规定。

燃料使用标准在很大程度上影响了各地区的生物燃料使用情况，对生产商的要求也不同。以欧盟为例，RED对生物燃料可持续性的特殊要求需要使用特定的原料和生物燃料产品。新贸易路线的出现，以及生物燃料供应模式的变化，将对生物燃料储运设施、物流体系、基础设施建设、原料布局和生物燃料生产产生长期影响。哈特能源公司认为美国改变针对生物燃料的税收和关税，将对美国国内经济和其他国家生物燃料生产产生深远的影响，同时也将影响在现有燃料乙醇10%掺调比例基础上继续提高比例的进程，并引起小型汽车发动机制造商、车用燃料生产商、燃油销售商和美国环境保护署之间的争议。

6 世界各地区生物燃料未来发展展望

从世界各地区的发展看，美国政府政策将继续推动生物燃料需求量增加，尤其是燃料乙醇，预计到 2015 年将超过 550×10^8L（147×10^8gal），乙醇生产装置的开工率将维持在 93%以上。随着燃料乙醇产能增加，美国将从燃料乙醇净进口国转变为净出口国，到 2025 年北美地区燃料乙醇的需求量将达到 600×10^8L（近 160×10^8gal）。哈特能源公司分析认为美国国会未来最终将通过立法的形式降低可再生燃料标准（RFS）对生物燃料消费量的规定，并适当增加玉米乙醇消费量的要求。美国环境保护署已经授权 2001 年以后生产的载人小型汽车和轻型卡车允许使用 E15 乙醇汽油［15%（体积分数）乙醇掺调量］。EPA 的 E15 汽油豁免方案已经在联邦法院胜诉，但另一方不断上诉（意料之中）将增加市场的不确定性。由于车辆保修和其他附属设备（油泵、油箱等）问题的解决尚需时日，E15 汽油的推广将暂时搁置。

预计到 2025 年，北美地区生物柴油需求量将达到 54×10^8L（14×10^8gal），其中美国占绝大部分，虽然 2011 年末美国生物柴油税收减免政策已经停止，但实际上对美国生物柴油产业产生的影响很小，RFS2 对生物柴油使用要求的规定将继续是驱动该国生物柴油产业发展的主要因素。加拿大的 RFS 于 2011 年实施，要求该国绝大部分地区销售的汽油中掺混 5%的可再生燃料，而在柴油和燃料油中需要含有 2%的生物柴油，但纯生物柴油使用标准尚未实施。2011 年，美国加利福尼亚州政府首次宣布实施低碳燃料标准，通过使用低碳燃料降低交通运输燃料的碳排放强度，要求到 2012 年减少 0.5%（与使用传统化石汽油、柴油相比）。目前通过使用生物燃料满足该标准的要求，但是要实现未来（到 2016 年以后）的减排目标，则需要进一步在交通运输部门使用其他替代能源，如压缩天然气和电能。

欧盟发布了可再生能源指令和燃料质量指令推动可持续生物燃料的使用，本应能帮助生物燃料产业在 2010—2012 年有所发展。虽然规定到 2020 年这些指令必须落实，但由于落实国家层面指令的延迟、原料价格持续高企、廉价进口产品冲击以及指令本身的一些其他不确定因素，使欧盟生物燃料生产商的处境愈加艰难。从总体上看，欧盟目前虽然拥有足够的燃料乙醇和生物柴油产能，能够满足目前甚至未来该地区的需求，但目前这两种产品均有进口，预计这种状况将持续到 2025 年。2011 年生物燃料消费数据显示，国家行动计划（National Action Plans，NAPs）高估了 2011 年生物燃料的需求，2012 年由 EurObserv'ER 提供的燃料乙醇和生物柴油消费数据分别比 NAPs 预计的低 26%和 6%。哈特能源公司在 2012 年发布的报告中对 2025 年的预测值完全脱离 NAP 的预测。

在过去的 1 年中，生物燃料的可持续性是关注的焦点，间接土地改变问题尚未得到解决。未来需要增加可持续生物燃料使用量，到 2020 年才能满足欧盟 RED 和 FQD 的要求。根据技术发展现状和在研技术开发情况，哈特能源公司分析认为，不仅在生物燃料的生产方面，还包括汽车的燃料兼容性、生物燃料原料温室气体减排潜力和原料（生物燃料）发展潜力等，欧盟都无法达到 RED 关于生物燃料使用要求的规定，到 2020 年只能实现生物燃料占道路交通用能 6.6%的目标。然而，本研究并没有考虑那些可能被重复计算的生物燃料，比如以废弃物或纤维素为原料的生物燃料，况且哈特能源公司认为到 2020 年前，纤维素生物燃料的使用量不会大幅增加，以废弃物为原料的生物柴油占总车用交通运输燃料的比例也不会超过0.5%。

2011—2012年，拉丁美洲绝大多数国家的生物燃料产业仍然发展缓慢，生物燃料新建项目/增产生物燃料停滞不前，即便是巴西这样的领头羊也无法独善其身，仍将继续进行制糖业和燃料乙醇产业整合，生物柴油产能将依旧过剩。该地区最大的生物柴油生产国阿根廷的生物柴油需求量和出口量都有所增加，但近期生物柴油关税改变，将对其出口产生负面影响。

受历史发展影响，该地区各国政府仍将发展生物燃料产业视为不可或缺的内容，但是依然脆弱的全球经济阻碍了生物燃料产业的发展。融资困难是中小企业面临的主要问题，但是像Petrobras和Ecopetrol这样的国家石油公司已经在业界拥有重要影响，可以帮助建设所需的生物燃料产能。经济前景不确定已经导致今年市场销售疲软，不断上涨的农产品价格与原油价格紧密关联，不同程度影响了生物燃料市场。哈特能源公司调低了巴西燃料乙醇的长期预期值（2020—2025年），并且拉低了对该地区整体燃料乙醇产量的预期值；在生物柴油方面，到2015年，法规要求掺调比例大幅上升，由于该国将2020年的使用目标提前至2015年执行，因此2012年发布的报告认为2015年巴西生物柴油消费量与2011年发布的报告中对2020年的预测值相同。

2012年版的《世界生物燃料展望》分析了亚太地区2011年的生物燃料市场和使用目标，根据生物燃料政策中规定的掺混比例或使用量目标估算了未来市场目标需求量。基于各国的实际消费量或产量分析市场需求，到2025年，预计市场需求量和目标需求量将进一步背离，这是因为各国政府不断提高生物燃料使用目标，但是市场却无法满足这些政策的规定。

到2025年预计生物柴油产能可满足所有部门的需求，但却达不到这些年研究报告中所提到的目标需求，最终可能低约26%。从国别上看，到2025年中国将是亚太地区最大的燃料乙醇消费国，泰国次之。而在2011年发布的报告中预测2020年印度将成为亚太地区第二大燃料乙醇市场，但哈特能源公司2012年的新报告认为，到2025年日本将超过印度，成为亚太地区第三大燃料乙醇市场。预计到2025年印度尼西亚将成为亚洲最大的生物柴油市场，中国、泰国将列第2和第3。

AM－13－28

可再生汽油的竞争力威胁

Eric Bober（Nexant，Inc. ，USA）

雪　晶　李顶杰　译校

摘　要　随着以生物质为原料的可再生燃料新兴技术的发展，关于可再生燃料可掺混性、基础设施兼容性、价格可比性的问题受到人们越来越多的关注。本文通过对石油炼制历史的回顾，对可再生燃料驱动力的分析，以及对 Virent 公司、Gevo 公司和 Primus 公司等在生物炼制技术、工艺、产品性能指标方面的研究进展及其商业化动态进行综述，认为可再生燃料具有良好的掺混性和基础设施相容性，与石油基汽油相比在一定情况下也具有价格竞争力，并提出可再生液体燃料“终将”替代石油基燃料的观点。

1　概述

在支持者对可再生燃料优越性的积极宣传下，许多由国内可再生原料生产汽油的新兴技术正在蓬勃发展，这些技术包括汽化、热解、水相重整、发酵、与化学过程耦合的生物分离等。

随着技术进步，针对新燃料，人们也逐渐提出一系列问题，包括：

（1）这些生物燃料真的是“可直接掺混使用的”的燃料么？

（2）它们能否与现有的基础设施兼容？

（3）它们与现有汽油相比是否会有价格优势？

如果用一个问题来概括，那就是——生物燃料能行吗？

本文综述了当前的技术发展现状、商业化路线图以及石油基汽油相关的产品用途。文章结构包括源自石油的汽油、石油基汽油的替代产品、可再生燃料发展前景及结论 4 个方面。

2　源自石油的汽油

2.1　历史观点

在世界经济发展过程中，汽油作出了重要的贡献，石油基汽油被认为是 20 世纪人们生活水平提高的重要贡献者，并至今仍在经济社会发展中保持着重要地位。而今，在我们所熟悉的社会日常生活中，许多基础、必需的部分都依赖于汽油。目前全世界有超过 600 家炼油厂，每天供应约 2200×10^4 bbl 汽油，每年销售额以兆亿美元计（具体数值取决于对平均油价的选取）。当然，石油基汽油今日的地位也并非一夜之间形成的，而是经过很长时间的演化才形成今天高度发展、高效的产业。

目前，人们正在努力尝试利用国内的可再生原料开发可替代石油基汽油的产品，并希望其具有价格竞争力。随着生物燃料优势逐渐得到认可，许多新兴的生产技术蓬勃发展，包括多种可供选择的方法，可用来生产液体生物燃料。

石油炼制已成为一种常规的运作模式，整个北美乃至全球的炼油装置现场都是类似的。历史上，石油炼制一直以石油为原料，但这终将改变，这种变革或许在不久的将来就会发生。

2.2 炼油厂变得更加高效、优化

众所周知，炼油厂不仅生产液体燃料，也生产一系列的化工产品，最大限度地生产多种高附加值产品以增加利润，如图1所示。

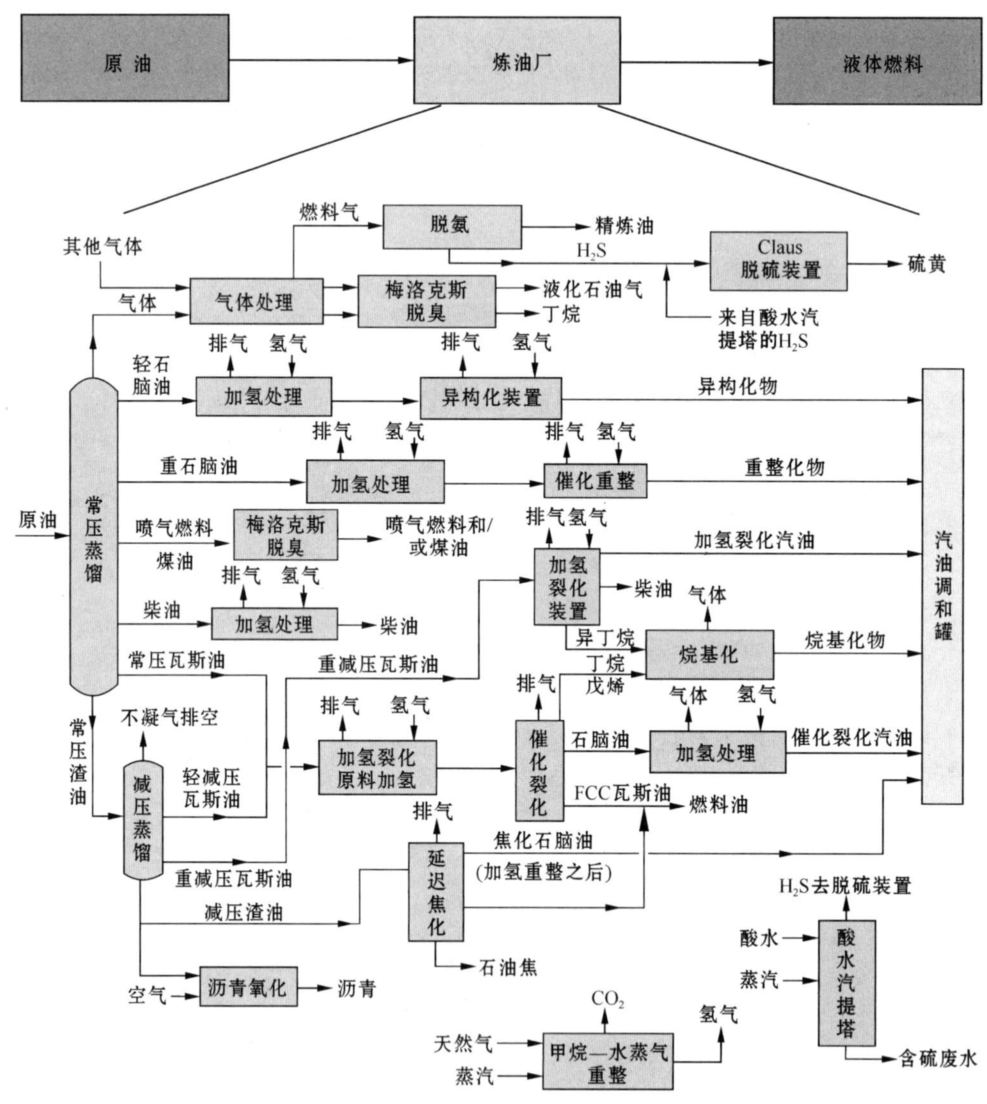

图1 典型炼油厂的工艺流程

(成品用灰色表示)

3 石油基汽油的替代品

3.1 可再生汽油发展的驱动力

石油基汽油替代品的发展受现实中许多与商业相关的驱动力影响。

Nexant 公司总结了可再生燃料发展的三大主要驱动力（图 2）：

（1）与环境和可持续发展相关。

①可再生燃料的发展符合国家规定和发展方针的要求。

②人们逐渐意识到应该提升社会形象，并增强环保意识。

③政治驱动力，发展可再生燃料可创造更多的就业机会，政治家对此也乐此不疲。

（2）有助于减少能源对外依存度。

①自力更生，自给自足。

②可在美国/本地生产。

③有利于保障国家安全。

④可再生资源随处可见、方便获取且可再生。

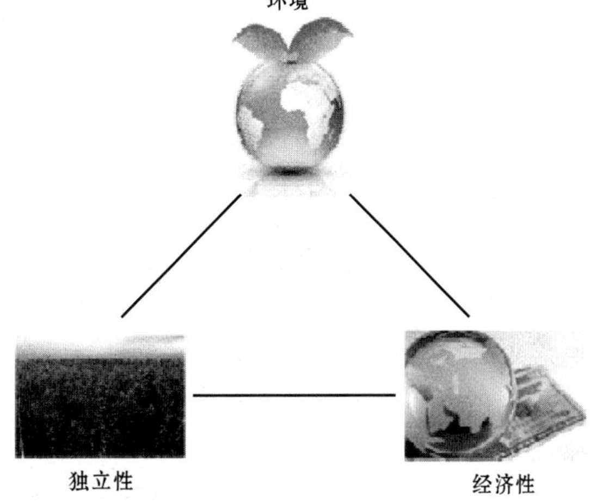

图 2 可再生燃料发展的主要驱动力

（3）经济性。

①成本较低/成本波动小。

②充分利用了低价值甚至无价值的原料，提高其附加值。

③增加基础工业和新型产业的效益。

④这些驱动力为替代燃料的一连串发展奠定了基础。

3.2 第 1 代替代燃料

全球利用可再生原料生产液体燃料的尝试早已开始，例如早在第二次世界大战时期，德国就曾做过相关试验。如今，Sasol、Shell 和 Qatar 等石油公司也做过同样的工作，只是选取的原料不同而已，基本路径如图 3 所示。然而，除了在环境/可持续性方面的考虑可能不同之外，这些公司有着基本相同的动力。

图 3 非原油原料生产液体燃料的基本路径

3.3 新兴的可再生液体燃料

在经历了20世纪70年代的石油危机之后，21世纪以来兴起了以可再生原料制备液体燃料的概念，也就是所谓的更为先进的生物炼制。但它能与传统石油炼制一样，具有相近的产品性能并得到广大用户的认可么？我们会在高速公路旁或海岸沿线看到生物炼油厂么？生物炼制会成为高附加值产品例如燃料和化学品的主要来源么？

事实上，生物炼制的概念很简单，可直接参照石化炼油厂。

生物炼制的概念始于生物质原料，通过不同流程生产燃料、电力、化工产品及其他产品（图4）。生物炼制能够利用生物质原料和中间体中的不同组分，并使其价值最大化。原料和产品的市场价格、转化成本和其他战略因素决定了选用哪些产品的“组合”，最终生产的系列产品将包括能源（燃料、电力、热力）、化学品（商品、专用品、中间体、塑料），如图4所示。

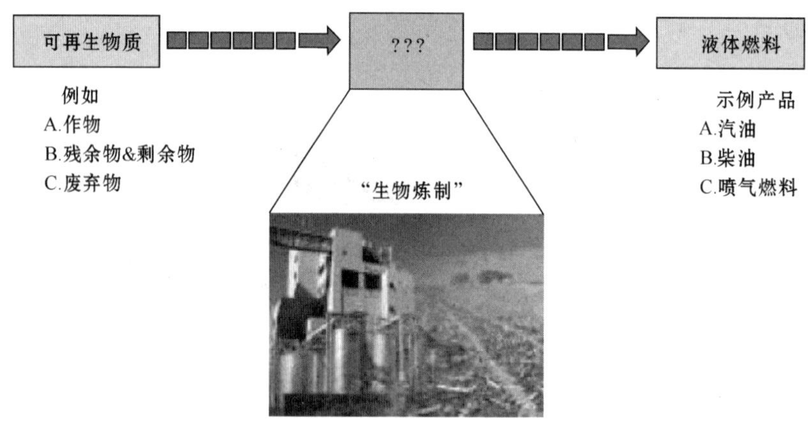

图4 生物炼制的概念

3.4 燃料乙醇：第1代生物燃料

燃料乙醇的特点使得它已成为最主要的第1代可再生生物燃料，其优势及缺陷如图5所示。

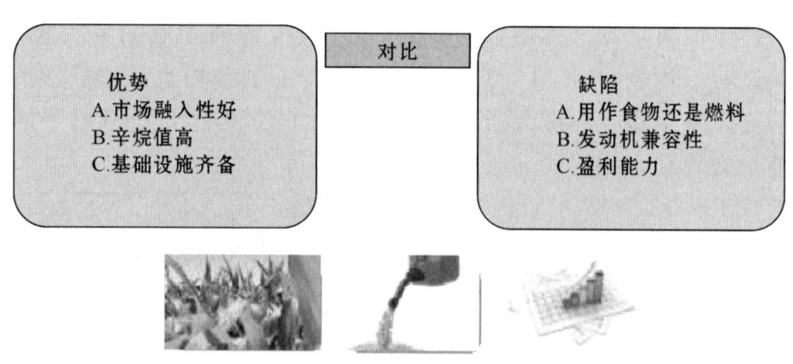

图5 燃料乙醇优势及缺陷

燃料乙醇的主要优势在于其良好的性能以及齐备的基础设施，这也为它的大规模应用奠定了基础。目前燃料乙醇应用十分普及，并已占据一定的市场份额。当然，燃料乙醇也有其缺陷，在此不作详细讨论。理论上，燃料乙醇的添加比例已经从 E10 升级到 E15，还要进一步提高到 E85，但目前来看燃料乙醇在美国的发展已经陷入僵局。

3.5 通往第 2 代可再生汽油的新兴平台和途径

目前已有许多可以利用木材、农业废弃物、垃圾等可再生资源生产替代液体燃料的新技术，进行新技术研发及商业化尝试的生产商主要有 Virent 公司、Gevo 公司、Primus 公司、KiOR 公司和 CoolPlanet 公司等。

通过生物质汽化—合成甲醇制汽油的技术，是石化行业广为所知的生物燃料制备途径，也是本文讨论的一部分。

以下将对 Virent 公司、Gevo 公司以及 Primus 公司的一些新技术研发状态以及其使用情况进行讨论。需要说明的是，所有引用的信息都来自这些公司内部，Nexant 公司并未针对这份报告进行专门的调查或技术验证。

通常，开发这些新技术的目的是生产可再生替代燃料。我们认为替代燃料所具有的特性之一就是，能够与化石燃料很容易地混合，并且最终混合后的燃料能够完全替代现有燃料的使用。

3.6 Virent 公司 BioForming® （生物重整）耦合液相重整技术

Virent 公司将生物质转化为多种烃燃料和化学品（图 6），这些燃料和化学品在分子结构上与石油基产品相同，与现有基础设施通用。

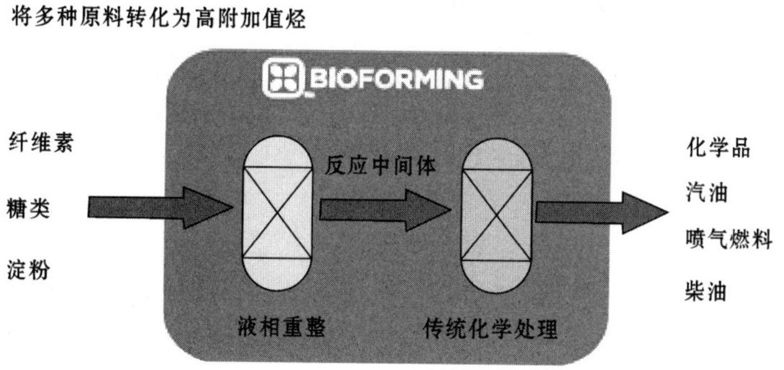

图 6　Virent 公司的 BioForming® 技术过程

Virent 公司将其核心的液相重整技术（简称 APR）与一些传统催化技术，包括冷凝、脱水和/或烷基化等结合，形成其特有的工艺技术，称为 BioForming®，目前 Virent 公司正在推动该技术的商业化。简单地说，BioForming® 工艺主要有以下特点：

（1）以水为液相原料，将从生物质中提取的可溶性糖加入生物转化反应器。

（2）生物转化过程的核心反应步骤是，液相糖通过 APR 转化为活性中间体。

（3）活性中间体经进一步催化处理得到可用于生产汽油、喷气燃料、柴油或化学品的烃类。

（4）和传统的炼油厂一样，生物转化平台的任何流程步骤都可进行优化和调整，以形成特定的模式生产符合要求的替代烃类产品。Virent 公司通过选用特定的催化剂和工艺条件，实现了同时生产汽油和馏程范围内其他产品的目标。

3.7 BioForming® 技术商业应用的主要优势

（1）产品与现有基础设施兼容。目前 Virent 公司的烃类产品可广泛应用且具有较好的经济效益，由于产品与现有的发动机、管线、燃料泵均兼容，因此基础生产设施无需新建。

（2）生产灵活。和传统炼油厂一样，Virent 公司的 BioForming® 技术可根据市场需求优化其产品结构，从而获得更高的收益率。

（3）投资小。BioForming® 技术是连续、高通量的生产过程，可通过平衡原料预处理和生物炼制装置减少建厂时的资本投入。

（4）低碳足迹。BioForming® 技术是利用较少的能量将糖转化成汽油、柴油和喷气燃料，并且亩产净能量明显多于传统乙醇快速稳定的生产工艺。

（5）（工业）放大风险低。由于使用的是无机固体催化剂，且类似的反应器系统已在炼油和化工行业得到工业化验证，因此工业放大风险低。

（6）原料成本低、供应充足。源于糖类、能源作物、农业和林业废弃物的糖类混合物，包括五碳糖、六碳糖、双糖及其他水溶性多糖等都可作为潜在的原料。Virent 公司的产品：

①与传统石化产品接近。

a. 反应器操作类似；

b. 类似的催化工艺已得到工业化验证；

c. 可借鉴工业化运行经验。

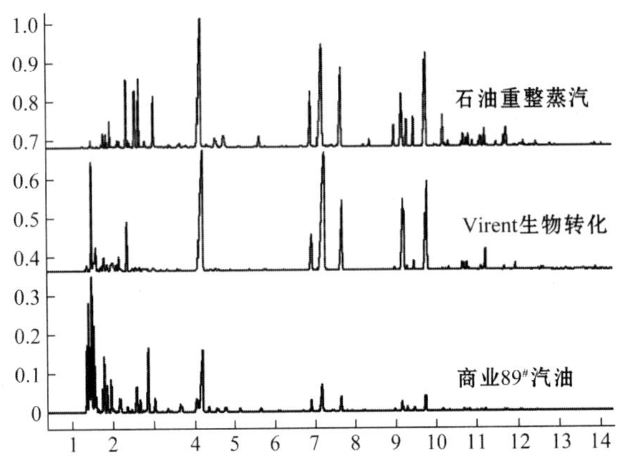

图 7 Virent 公司生物重整油与石油重整生成油气相色谱对比

②高质量替代产品。

a. 是优质的烃混合物；

b. 产品结构可根据市场需求灵活调节；

c. 能够继续深加工以生产多种下游化学品；

d. 与物流基础设施兼容；

e. 能值高。

Virent 公司生物重整油与石油重整生成油组成相近，见图 7、图 8 及表 1。

石油重整生成油成分摘自炼油手册的催化重整章节。气相色谱组成数据来自以下样本：

（1）Supelco（Sigma Aldrich 公司）石油重整样本，2011 年 5 月。

（2）Virent 公司对美国农业生物技术委员会（NABC）提供的玉米秸秆水解物加工后的生物重整样本，2011 年 5 月。

（3）商业运营加油站的 89 号汽油，2011 年 5 月。

3.8 Virent 公司的发展趋势——寻求发展喷气燃料的机遇

2012 年 3 月 26 日，Virent 公司完成了（以纤维素生物质为原料）完全可再生的合成喷气燃料分析，结果表明各项指标均符合商业喷气燃料要求，见表2和图9。

表1　Virent公司生物重整油与石油重整生成油组成对比

产品组成	石油重整生成油，%（体积分数）	Virent 生物重整油，%（体积分数）
石蜡	27	26
烯烃	1	3
环烷烃	1	3
芳香烃	71	68

表2　Virent公司合成的喷气燃料与各标准指标对比

测试指标		美军 MIL－DTL－83133G	日本 JP－8	Virent 公司产品
物理化学性质	燃烧净热值（测试），MJ/kg	≥42.8	43.3	43.3
	闪点，℃	≥38	51	40
	凝点，℃	≤－47	－50	<－60
	密度（15℃），kg/L	0.775～0.840	0.804	0.805
蒸馏	10%馏出温度（T_{10}），℃	≤205	182	164
	终馏点温度，℃	≤300	265	290
	$T_{90}-T_{10}$，℃	≥22	62	86
热稳定性	温度，℃	—	260	325
	加热管沉积物评级	<3	1	1
	压力差，mmHg	≤25	2	0

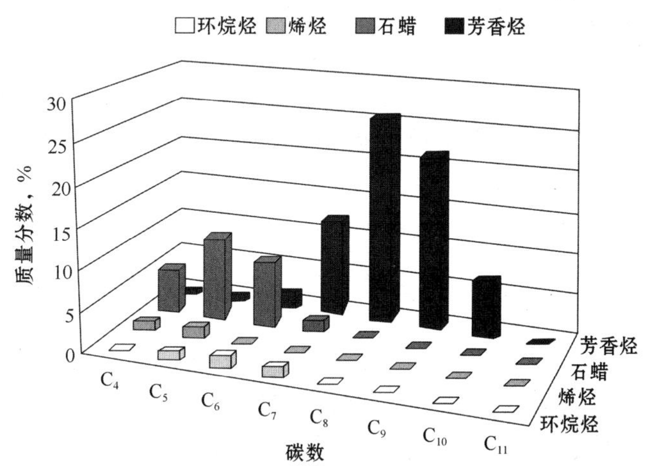

图8　Virent公司生物重整油组成

3.9　Gevo公司可再生燃料和化学品生产现状

Gevo公司拥有酵母生物催化剂专利技术，可将糖类（碳水化合物）转化为异丁醇，设计了低成本生物工艺，生产出具有竞争力的产品，且在保证经济效益的前提下能够满足各项

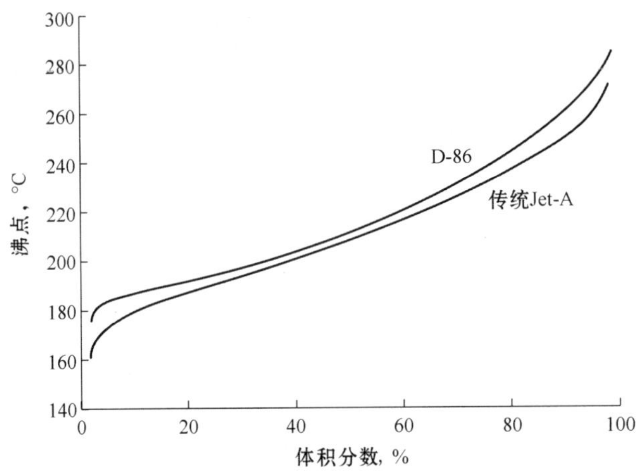

图9　具有更高热稳定性的Virent公司D-86燃料与传统Jet-A对比

技术指标，此前已验证实现的指标与商业目标对比如下：

（1）产率达到94%（目标值为92%）。

（2）浓度大于107g/L（目标大于105g/L）。

（3）生产速率为2g/（L·h）[目标值为2g/（L·h）]。

Gevo公司的专利技术可实现原料多元化，并可服务于不同用户对象（图10）。

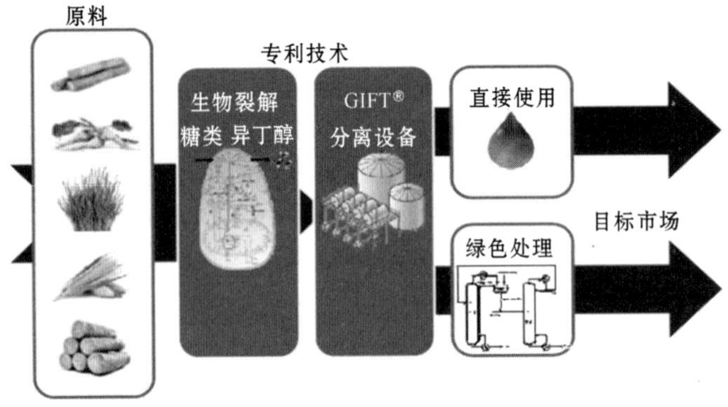

图10　Gevo公司的生物炼制产业链

按照异丁醇主要燃料产品在终端市场的用途分类，Gevo公司构建了针对混合原料汽油、喷气燃料及其他燃料的产品结构，如图11所示。Gevo公司的异丁醇产品面向的都是能够真正发挥其价值的大客户。产业链各环节特点见表3。

表3　Gevo公司多产品供应体系各环节的特点

项目	特点
炼油企业/调和生产商	（1）生产最终产品。 （2）潜在原油计划优化。 （3）低混合雷德蒸气压。 （4）减少杂质。 （5）可再生能源认证码产生速率是乙醇的2倍。 （6）有可能获得“先进的”RIN

续表

项目	特点
运输	（1）可管线运输。 （2）低水溶性。 （3）不易引起压力腐蚀破裂
细节	（1）无需新增高氧含量［高于 3.5%（质量分数）氧气的配料］设备。 （2）正在制定 ASTM 规范。 （3）燃料产品合格率高
终端用户	（1）拥有来自海军和小型发动机制造商的强有力支持。 （2）为支持第 1 代生物燃料的客户提供了更好的产品体验。 （3）拥有更高的能量密度

图 11　Gevo 公司的多产品供应体系

2012 年 Gevo 公司建立了第 1 套商业装置，并计划于 2013 年重启。第 2 套装置计划于 2014 年投产。

（1）第 1 套商业装置：建于明尼苏达州 Luvenrne 市（图 12）。

①2010 公司年，Gevo 公司收购了一座拥有 22×10^8gal/a 产能的乙醇工厂，并享有

图12 美国明尼苏达州Luvenrne工厂

100%所有权。

②Gevo公司用了12个月的时间将该工厂改造为产能为18×10^{8}gal/a的异丁醇生产装置，该装置采用GIFT®技术。

③2012年6月进行第1次工业生产。

④计划于2013年再次启动生产。

（2）第2套商业装置：建于南达科他州Redfield市（图13）。

①该装置可年产40×10^{8}gal异丁醇，计划于2014年开工建设。

②2011年Gevo公司购买了50%的Redfield农场股份。

图13 美国南达科他州Redfield工厂

Gevo公司的产品具有出色的汽油混合性能（表4）。

Gevo公司的异丁醇产品与乙醇、烷基化物相比具有以下特点：

（1）蒸气压、辛烷值指标优于烷基化物。

①Gevo公司异丁醇的生产使用成本较低的丁烷/戊烷。

②减少购买烷基化物、甲苯。

（2）在含氧量相同的情况下，异丁醇的掺混量可比乙醇高60%，能值更高。

（3）与乙醇相比，异丁醇具有更高的内能，相当于1.3倍。

（4）异丁醇具有更高的RIN：更多的使用量×能值=可再生燃料识别码产生速率高（使用了更多的可再生能源）。

表4 Gevo公司产品的主要性能

指标	乙醇	异丁醇	烷基化物
混合辛烷值（RON+MON）/2	112	102	95
混合蒸气压，psi	18～22	4～5	4～5
氧含量，%	34.7	21.6	0
净能（汽油），%	65	82	95
基础设施可替代性	否	是	是

由于异丁醇具有较低的水溶性（图 14），因此能够减缓产品分解，这使得终产品能够在炼油厂生产并通过管道运输。

图 14 Gevo 公司产品与汽油配混后的水溶性

3.10 Primus 公司合成气转化技术

对于任何符合氢气/一氧化碳为 2.1∶1 的合成气，Primus 公司的合成气转化技术都适用，无论该合成气是来自天然气转化、可再生木质纤维素原料气化，还是其他来源。同时，该技术还可灵活生产汽油、喷气燃料、柴油和化学品，如图 15 所示。

3.11 Primus 公司 STG+工艺原理

Primus 的 STG+工艺主要包含 4 个步骤，由 4 个固定床反应器串联组成，最终合成气转化为高辛烷值的合成汽油，如图 16 所示。

实际上 Primus 公司的 STG+工艺就是将之前已经得到商业应用的合成气制甲醇和甲醇制汽油工艺整合到一起，该工艺可将合成气直接转化为汽油。相比目前其他合成气制汽油技术，该技术更有效、建设成本更低、规模更灵活。除了汽油，还可以通过改变催化剂和操作条件生产喷气燃料、柴油和高附加值化学品。

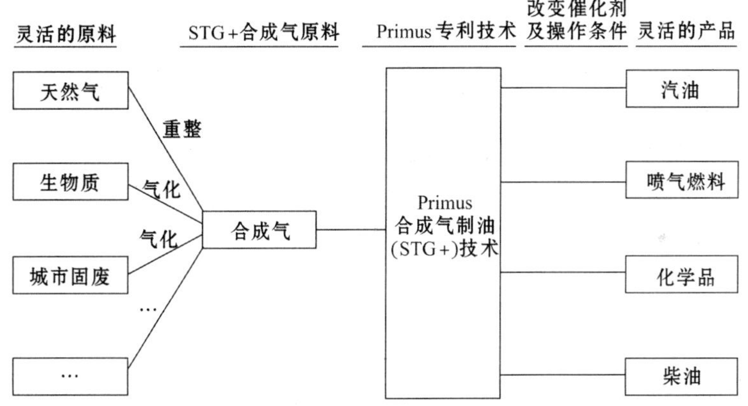

图 15 Primus 公司合成气制油（STG+）工艺流程

3.12 Primus STG+工艺的优势及发展现状

（1）Primus 的 STG+工艺具有一些领先其他气制油（GTL）工艺的优势，包括更高的产率、更低的投资及操作成本、更简化的流程以及更高的产品质量。

（2）Primus 的 STG+工艺能够使用的原料种类众多，产品也多种多样。

（3）Primus 公司的 10×10^4gal/a 示范装置将于 2013 年第 2 季度建成，并计划于 2014 年第 1 季度开建第 1 套商业装置。

（4）装置建设产能投资约为 10 美元/gal，生产的汽油成本约为 65 美元/bbl。

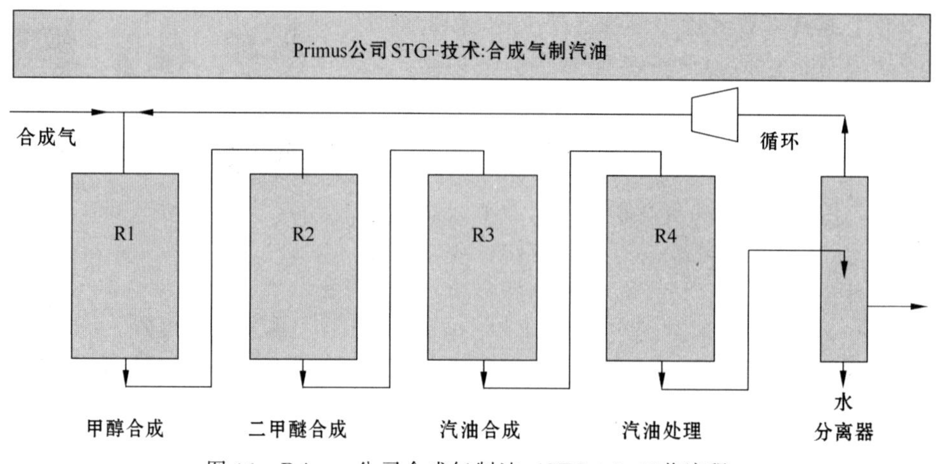

图16 Primus公司合成气制油（STG+）工艺流程

（5）Primus技术生产的汽油符合ASTM标准要求。

本文仅对甲醇制汽油（MTG）作简短说明。由于Primus和其他工艺相比合成气来源不同，因此众所周知的MTG工艺所用的甲醇来源也不同，目前已有利用各种可再生原料转化为甲醇的技术实现了商业化，理论上，这足以支撑MTG生产可再生汽油工艺的运行。

3.13 使用可再生原料甲醇的MTG工艺

（1）19世纪70年代，美孚石油公司研究人员首次开发了MTG工艺。

（2）美孚石油公司还开发了流化床MTG工艺。该公司在德国建有100bbl/d示范装置，该装置的产品分析结果表明已达到甚至超过了所有的性能指标，因此认为该工艺已具备商业化的条件。

（3）根据与美孚石油公司的合作协议，鲁奇公司开发了一套与流化床工艺相似的MTG工艺。然而，鲁奇—美孚的MTG工艺采用的是固定床技术，选用鲁奇著名的多管式反应器和ZSM－5催化剂❶。

4 可再生燃料发展前景

在可再生燃料技术发展取得一些进展时，人们对新燃料提出了一些问题，主要有：

（1）它们真的可以是“可直接掺混使用的”燃料么？

（2）它们能够与现有的基础设施相兼容么？

（3）它们与目前使用的汽油相比有价格竞争力么？

总之，生物燃料能行么？

Nexant公司看到了可再生液体燃料成功的潜力，对此我们的回答是：“是的，最终一定能行的。”

目前可再生汽油正在实现商业化。

（1）它们的确是“可直接使用的”燃料。

❶ 来源：Nexant Chem Systems PERP项目，甲醇制汽油PERP 201157。

(2) 它们能够与现有基础设施兼容。

(3) 它们与目前使用的汽油相比有价格竞争力。

简而言之，生物燃料发展潜力巨大。

成功的条件已具备。目前正是发展可再生液体生物燃料的绝佳时机。主要原因有：

(1) 原油价格高企，为可再生液体生物燃料创造了在燃料市场中的竞争机会。

(2) 有助于解决已发现的社会问题，如废弃物再利用、就业等问题。

(3) 可提升国内（经济、安全）实力。

(4) 创造了挖掘上万亿美元的经济机会，如文章开始所述。

巨大的“胡萝卜”驱使着大批的先驱者为之奋斗。我们有理由对此保持乐观，因为可再生燃料发展的动力充分、生产技术可靠，且商业化进展振奋人心。

可再生能源商业化起步的时刻已到来。第1代（玉米制乙醇）可再生燃料已完全商业化；在由第1代可再生燃料向第2代过渡的过程中，生物炼油厂也已率先进行核心技术的规模化实验；可再生燃料产业的发展规划已明确，并制定了现实可行的目标，尽管成为现实并非易事，但目前正在进行中。

2013年，将实现第2代可再生燃料的商业化，一些公司基于可再生能源技术建设了商业规模的工厂。前面提到的只是这些新兴技术中的少数例子，还有其他许多，包括Enerkem、Fiberight、Fulcrum、INEOS、Zeachem等公司的新技术。

当前正在对第1代可再生燃料装置的经济性和效率进行评价，未来操作和投资成本将进一步降低，并逐渐过渡到前面我们所讨论的第2代可再生液体燃料以及生物炼油厂。正如石油炼油厂随着时代的发展一样，生物炼制首先需要进行其核心技术的规模化验证，然后提高效率，完善操作并优化工艺。

新兴技术还可以创造生物炼油厂和石油炼油厂之间的协同效应，向他们提供合作的机会，从而实现产品的进一步优化（图17）。对这两种类型的炼油厂而言，共享单元操作、公用设施、蒸汽以及共用中间体或副产品都有利于提高收益。这也正是生物炼制与石油炼制整合的机遇。

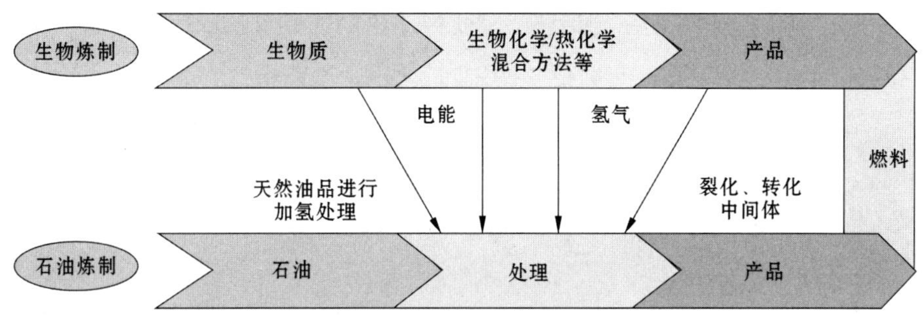

图17 生物炼制与石油炼制整合路线

5 结论

(1) 可再生燃料终将实现对化石燃料的替代。

尽管未来充满了不确定性，但现状终将发生改变。2010年9月发表在《化工进展》杂志上的文章指出，在可再生生物能源方面的升级是创造下一代能源工艺和产品的机会。文章写道："尽管这些预言具有不确定性，但从化石到可再生生物质含碳原料的替代似乎是不可避免的"。

人们或许会认为未来可再生燃料将会作为化石燃料的补充燃料混合使用，而不是"替代"，不管怎么说，这又回到前面所提到的"终将实现"这个理念。

（2）使"终将实现"成为现实的步骤。

①可再生燃料产业具有充分的发展动力，产业化技术取得重要进展，一些大型企业已看到发展机遇，可再生燃料的商业化正在成为现实。

②未来生物炼制有可能成为一种重要的能源供应形式，具有广阔的发展前景，如果在产品相容性、基础设施兼容性以及成本方面能够再多一些竞争力，炼油商对此将更容易接受。

拥有大量潜在的低成本原料是可再生液体燃料发展的根本动力，利用这些原料可生产与石油基汽油成本相当的替代燃料，这将削弱传统石油炼制的地位。在本文中所提到的率先采取行动的大型石油公司抓住这一成功的机会，并在全球占据了巨大的市场份额。2013年可再生液体燃料将开始进行商业化，如果进展顺利，在2014年的AFPM年会上将对本报告中所提到的一些进展进行更新。目前一些眼光长远并致力于可再生液体燃料发展的团队正在开发相关的技术并使之商业化，在不远的将来他们将有望成功。

人们应该关注这些进展。Nexant公司将持续不断地进行可行性评估，对各种可再生燃料技术进行深入调查，并在这些技术开发人员追求商业化的过程中为他们提供帮助。就本人而言，我很乐观！我感到很兴奋！我期待着它的实现！

这种潜在的影响应该引起大家慎重的、认真的审视，或许它将影响您的决定以及您在此商业化过程中发挥的作用。

（3）结束语。

本文的一些观点可能并不受欢迎，正如Mel Brooks所言——"在真相大白之前提早说出来的滋味并不好受"。

最后，请记得作者的确不止一次地提到"最终"，然而，有时"最终"来得比你想象得更快。再次引用Mel Brooks的一句话——"犹豫不决的人是可怜的"。

附　　录

附录1 英文目录

AM－13－64 Outlook for U. S. Refining and Products Markets

AM－13－65 Petrochemical Integration：Changing Markets，Changing Strategies

AM－13－63 Successful Export Centres－Potential Lessons for USGC

AM－13－32 Implications of the North American Oil Renaissance

AM－13－35 The Impact of Resurgent North American Crude Production on Refining Crude Slate

AM－13－33 Characterizing and Tracking Contaminants in Opportunity Crudes

AM－13－06 Solutions for FCC Refiners in the Shale Oil Era

AM－13－55 Problems and Solutions for Processing Tight Oils

AM－13－52 Capitalizing on Shale Gas in the Downstream Energy Sector

AM－13－53 Shale Gas Monetization－How to Get Into the Action

AM－13－74 Optimizing FCC－Pre－Treat Unit Operation To Reach Tier 3 Gasoline Sulfur Targets

AM－13－76 Refiner Options for Dealing with the Coming NGL Tsunami

AM－13－05 Better Catalyst Evaluation Strategies for Maximizing FCCU Margins

AM－13－01 Best Practices for Achieving Maximum ZSM－5 Value in the FCC

AM－13－03 Rive Molecular Highway™ Catalyst Delivers Over ＄2.50/bbl Uplift at Alon’s Big Spring，Texas Refinery

AM－13－18 FCCU Wet Scrubbing System Modifications to Reduce Air Emissions

AM－13－67 Improve Your Delayed Coker’s Performance and Operating Flexibility with New OptiFuel Coker Additive

AM－13－13 Impact of Flow Distribution and Mixing on Catalyst Utilization and Radial Temperature Spreads in Hydroprocessing Reactors

AM－13－29 Meeting Your Renewable Fuel Obligations in 2014

AM－13－27 Global Biofuels Outlook：Supply，Demand，Policies

AM－13－28 Competitive Threat of Renewable Gasoline

附录2　计量单位换算

体积换算

1Us gal = 3.785L

$1bbl = 0.159m^3 = 42Us\ gal$

$1in^3 = 16.3871cm^3$

1UK gal = 4.546L

$10\times10^8 ft^3 = 2831.7\times10^4 m^3$

$1\times10^{12} ft^3 = 283.17\times10^8 m^3$

$1\times10^6 ft^3 = 2.8317\times10^4 m^3$

$1000ft^3 = 28.317m^3$

$1ft^3 = 0.0283m^3 = 28.317L$

$1m^3 = 1000L = 35.315ft^3 = 6.29bbl$

长度换算

1km = 0.621mile

1m = 3.281ft

1in = 2.54cm

1ft = 12in

质量换算

1kg = 2.205lb

1lb = 0.454kg［常衡］

1sh. ton = 0.907t = 2000lb

1t = 1000kg = 2205lb = 1.102sh. ton = 0.984long ton

密度换算

$1lb/ft^3 = 16.02kg/m^3$

°API = 141.5/15.5℃时的相对密度 − 131.5

$1lb/UKgal = 99.776kg/m^3$

$1lb/in^3 = 27679.9kg/m^3$

$1lb/USgal = 119.826kg/m^3$

$1lb/bbl = 2.853kg/m^3$

$1kg/m^3 = 0.001g/cm^3 = 0.0624lb/ft^3$

温度换算

K = ℃ + 273.15

1℉ = 5/9（℃ + 32）

压力换算

1bar = 10^5Pa

1kPa = 0.145psi = 0.0102kgf/cm^2 = 0.0098atm

1psi = 6.895kPa = 0.0703kg/cm^2 = 0.0689bar

= 0.068atm

1atm = 101.325kPa = 14.696psi = 1.0333bar

传热系数换算

1kcal/（m^2·h） = 1.16279W/m^2

1Btu/（ft^2·h·℉） = 5.67826W/（m^2·K）

热功换算

1cal = 4.1868J

1kcal = 4186.75J

1kgf·m = 9.80665J

1Btu = 1055.06J

1kW·h = 3.6×10^6J

1ft·lbf = 1.35582J

1J = 0.10204kg·m = 2.778×10^{-7}kW·h = 9.48×10^{-4}Btu

功率换算

1Btu/h = 0.293071W

1kgf·m/s = 9.80665W

1cal/s = 4.1868W

黏度换算

1cSt = 10^{-6} m^2/s = 1mm^2/s

速度换算

1ft/s = 0.3048m/s

油气产量换算

1bbl = 0.14t（原油，全球平均）

$1 \times 10^{12} ft^3/d = 283.2 \times 10^8 m^3/d = 10.336 \times 10^{12} m^3/a$

$10 \times 10^8 ft^3/d = 0.2832 \times 10^8 m^3/d = 103.36 \times 10^8 m^3/a$

$1 \times 10^6 ft^3/d = 2.832 \times 10^4 m^3/d = 1033.55 \times 10^4 m^3/a$

$1000 ft^3/d = 28.32 m^3/d = 1.0336 \times 10^4 m^3/a$

1bbl/d = 50t/a（原油，全球平均）

1t = 7.3bbl（原油，全球平均）

气油比换算

$1 ft^3/bbl = 0.2067 m^3/t$

热值换算

1bbl 原油 = 5.8×10^6 Btu

1t 煤 = 2.406×10^7 Btu

$1m^3$ 湿气 = 3.909×10^4 Btu

1kW·h 水电 = 1.0235×10^4 Btu

$1m^3$ 干气 = 3.577×10^4 Btu

（以上为1990年美国平均热值，资料来源：美国国家标准局）

热当量换算

1bbl 原油 = $5800ft^3$ 天然气（按平均热值计算）

$1m^3$ 天然气 = 1.3300kg 标准煤

1kg 原油 = 1.4286kg 标准煤

炼油厂和炼油装置能力换算

序号	装置名称	由桶/日历日（bbl/cd）折合成吨/年（t/a）	由桶/开工日（bbl/sd）折合成吨/年（t/a）
1	炼油厂常压蒸馏、重柴油催化裂化、热裂化、重柴油加氢	50	47
2	减压蒸馏	53	49
3	润滑油加工	53	48
4	焦化、减黏、脱沥青、减压渣油加氢	55	50
5	催化重整、叠合、烷基化、醚化、芳香烃生产、汽油加氢精制	43	41
6	常压重油催化裂化或加氢	54	49
7	氧化沥青	60	54
8	煤、柴油加氢	47	45
9	C_4 异构化	—	33
10	C_5 异构化	—	37
11	C_5—C_6 异构化	—	38

注：1. 对未说明原料的加氢精制或加氢处理，均按煤、柴油加氢系数换算。

2. 对未说明原料的热加工，则按55（日历日）和48（开工日）换算。

3. 叠合、烷基化、醚化装置以产品为基准折算，其余装置以进料为基准折算。